盆地和造山[illegible]造
物理模拟及[illegible]用分析

Analogue Modeling and its Application and Analysis of Basins and Orogenic Belts

何文刚 编著

化学工业出版社
·北京·

内 容 简 介

本书以构造物理模拟的相似理论为基础，以盆地和造山带的概念和研究现状为基本出发点，以科学问题的产生、物理模拟方法及模型建立、模拟结果和科学问题的解释为脉络，开展了对伸展型盆地，挤压型盆地，走滑拉分型盆地，褶皱-冲断带如阿尔卑斯山、扎格罗斯山、安第斯山等典型造山带以及特殊的底辟构造，以及造山带和盆地内部结构在变形过程中的应力、应变、剥蚀和抬升、块体几何学、运动学和动力学等构造变形物理模拟方法技术的分析和探讨。

本书具有较强的知识性系统性和应用性，可供从事构造物理模拟研究的科研人员和工程人员参考，也可供高等学校构造地质学、石油地质学和地球物理学及相关专业师生参阅。

图书在版编目（CIP）数据

盆地和造山带构造物理模拟及应用分析/何文刚编著.
—北京：化学工业出版社，2022.8
ISBN 978-7-122-41709-1

Ⅰ. ①盆…　Ⅱ. ①何…　Ⅲ. ①构造盆地-物理模拟
②造山带-构造变形-物理模拟　Ⅳ. ①P941.75②P313

中国版本图书馆 CIP 数据核字（2022）第 107647 号

责任编辑：刘兴春　刘　婧　　文字编辑：郭丽芹　陈小滔
责任校对：宋　夏　　装帧设计：刘丽华

出版发行：化学工业出版社（北京市东城区青年湖南街 13 号　邮政编码 100011）
印　　装：北京科印技术咨询服务有限公司数码印刷分部
787mm×1092mm　1/16　印张 16$^3/_4$　彩插 8　字数 355 千字　2023 年 1 月北京第 1 版第 1 次印刷

购书咨询：010-64518888　　售后服务：010-64518899
网　　址：http://www.cip.com.cn
凡购买本书，如有缺损质量问题，本社销售中心负责调换。

定　　价：138.00 元

前言

构造变形分析表明，物理模拟是研究盆地及造山带较为有效的方法之一，并已得到构造地质学家的青睐。在全球格局下，地质地貌特征常常表现为盆地和山脊，并广泛分布在不同的板块构造带。典型盆地如巴西盆地、阿姆河盆地、卡尔加里盆地、塔里木盆地和四川盆地。典型造山带如欧洲的阿尔卑斯山和比利牛斯山，中亚的扎格罗斯山、天山，印度-亚洲板块碰撞形成的喜马拉雅山，台湾造山带，北美阿巴拉契亚山和落基山，南美安第斯山以及澳大利亚和新西兰一带的新几内亚造山带，等等。这些盆地和造山带是板块构造运动的产物，也是在威尔逊旋回的某个阶段所形成。它们发生、发展和演化可以揭开板块相互作用的过程，对人类认识和了解地球的演化具有十分重要的意义。

盆地和造山带是大自然提供给人类所需的能源和矿产资源的重要宝库，也是人类所需淡水资源的重要储库，而且，盆地和造山带是当今认识地球以及地球深部结构构造的钥匙。但是，直接认识地球的运动学和动力学过程是极其困难的，这主要体现在三个方面：一是人们知道的仅仅是地球当前所处的状态；二是地球运动学和动力学过程在地质时间尺度上是数百万年，这远远大于人的生命长度；三是地球的运动学和动力学过程都是在较大的时间尺度上发生的，而且在地球的深部进行，这就使得通过人类的观察难以直接认识地球深部的构造，甚至有时是不可能的。因此，这就需要我们开展相关的模拟研究，以进一步揭示地球的变形演化过程。

近年来，地质学家从地球不同构造带的板块属性出发，开展了不同尺度、不同技术层面的构造演化研究。例如，物理模拟、数值模拟和数值分析，尤其是构造物理模拟技术的研究，历经了 200 余年的发展仍然是模拟造山带和盆地较为重要的分析手段之一。该方法在理论、技术和具体应用上均取得了重要进展。物理模拟的核心是相似理论，因此相似理论是造山带和盆地物理模拟的基石。同时，现代先进计算机和物理设备改进并提高了物理模拟的精度；研究领域涉及从板块内部到板块边界，从地壳表层到深部地幔，通过地壳和岩石圈的物理力学机制和流变学特性，对其开展了大量富有成效的工作；所取得的研究成果为对深化板块构造及其运动学特征的理解，提供了全新的视角。

本书在内容上侧重于物理模拟的理论、模型设计和基本操作方法介绍，并侧重于盆地和造山带两个构造带。许多较为专门的论述需要读者参考阅读相关的国内外最新文献。同时盆地和造山带物理模拟是一种理论性和实践性较强的实验方法，需要掌握岩石物理、构造物理和流变学相关的知识，并熟悉相关的计算机模拟技术等，只有这样才能更好地深入理解盆地和造山带的形成和演化。

本书由遵义师范学院工学院土木工程系地质灾害教研室何文刚编著。在编著过程中，得到了李生红、李华章、周霜林和王春鹏等提出的宝贵意见。同时本书的编著工作得到了葡萄牙里斯本大学科学院 Fernando Ornelas Marques、Filip Medeiro Rosas 和 Joao C.Duarte 三位教授，中国石油大学（北京）地球科学学院周建勋教授和油气资源与探测国家重点实验室副主任钟宁宁教授的帮助。天津城建大学刘重庆及中国石油大学（北京）张弛博士为造山带模拟和褶皱-冲断带离心机模拟撰写提供了宝贵的基础资料。遵义师范学院赵远雯、姜开雄、周杰、骆忱、江明倩、罗丽虹、袁大雄和谢飞等参与了本书的部分实验和图件的清绘工作。本书在遵义师范学院科研处、国家留学基金委项目（201908520019）和中国石油大学（北京）油气资源与探测国家重点实验室开放课题基金（PRP/open-2019）项目等资助下完成编写和出版。

由于编著者的研究水平与工作经验有限，对盆地和造山带物理模拟研究领域的科学问题的认识、分析与总结可能存在欠妥和不足之处，热诚欢迎读者批评指正。

何文刚

2021 年 12 月于葡萄牙里斯本

目录

第1章

盆地及造山带研究模拟方法概述

本章将回答“为什么要对造山带和盆地进行模拟研究?”“研究的方法和技术有哪些?”等问题。

众所周知，造山带和盆地与油气资源及矿产资源分布紧密相关。资源勘查表明，现今大量的油气和固体矿产富集在造山带和盆地的内部，如扎格罗斯褶皱-冲断带富集了大量的油气，加拿大卡尔加里盆地富集了巨量的沥青，以及中国的松辽盆地和鄂尔多斯盆地富集了大量的石油、天然气及煤矿。资源的富集与造山带和盆地复杂的构造样式分布、变形演化及控制因素紧密相关。此外，造山带和盆地是地壳上常见的构造，是板块构造中威尔逊旋回的某一个阶段形成的。研究其形成演化，对深化地球科学的理解和发展构造地质理论具有极其重要的意义。

早期的研究认为，造山带的形成机制是基底具有滑脱层，挤压过程中基底不发生变形，构造变形缩短发生在造山带的内部，因此产生的逆冲断裂也指向造山带的内部。造山带的变形遵循库伦楔理论，以推土机模式和雪橇铲雪模式向前挤压缩短变形。而且，造山带在变形中遵循临界楔理论，基底倾角 β 与地貌倾角 α 之和保持一恒定值。岩石内部的变形服从摩尔-库伦破裂准则（又称库伦破裂准则）。但是，随着一些特殊构造样式的产生，利用经典的力学理论很难解释造山带的形成。诸如构造的运动学指向、深部高压热流体作用，岩石内部富含水，地层发育多套韧性层，岩石具有差异的流变学结构，造山带经历了复杂的抬升、剥蚀和沉积过程，等等。因此，传统的摩尔-库伦理论在解释造山带的变形时具有一定的局限性，这就要求继续发展地球科学理论，以更为深入地理解造山带的变形演化及形成机制。

盆地的研究与造山带的研究具有一些共同之处，但又具有一定的差异性。它们都是板块构造某一阶段的产物，也具有一定的关联性。如造山带和前陆盆地共生的区域，可以通过造山带的变形演化解译前陆盆地的形成，同时也可以通过前陆盆地的沉积记录推测造山带的抬升剥蚀和沉降过程。差异性主要体现在沉积盆地经历了伸展、挤压或者走滑的某一个阶段，其具有明显的沉积响应特征，地貌上以凹陷为主。而且，在地质历史时期，其地貌结构上具有有利的可溶空间和有利的沉积物搬运和堆积条件。沉积盆地的演化过程可能还与其经历的构造应力场特征有紧密关系。例如，我国东部的渤海湾盆地在中-新生代经历了裂陷前、同裂陷和裂陷后典型的三阶段特性。同时，盆地沉积充填系列、物质的迁移以及源-渠-汇系统及沉积响应也需要进行多学科、系统性的分析和研究，以促进构造沉积一体化发展。

从造山带和盆地的研究历史看，仍然有许多科学问题未得到很好的解决，也存在一些问题至今仍然未能形成统一认识。在过去的研究中，重点是开展区域地质研究、地球物理探测及地球化学分析，尤其是地震分析，为构造的解释和变形的识别奠定了非常重要的基础。但是，复杂的造山带和盆地，地震资料的采集成本较大，而且取得的分辨率不高，导致地震资料品质较差，解释成果可靠性不够，或不可用。于是就产生了各种类型的分析技术和模拟技术对造山带和盆地进行分析研究。由此促进了对造山带和盆地变形演化及形成机制的理解，促进了构造地质学相关学科的快速发展。

随着有关地学理论研究的深入及计算机和新技术的快速发展，有关盆地和造山带的研究理论和方法已取得了广泛应用，并取得了丰富的成果。目前，有关盆地和造山带的研究方法主要有地球化学、地球物理、年代学分析测试和古生物学的研究。同时地球物理和构造物理学研究又是众多研究方法中比较常见和较为有效的手段之一。本章重点归纳总结了前人有关地球物理学研究中的物理模拟、数值模拟和数值分析方法。

1.1 数值分析

数值分析在构造变形研究中的应用已经有很长的历史，并已取得突破性的进展，尤其在褶皱和挠曲形成的理论方面更是显著。数值分析的优势在于数学的准确性和严密的逻辑性。但其对数学能力的要求较高，同时复杂边界条件的非线性问题很难得到处理。

前人对造山带和盆地开展了数值分析研究。Dahlen 对褶皱-冲断带和增生楔的临界角进行了计算分析。结果表明对于无内聚力的均质冲断楔，其理论方程计算是精确的，而且也是可以分析的。一旦条件发生变化，模型就必须考虑其力学性质和几何形态。有限单元分析法是数值分析常用的方法之一。

针对造山带和盆地，早期的研究主要是根据摩尔-库伦破裂准则判断岩石的变形破坏，进而分析造山带和盆地的形成和演化。临界楔理论是判别岩石变形的一个重要准则。基于这些理论，前人开展了诸如基底摩擦强度、岩石内摩擦强度、地层倾角、地貌倾角以及其他相关的地层参数对变形影响的数值计算分析。造山带和大陆边缘是板块俯冲或者碰撞的构造带，它们的变形可以通过临界楔理论进行数值求解（图 1-1 和图 1-2）。

（1）造山带或增生楔的运动学特征

早期的研究是基于库伦冲断楔理论建立数学模型。分析模型主要是推土机模式的力学机制。造山带的地貌斜坡坡角为 β，上覆干的石英砂，而且石英砂层的厚度为 h。在未发生挤压变形时，推土机开始以一定的速度推动着增生楔，刮落刚性体上覆的砂体，并且在推土机的前缘形成具有一定临界角的楔形体。当变形楔体的表面倾角达到 α 时，此时的 $\alpha+\beta$ 为临界角，保持在一定的范围，这就是经典的临界楔理论。因此，在造山带随时间的变化下，其物质守恒的方程可以表示为：

$$\frac{\mathrm{d}}{\mathrm{d}t}=\left[\frac{1}{2}\rho W^2\tan(\alpha+\beta)\right]=\rho hv \tag{1-1}$$

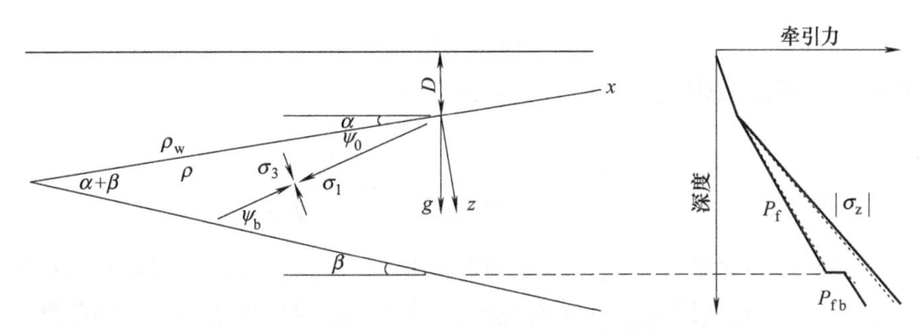

图 1-1　浅海大陆架非黏性临界楔剖面图

$\alpha+\beta$—临界楔的角度；α—地貌倾角；β—基底地层倾角；P_f—地层静水压力；P_{fb}—孔隙流体压力；D—海水深度；g—重力加速度；z—埋深；σ_z—上覆地层压力；σ_1—最大主应力；σ_3—最小主应力；ρ_w—水的密度；ρ—地层岩石密度；ψ_0—σ_1与 x 轴之间的夹角；ψ_b—最大主应力与 x 轴之间的夹角

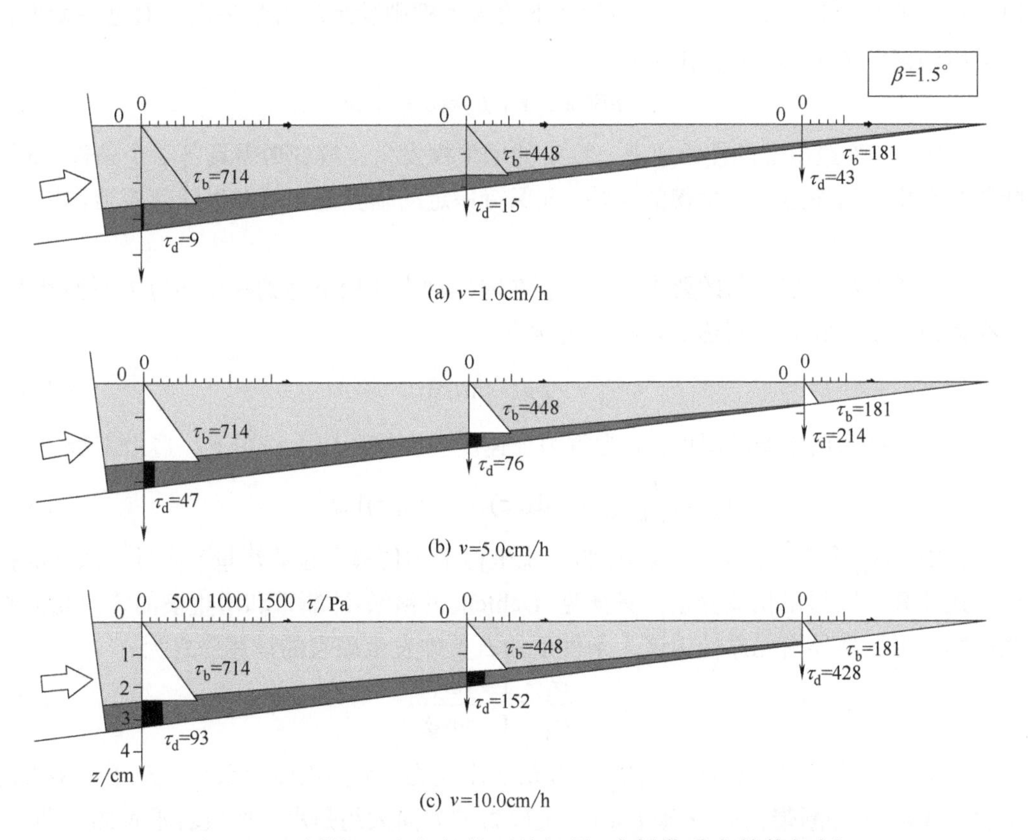

图 1-2　不同挤压速率条件下的褶皱-冲断带受力数值解析

v—挤压变形速率；β—楔形体的基底与水平方向的夹角；τ_b—脆性层的剪应力；τ_d—韧性层的剪应力，箭头方向为挤压应力方向，水平反向坐标是差应力强度，纵坐标为石英砂层的厚度，单位为 cm

式中，ρ为密度；h为干的石英砂厚度；v为挤压速率；ρhv为单位长度的质量；W为造山带楔形体的宽度。临界角$\alpha+\beta$随时间的增加并不发生变化。因此，也可以把式（1-1）简化为：

$$W\frac{\mathrm{d}W}{\mathrm{d}t}=\frac{hv}{\tan(\alpha+\beta)} \tag{1-2}$$

方程也可以把造山带或增生楔的宽度W表示为：

$$W=\left[\frac{2hvt}{\tan(\alpha+\beta)}\right]^{\frac{1}{2}}\approx\left[\frac{2hvt}{\alpha+\beta}\right]^{\frac{1}{2}} \tag{1-3}$$

这个公式的推导对解释窄的造山带的形成是有效的。此时，$\alpha+\beta\leqslant1$，这里的α和β均为弧度角。由于基底摩擦强度和石英砂的强度是控制临界角的唯一的参数，因此推土机模式下形成的增生楔或造山带的宽度和高度与变形的时间$[t]^{\frac{1}{2}}$成正相关关系。造山带的生长具有自相似性，在变形$2t$时和t时它们之间没有明显差异，其幅度均为$[2]^{\frac{1}{2}}$。

当侵蚀作用使增生楔新增加的物质被搬运到构造带末端，使得新生物质与被侵蚀掉的物质的质量相等时，此刻侵蚀状态下的增生楔则满足动力学平衡。通过平衡方程计算出的侵蚀增生楔稳定宽度为：

$$\dot{e}W\sec(\alpha+\beta)\approx\dot{e}W=hv \tag{1-4}$$

式中，$\dot{e}$为造山带的侵蚀速率。稳定的增生楔发生连续变形需具备2个条件：a.不断调节新生物质搬运到增生楔的末端；b.保持一定的临界角而不发生任何侵蚀作用。

（2）临界角

造山带要满足临界角的要求，它必须在内外动力作用下达到一定的应力平衡状态。即在重力场中，它们要到达一定的平衡状态。

$$F_g=-pgH\sin\alpha\mathrm{d}x \tag{1-5}$$

式中，H为增生楔的厚度；g为重力加速度。在挤压应力作用下，造山带受力为：

$$F_s=\int_0^H\left[\sigma_{xx}(x+\mathrm{d}x,z)-\sigma_{xx}(x,z)\right]\mathrm{d}z \tag{1-6}$$

式中，σ_{xx}为挤压拉应力；$x+\mathrm{d}x$为二维坐标下的位移及位移增量。通过一系列的推导公式计算可以得出相关变量。具体见Dahlen的褶皱-冲断带和增生楔的临界角的相关论述，可以推导出无黏性内聚力条件下的石英砂发生破裂的计算公式为：

$$\frac{\sigma_1}{\sigma_3}=\frac{1+\sin\phi}{1-\sin\phi} \tag{1-7}$$

式中，σ_1和σ_3分别为最大主应力和最小主应力；ϕ为内摩擦系数。对于窄条带的增生楔或褶皱-冲断带，$\alpha\leqslant1$和$\beta\leqslant1$，主应力的方向大约是水平的或者垂直的，即

$$\sigma_{zz}\approx\sigma_3\approx-pgz \tag{1-8}$$

$$\sigma_{xx}\approx\sigma_1\approx-\left(\frac{1+\sin\phi}{1-\sin\phi}\right)\rho gz \tag{1-9}$$

式中，z为厚度。

由于具有侧向拖拉产生的应力作用，也可把上述方程推导为：

$$\frac{\mathrm{d}}{\mathrm{d}x}\int_0^H \sigma_{xx}\mathrm{d}z \approx -\left(\frac{1+\sin\phi}{1-\sin\phi}\right)\rho g H(\alpha+\beta) \tag{1-10}$$

$\mathrm{d}H/\mathrm{d}x \approx \alpha+\beta$。通过以上一系列推导，得到干燥石英砂无内聚力的临界楔理论方程为：

$$\alpha+\beta \approx \left(\frac{1-\sin\phi}{1+\sin\phi}\right)(\beta+\mu_b) \tag{1-11}$$

式中，μ_b为基底摩擦系数。

以上就是造山带中的褶皱-冲断带及增生楔的形成数值计算推导。它具有一定的适用范围，即造山带或褶皱-冲断带的地层结构强度或特征满足脆性变形条件，符合摩尔-库伦破裂准则。但是，实际的造山带类型是复杂的，不单单是脆性变形，还有脆、韧性变形及在其他复杂因素左右下的变形。因此，对造山带和盆地的变形研究还需在岩石变形的力学机制下开展相关的物理模拟和数值模拟分析。

1.2　物理模拟研究

在构造地质学中，常常需要设计一定比例的模型来分析并解释所观察到的地质现象和所测量到的地质数据。基于数值模拟和物理模拟技术，所建立的模型要能够满足概念、力学和运动学特征。其目的就是在一定的时间和空间尺度上，能够更好地理解并能够定性或定量地研究造山带和盆地的地质过程。例如，物理模型中的力学参数和力学原则是对自然界中实际的物理参数和力学性质的简化，能够反映其动力学演化过程。主要的物理参数常常是第一层次的参数，在实验中必须作为主要或关键的影响因素考虑，而对变形演化过程影响较小的参数则可以合理地忽略，即作为次要因素进行讨论。在数值模拟中，部分力学参数是可以通过数学方程进行求解的，而且可以计算其动力学演化过程。在物理模拟实验中，自然界的流变学特性和力学性质是可以通过材料（如泥岩、石英砂、硅胶和水）以及各种实验装置进行模拟的。物理模拟技术与数值模拟技术之间相互依存、促进，并且它们已经被广泛应用到特定的时间和空间条件下的岩石圈动力学尺度的伸展和挤压变形（如造山带的形成、褶皱-冲断带的演化、伸展盆地的形成、断层的活动分析等）。尤其是近年来的物理模拟已经在造山带的演化、构造变形机理、气候与地质体表面的侵蚀、搬运和沉积等变形过程之间的相互作用方面进行了有益的探讨，并取得了很多全新的认识。这些重要的认识对我们理解造山带的动力学、构造特征、运动学及造山带的力学性质和形成过程具有十分重要的意义。

物理模拟对变形的研究已有200年的历史。早期发展较为缓慢，直到1937年Hubbert 对其定量分析之后才得到了快速发展。物理模拟可以使用一些软弱的相似材料、可以设置地球表面的变形作用，同时也可以用二维平面和三维立体模型对变形体进行可视化分析。物理模拟方法的优势在于研究结果真实、可视化、具有建设性指导意义，模型结果分辨率高，可以分析盆地和造山带的沉积和剥蚀作用，无需进行大量的数学计算。但也存在很难获得模拟结果的相似性再现、实验的时间花费较长、模型边界条件很难控制、可供选择应用的相似材料较少和初学者很难入门等不足。

最早的物理模拟研究，如 Hall 应用挤压型构造进行了物理模拟实验，为后人开展造山带和盆地的物理模拟指引了方向。Cadell 应用物理模拟研究了造山带的形成过程。他的实验成功地证明了逆冲板片的倾角明显是受到挤压应力的驱动而与地层的倾角关系不紧密（图 1-3）。Tapponnier 等利用物理模拟分析了印度-亚洲碰撞形成青藏高原的过程，并解释了东南亚的复杂构造成因，这就是有名的逃逸构造模型，对亚洲乃至东南亚的构造变形演化的解释产生了深远影响（图 1-4）。Smit 等应用物理模拟方法，从地层的力学性质及构造运动学指向和地层侧向流变学差异出发，对脆韧结构的褶皱-冲断带形成和演化进行了分析研究。总之，过去从不同的角度开展了物理模拟构造变形分析，推动了物理模拟技术的快速发展。近年来，物理模拟仍然是造山带和盆地分析中常用的有效手段。Bonini 等应用物理模拟对造山带的反转变形进行了分析研究。研究表明先存断裂的存在具有构造继承性作用，在后期的变形中，其最大主应力方向将发生偏转。同时，根据最大主应力轴的变化能够较合理地解释边界断裂的反向地堑作用，其仅仅是反转构造被激活的一种类型（图 1-5）。Graveleau 等对褶皱-冲断带及增生楔的结果进行综述，系统总结了前人的研究成果，对后续开展相关的研究具有重要的参考意义。如今，物理模拟因其容易实现几何学、运动学和动力学的相似性而具有强大的生命力，得到地质学家的广泛青睐。

图 1-3　褶皱-冲断带生长和变形模型

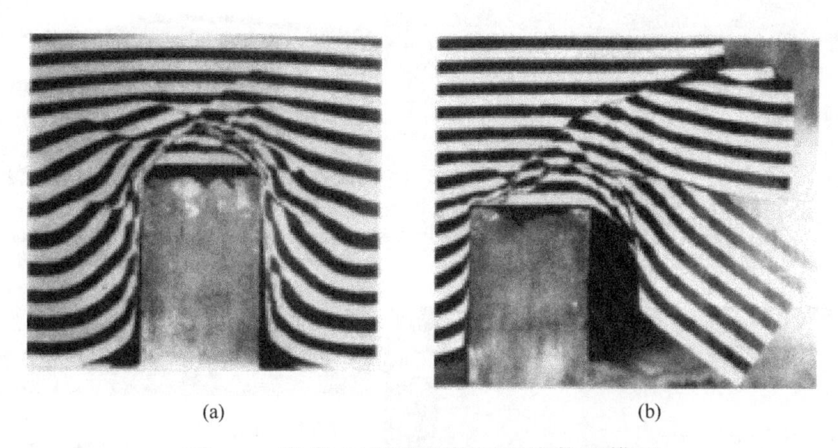

图 1-4　印度-亚洲碰撞挤压逃逸物理模型

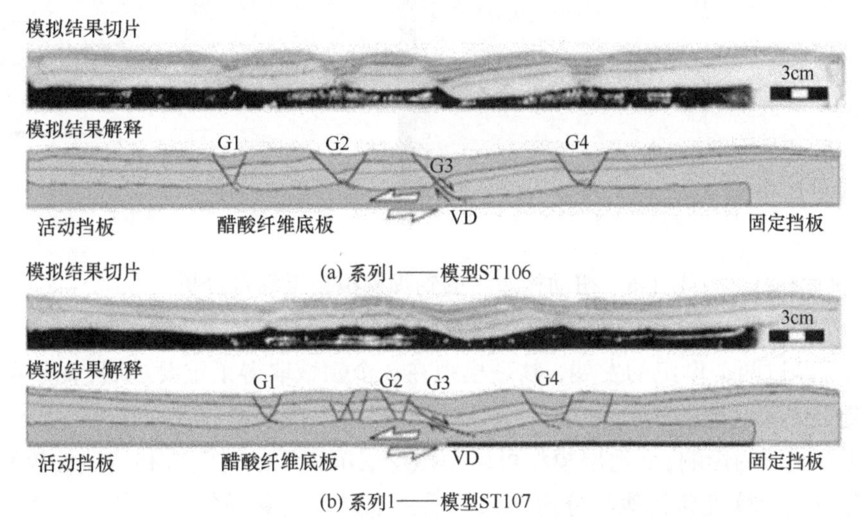

图 1-5　造山带早期伸展后期挤压变形的物理模拟

G1~G4—地堑 1~地堑 4；VD—速度不连续

当前物理模拟技术的应用，已大大促进了人们对造山带和盆地变形演化的理解，发挥了十分重要的作用。尽管该技术看似简单且其自身存在一定的缺陷性，但物理模拟技术在运动学研究中仍具有不可替代的作用，它可先从三维空间角度反映区域性伸展、挤压和走滑作用等不同应力场条件下的变形演化（图 1-6，书后另见彩图）。与地震资料相比，地震数据解决的是某一地层测线或地震带附近的构造几何学特征，它只是碎片化地再现某一个变形演化过程，而对于连续的变形演化则无法再现。物理模拟按照初始边界条件和应力条件进行，变形过程中严格按照相关的力学机制发生和发展，且同时遵循远场和近场效应影响。一旦断裂或者褶皱形成，它将改变相应的应力场。因此，基于断裂或褶皱的变形，重建构造变形历史具有一定的难度。尽管如此，物理模拟在发生构造变形的造山带和盆地分析中也取得了广泛应用，并快速发展。

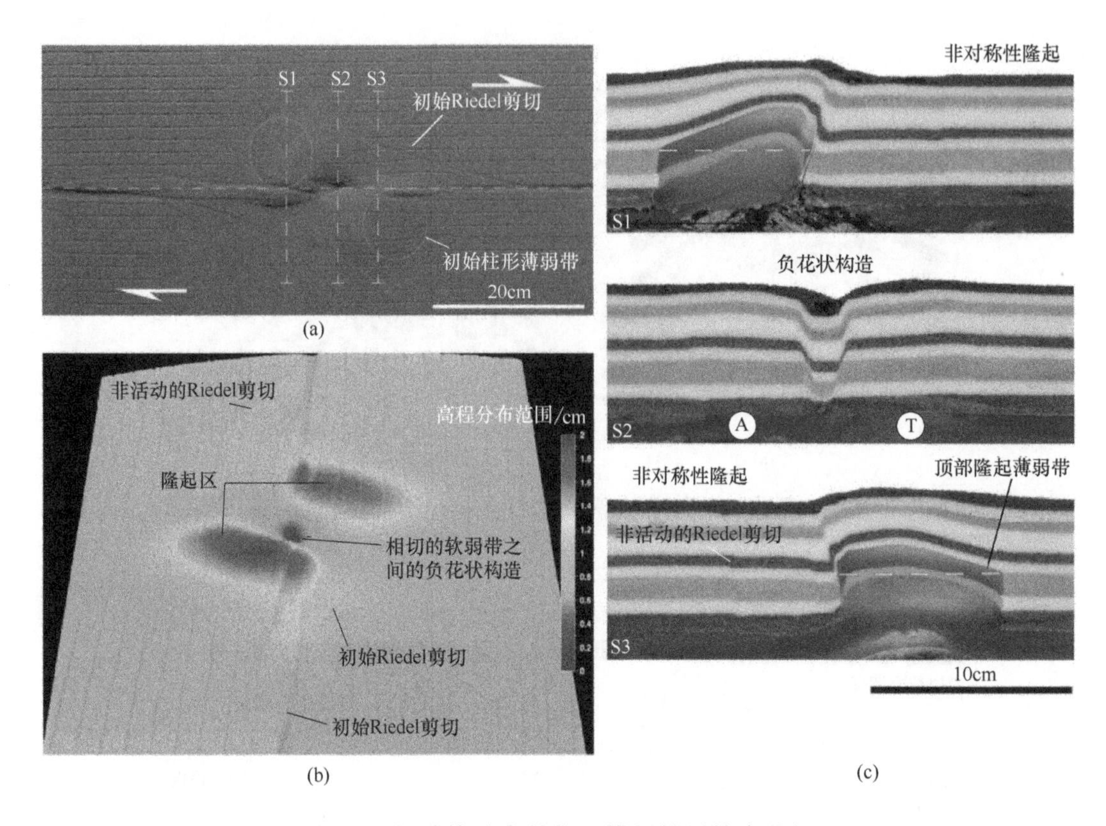

图 1-6　扭动构造中的物理模拟结果综合分析

总之，经过两个世纪的发展，物理模拟在 3 个领域取得了重要进展：a.砂箱实验可以解决造山带和盆地的生长和变形；b.地貌模型模拟技术聚焦在地貌变形演化及降雨作用对地貌变形的影响；c.地层模型可以模拟地层沉积记录对气候和构造的控制。这些技术结合现代计算机和其他高分辨率的扫描技术以及应变场分析技术，会使造山带和盆地的物理模拟研究更加深入。但是，物理模拟在物理参数的精确计算上还存在一定的不足，需要结合数值模拟技术才能使造山带和盆地形成演化的研究更加完善。

1.3　数值模拟研究

随着计算机计算能力的提高，数值模拟逐渐成为地球动力学研究的重要工具之一。尽管数值模拟的应用时间还比较短，但它在研究变形的重复性、速度计算、系统非线性、参数的应用、可视化和定量化等方面具有明显的优势。数值模拟技术的缺点是需要购置的模拟软件成本高、模拟结果可靠性还存在不足，甚至有时模拟的结果存在错误和不可用。

Braun（1993）应用三维数值模拟对挤压型造山带的逆冲构造几何特征及板块碰撞的角度对变形影响进行了分析探讨。由于物理模拟很难精确测量具体的力学参数，同时二维平面模拟对研究斜向汇聚问题有侧向效应的影响，构造样式在垂向和水平方向均发生了变形，地质问题研究有一定困难，所以作者采用了三维模拟研究。该研究结果与前人的物理模拟研究成果相比，相似性极大，表明三维数值模拟能够有效应用于褶皱-冲断带的变形演化分析。而且，对许多重要的科学问题的理解不足是因为我们缺乏对三维空间的认识，三维空间的构造变形常常会带来惊人的模拟结果或者会使研究者产生颠覆性的认识。前人从地层组成及结构、横向地震孕育条件和位置出发，应用数值模拟对青藏高原的中地壳和断坡的结构进行了分析研究，见图1-7。

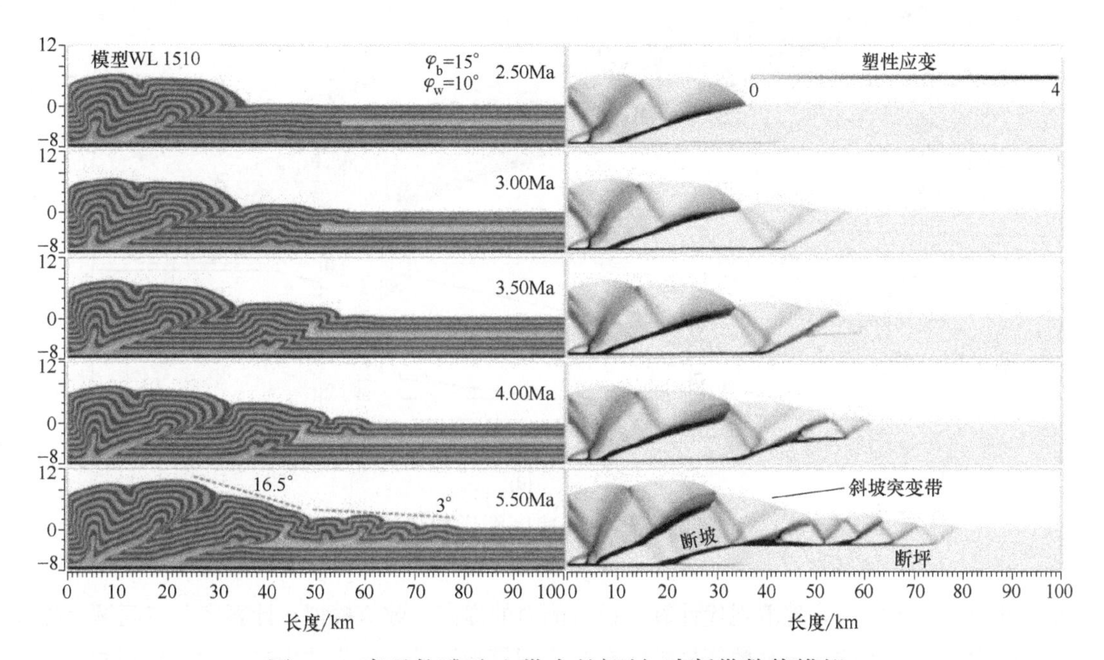

图1-7 喜马拉雅造山带中的褶皱-冲断带数值模拟

φ_b—基底摩擦角；φ_w—薄弱带摩擦角；Ma—地质年代单位，1Ma=10^6a

Marques等（2018）从地层压力、流动模式和超高压剥蚀作用出发，对造山带的形成进行了数值模拟研究，见图1-8（另见书后彩图）。其中图1-8（a）和（b）为压力图谱，（c）和（d）为速度图谱。前人的这些研究成果及应用，促进了物理模拟在造山带

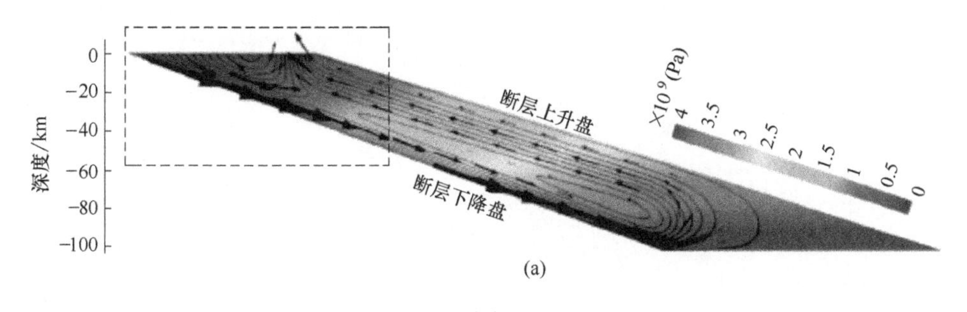

图1-8

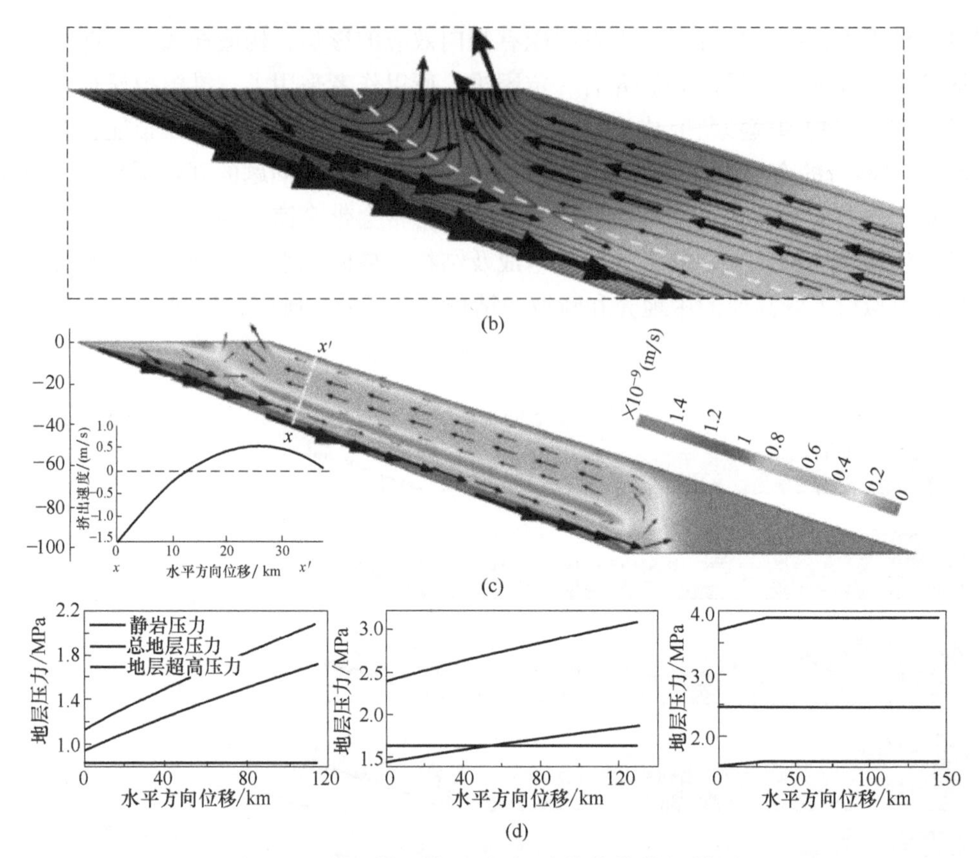

图 1-8　造山带压力和速度图谱数值模拟结果

和盆地研究中的应用。随着现代计算机运行能力的提高，数值模拟在计算多节点问题上得到了较大改进。因此，未来数值模拟将会与物理模拟互补，促进造山带和盆地模拟技术的快速发展，同时将为地质学家对造山带和盆地形成机制的理解提供重要的技术支撑。

第2章 物理模拟的相似性及模型设计

2.1 物理模拟的理论发展

相似性是物理模拟实验的精髓。物理模拟实验所研究的构造现象，主要限于地壳岩石圈的褶皱、断裂以及沉积地层的挠曲作用等宏观变形现象及变形演化过程。因此，实验的选择原则仅需考虑相似条件，只要求模型在变形和断裂的宏观表现上与研究对象相似。实验模拟时，要求对实验对象的每一个物理量进行相似约束，即建立相似因子。有些相似因子是可以任意选择的。但多数物理量之间具有相互关系的量纲，当选择了一定的相似因子后，其余的物理量受到一定的约束而不能随意更改，否则会破坏相似条件，导致模拟结果不可靠。因此，相似性是物理模拟的基石，极其重要。

相似性的建立具有较长的历史。早在18世纪，前人就开展了造山带演化有关的物理模拟研究，早期代表性的物理模拟实验如图2-1所示。

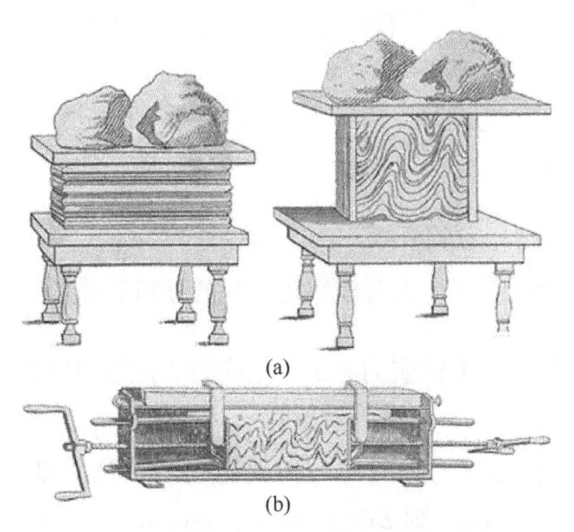

图2-1 早期代表性的物理模拟实验

1893年，Bailey Wills利用砂箱实验开展了阿巴拉契亚冲断带构造特征研究。实验中，材料用脆、韧组合而且上覆地层用铅块进行加载。该实验结果考察了围岩、地层厚度以及地层的塑性作用对褶皱样式的影响。Bailey Wills开创性的研究工作，为后人理解造山带的变形奠定了重要的基础。但是，早期的实验只是对实验结果相似特征进行简单判别，并未深入地对物理量中的几何相似因子、运动学相似因子和动力学相似因子等进行分析。

大量的研究表明，世界各地分布的一系列造山带、增生楔及褶皱-冲断带是板块边界发生碰撞或板块内部发生变形的产物。有关板块挤压变形、缩短机制的研究，目前已取得三个方面的重要认识：a.板块汇聚导致侧向运动及侧向逃逸构造的产生；b.重力场作用下产生的重力驱动是板块变形的另一形成机制；c.前两种变形机制的结合是形成板块缩短变形的机制。后来部分学者把以上三种变形机制统称为侧向运动。褶皱-冲断带变形机制的研究与板块汇聚及板块边界的岩石力学性质、边界几何特征、流变学特征等参数紧密相关。因此，对以上三种构造变形机制的认识为理解褶皱-冲断带形成演化提供了重要启示。

同时，物理模拟在褶皱-冲断带的薄皮构造和厚皮构造形成机制解释中，同样取得广泛应用。在 20 世纪，物理模拟技术开始向定量化方向发展，特别是相似理论及相似原则的提出，促进了物理模拟技术的巨大进步。

脆性层流变学遵循库伦破裂准则见图 2-2 和图 2-3。

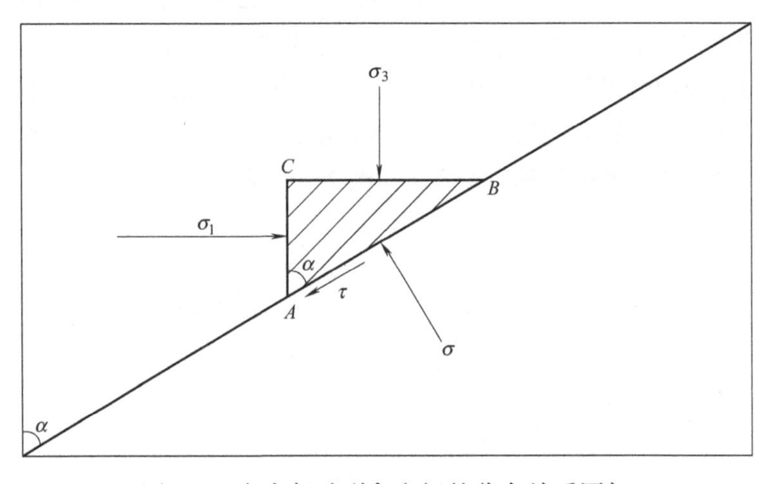

图 2-2　应力与破裂角之间的分布关系图解

$\tau=\sigma\mu(1-\lambda)+c$，其中 τ 为剪应力，σ 为正应力，μ 为内摩擦系数，λ 为流体压力系数，c 为岩石内聚力。

当应力作用在一个楔形体上，应力与作用物体之间的受力平衡关系如下：

首先面积关系有：$AB=\mathrm{d}S$，则 $BC=\mathrm{d}S\times\sin\alpha$　$AC=\mathrm{d}S\times\cos\alpha$；

水平方向和竖直方向的受力关系为：

$$\sigma_1\times\mathrm{d}S\times\cos\alpha-\sigma\times\cos\alpha\times\mathrm{d}S-\tau\times\sin\alpha\times\mathrm{d}S=0 \tag{2-1}$$

$$\sigma_3\times\mathrm{d}S\times\sin\alpha-\sigma\times\sin\alpha\times\mathrm{d}S+\tau\times\cos\alpha\times\mathrm{d}S=0 \tag{2-2}$$

可以解出 $\sigma=\sigma_1\times\cos^2\alpha+\sigma_3\times\sin^2\alpha$，$\tau=(\sigma_1-\sigma_3)\times\cos\alpha\times\sin\alpha$

通过三角函数换算，得：

$$\sigma = (\sigma_1+\sigma_3)/2+(\sigma_1-\sigma_3)/2\times\cos2\alpha \tag{2-3}$$

$$\tau = (\sigma_1-\sigma_3)/2\times\sin2\alpha \tag{2-4}$$

这就是经典的二维平面条件下的正应力和剪应力公式。

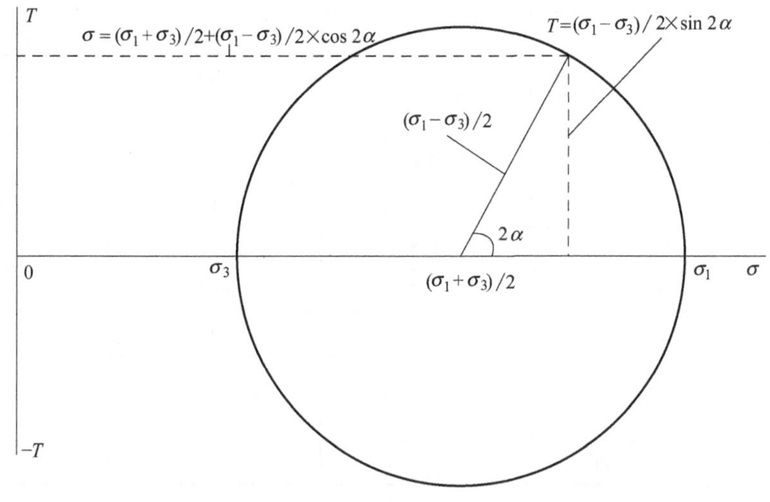

图 2-3　莫尔应力圆

从以上分析可以看出，正应力与剪应力可以由最大主应力和最小主应力计算出。正应力最大值在最大主应力与最小主应力的夹角为 0° 时，即它们在同一条轴线上时，此时，最大主应力就是给物体施加的应力值。剪应力的最大值在最大主应力与最小主应力之间的夹角为 45° 时。当夹角为 0° 时，剪应力为 0。

应力公式的推出在土力学中得到了很好的应用；同时，在物理模拟中，可以根据应力公式，计算出砂体受到的剪应力随正应力的变化，它们是满足莫尔应力圆的。

韧性层流变学遵循牛顿流体属性为 $\tau=\eta\varepsilon=\eta\times(v/H_d)$。其中，$H_d$ 为黏性层的厚度，v 为挤压速率。所以，牛顿流体的剪应力可以通过流体的厚度和挤压速率进行调节。

模拟实验表明，自然界的正断层和逆断层的破裂和变形均遵循库伦破裂准则。一般情况下，正断层的破裂倾角在 60° 左右，而逆断层的破裂倾角在 30° 左右。45° 是正断层和逆断层的分界点。同时，实验结果还揭示松散石英砂的断层倾角比压实的石英砂的断层倾角要稍小一点。在实验中，很难测量逆断层内部的断层倾角，但是可以测量模型表面断层迹线与挡板之间的位移。虽然逆断层倾角测量数据有一定的分散性，但均在 45° 以内，基本上没见到超过 45° 的逆断层（表 2-1 和表 2-2）。

表 2-1　物理模拟正断层的倾角变化统计表

实验	石英砂的埋深/in	初始断层的埋深/in	石英砂内部的断层倾角/（°）	外侧玻璃表面测量的断层倾角/（°）
1	2.56	1.4	61.3	64
2	2.7	1.4	62.6	63

续表

实验	石英砂的埋深/in	初始断层的埋深/in	石英砂内部的断层倾角/(°)	外侧玻璃表面测量的断层倾角/(°)
3	2.65	1.3	63.9	67
4	2.8	1.5	61.8	63
5	2.65	1.6	58.9	60
6	2.65	1.6	58.9	60
7	2.6	1.4	61.7	62.5
8	2.75	1.4	63.1	64.5
9	2.65	1.35	63	62.5
10	2.7	1.45	61.8	62
11	2.6	1.5	60	60
12	2.7	1.7	57.8	59
13	2.5	1.4	60.8	64
平均值			61.2	62.4

注：1in≈2.54cm。

表 2-2　物理模拟逆断层的倾角变化统计表

实验	倾角/(°)	实验	倾角/(°)
1	23	8	26.5
2	22	9	26.5
3	28	10	29.5
4	23	11	24.5
5	25	12	22
6	28	13	27
7	27	14	20

物理模型与所研究的具体实际构造带之间需满足相似系数关系 $C^*=\rho^*\times g^*\times l^*$。其中，$C^*$为相似系数，$\rho^*$为密度相似系数，$g^*$为重力加速度比，$l^*$为长度相似系数。

同时，造山带及增生楔构造变形的机制研究理论已经取得了重大进展。特别是临界角理论的提出和推土机模式的建立，对其变形机制的认识产生了深远影响，促进了该领域的快速发展。如 Davis 等（1983）在对褶皱-冲断带和增生楔成因机制的研究中，表明板块之间的汇聚及其变形可以用推土机或者雪橇铲雪的模式进行解释。该研究理论认为，变形达到临界角之后，推土机前缘发生变形：若前缘未受阻挡，则沿着基底向前滑动而不发生任何变形；若前缘受阻，则楔形体将生长，并产生自相似性的临界角值。临界角理论成功地解释了褶皱-冲断带楔形体的几何学特征。楔形体的形成受到基底和表面倾角、滑移线方向、材料基底和内部力学性质的制约和影响。

临界角理论已取得广泛应用，尽管如此，该理论对周期性递进变形的造山带和增生楔的成因机制的解释仍然存在困难。但是，该理论已经成功地解释了造山带及增生楔的总体增长方式，已被构造地质学家广泛接受并通过数值分析、物理模拟和数值模拟等手段进行了大量研究。

到目前为止，构造物理模拟技术已经成功应用到伸展、挤压和走滑等板块构造带的分析之中。例如，Bonini 利用脆、韧性结构的砂箱模拟实验研究了褶皱-冲断带和增生楔形成模式和控制因素并解释了卡斯卡迪古陆可能的形成机制（图 2-4 和图 2-5）。周建勋和周建生应用不同方向的伸展模型探讨了渤海湾盆地的形成机制，认为南北向伸展与实际构造特征之间具有良好的相关性，合理地解释了亚洲东缘构造变形机制，特别是该地区东缘盆地在裂陷初期的变形：构造演化特征表现为自东向西，形成时代逐渐变新，同时盆地经历了从裂陷状态逐渐向热沉降状态转换的变形现象（图 2-6）。Dooley 和 McClay 应用模型装置且块体之间相对夹角为 30°、90°、150°的三组砂箱实验研究了走滑背景下的拉分盆地形成的几何学和运动学特征。并应用该研究成果对阿根廷、加利福尼亚、新西兰、以色列、爱琴海等国家或地区的走滑构造进行了比对，取得了较好的应用效果（图 2-7，书后另见彩图）。

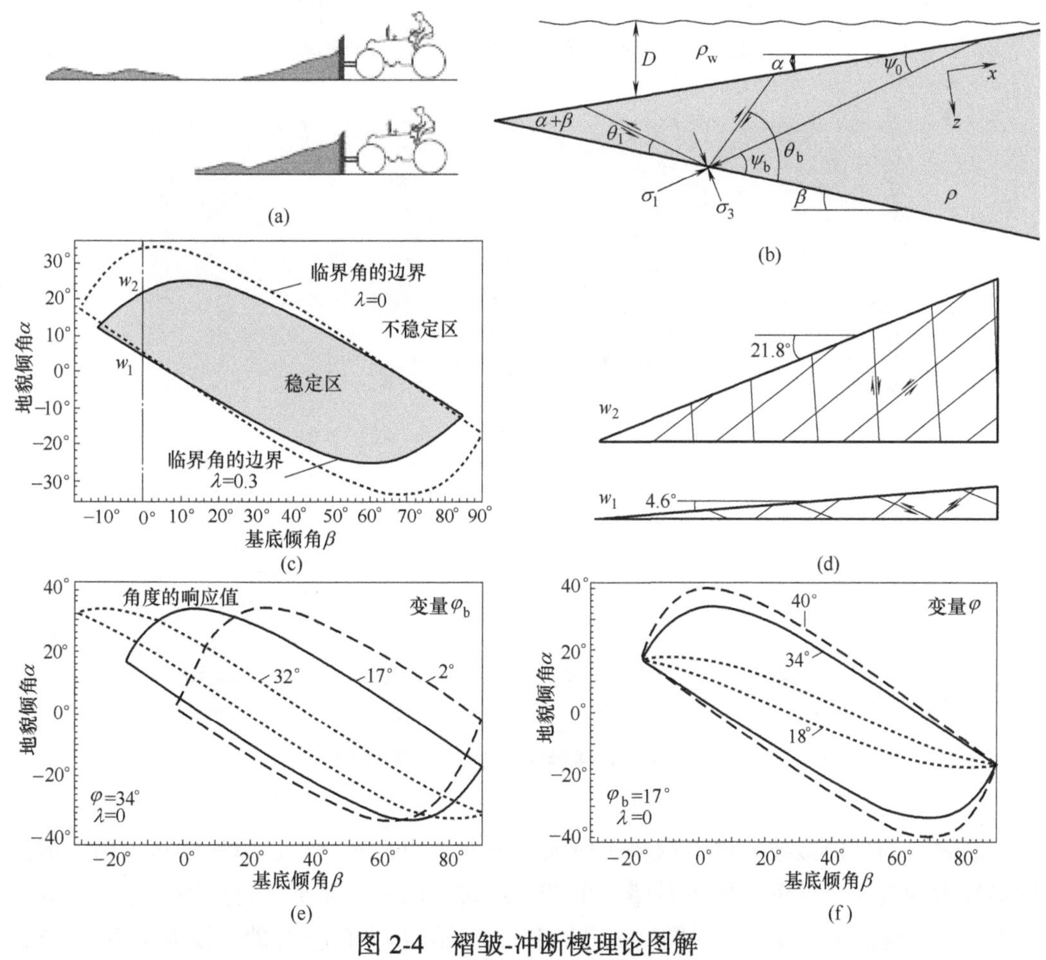

图 2-4　褶皱-冲断楔理论图解

φ—内摩擦角；λ—流体压力系数；θ_1—前冲断裂与坡面的夹角；θ_b—后冲断裂与坡面的夹角

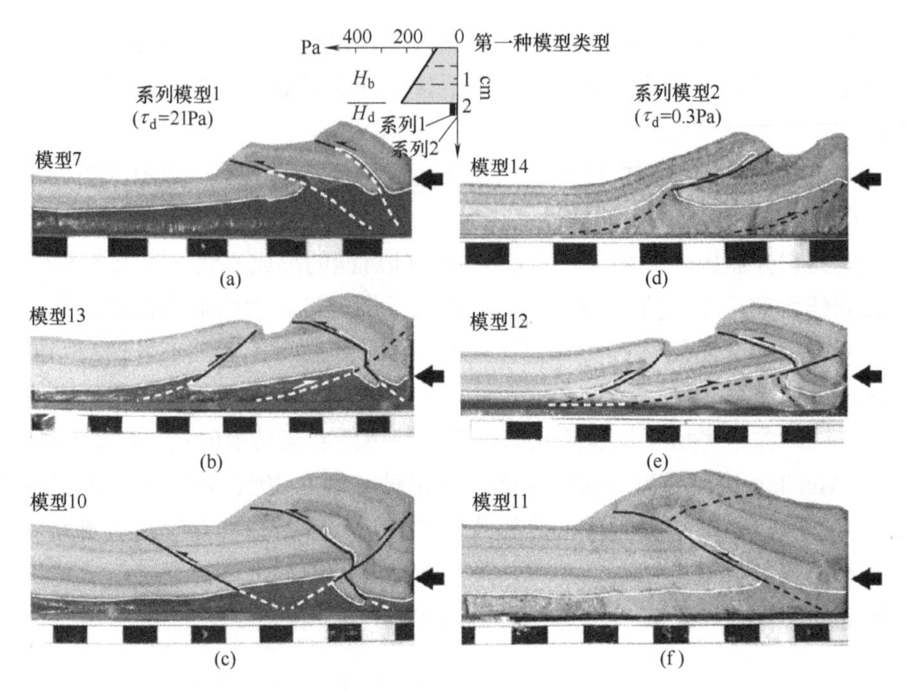

图 2-5　褶皱-冲断带变形样式的物理实验

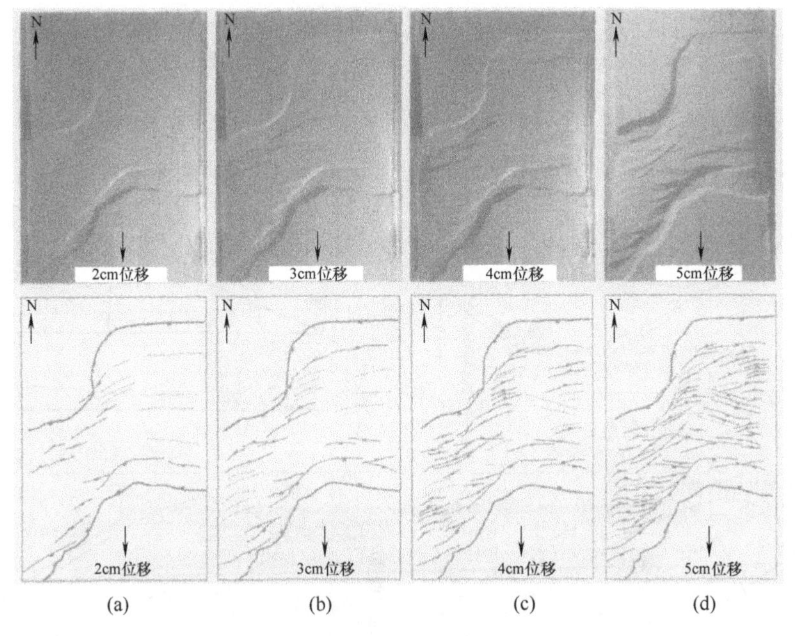

图 2-6　伸展模型盆地的物理模拟

总之，物理模拟技术已经取得了较大发展和应用，在材料选择和技术应用上都已取得较大的进步。模型材料有石蜡、蔗糖、蜂蜜、硅胶、泥土、石英砂、玻璃珠等。发展至今，模拟实验表明不同黏度的硅胶和一定内摩擦角的石英砂是较为实用的材料，

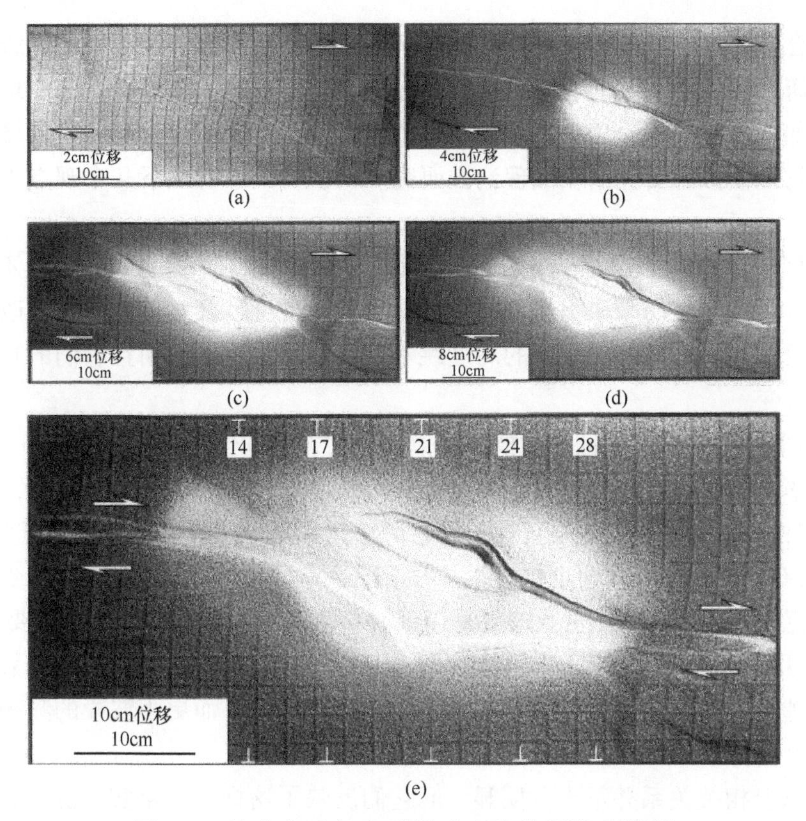

图 2-7　拉分盆地的变形样式和演化的物理模拟

能够较好地表征脆性上地壳、韧性下地壳及岩石圈尺度的不同流变学行为。技术装置除必要的马达和固定的实验操作台外，扫描仪、照相机、FLAC 2D/3D 和 PFC2D/3D 构造数值软件和 ENVI 遥感分析软件、高精度旋转黏度计、三维光学扫描仪和 PIV 速度场与应变场分析等测量分析装置以及 ZJU400 大型工程离心机等超重力条件下构造物理模拟装置等，均适合于岩石圈流变导致的地壳挤压、走滑、伸展减薄与裂陷伸展盆地形成的物理模拟研究。

2.2　物理模拟中的相似理论

物理模拟的核心技术就是能够有效利用相似理论，建立可靠的构造物理模型，以进一步探讨造山带和盆地变形演化的构造几何学、运动学和动力学特征，能够有效再现地质地貌的真实变形。早在 1937 年，Hubbert 教授在美国地质学协会报刊上就详细、系统地介绍了相似理论。可以说该理论的提出，对近 100 年来的构造物理模拟技术的发展，尤其是为定性和定量化方向的分析和应用奠定了坚实的基础，具有非常重要的指导意义。

众所周知，地质体本身就是一个复杂的系统。研究其变形演化就意味着需要众多的理论结合在一起，形成形式上异常的复杂体，这就要求需要应用一些非线性的复杂理论对其研究解决。复杂的理论意味着其内部存在一系列的相似性，如地球的白天和黑夜总是如期而至。这一切表明自然规律和技术应用在空间上具有一定的维度关系。这就要求物理模拟需要应用相似理论去研究和认识，具体有以下几个观点需要详细补充说明：

① 两个具有相似性的动物，在外形几何特征上相似，但是它们的大小不一样，从很高的地方跳下不受伤。采用多种方法测量它们的长度，其相似性并没有改变。一只老鼠、一只狗和一匹马，从相同的高度跳下去，仍然不受伤，而且它们的自身长度并没有任何改变。

② 两个尺寸不同，而且外形极为相似的动物，尺寸较小动物的身体的运动（腿、声音和心率）频率比较大的动物的运动频率要大。

③ 在相同风力作用下，小直径的风力磨坊比大直径的风力磨坊运动速率大。

④ 具有相同生产率的两个机械，一般情况下，高频的与低频的相同。例如，高速转动需要克服摩擦来传输能量。这就是今天材料生产所面临的一个非常重要的问题。

⑤ 在用电设备中，具有相同电量的情况下，用电器频率越大，变压、发电、压缩和运动就越小。由此，短波段的频率应用于收音机广播，而更小波段的频率用在相同能量的发电设备中。

虽然以上相关关系并不十分明显，但它们反映了这样一个事实，物体的物理属性的改变，也会导致其几何特征发生改变。反之，尺寸的改变也会影响物体的几何相似系数和物体的运动状态。因此，研究尺寸成比例的改变，即空间维度上的变化很有必要。

当 n=1，长、宽和高分别为单位 1，体积、密度、质量和面积都为单位 1，此时压力为单位压力 1。当 n=2，长度则为 2，面积为 4，体积、质量和重量均为 8，此时的压力由基底 2 所承载。当 n=3，长度则为 3，面积为 9，体积、质量和重量均为 27，此时的压力由基底 3 所承载（表 2-3，图 2-8 和图 2-9）。

以上分析表明，随着尺寸长度的增加，物体的体积、质量、重量和压力也在不断增加。表明物体在空间上具有长度相似性，这就是物理模拟的理论基础。

表 2-3 物理属性随着长度尺寸变化的理论值

空间维数（n）	长度	面积	体积	质量	重量	压力
1	1	1	1	1	1	1
2	2	2	8	8	8	2
3	3	9	27	27	27	3
4	4	16	64	64	64	4
5	5	25	125	125	125	5

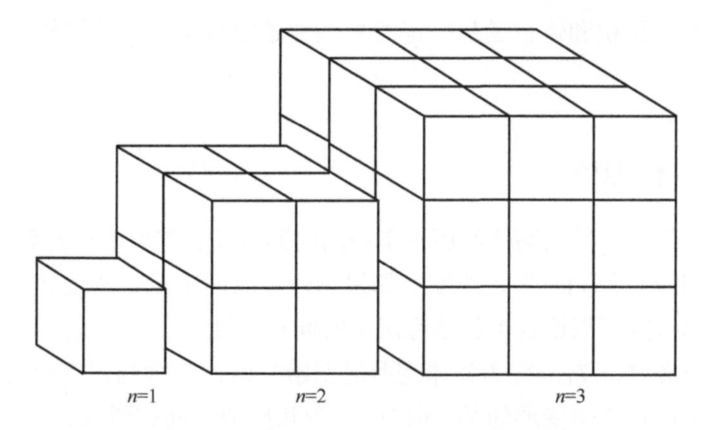

图 2-8　空间上长度的改变及体积变化

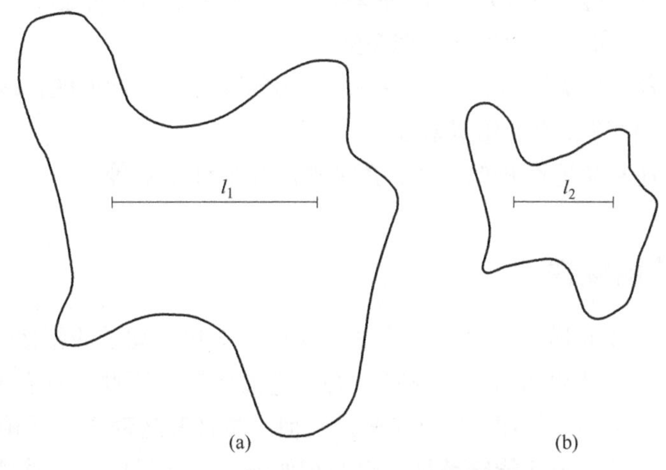

图 2-9　在体积上的几何特征相似性

2.2.1　几何学相似性

当两个物体的长度成一定的比例，而且两个物体在空间上的夹角一定，则这两个物体具有一定的几何相似性。这是相似三角形的一般定义，这也可以应用到包括空间上的任意两个物体。

$L_2/L_1=\lambda$，或者 $L_2=\lambda L_1$，L_1 为第一个物体的长度，L_2 为第二个物体的长度，λ 为长度相似系数；当 λ 大于 1 时，物体放大了一定倍数；当 λ 小于 1 时，物体则被缩小了一定的倍数。

$A_2/A_1=\lambda^2$，A_1 为物体的原始面积，A_2 为物体变形之后的面积，λ^2 为物体的面积相似比。

$V_2/V_1=\lambda^3$，V_1 为物体的原始体积，V_2 为物体变形之后的体积，λ^3 为物体的体积相似比。

物体的长度、面积和体积满足一定的相似性是物理模拟中几何相似性的最基本的准则。

2.2.2 运动学相似性

两个具有几何相似性的物体经历了单一的时间改变，或者单一的空间位置的改变，或者时间和空间位置都同时发生改变。如果物体在时间上成比例地从一个阶段变形到另一个阶段，那么则可以说这个物体经历了时间相似性。

$T_2/T_1=\tau$，或者 $T_2=\tau T_1$，T_1 为物体变形的初始时刻，T_2 为物体变形的另一时刻。在物理模型上，可以是模型变形的某一时刻，τ 为相应的时间相似系数。

运动学相似性中还有速度和加速度相似性。

$v_2/v_1=\eta$，或者（L_2/T_2）/（L_1/T_1）$=\eta=\lambda\times\tau^{-1}$。$v_1$ 为物体的初始速度，v_2 为物体在 T_2 时刻的速度，η 为物体变形速度的相似系数。

$a_2/a_1=\gamma$，或者（L_2/T_2^2）/（L_1/T_1^2）$=\gamma$。a_1 为物体的初始加速度，a_2 为物体在 T_2 时刻的加速度，γ 为物体加速度相似系数。

除此之外，还有角速度相似系数、角加速度相似性系数等。

2.2.3 动力学相似性

在物体的运动和变形过程中，只关注了其几何学和运动学的相似性，但没有考虑物体的质量影响。自然界所有的物体都具有一定的质量，因此，具有重力场、物体内部的质点运动状态和相互作用。只有在满足几何学特征和运动学特征相似性的基础上，物体在空间上的质量分布才能够满足一定的相似条件，即需要满足质量相似系数。

$\mathrm{d}m_2/\mathrm{d}m_1=\mu$，$\mathrm{d}m_1$ 为物体 V_1 体积的质量，$\mathrm{d}m_2$ 为物体 V_2 体积的质量，μ 为质量相似系数。同时，也可以计算出相应的密度相似系数。

$\rho_2/\rho_1=$（$\mathrm{d}m_2/\mathrm{d}V_2$）/（$\mathrm{d}m_1/\mathrm{d}V_1$）$=\mu\lambda^{-3}$，$\rho_1$ 为物体 V_1 体积的密度，ρ_2 为物体 V_2 体积的密度，$\mu\lambda^{-3}$ 为密度相似系数。同时，也可以计算出相应的应力相似系数等。

地球科学经典理论研究表明，在特殊的情况下，近地表的加速度相似系数为 1。总之，造山带和盆地的构造变形物理模拟研究的理论基础就是充分利用自然界物质所具有的相似性条件，对其进行充分的分析和探讨。对于弹性体而言，应力与应变之比为一个常量，也叫弹性模量。长度的变形量又叫杨氏模量。

2.3 变形的受力影响因素

2.3.1 受力分析

首先调查分析模型或物体的各种受力情况，对模型和实际的物体之间的受力关系可以进行如下相似分析：

体力 F_g=dm×g；F_i=dm×a；dm_2/dm_1=μ，$a_2/a_1=\lambda\tau^{-2}$。$\varphi= F_g/ F_i=\mu\lambda\tau^{-2}$，为物体受力的相似系数。

通过 μ、λ 和 τ 参数，就能把物体的受力状态计算出来。密度、长度和时间，在大多数情况下是独立变量，可以选择相关的参数进行计算。在一般情况下，物体的重力和其受到的体力几乎是不可能同时存在于同一个体系当中的。它们所受到的应力比值是相同的。尽管如此，在事实上，控制内力的比例系数应该与重力所产生的比例系数相协调。模型和实际的物体所受到的重力加速度 $g_2/g_1=\gamma g=1=\gamma=\lambda\tau^{-2}$

表面力是为了平衡体力的。表面力与接触面积和受到力的大小具有一定的比例关系。体力/表面力=kl^3/l^2。表明体力的减小与物体的尺寸关系较大，而与表面力的大小关系较小。

某一点的应力状态，即空间上某一无限小的单元体的在 dx、dy、dz 点上的受力状态。通过力的应力平衡，可以计算出空间上的某一点受力。即在 X 平面上的受力为 σ_x、τ_{xy}、τ_{xz}；在 Y 平面上的受力为 σ_y、τ_{yz}、τ_{yx}；在 Z 平面上的受力为 σ_z、τ_{zx}、τ_{zy}。当应力在同一轴线上时，$\tau_{yz}=\tau_{zy}$，$\tau_{yx}=\tau_{xy}$，$\tau_{xy}=\tau_{yx}$。σ_x、σ_y、σ_z 为正应力，τ_{yz}、τ_{yx}、τ_{zx} 为剪应力（具体的推算和计算见 Hubbert）。

体应变为体积增量与原始体积之比，长度线应变为长度增量与原始长度之比，剪切应变为剪切位移与厚度之比。以上参数在固体分析中常常用到。对于液体或其他流体来说，还需考虑其黏度。雷诺数（Reynolds number），即如流体模型的动力相似系数与原始条件相似，那么雷诺数为 $Re_2/Re_1=1$。基于速度和长度两个参数，当模型的雷诺数与原始的雷诺数一致时，对于几何学满足相似条件的物体，其动力学相似系数也基本满足。

2.3.2　特殊的受力分析

从一般意义上讲，可以利用必要的理论来解释任何一种力学模型的刚度、塑性以及流体参数，并提供其必要的属性。在计算实际模型之前需要关注一系列的理论，以及后期研究中可能存在的困难。最基本的动力学相似原则就是所有的力必须与实际的受力情况成一定的比例，并且满足一定的条件。然而在地球表面，模型和原始实际之间应力比的控制因素有可能并不唯一，也许存在二重解，即重力加速度在模型和实际两种情况下均可用。因此，在部分情况下需要建立一定的标准，如加速度、剪应力等（表 2-4）。

表 2-4　模型的力学定量化比例系数

量	量纲	比例系数
角度	L^0	1
面积	L^2	λ^2

续表

量	量纲	比例系数
体积	L^3	λ^3
弯曲度	L^{-1}	λ^{-1}
频率	T^{-1}	τ^{-1}
速度	LT^{-1}	$\lambda\tau^{-1}$
加速度	LT^{-2}	$\lambda\tau^{-2}$
角速度	L^{-1}	λ^{-1}
角加速度	T^{-2}	τ^{-2}
密度	ML^{-1}	$\mu\lambda^{-1}$
动量	MLT^{-1}	$\mu\lambda\tau^{-1}$
时刻动量	ML^2T^{-1}	$\mu\lambda^2\tau^{-1}$
角动量	ML^2T^{-1}	$\mu\lambda^2\tau^{-1}$
体力	MLT^{-2}	$\mu\lambda\tau^{-2}$
转矩	ML^2T^{-2}	$\mu\lambda^2\tau^{-2}$
工作所需能量	ML^2T^{-2}	$\mu\lambda^2\tau^{-2}$
动能	ML^2T^{-3}	$\mu\lambda^2\tau^{-3}$
施加的作用力	ML^2T^{-1}	$\mu\lambda^2\tau^{-1}$
应力	$ML^{-1}T^{-2}$	$\mu\lambda^{-1}\tau^{-2}$
应变	L^0	1
弹性模量	$ML^{-1}T^{-2}$	$\mu\lambda^{-1}\tau^{-2}$
黏度	$ML^{-1}T^{-1}$	$\mu\lambda^{-1}\tau^{-1}$
运动黏度	L^2T^{-1}	$\lambda^2\tau^{-1}$
重力场常量	ML^3T^{-2}	$\mu^{-1}\lambda^3\tau^{-2}$

2.4 物理模拟相似模型建立

2.4.1 研究思路

① 分析造山带和盆地的构造特征，特别是前人对造山带和盆地研究所取得的成果和认识，然后基于野外地质现象进行归纳总结。最后根据所获得的地质、地球物理和钻测井资料开展区域地质剖面分析，并结合高分辨率的遥感数据进行图像解译，为模型的设计提供充分依据。

② 在地质资料分析的基础上，进行系列基础剖面和平面实验测试，确定合适的实验材料及控制韧性下地壳流变学状态的关键因素。

③ 构建研究区特定构造变形三维相似模型并开展多组实验。因造山带的演化过程

较长，或者变形历史复杂，不可能把每个阶段都研究得很清楚，只能从问题的简单方面着手，抓住造山带变形的关键演化阶段，进行有针对性的模拟实验。

④ 结合模拟实验，以研究区实际地质特征为约束条件，评判实验结果的相似程度并优化模型参数，以相似性条件为约束，采用逐渐逼近原则，直至实验结果达到与研究区的地质特征具有较好的相似性为止。

⑤ 在获得较好模拟结果的基础上，结合前人研究成果，分析地壳结构、物质组成、侵蚀和沉积、降雨和河流作用，以及地壳韧性基底流变学差、滑脱层的叠置几何特征等对研究区关键演化时代构造变形的扩展过程及控制，并对研究区应变速率场、区域构造应力场与固体矿产资源分布等进行初步讨论，并预测有利的资源分布、区域的变形演化机理等。

2.4.2　模型设计

地质体极为复杂，需要按照物理模拟中的相似理论，进行逐步研究。在构造变形中，影响研究区构造变形的因素较多，如滑脱层的埋深、滑脱层的分布、地层脆性层厚度、地壳厚度结构、地壳岩石密度结构、韧性基底的流变学结构差异、地壳块体的能干性差异、地温差的分布差异、地层抬升剥蚀程度、地貌及基底倾角、先存构造、地层压力、断层边界几何形态等。这些因素往往无法同时满足相似原则或因资料有限难以具体确定，只能选择考虑其中起关键控制作用的参数进行相似性判别，以达到简化模型设计的目的。因此，物理模拟中相似模型设计简化过程中考虑了以下几个科学问题。

（1）地质体边界条件的影响及其简化

确定研究区的边界断裂几何形态。针对边界断裂，前人的研究结论是什么，基于前人的认识进行研究。如前人并没有精细的形态划分，但大致的初始形态是位于地貌结构特征差异的位置，可以明显判别出其两侧构造样式存在差异。因此，具体的几何形态以前人划分为约束。一定要考虑先存断裂的影响，因为初始几何形态对后期的变形具有明显的影响。在此基础上，确定构造几何特征上存在的科学问题。同时，要考虑研究区不同构造带的构造变形差异及特征。针对探讨的科学问题，略去边界的影响，放大研究范围。因此，在研究过程中，除了考虑构造带内部的边界断裂形态以外，需要简化邻区的影响，否则问题会变得十分复杂。

（2）不同构造带沉积地层脆、韧性层厚度差异的影响

要根据深部地震剖面结构特征，来确定研究区脆性地层厚度及软弱滑脱层在区域上各构造带的深度和厚度。地质及钻井资料数据统计可以揭示脆性厚度分布范围。然而由于地质、地貌复杂，有时其深部地震具体数据并没有得到很好的约束，地球物理资料只能给出大致区间范围，甚至有的区域目前尚未获得相关数据，无法精确测算。另外，在实验操作中无法保证具有特定分区厚度差异的脆性层设置在每个实验中都相同，这增加了实验的系统误差。因此，考虑到数据的不确定性和模拟实验的稳定性，

模型设计中需将脆、韧性变形层都视为均厚、均黏度的水平层，忽略其在水平方向上的非均质性。这种简化方式在数值模拟及物理模拟中已广泛使用。

（3）研究区地貌差异影响

研究区地貌与现今结构特征不同。特别是外地质作用，如冰川、河流和降雨作用，对地貌改变较大，同时因地貌动力条件变化，深部的构造变形样式也会有一定的差异。因此，需要高度重视地质体表生变化与内部物质形态的改变。但是也存在一定困难，有时古地貌差异对变形的影响难以确定。在研究中，需要抓住构造变形的关键时代，因此需要简化地质体内部的结构和初始地貌。总之，这些复杂的结构特征是研究区复杂的挤压应力和伸展应力作用所致，需要考虑一定的应力场条件，并对初始模型进行简化。

（4）地层几何特征的影响及其简化

应根据岩石力学性质分析，地震及钻、测井资料分析，构造样式解析厘清研究区的不同时代的地层分布，这样才能有效地确定地层的力学性质和流变学特征。在三维物理模拟研究中，根据相似原则，在边界条件约束下可用不同系列的均厚韧性层对实际地质条件下的滑脱层进行简化和处理，这一研究方法也是物理模拟研究较为常用的手段。

2.4.3 模型参数确定及其依据

（1）地质块体的边界构成

研究区所在的构造位置、边界条件、地壳厚度、变形分布范围需要厘清。同时应考虑边界对研究区内部变形的干扰及其影响，给予大于研究区范围的模型范围，避免因边界作用而产生对分析问题的影响。

（2）地壳的结构及组成

研究区基底地层组成。地层从元古宇至新生界第四系均有或者缺失，应根据实际情况进行分析，建立相应的模型结构。模型设计中，根据地层岩石组成简化微观上非均质性的影响，同时考虑地层结构对变形的控制性影响。

（3）地壳的流变学结构

流变学结构的研究是构造变形研究的又一核心。地壳物质结构、温度、压力和物质成分等不同，导致其力学性质存在较大差异。近年来，有相当多的构造地质学家在广泛关注地壳流变学结构对变形演化的控制。研究流变学结构可以从地震波速、地温梯度等技术着手（见图 2-10）。

（4）相似材料的选择

实验材料依据力学性质差异可分为脆性材料与韧性材料。脆性材料通常用于模拟强硬岩层的脆性变形。物理模型中，经常采用石英砂模拟岩石圈尺度所发生的地壳脆性变形。早在 1951 年，构造物理学家 Hubbert 就应用松散的石英砂研究应变和断层的关系，该研究结果揭示了石英砂力学性质与自然界中的岩石的变形具有较大的相似性。

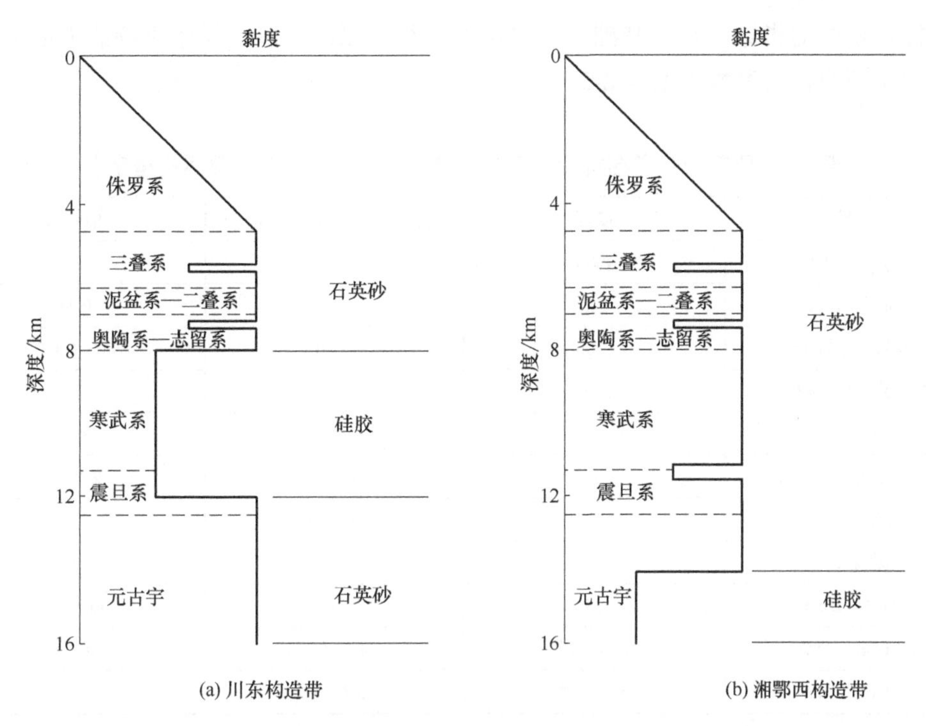

图 2-10　川东—湘鄂西褶皱-冲断带物理模拟流变学剖面结构

同时，前人还对为什么要用松散石英砂作为地壳脆性变形模拟的相似材料进行了分析探讨。表明石英砂具有有限剪切强度、脆性变形行为、较低的内聚力和便于沉积模拟 4 个方面的明显优势。为此，在近 30 年来的物理模拟中松散石英砂在脆性变形研究中得到了广泛应用。韧性材料通常用于模拟软弱岩层，如泥页岩、膏盐岩所发生的变形。模型中通常用不同黏度的硅胶、蔗糖、蜂蜜等材料来模拟易于流动或滑脱的岩层，如岩石圈尺度的软弱层、部分熔融中上地壳、软弱下地壳以及褶皱-冲断带的滑脱层。

（5）基础实验及确定

影响实验的因素较多，但对具体实验起控制作用的关键因素较少。前人的物理模拟分析研究表明地貌条件，挤压速率，脆、韧性层厚度比，模型初始几何形状，滑脱层的几何特征分布，侧向摩擦力等对变形均具有控制作用。然而，针对研究区特定的科学问题，开展较多的构造变形控制因素研究具有一定的复杂性，而且往往不能实现。因此，在研究中，就需要选择对变形具有关键控制作用的因素进行分析探讨。而其余不具决定性作用的因素只能提供定性参考，无法给出具体的解析。因此，应根据研究问题的需要确定研究过程有针对性的关键控制因素，并挑选具有代表性的模型作为被考察变量进行实验研究，其他因素固定，以确保实验结果具有可对比性及所得结论具有可靠性。

（6）模型几何参数的确定

基础实验获得的结论可以揭示边界条件，挤压速率，伸展速率，剥蚀和侵蚀速率，沉积速率，韧性层黏度，脆、韧性层厚度比对研究区构造变形的影响，为相似模型的设计提供重要的指导。在此基础上，严格按照相似原则，以实际地质特征为依据来确定相似模型的各项参数（见表2-5）。

表2-5 研究流变学结构模型力学特性参数（如川东—湘鄂西构造带）

参数	模型	川东—湘鄂西构造带	相似比
脆性层密度 ρ_b/（kg/m^3）	1430	2400	0.6
韧性层密度 ρ_b/（kg/m^3）	940	2200	0.43
韧性层黏度 η/（Pa·s）	8300	7.75×10^{20}	1.07×10^{-17}
脆性层内摩擦系数 μ	0.6	0.6~0.85	
应力 σ/Pa	112	1.89×10^{6}	6×10^{-7}
脆性层内聚力 σ/Pa	80	40×10^{6}	2×10^{-6}
脆韧性比 δ	0.5~5	0.3~30	
重力加速度 g/（m/s^2）	9.81	9.81	1
缩短量 L/cm	15	1.5×10^{7}	1.0×10^{-6}
挤压速率 v/（m/s）	2.5×10^{-6}	4.3×10^{-11}	5.8×10^{4}
变形时间 t/s	5.4×10^{4}	3.2×10^{15}	1.69×10^{-11}

（7）挤压和伸展速率的确定

物理模拟研究表明，挤压速率对构造变形具有较大的控制作用。挤压速率控制楔形体的抬升和向外变形扩展。速率大，支撑板倾角小的挤压作用主要形成倾向楔形后侧的逆冲构造；支撑板倾角增大和挤压速率减小，主要形成倾向楔形前侧的逆冲构造。Gutscher等的物理模拟研究表明，挤压速率在0.05~0.5cm/min之间，主要形成双冲构造；挤压速率在0.5~1.0cm/min之间，主要形成指向前陆的逆冲构造；挤压速率大于1.0cm/min，变形以高摩擦作用为主，形成指向后陆的逆冲构造。实验研究表明，挤压速率会改变地层的流变学特性，进而影响构造变形样式的产生。伸展速率对变形同样具有较大影响。伸展速率可以反映裂谷或弧盆地的扩张变形过程。研究中，应针对研究区具体的构造特征，进行不同速率条件下的分析测试。前人研究表明，在相同脆韧性的条件下，挤压速率较快（1.5cm/h），变形主要集中在褶皱-冲断带根带；挤压速率较慢（0.3cm/h），产生的构造样式差异较小，因此，0.9cm/h的挤压速率能够满足该地区变形特征的研究。

2.5 数据分析

2.5.1 三维扫描数据处理

模型表面数字化技术于近年引入构造物理模拟研究中，该技术是一种非接触式的数字化方法，通过向模型投射光栅，并被与被测物体互成角度的两个相机捕捉成像，通过相关算法即可得到模型表面各处三维坐标。可采用 OKIO 光学扫描仪器，扫描数据通过 Geomagic studio 软件进行处理，并使用 Global mapper 成像，通过色标渲染使具有不同高程的区域分色显示，直观、量化表达模型各处地表起伏，也可以在三维表面上定义测线获得相应的高程剖面或选定范围求取体积。

Nilforoushan 等利用接触式自由扫描仪，对岩石表面微形态进行了扫描分析。通过扫描仪重复扫描应用，可以获得岩石表面的风化强度。扫描仪可以应用向下的风化和侵蚀速率等分析。该技术在物理模拟中已得到了多次测试，具有较好的可靠性。详细的使用方法如下：扫描仪释放出一束红光，波长为 670nm。当红光到了被扫描物体的表面之后，它会产生直径为 0.2mm 的红色光点。探测仪将以一定的角度与物体表面的红色光点聚焦，进而计算出物体表面的海拔或者高程。高程是 100mm 的格栅网格，其分辨率是 0.025nm，识别的精度是 0.1mm。在实验室，其分辨率和适用性更好，因为其使用的环境控制条件更优越。因此，扫描仪具有广泛的应用。

近年来，在物理模拟研究中，该方法也得到了非常广泛的应用。由于这种方法扫描速度快，数据精度高，为研究模型表面隆升过程提供了丰富的资料和可靠的手段。

2.5.2　PIV 应变场分析

以往的砂箱实验应变场分析通过设置标识点，对变形后各标识点进行测量，进而分析其位移、应变特征，但这种方法受限于标识点的数量及测量精度。随着 PIV（particle image velocimetry）技术的引入，物理模拟实验应变场的定量化研究获得突破性进展。借助砂箱实验位移场的高分辨率分析，可以获得许多应变场、速度场、运动轨迹等方面的信息，并反馈于变形机理及模型参数优化上。

PIV 是一种最初用于流体运动学研究的测速方法，该技术能够瞬时记录大量空间粒子的位置信息，并通过相关性分析来处理序列图像（图 2-11），获得粒子的位移矢量，以此为基础计算出挤压、伸展、剪切、旋转等应变的大小和分布。由于该技术具有瞬态、多点、连续监测、非接触式、高分辨率等特点，非常适合构造物理模拟应变分析的需要。

具体的技术方法见文献。PIV 在构造物理模拟研究中主要用于获得以下几方面信息。

（1）模型位移场分析

位移场是 PIV 计算的初级结果，但可以直观地获知模型各处位移大小。

（2）模型速度场分析

由于 PIV 直接测量示踪粒子变形前后的位移，结合变形所用时间，可获得某一瞬时模型各处的速度分布，并通过矢量箭头及彩色云图的方式显示出来。

（3）模型某一方向挤压（伸展）应变强度分析

将位移数据通过相关公式进一步计算可获得挤压（伸展）应变场图像，通过矢量箭头及云图的方式表达。

（4）模型剪切应变速率分析

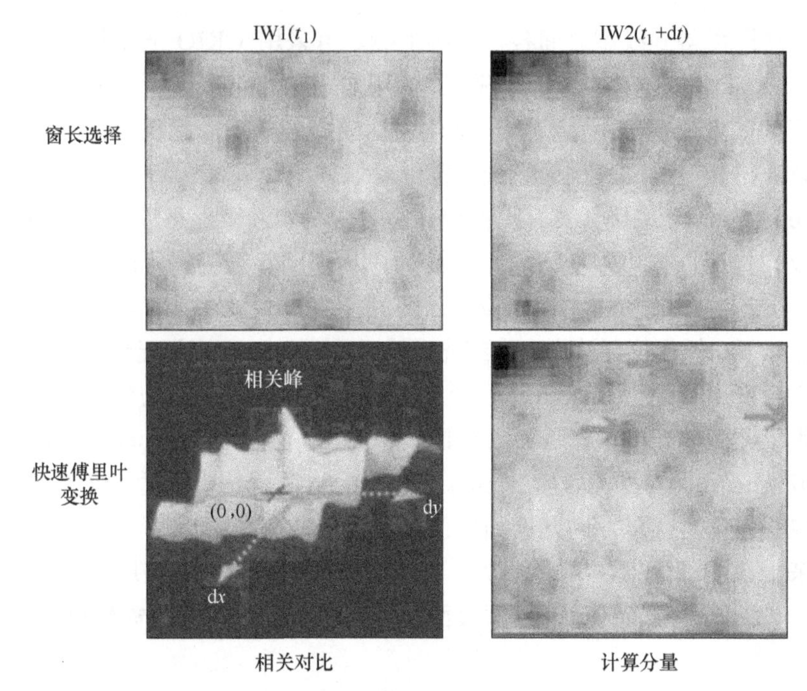

图 2-11　应变速率场图像处理计算

剪切矢量同样通过位移数据计算获得，通过对实验过程不同阶段剪应变强度的计算，可以得知变形过程中应变集中部位的变化，精确地了解剪切变形的速率大小及发育范围。

此外，还可以获得旋转应变（涡量）、模型表面运动轨迹（流线）等数据，给实验结果的分析提供多方面的量化信息。

第3章 盆地形成和演化的物理模拟研究

3.1 盆地的概念

盆地是指地球表面（岩石圈表面）相对长时期沉降的区域，因整个地形外观与盆相似而得名。换言之，盆地是基底表面相对于海平面长期洼陷或坳陷（depression）并接受沉积物沉积充填的地区。沉积盆地既可以接受物源区搬运来的沉积物，也可充填相对近源的火山喷出物质，当然也接受原地化学、生物及机械作用形成的盆内沉积物。因此，沉积盆地既可以是大洋深海、大陆架，也可以是海岸、山前和山间地带。从构造意义上说，盆地是地表的“负性区”。相反，地表除盆地以外的其他区域都是遭受侵蚀的剥蚀区，即沉积物的物源区，这种剥蚀区是构造上相对隆起的“正性区”。

根据应力场分布特征，盆地可以分为伸展型盆地、挤压型盆地和走滑拉分型盆地。根据其地貌特征及分布，又可以划分为裂谷、坳陷、坳拉槽和被动大陆边缘盆地。

伸展型盆地是在引张应力作用下地壳和岩石圈伸展、减薄作用有关的一类裂谷盆地，由陆内裂谷到被动大陆边缘这一盆地演化序列所构成。裂谷是最常见的一种伸展型盆地。裂谷一词较早用来描述东非大裂谷的形成特征，是指在平行断层之间的一狭长的凹陷。随着裂谷研究的发展，当今所认为的裂谷是由于整个岩石圈遭受伸展破裂而形成的狭长凹陷。强调了裂谷的边界影响而不是裂谷中的平行断层，同时还强调了岩石圈尺度的构造作用。

除了裂谷外，坳陷、坳拉槽和被动大陆边缘也属于伸展型盆地。裂谷是板块构造术语，两侧以高角度正断层为边界的窄长线状洼地。同时，裂谷也是伸展构造作用的产物，它使岩石圈减薄和破裂，地壳完全断离，有新生的洋壳产生，因此它代表了大陆裂解、洋盆产生的初期过程。裂谷以其线状形态及碱性双模式火山杂岩的发育为特点。在地质历史时期中，古裂谷系还出露下伏的环状碱性杂岩群。这些都是鉴别裂谷系的重要标志。目前所知，地球上主要的大型裂谷有东非大裂谷、莱茵河裂谷等。

坳陷泛指地壳上不同成因的下降构造。这一术语无尺度大小和形态的限制，如盆地、坳槽、地堑、裂谷等。而这种下降可以直接起因于垂向地壳运动，也可以由侧向挤压或伸展所产生。

地堑（graben）是地壳上广泛发育的一种地质构造，为两侧被高角度断层围限、中间下降的槽形断块构造。仅在一侧为断层所限的断陷，称为半地堑或箕状构造。大规模地堑发育的地方，预示着地壳拉伸变薄。地堑常成长条形的断陷盆地，东非大裂谷、我国东部新生代盆地都是典型的地堑构造系。许多重要的有机矿藏均与地堑有关，因此研究地堑有重大实用价值。

被动大陆边缘盆地（passive continental margin basin）是分布在被动大陆边缘的盆地，又称大西洋大陆边缘盆地，是一个从大陆向大洋过渡的广阔带，地壳稳定。主要形成砂质黏土岩建造、石英岩建造和灰岩建造。被动大陆边缘盆地产生于海底扩张后期，由大陆边缘或陆间裂谷继续扩张、逐渐张开加宽而形成。大陆在分离后随时间的延续发生失热沉降，同时由于沉积物负荷作用进一步发生区域性挠曲沉降，形成具有宽广的大陆架、平缓的大陆坡和大陆隆的被动大陆边缘盆地。因此，大陆分裂时期的裂谷活动可导致陆缘地壳伸展减薄，但更普遍的可能是机械伸展作用，是陆壳与洋壳间的应力差而导致陆壳一致向洋壳伸展，在伸展变形过程中必然有些地区会出现裂谷活动，后者又进一步促进了这一作用的进行。一般来讲，在构造特征上，从陆壳边缘向海洋方向发生阶梯状断陷，形成边缘裂陷槽。在沉积巨厚的陆架、陆坡上，由于沉积物的重力滑塌及沉积作用，多形成同生断层和逆牵引构造，若蒸发岩发育，多发生盐底辟构造或刺穿上覆地层发生褶皱和断层。在沉积特征上，下部是陆内或陆间裂谷阶段形成的沉积岩系；上部为大陆分离后随着岩石圈失热沉降而堆积的海陆交互相碎屑岩、碳酸盐岩及蒸发岩，构成向海方向减薄的楔状体。

3.2 伸展型盆地的物理模拟研究

3.2.1 伸展剪切模式

伸展作用模式有主动裂陷和被动裂陷。在主动裂陷作用中，地表变形与地幔柱或热底辟对岩石圈底部的撞击相伴生，来自地幔柱的热传导加热作用、来源于岩浆生成的热传递作用或者来源于地壳深部的热对流作用均可以使岩石圈变薄。被动裂陷作用是岩石圈对区域应力场的被动响应。在被动裂陷中，首先是张应力引起岩石圈破裂，其次才是热地幔物质贯入岩石圈，地壳穹隆作用和火山活动仅是次要过程。

（1）对称伸展作用的 Mckenzie 模式

Mckenzie 伸展变形模式：a.假定地壳和岩石圈的伸展相同，即均匀伸展。b.伸展作用是对称的，不发生固体岩块的旋转作用。由此导致的岩石圈的伸展过程中，主应变轴的方位不会随时间而发生变化，因此，这些是纯剪切变形状态。c.当岩石圈受到瞬时和均匀的拉伸作用而变薄时，热的软流圈为了保持岩石圈均衡而被动上隆，此时，如果大陆岩石圈的初始表面相当于海平面，可以得到机械伸展造成的沉降和隆起。

均匀伸展的 Mckenzie 模型要点如下。

① 盆地的总沉降量由两部分组成：其一是由初始断层控制的沉降，它取决于地壳

的初始厚度及伸展系数；其二是岩石圈的等温面向着拉张前的位置松弛，从而引起的热沉降，热沉降只取决于伸展系数的大小。

② 模拟结果表明断层控制的沉降是瞬时的。由于热流值随时间而减小，因此热沉降的速率随时间呈指数减小。一般情况下，大约 50Ma 后岩石圈的热流值将降低到初始值的 1/e，因此，裂谷活动停止以后热流值对伸展系数的依赖程度减小。

（2）非对称伸展作用的 Wernicke 模式

Wernicke 在北美西部盆岭省变质核杂岩构造研究的基础上提出了一个岩石圈不对称伸展模型：认为岩石圈的伸展作用可以通过一个巨大的、贯穿整个岩石圈的低倾角剪切带来实现。因此，低角度正断层构成了许多伸展构造区内的主体构造。这种断层可以发育在中地壳构造层内，也可以切穿整个岩石圈。从构造变形的角度分析，这种低角度正断层是由地壳或岩石圈内的简单剪切变形作用而形成的。在简单剪切变形作用下，岩石圈变形过程中主应变轴的方位随时间发生了递进变化。

与纯剪状态下的对称伸展作用不同，这是一种非对称的伸展变形状态，构造上表现为盆地两侧或被动大陆边缘两侧构造几何学可以完全不同。简单剪切产生强烈的不对称变形，壳幔明显拆离，地壳变薄区和地幔变薄区位置显著不一致，岩石圈的伸展作用通过低角度的剪切带从一个地区的上地壳转移到另一个地区的下地壳或地幔岩石圈中，这必然会导致断层控制的伸展带与软流圈的上涌发生分离。

（3）伸展作用的联合剪切模式

Mckenzie 模式描述了岩石圈伸展的一级响应，假设岩石圈是局部的均衡补偿，且随深度均衡拉伸，忽略了基底断裂在岩石圈伸展过程中的作用。相反，Wernicke 模式中，假设缓倾角的剪切面穿过整个岩石圈进入软流圈。深层反射资料表明，在大陆岩石圈伸展和裂谷盆地的变形过程中，大的基底断裂非常重要，控制了不对称盆地的发育。这些大的基底断裂一般局限于上地壳地震层内，延伸到下地壳后，脆性破裂变形被弥散式韧性变形作用所取代。在下地壳和地幔韧性变形区，岩石伸展是通过纯剪切，而不是岩石圈上部的简单剪切作用来完成的。因此，大陆岩石圈的变形是简单剪切作用和纯剪切变形共同控制作用的结果。

3.2.2　伸展型盆地地质问题

伸展型盆地是在岩石圈的引张应力条件下形成的，其形成的应力机制、伸展方式和演化过程一直是构造地质学家关注的重点。裂谷型伸展型盆地，其伸展方式的不同，导致其构造体系和断裂扩展方式也存在明显的差别。有关伸展型盆地的物理模拟，前人对此开展了大量的研究。

第一个实例是东非裂谷系。活动断裂带的东非裂谷构造变形特征和断裂的形成模式，在形成演化过程上存在争议。在早期的研究中，常常认为东非裂谷系的埃塞俄比亚裂陷是由两支主要断裂组成：一支是边界断裂；另一支是 Wonji 断裂。边界断裂产生断层陡坎，把裂陷盆地从埃塞俄比亚高原和索马里高原分离出来。使得裂陷的北部向北东向 40° 伸展，裂陷的中部则向北东向 30°伸展。地震和构造样式表明深部 5km 处，盆地的结构特征显示为不对称性结构，并斜向指向已偏移的边界断裂。在 11~16Ma 之间，盆地的裂陷作用具有一定的穿时性，而且，裂陷的活动一直持续到 2Ma 左右，现今普遍认为裂陷处于不活动时期。Wonji 构造带是形成 S 形、纵向叠置、右阶型雁列式的断裂。这些断裂斜向影响盆地的基底层序和裂陷构造的北段和东段，分别形成北东向 20° 展布和北东向 12° 展布。Wonji 断裂形成的时间约 2Ma。大地测量表明，现今 80%的应变是通过这些断裂所吸收的。Wonji 断裂部分的形成与第四纪火山的强烈作用有关，且来自中非裂谷系北部的地球物理数据证实，该构造带岩石圈下部存在岩浆作用。岩浆的侵入作用导致右阶型雁列式断裂的形成，并且形成地表第四纪火山口。岩浆的作用过程对裂陷基底的地壳和岩石圈地幔具有一定的改造作用。在这一演化阶段，形成了缩短的、窄的埃塞俄比亚北部的 Wonji 断裂带。前人对此解释为这是由大洋基底的伸展作用所形成的。

岩浆演化导致岩石圈发生了分异，并且影响了从边界断裂到 Wonji 断裂之间的变形样式。这一过程体现在通过岩浆侵入作用，为该构造带提供热量、形成岩浆弱化现象和对区域的应变进行调节。岩浆条带发生在低应变的区域，而且比活动的断裂带要明显。在这样的条件下，岩浆演化过程控制了新形成断层的走向。很明显，其已经达到岩石圈尺度的规模。这也就是早期岩浆隆起的格架结构特征。前人研究表明，该构造低的伸展速率是 4~7mm/a，并表明具有斜向裂陷方式。运动学特征基本揭示，在 3Ma 左右发生了一次斜向裂陷。然后，也有学者认为是在 11Ma 发生了斜向裂陷作用。因此，对于埃塞俄比亚的裂陷形成及演化存在争议。对此，前人开展了部分物理模拟研究。

3.2.3 伸展型盆地的物理模拟

（1）模型设计

应用斜向伸展物理模拟装置模拟东非裂谷的形成及变形演化（图 3-1）。

实验应用了挤压方向夹角 30° 和挤压方向夹角 45° 的两种模型进行分析探讨。两组模型均是在常规重力加速度下模拟，即在 1g 条件下模拟。上地壳的大陆岩石圈在浮力作用下位移下伏低黏度的软流圈之上。从上地壳、下地壳和地幔的强度剖面曲线可以看出，脆性的上地壳、韧性的下地壳、强度较大的韧性岩石圈地幔。下地壳和岩石圈地幔的韧性层随深度增加强度减低。地球物理数据揭示了东非裂谷埃塞俄比亚的裂谷系的古老岩石圈的非均质性，为物理模拟奠定了基础。

实验中，软弱带（薄弱带）代表实际的地壳增厚部分。通过用弱的材料和增加温度来代替强度较大的岩石圈地幔，以减小岩石圈所产生的阻力。在实验过程中离心力对模型产生一致的应力。伸展变形主要集中在构造薄弱带，并提供一定的应力分布。在不同的实验中，与位移方向相关的薄弱带的指向是不断发生变化的。对此，可以分析岩石圈

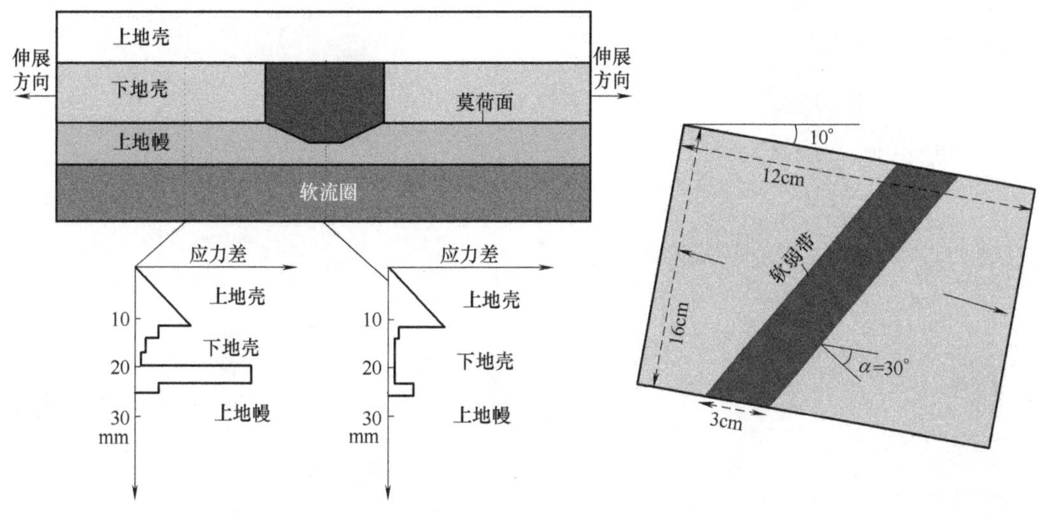

图 3-1　伸展型盆地裂陷作用物理模拟设计

尺度下不同斜向伸展下裂陷的作用过程。垂直于裂陷扩展方向的伸展和平行于裂陷轴轴左行剪切均能促进裂陷的形成。同时，在实验中也模拟了裂陷期的沉积作用对裂陷形成的影响。

（2）模拟结果

Croti 应用物理模拟研究表明，斜向伸展、边界条件和岩浆作用对该裂谷带构造变形演化具有关键的控制作用详见图 3-2 和图 3-3（书后另见彩图），图中显示了伸展变形

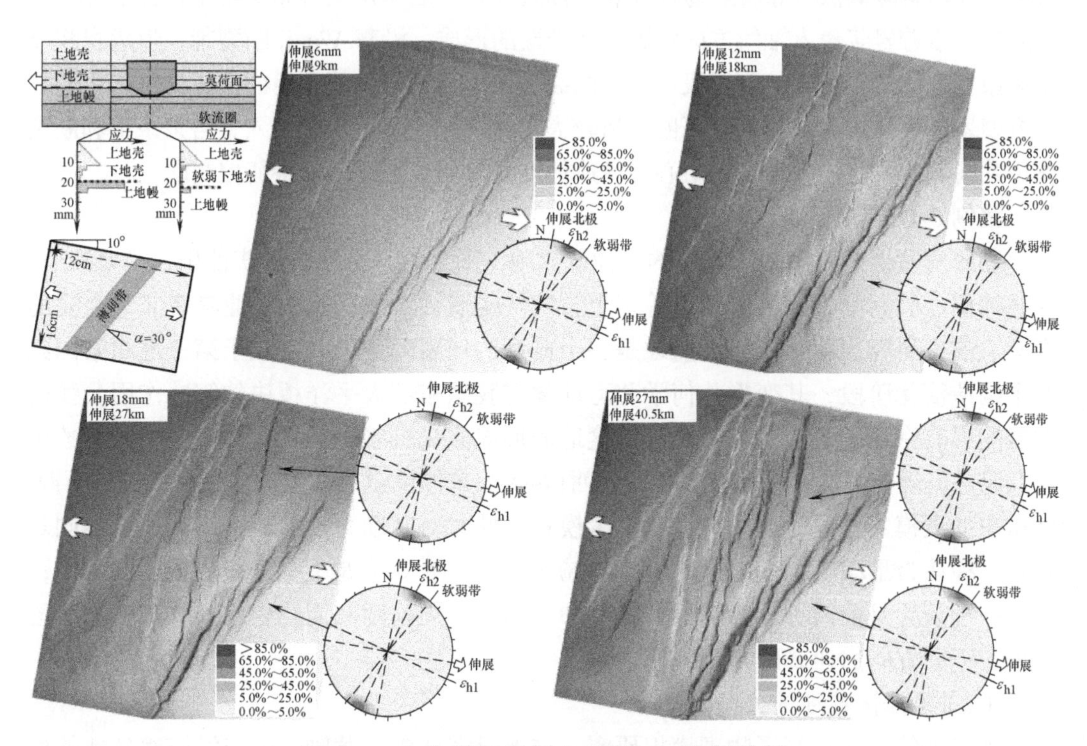

图 3-2　东非裂谷带斜向伸展 30° 模拟结果

ε_{h1}—水平方向的最大伸展应变；ε_{h2}—水平方向的次级伸展应变

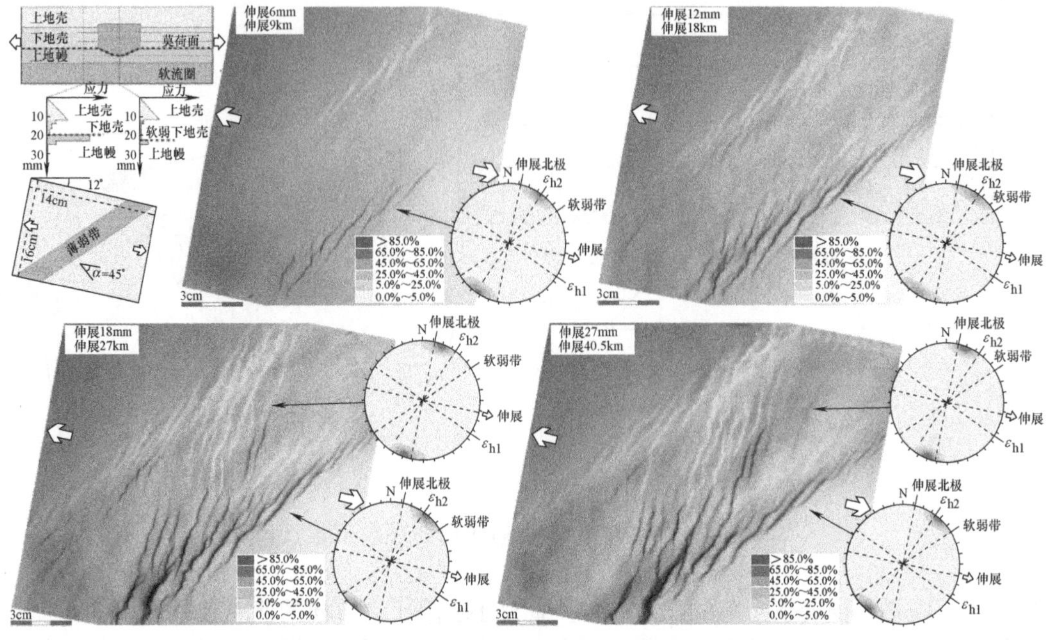

图 3-3　东非裂谷带斜向伸展 45° 模拟结果

量所占百分比。热的岩浆在强烈减薄的岩石圈下上升，形成雁列式的断层，这些特征与东非裂谷系 Wonji 构造带岩浆作用带下伏的北东向地幔低速带的分布一致。这也被前人解释为地幔熔融离散分布带。通过 Wonji 断裂作用，岩浆房的分布更集中，并且导致了右阶型、沿着岩浆侵入轴线方向的雁列式断层的形成。沿着 Wonji 断裂带，形成岩浆喷出现象。这体现在裂陷的不同段内部的断裂走向上，因岩浆喷出后的形成的沉降中心。伸展型岩浆侵入导致减薄的岩石圈变形较大，伸展量是通过岩浆侵入、岩浆条带和断裂作用共同调节的。洋中脊扩展中心的慢速伸展受大陆地壳运动学特征控制。

案例 3-1：我国渤海湾盆地

渤海湾盆地是我国东部重要的含油气盆地（图 3-4），分布有大庆油田、辽河油田、吉林油田、胜利油田、江苏油田等多个含油气构造，对我国石油工业具有非常重要的意义。前人研究表明，渤海湾盆地是一个典型的伸展型盆地，存在于第三纪和第四纪两个构造演化阶段，其变形几何学和运动学与我国东部太平洋板块的俯冲作用及弧后伸展变形有密切的关系。有关渤海湾盆地的形成演化机制，前人对此开展了大量的研究。但是，至今仍然存在争议。存在北西西-南东东伸展模式、走滑拉分模式、北西西-南东东伸展模式叠加北北东向右型走滑模式。同时对其动力学的成因解释也有不同观点：一种认为是印度-亚洲碰撞的远程效应所致；一种认为是太平洋板块俯冲的结果；还有一种认为是前两种动力学条件的叠加。为此，周建勋和周建生通过物理模拟手段开展了不同方向的伸展研究。

（1）渤海湾盆地的模型设计

周建勋等对此进行了物理模拟研究。作者研究认为，黄骅凹陷与渤海湾盆地的外形结构特征相似，于是利用黄骅凹陷边界断裂作为模型的边界约束。对此设计了三组

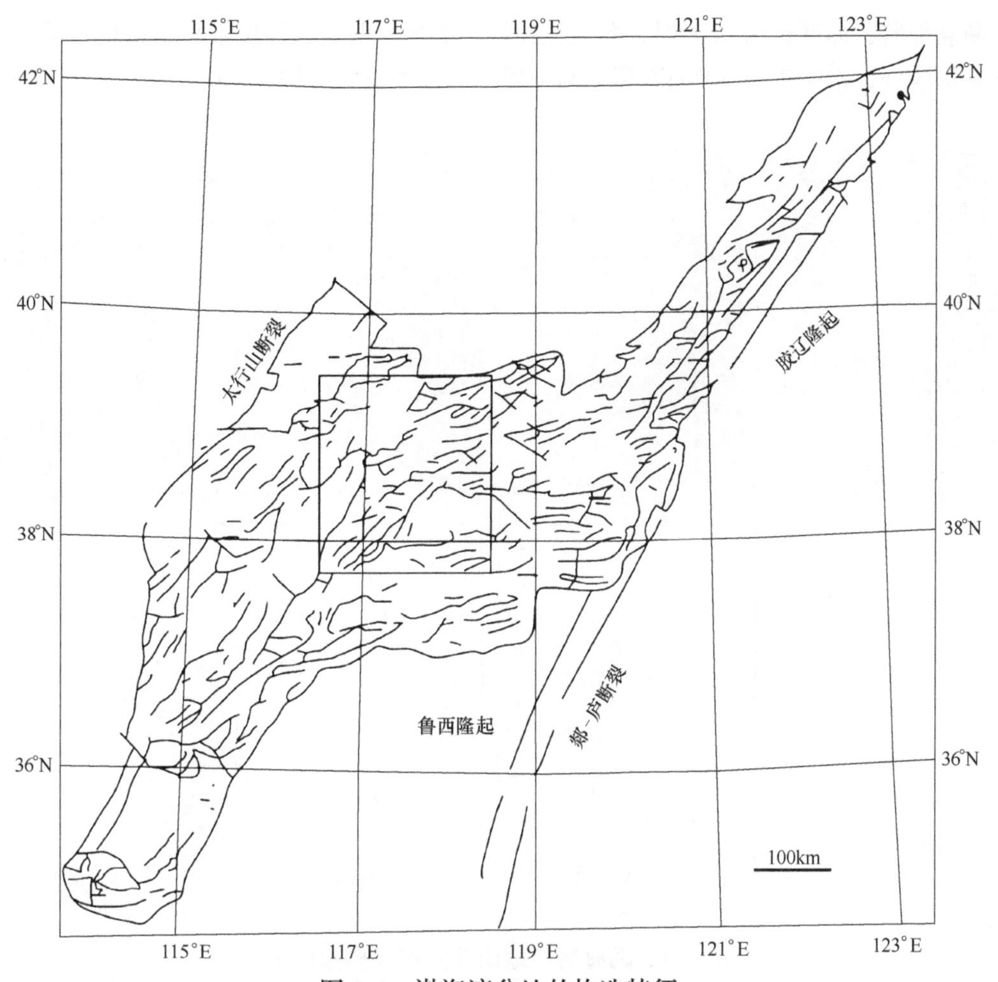

图 3-4　渤海湾盆地的构造特征

模型：a.南北向伸展模型；b.353°~173°伸展模型；c.330°~150°伸展模型。模型底部以可拉伸的橡皮作为变形传递介质，并与隆起区底部的无伸缩变形的棉布相连，且两端分别固定在挡板底侧。模型长 40cm，在橡皮上铺设石英砂 5cm 厚。模型比例尺（1∶33 万）~（1∶27 万）。石英砂粒径 0.3~0.4mm，内摩擦角 31°~32°。伸展位移 5cm，拉伸速度 2.58cm/s。所有实验在中国石油大学（北京）构造模拟实验室完成。

（2）模拟结果

模型 1 南北向伸展模拟结果为，伸展量为 2cm 时，断层分布在主边界附近。裂陷西部断裂为北东向雁列式展布。裂陷东部为近东西向断裂。伸展量为 5cm 时，裂陷的断裂展布特征不变，只是东西部的断裂规模增大，变形特征更加明显。模型 2 伸展方向 353°~173°模型：裂陷西部最先形成与伸展方向成 80°夹角的北东东向断裂。伸展量为 3cm 时，断层分布向北部和南部扩展，且在裂陷南部分布更密集。裂陷 5cm 时，断层进一步发育，裂陷西部仍然是雁列式断层，但局部出现近东西向的雁列式断层。模型 3 伸展方向为 330°~150°伸展模型：伸展量为 1cm 时，断层首先出现在西部，其走向受边界断裂控制；伸展量为 3cm 时，断裂受边界的影响更明显；伸展量为 5cm 时，除边界断裂影响外，产生走向 60°的断裂，与伸展方向基本垂直（图 3-5）。

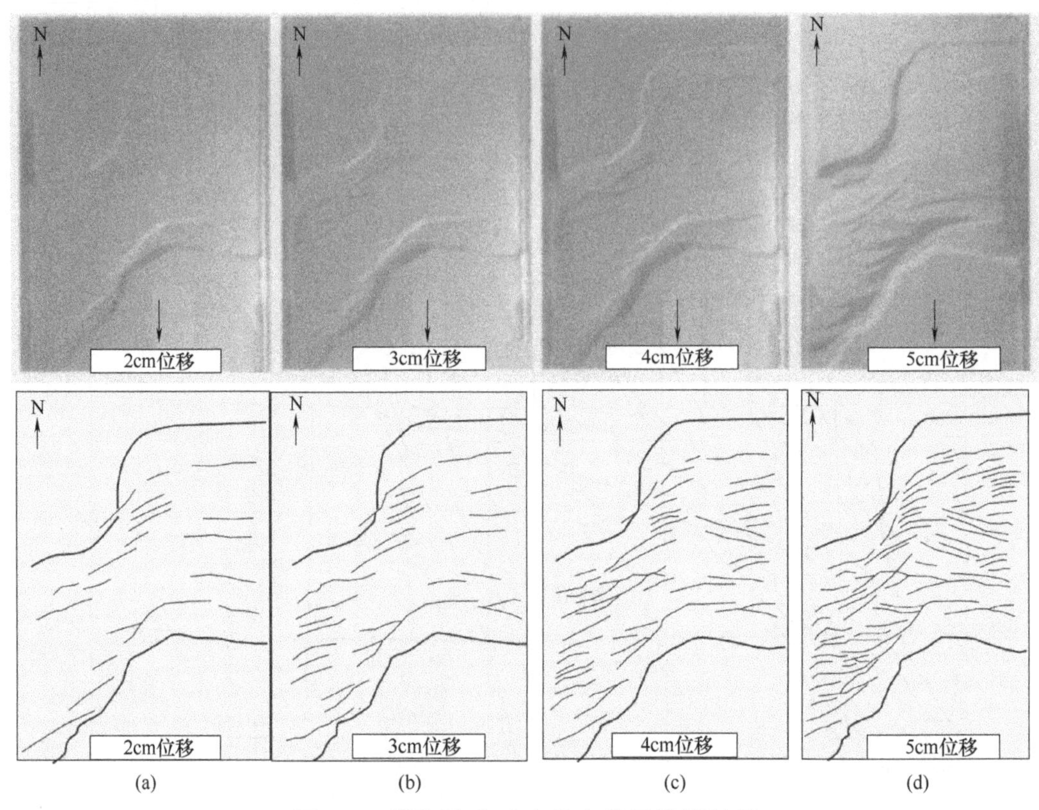

图 3-5　渤海湾盆地南北向伸展模拟结果

对三组不同的模型分析表明，南北向伸展和边界条件对渤海湾盆地的形成具有明显的控制作用。

案例 3-2：我国南海及邻区

我国南海位于亚洲大陆边缘，与菲律宾海和太平洋板块比邻。其构造特征十分复杂，其形成演化一直是国际研究的热点。迄今为止，有关南海的形成演化问题的认识仍然存在多种观点：a.其形成演化与太平洋板块和菲律宾板块之间的汇聚作用有关；b.与印度-亚洲碰撞产生的逃逸构造有关，即与红河断裂带的走滑作用有关；c.前两种观点的叠加。由于南海实际的伸展变形极为复杂，仍有伸展方式、扩展速率等诸多问题至今没有得到更好的理解，而该构造带又富集有大量的油气资源，如珠江口盆地、琼东南盆地及中建南盆地等都已探明出富集油气田，是我国海上油气勘探的重要区带。因此，有关南海的形成值得深入研究。早在 20 世纪 80 年代，开展了大量的海洋调查，取得了海底基本地形及部分地震测量数据，基本上掌握了南海的地层结构特征。但是，南海形成机制的问题一直存在争议。对此，前人利用物理模拟方法，开展了相关的研究工作。早在 1982 年，Tapponnier 应用砂箱模拟实验研究印度-亚洲碰撞、青藏高原的隆升机制时，认为南海的形成与红河断裂带的走滑撕裂有关。

孙珍等对南海的形成演化也做了大量的研究工作，尤其是对南海的莺歌海盆地和中部盆地开展了详细的分析探讨。

开展该项研究的背景是：该盆地沉积厚度大，泥流体底辟发育，地震勘探难以直接揭示盆地内部深层的构造面貌，前人对盆地的形成和演化在认识上存在分歧。于是，孙珍等采用砂箱实验对此进行了模拟研究。

（1）模型设计

首先根据前人的研究结果，推测区域存在韧性剪切带，它由红河断裂、莺西断裂、中央裂谷和中建断裂组成。模型的结构见图 3-6。模型尺寸为 40cm×30cm×3cm，模型的几何相似性为 1∶10^7。实验材料用金刚砂，粒径在 100~200μm 之间。为了便于观察，上层表面用细线刻上均匀网格。首先右盘不动，左盘南北向伸展的同时，带有向左顺时针约 15°的旋转运动；位错达到 8cm 时，停止顺时针旋转，保持左旋位错为 2cm；之后左盘不动，右盘右旋走滑 1cm。

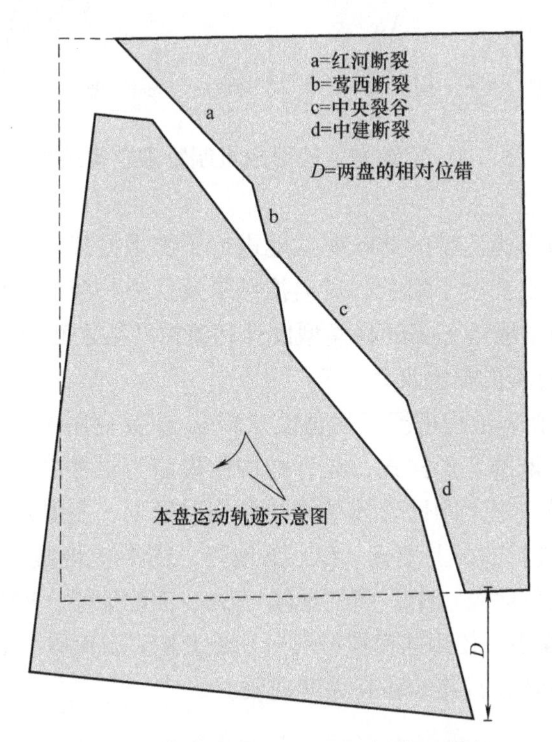

图 3-6　莺歌海盆地形成机制物理模拟

（2）模拟结果

模型中形成以北西向断裂为主，也出现了南北向断裂，与实际的构造特征具有一定的相似性（图 3-7）。表明莺歌海盆地首先在左旋错动加顺时针转动的应力场作用下形成的断陷格架，后来在纯左旋错动阶段叠加了压扭性应力场，形成了河内盆地的正花状构造及莺歌海盆地西北的反转构造，最后发生了右旋运动，形成了盆地的东南沉积中心。

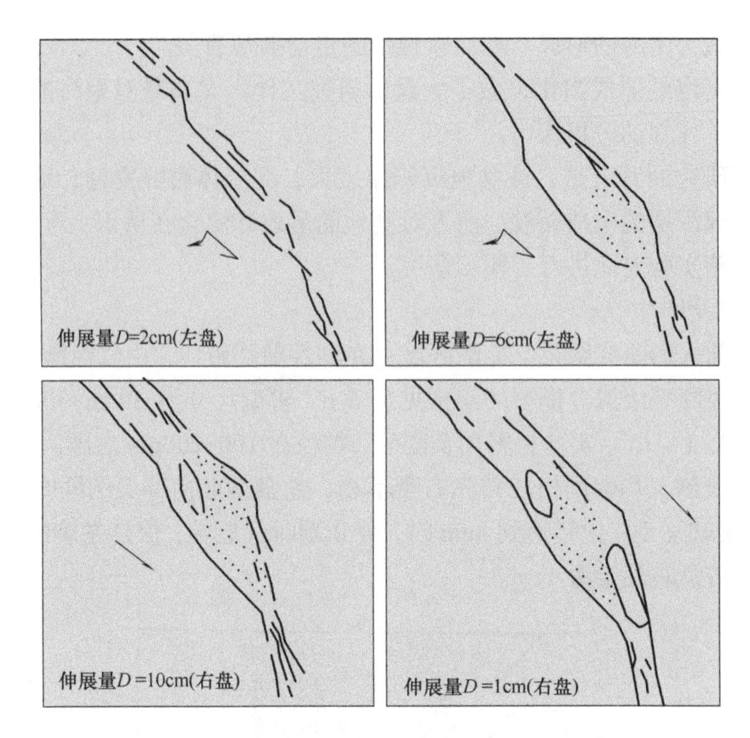

图 3-7　莺歌海盆地形成机制物理模拟结果

评述：实验对南海构造带的莺歌海盆地进行了物理模拟研究，取得一定的认识。但也存在不足：模型设计过于复杂，对模拟结果及认识与模型设计之间完全是一一对应解释，并没有从力学成因上去解释模型设计和模拟结果之间的力学机制问题。

（3）南海破裂过程的模型设计

Sun 等对南海的破裂过程进行了物理模拟研究。研究应用了两组 3 个模型对此分析探讨：一组是基于盆地的变形样式，设计的均质模型为正常岩石圈结构模型和减薄的岩石圈结构模型；另一组是刚性岩体结构的非均质模型，主要是探讨侧向流变学的非均质性。Fi=初始断层，UC=上地壳，LC=下地壳，UM=上地幔，AS=软流圈，BC=脆性上地壳，DC=韧性上地壳，BM=脆性地幔，DM=韧性地幔，RM=刚性的古隆起（图 3-8 和图 3-9）。从上至下，使用的模拟材料分别是上地壳石英砂、下地壳石英砂和硅胶、软流圈蜂蜜、刚性古隆起石英砂和高黏度硅胶。

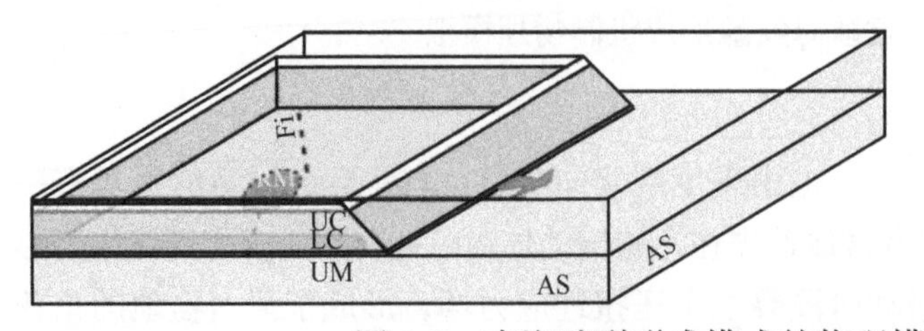

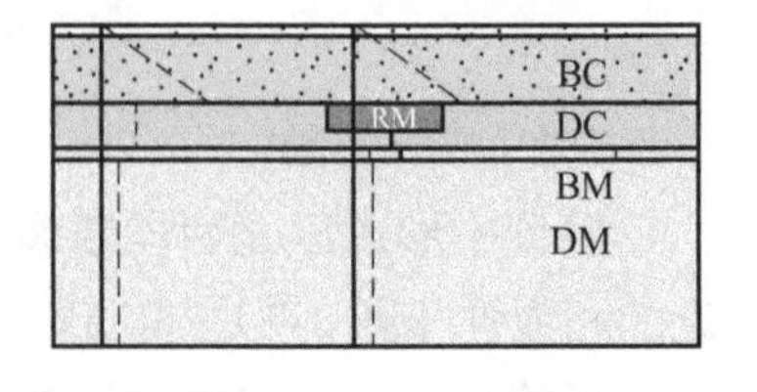

图 3-8　南海破裂形成模式的物理模型剖面结构

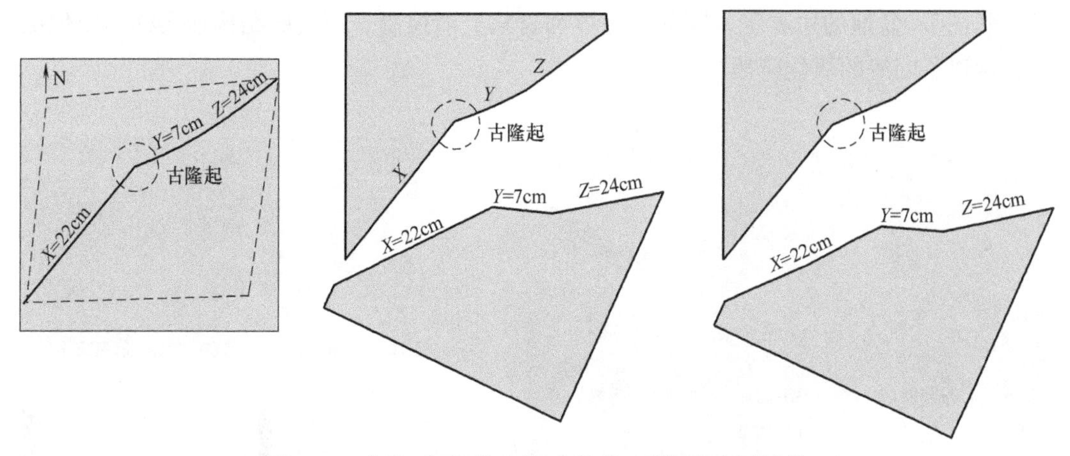

图 3-9　南海破裂形成模式的物理模型平面结构

（4）模拟结果

模拟结果揭示断层模式和裂陷扩展与岩石圈的热作用和岩石圈的流变学结构有关。模拟结果与区域断裂分布对比，从初始裂陷开始，斜坡区域岩石圈就比大陆架的岩石圈热，也比较薄。推测是由区域性的伸展作用引起地幔上涌，最终导致岩石圈伸展减薄。由于初始的地层流变学结构差异发生变化，所以从大陆架到大陆坡，其裂陷模式也不一样。该区域的变形影响主要是下地壳和软流圈的韧性流动，断层变得低缓，尤其是发生破裂的区域更明显。

实验还揭示了正常的岩石圈在发生破裂之前，其伸展量要比非均质的岩石圈发生破裂之前的伸展量要大。破裂的发生首先是从孤立的一个点开始，然后逐渐扩展相连，并成为单一的伸展区域。共轭边界常常形成对称型的伸展区域，其有两种表现形式，一种是弧形凸起端指向南海盆地内部，另一种是弧形凹形指向南海盆地。通过实验，也揭示该区域岩石圈的破裂与深部韧性地壳或岩石圈地幔的分布有关（图 3-10 和图 3-11，书后

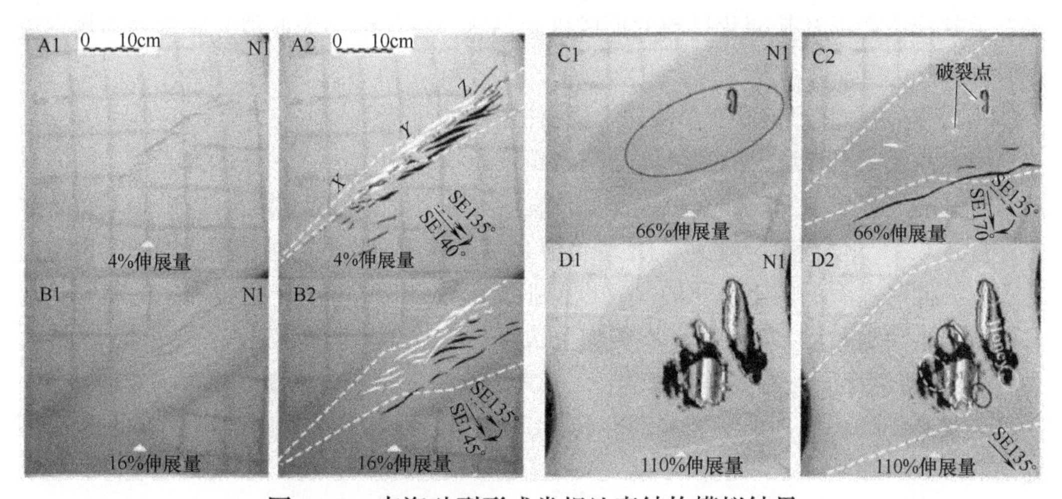

图 3-10　南海破裂形成常规地壳结构模拟结果

另见彩图)。盆地的边界受古隆起的边界和岩浆上涌控制。该实验结构地层样品年代测试，探讨了南海的演化阶段。

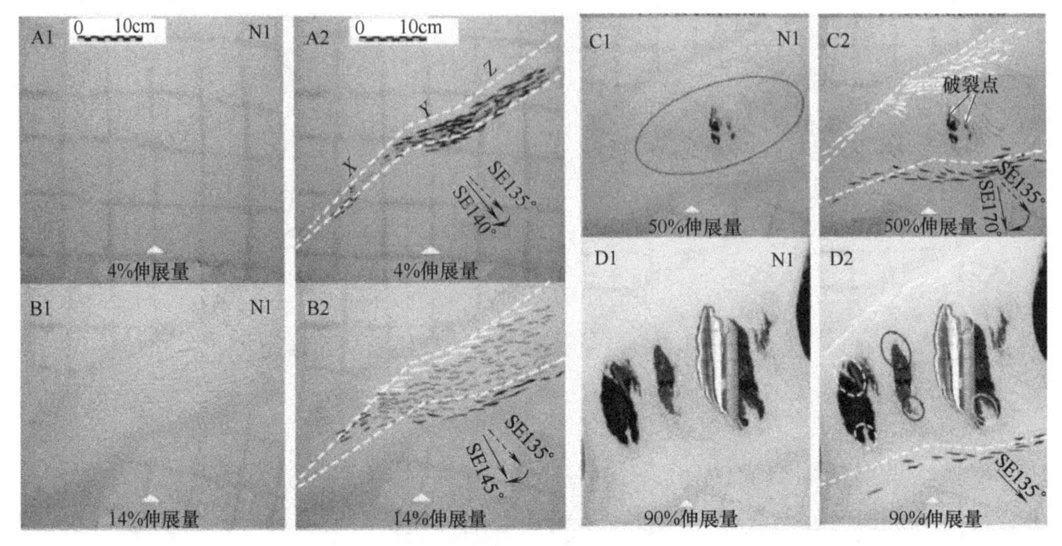

图 3-11　南海破裂形成减薄地壳结构模拟结果

评述：孙珍等对南海及邻区的变形机制及形成演化开展了物理模拟研究。她的研究主要是基于初始裂陷迹线、岩石圈的结构和古隆起对该构造带的变形演化进行了分析。取得了重要的成果和认识，对该地区的变形及形成机制研究进行了有益的探索。但是，由于大陆边缘的变形受重力作用和重力扩展影响，以及边界断裂的控制，所以有关南海北部的变形仍然有待进一步深入研究。同时，南海扩展速率的大小，深部岩石圈的热结构状态及其流变学特性对区域变形的影响还有待进一步深入研究。

案例 3-3：南海北部地壳薄化过程的物理模拟研究探讨

尽管前人对南海的构造变形开展了一定研究，取得了一些重要的成果和认识，但是有关其构造变形及其薄化过程的形成机制仍然存在争议，为此拟开展相关的物理模拟研究。

（1）对南海北部构造变形演化过程模拟的初步设想

南海是西太平洋最大的边缘海之一，面积约 $350\times10^4km^2$。油气勘探表明，南海具有丰富的油气资源，发现油气田数百个，油气地质储量百亿吨。截至 2020 年，每年油气产量达 1.0 亿吨。南海因特殊的地理位置和复杂的构造样式，而受到国内外学者的广泛关注，同时南海的构造演化的研究也是亚洲东缘研究的热点。通过前人的研究，在几何学、运动学和动力学 3 方面取得如下认识：

① 几何学特征研究表明南海南、北部大陆边缘发育一系列新生代裂陷盆地，但由于其边界条件的不同，形成了北部伸展型、西部转换-伸展型及南部拗曲-伸展复合型盆地。

② 运动学特征研究表明在 16Ma，红河走滑断裂带仍然在活动。解习农等根据新

南海扩张事件将现今南海新生代变形演化划分为古新世至中始新世的扩张前初始裂陷、晚始新世至早中新世的同扩张裂陷及中中新世至今的扩张后沉降 3 个阶段。近年来的年代学测试数据分析表明，红河断裂带的形成时间为 35~17Ma，然而磁异常数据显示南海初始扩张时间为 30Ma，因此红河断裂与南海扩张时间具有较大的同步性。但是有关研究区走滑位移量和伸展作用导致南海打开受到质疑，其中一种观点认为红河断裂带的位移量较大，并导致南海的打开，另一种观点则认为红河断裂带产生的走滑

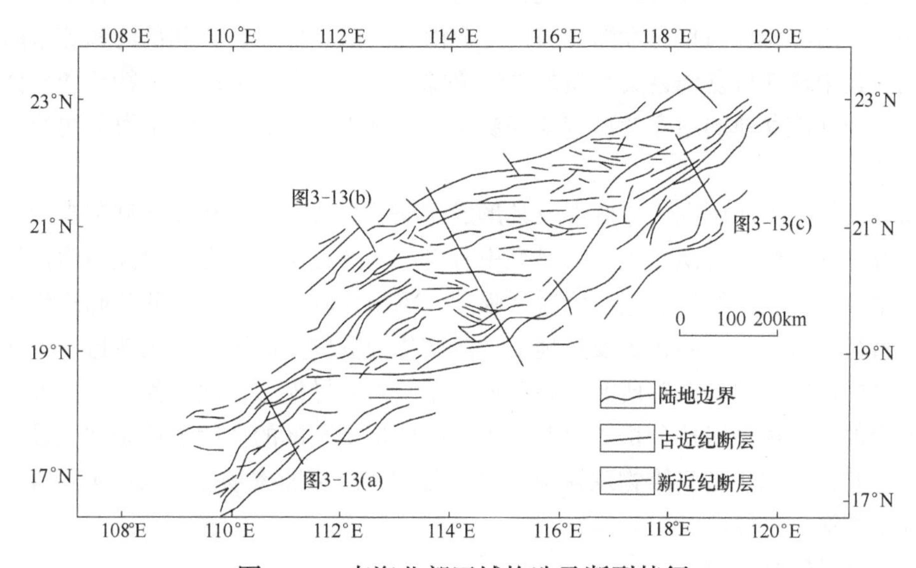

图 3-12　南海北部区域构造及断裂特征

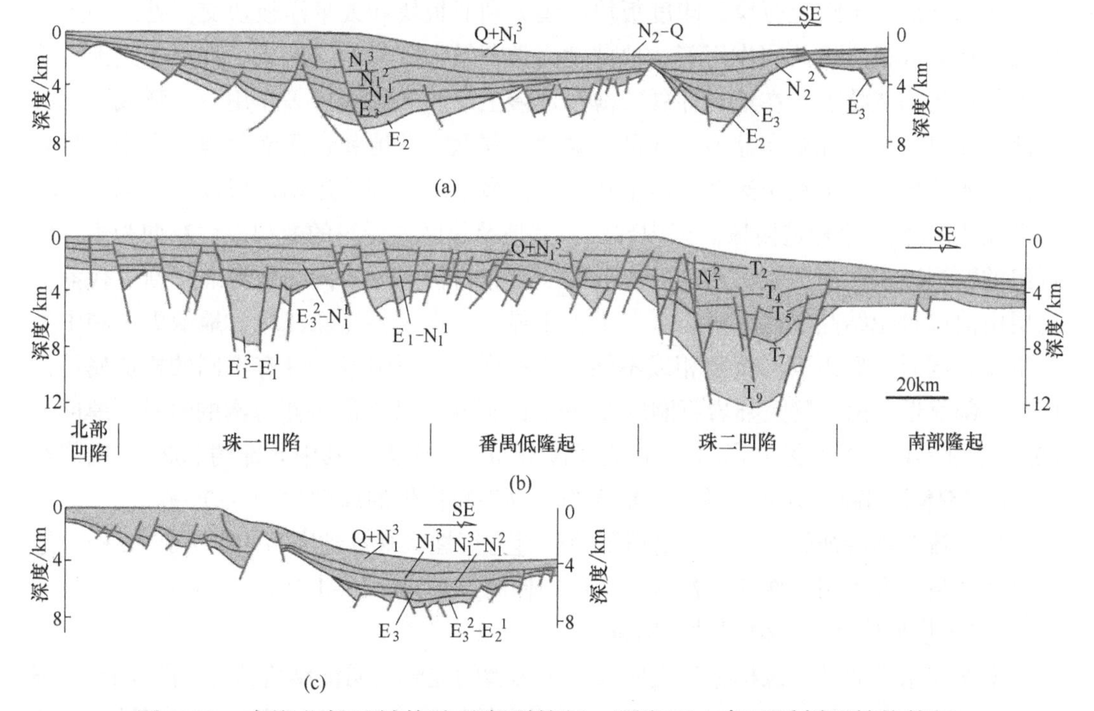

图 3-13　南海北部区域构造及断裂特征，研究区 3 条地质剖面结构特征

位移量不足以引起南海的扩张。

③ 有关动力学特征研究，更是引起学者们极大的关注。Tapponnier 等应用物理模拟对印度-亚洲俯冲、碰撞的过程分析，表明 20~30Ma 发生的逃逸变形作用导致该区形成走滑量达 800km 的红河断裂带，并进一步揭示南海形成于晚中新世之后。南海北部区域和断裂特征如图 3-12 和图 3-13 所示。

尽管经过多年的研究，有关南海的形成演化已取得了诸如上述等多种成果和认识，但南海的形成时间、打开方式、演化过程至今仍然存在较大争议，且一直是学术界讨论的热点。南海北部与华南大陆比邻，主要由台西南、珠江口、北部湾和琼东南等盆地组成。其中珠江口盆地富集大量的油气资源，具备南海复杂的构造特征和相似的演化过程，开展该盆地的地壳变形特征和演化过程分析，对深化认识南海的构造演化具有重要的启示。

物理模拟是目前研究构造变形及其形成过程的有效方法，在伸展型和走滑、拉张型盆地及大陆边缘变形演化机制的研究中有着广泛的应用。现有的研究表明边界几何形态、地层的流变学结构、基底滑脱层强度、沉积或剥蚀导致的加载和卸载作用，以及地貌特征均可能对大陆边缘及盆地的形成演化构成重要的影响。虽然这一方法也被用在该区的研究，但前人的研究局限于流变学结构差异模型，缺乏深入的边界条件和伸展方向的三维模型对比分析。对此，项目组根据研究区的实际地质条件，设计了 3 个系列（共计 4 组）的三维物理模型，并采用 PIV 应变速率场分析以揭示南海北部变形特征及其演化过程。

（2）区域地质背景

南海北部位于欧亚板块、印度板块、澳大利亚板块和太平洋板块交汇处。中生代以来，在邻区板块的共同作用下，地球动力学背景十分活跃，形成了伸展、走滑、挤压等复杂的构造叠加。在地壳伸展减薄、地幔上涌和岩浆底侵等作用下，形成了南海北部珠江口盆地、琼东南盆地、北部湾盆地、莺歌海盆地和台西南盆地。自中生带以来，南海北部经历了礼乐运动、西卫运动、南海运动和南沙运动，形成了断陷、断坳转换和热沉降 3 个构造阶段。区内珠江口盆地及邻区古近纪的断裂以北东向为主，新近纪的断裂以东西向为主，两个阶段的断裂分布特征明显不同。南海北部新生代盆地地层由前震旦纪结晶基底、震旦系—下古生界、上古生界（珠江口盆地缺失）和中生界组成，同时它们由不同沉积相或不同变质程度的岩石组成，具有不同的构造属性。南海北部靠近华南一侧大陆岩石圈厚度 90km，而靠近其南部一侧海沟的岩石圈厚度为 60km（图 3-14，书后另见彩图）。地壳厚度分布差异较大，其中北部约 30km、南部约 11km，整体上向南部方向减薄，且地壳脆、韧性转换带的深度为 16~20km。

地壳流变学特征研究表明，南海下地壳具有韧性，有效黏度为 10^{18}~10^{19}Pa • s。地壳的伸展量研究表明，珠江口盆地新生代的伸展系数为 1.15~1.35。

（3）模型构建——模型设计思路

南海及南海北部边缘构造带也同样满足典型的地壳三明治结构特征（图 3-15）。根据现今对南海地质调查和地球物理勘探所获取的地质信息，应用不同的物理模型实验

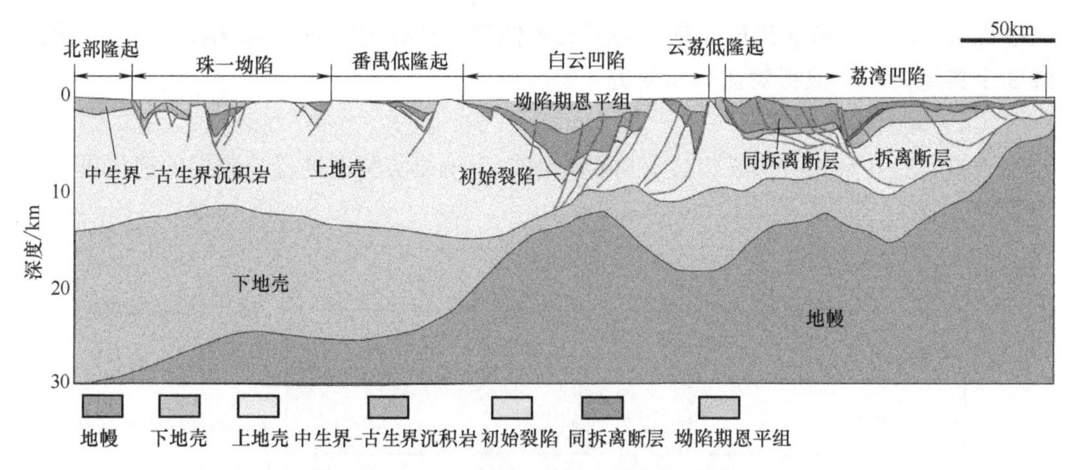

图 3-14　南海北部地壳岩石圈结构与地壳浅表层盆地分布关系

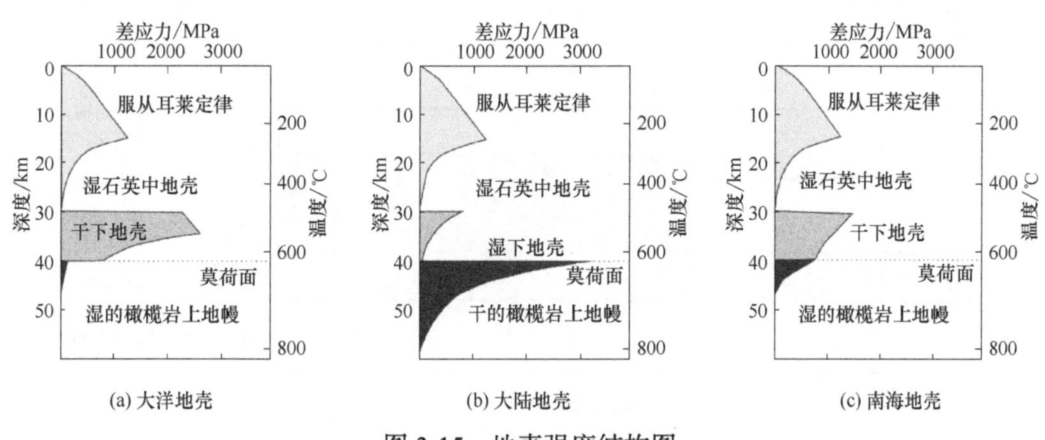

图 3-15　地壳强度结构图

对南海北部的变形特征和演化过程进行讨论。

首先进行脆性-韧性-脆性模型（即三明治模型）测试。地壳强度特征研究表明，无论是大陆地壳还是大洋地壳都具有典型的三明治特征：刚性的上地壳、软弱的中地壳和强度较大的下地壳。前人利用地球物理资料研究表明，南海地壳结构具有纵向和横向不均一性。近年来南海的物理模拟实验表明地层的流变学结构特征对该区的构造演化具有重要的控制作用，但对南海的伸展变形方向和边界断裂的控制探讨不足，且模拟结果的相似性并没有得到有效的对比。

其次进行板块边界控制模型测试。在地层流变学结构基础上，开展曲折边界模型和平直边界模型对比分析南海的演化和控制因素。物理模拟研究表明，边界条件是控制变形的重要因素。

最后进行伸展方向模型测试。周建勋和周建生等对中国东部渤海湾盆地的变形演化研究表明，伸展方向对板块内部的断裂和沉积作用具有重要的控制作用。Corti 等对东非裂谷构造变形演化的物理模拟研究同样揭示，伸展方向对变形演化具有强烈的控制作用。更为重要的是，东非裂谷系与南海虽处于不同的板块构造带，但其变形演化过程与南海的变形演化过程具有高度的相似性，具有裂陷前、同裂陷和裂陷后热沉降 3 个典型阶段，值得对比分析研究。

（4）模型构建和变形

模拟实验在贵州省遵义市遵义师范学院构造模拟实验室进行。预期的模型设计结构见图 3-16。

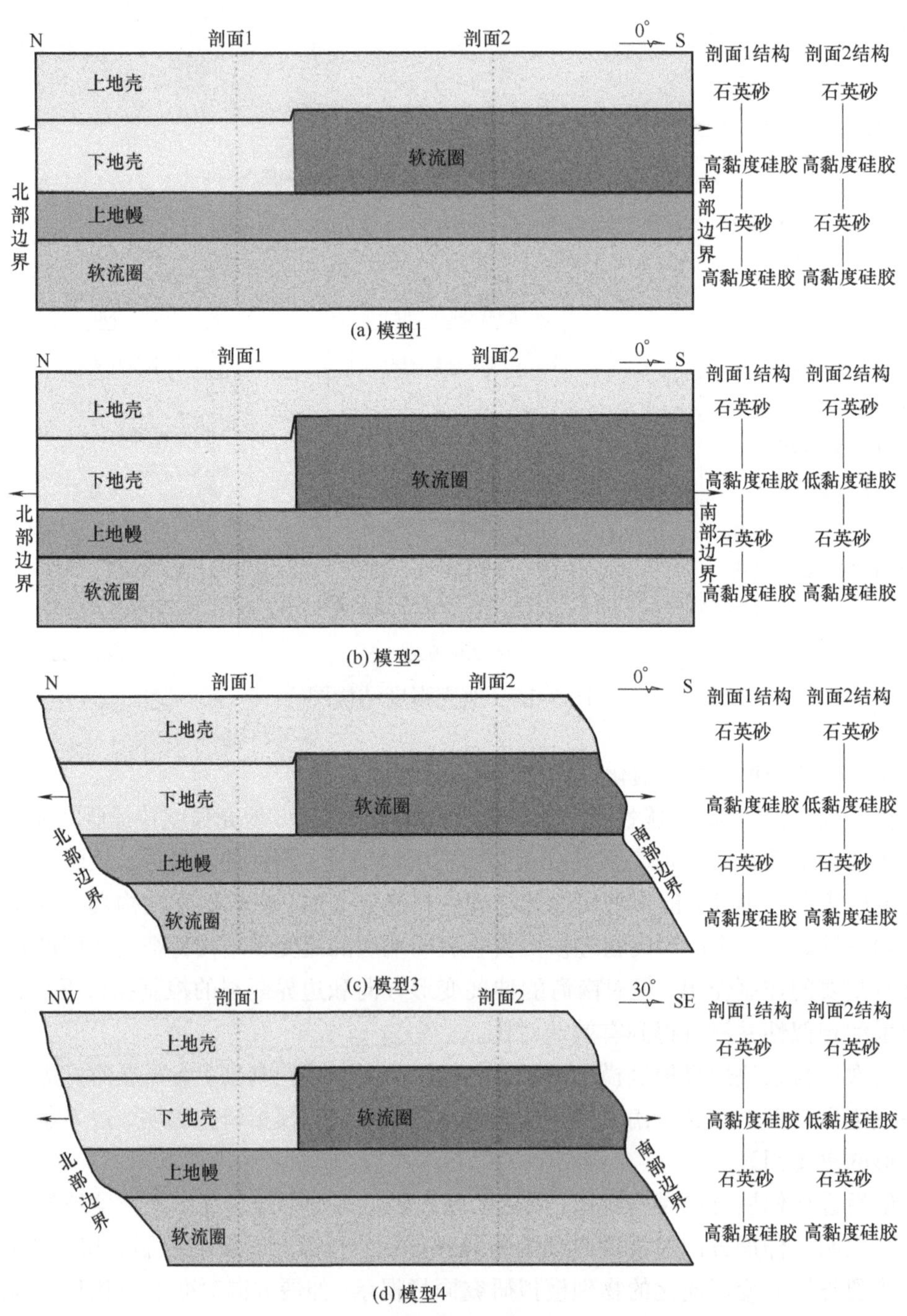

图 3-16　预期的模型设计结构图

首先进行地壳流变学差异模拟，以解决地层的温度对地层韧性层的影响，探索该地区地层流变学结构对变形的影响和控制。模型 1 具有高流变学特性，模型 2 具有低流变学特性。通过模型的对比分析，能够较为清晰地揭示该区大陆边缘地壳的流变学特性对变形演化的影响［图 3-16（a）和图 3-16（b）］。

其次，进行曲折边界模拟。曲折边界主要考虑南海北部大陆架的基底边界；模型 3 是在模型 1 和模型 2 测试的基础上，改变边界几何形态进行测试，以进一步探讨边界几何形态对变形的影响和控制［图 3-16（c）］。

最后进行伸展方向测试。有关南海扩张的伸展方向问题一直是个热点问题，而且还存在较多争议。为此，模型 4 在模型 1、2、3 的基础上，探讨了南北向伸展和斜向伸展对南海北部的构造演化的控制［图 3-16（d）］，以比较简洁的方式和相似理论对南海北部的地壳薄化过程进行模拟研究。

3.3 挤压型盆地的物理模拟研究

3.3.1 挤压型盆地地质问题

挤压型盆地主要与造山带和增生楔相联系，如板块俯冲或汇聚作用下，在压应力场作用下形成的一系列盆地。世界上，挤压盆地的分布极为广泛，如塔里木盆地、吐哈盆地、柴达木盆地、四川盆地、波兰盆地、阿姆河盆地、波斯湾盆地等。

挤压盆地的形成和演化一直是研究的热点。从板块的碰撞到前陆褶皱-冲断带的形成，以及周缘前陆盆地、弧后前陆盆地、增生楔盆地和残留盆地等，在其形成机制上均存在许多科学问题亟待解决：a.前陆盆地变形扩展时序；b.前陆盆地的变形演化规律；c.前陆盆地的构造变形控制因素；d.前陆盆地的构造样式与油气分布规律；等等。区域边界的差异和构造应力场的分布，导致同一构造带和不同构造带盆地的属性和南部结构特征差异较大。由此，开展相应的物理模拟研究对揭示前陆盆地的形成演化机制及资源分布具有十分重要的意义。

3.3.2 挤压型盆地的物理模拟

挤压型盆地的物理模拟工作一直以来就是地质学家研究的热点，并已引起广泛重视。如塔里木盆地物理模拟研究（图 3-17）及地震构造特征（图 3-18），柴达木盆地的物理模拟。

案例 3-4：塔里木盆地物理模拟

前人认为塔里木盆地库车盐构造物理模拟需要解决的地质问题为：a.Quele 构造带横向不同区域构造变形的形成机制及主要控制因素；b.探索挤压变形阶段，早期的盐构造的影响，揭示 Quele 盐岩推覆体的形成机理。

（1）模型设计

设计了3组模型对挤压型构造系统中的塔里木盆地库车含盐构造进行了物理模拟。模型1和模型2是简单模型，主要模拟盐构造东西两侧的构造演化，模型3主要是用来模拟整个构造带（图3-19）。

3个模型均进行两个阶段的模拟：一个是被动底辟阶段；另一个是侧向斜向缩短变形阶段。模型1代表宽的含盐沉积盆地，实验1代表韧性层之上具有薄的沉积覆盖；实验2没有先存底辟构造。模型2代表窄的含盐沉积盆地。模型3是整合的3D模型，不仅有底辟构造作用，而且覆盖的脆性层厚度也发生变化。所有模型均考虑了同沉积

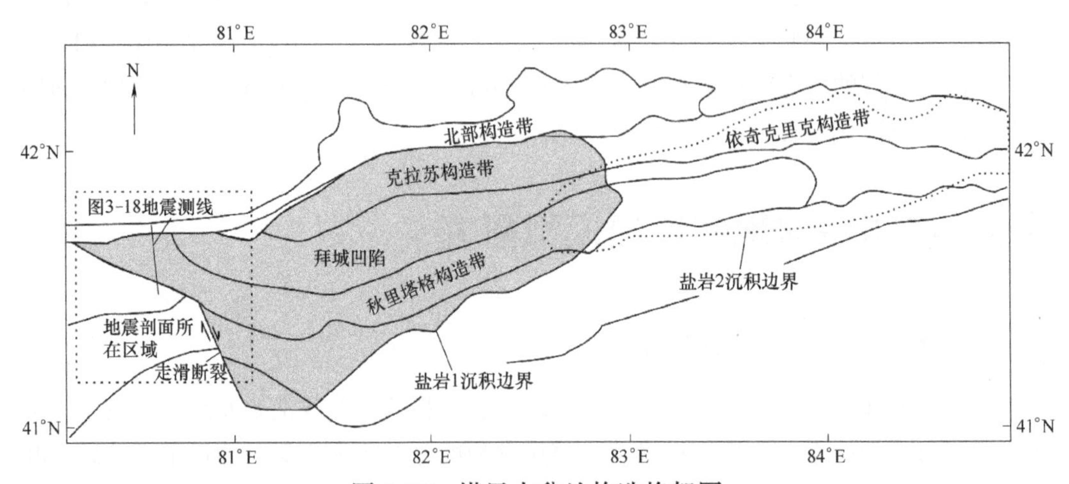

图3-17　塔里木盆地构造格架图

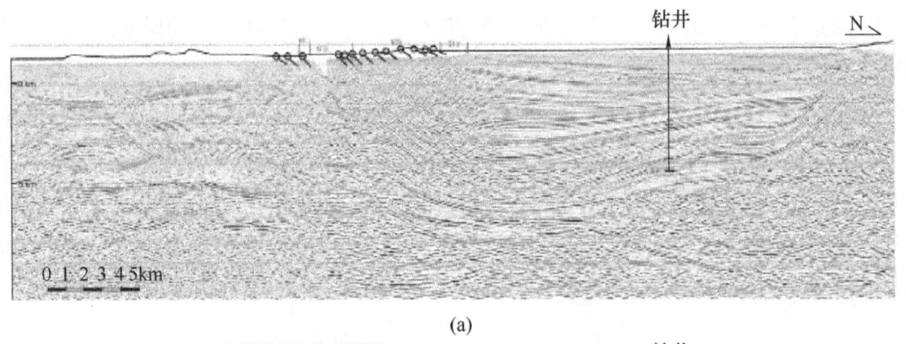

(a)

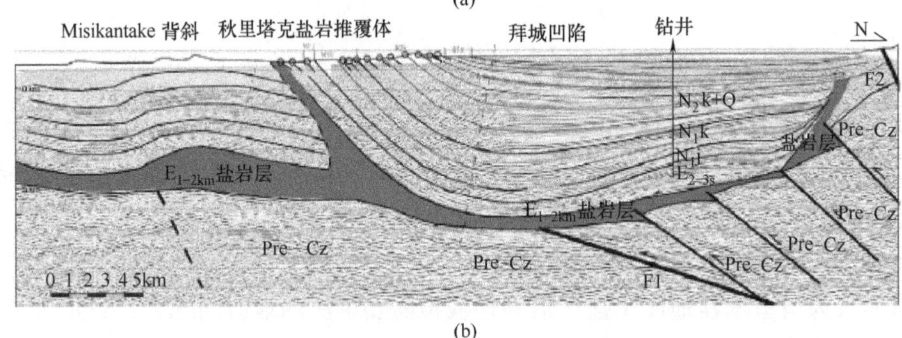

(b)

图3-18　塔里木盆地库车地震剖面结构特征

Pre-Cz—新生代以前地层；E_{2-3s}—始新世至渐新世地层；N_1k—中新世地层；N_2k+Q—上新世至第四纪地层；E_{1-2km}盐岩层—具有超过1km厚的盐岩层；F1—断层1；F2—断层2

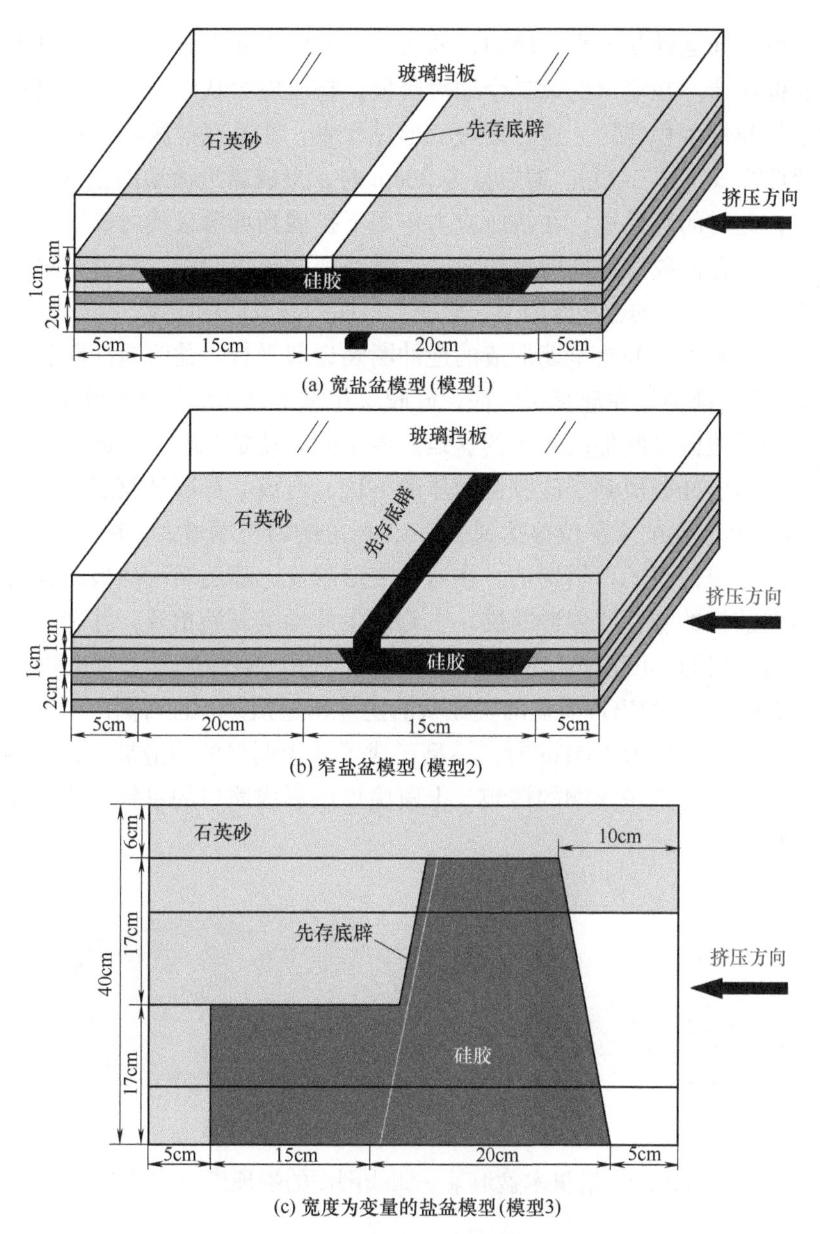

图 3-19　塔里木盆地库车盐构造及邻区构造变形物理模型设计

的影响。几何相似性中，长度相似比为 5×10^{-6}。脆性层石英砂密度 1.297g/cm^3，粒径 0.2~0.4mm，内摩擦系数 0.7。硅胶黏度 1.2×10^4Pa・s，挤压速率 0.002mm/s，挤压速率比为 1.45×10^4。

（2）模拟结果

模型 1 具有初始硅胶韧性层的沉积作用。整个变形分布为两个阶段：首先是出现的被动底辟作用；然后才是侧向斜向缩短。在底辟作用的第一个阶段，把初始的脆性层石英砂楔形体放入具有韧性硅胶基底的盆地，产生变形薄弱带，并形成初始的底辟构造。随着所加同运动学沉积的增加，软弱层的硅胶不断上升，并最终进入上覆脆性层，形成底辟构造。在变形的第二个缩短阶段，挤压应力从右向左推挤挡板，同时形成同运动学的脆性沉积作用。这一缩短变形过程中，在基底硅胶和上覆脆性层中形成了差异的变形样式（图 3-20）。缩短量为 20cm 时，形成靠近活动挡板一侧的向北倾斜的逆冲断层；此时的脆性层，在挤压应力作用下扩展到埋深较浅的硅胶底辟之上，形成隆起。而且，在硅胶底辟周围形成同运动学特征的周缘向斜。随着缩短量的增加，在盐岩层随机运动产生的逆冲作用下，形成了早期的硅胶底辟隆起。缩短量为 40cm 时，形成了新的逆冲断层，并与早期形成的逆冲断裂近似平行。此时逆冲断裂的倾角大约为 30°，其前缘逐渐消失在硅胶层底部；硅胶层在水平方向的位移达到 10cm 时，在活动挡板和硅胶推覆体之间形成较小的盆地。由于同运动学沉积产生的重力加载作用，这些小盆地下面的硅胶流到了硅胶推覆体的下伏，造成了局部硅胶层的厚度减薄。缩短量为 85cm，硅胶层的水平位移达到 28cm，坳陷的转折端增大；在重力加载作用下，在硅胶的下伏形成低缓的单斜构造。在这一变形阶段，靠近活动挡板的硅胶下侧，形成运动学指向前缘的叠瓦状逆冲断层。右侧产生的坳陷开始抬升，并造成沉降中心向左侧迁移，硅胶层的厚度在小盆地下侧具有增厚现象。缩短量为 118cm 时，硅胶层的水平位移为 33cm。右侧出现明显的叠瓦状的逆冲构造抬升，且右侧产生的倾角小于左侧产生的倾角。缩短量为 165cm 时，模型形成了 3 个明显的构造带：在左侧硅胶的边缘，形成两个指向构造带末端的褶皱，上覆脆性层形成简单的单斜构造；靠近挤压一端形成逆冲推覆构造。

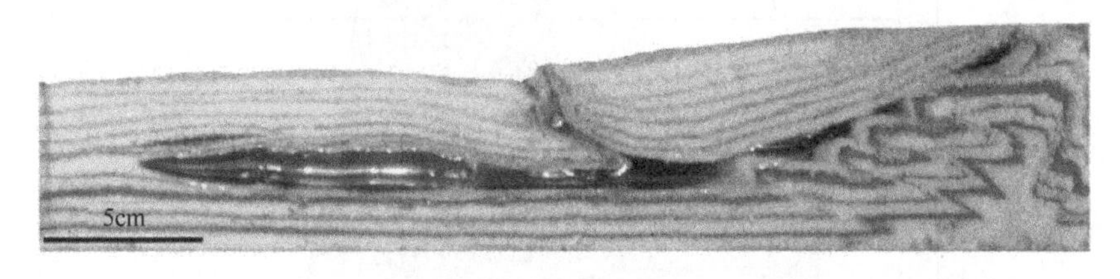

图 3-20　塔里木盆地某一测线剖面的物理模拟结果 1

模型 2 变形演化仍然分布为两个阶段，即被动底辟产生阶段和缩短变形阶段。底辟的演化过程和产生位置与模型 1 一致。在缩短变形的早期，在硅胶层和上覆脆性层形成不同的变形样式。靠近活动挡板一侧的硅胶层，产生了运动学指向前缘的逆冲断层。逆冲断层使得硅胶层增厚和抬升，形成窄小的盆地。由于抬升作用，与模型 1 相比小，小盆地的沉积厚度则较薄（图 3-21）。

模型 3 是从 3D 的角度讨论变形演化。盆地韧性层的硅胶宽度在平面上有一定的变化。模型 3 的演化过程仍然是先产生被动底辟作用，然后紧接着发生挤压缩短变形。在被动底辟阶段，薄弱带的上覆脆性层形成底辟构造。当缩短 16cm 之后，在前缘向北的逆冲断裂带和硅胶底辟隆起。没有硅胶的构造带，形成逆冲断层。韧性层与脆性层

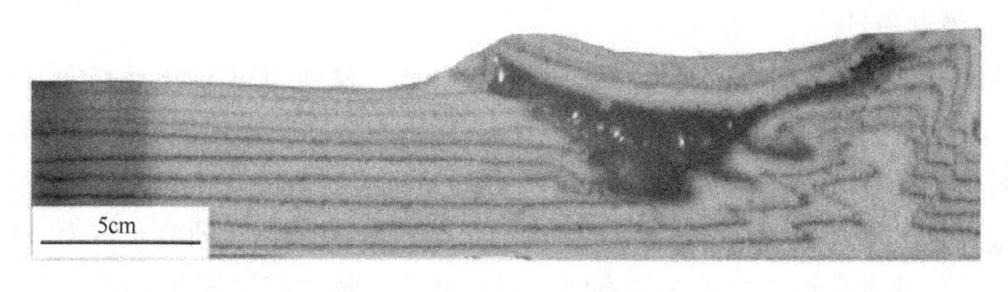

图 3-21　塔里木盆地某一测线剖面的物理模拟结果 2

之间发生摩擦滑动。在窄的韧性硅胶构造带，形成的盆地位置有所抬升；在硅胶广泛分布的区域，形成的小盆地没有发生构造变形；强烈的变形仅仅是发生在靠近走滑断裂发育的上覆脆性层（图 3-22）。

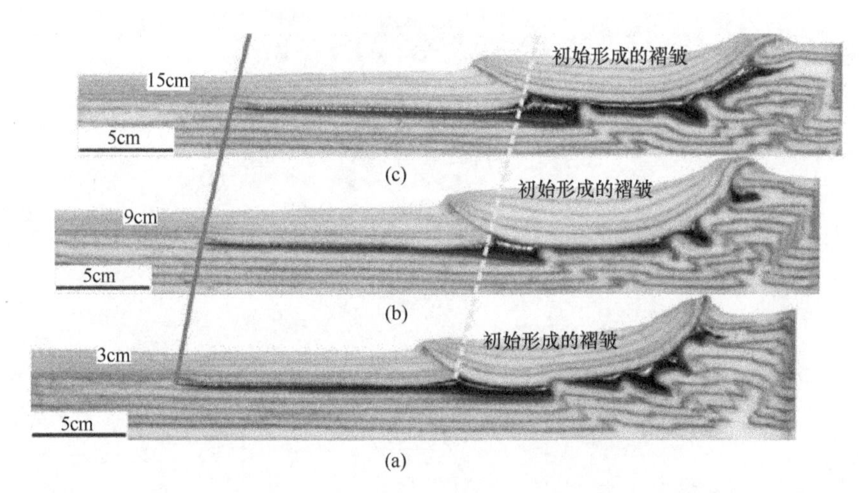

图 3-22　塔里木盆地某一测线剖面的物理模拟结果 3

塔里木盆地是我国西部重要的含油气盆地，对我国新时期油气战略资源的勘探和增储上产具有非常重要的意义。塔里木盆地具有我国西部典型的褶皱-冲断带，膏盐岩极为发育。构造样式十分丰富，有典型的逆冲构造——叠瓦式逆冲构造。而且，该地区局部构造带发育盐构造及刺穿型盐底辟构造。前人在该地区进行了大量的勘探工作，取得了很多重要的地质和地震资料。但是由于其位于天山南侧山前构造带，地貌十分复杂，地震资料的品质较差，导致有的构造样式存在推测的可能性极大。同时受盆地的埋深较大、地温梯度较小等地质因素的影响，到目前为止，对该盆地的形成演化的研究工作还不够深入。

评述：有关塔里木盆地的构造变形的物理模拟研究，特别是与盐岩构造相关的褶皱-冲断带的变形演化及其控制因素的研究，已取得了部分重要的成果和认识。但是，有关盐底辟构造自身的形成演化的研究仍然十分缺乏，有待进一步深入研究和探讨。

案例 3-5：柴达木盆地物理模拟

（1）模型设计

柴达木盆地是我国中新生代的一个含油气盆地。盆地内部褶皱-冲断带薄皮构造发育，形成不同的构造样式（图 3-23）。其中，反 S 形构造已引起了部分学者的高度关注。有的学者认为反 S 形构造的形成与旋转构造体系有关。有的学者认为该构造带的变形与阿尔金断裂的活动有关；部分学者则认为与阿尔金的断裂活动关系不大，阿尔金断裂的活动对柴达木盆地的影响十分有限。周建勋等的物理模拟研究表明，反 S 形褶皱-冲断带的形成与块体间弧形边界的联合作用有关。但由于实验条件的限制，实验只考虑了基底摩擦条件，未充分考虑上覆脆性的厚度对变形的影响。物理模拟研究表明，挤压的边界条件和地层的力学性质对褶皱-冲断带的构造变形具有重要的控制作用。对此，刘重庆等采用剖面模型进行了模拟研究探讨。

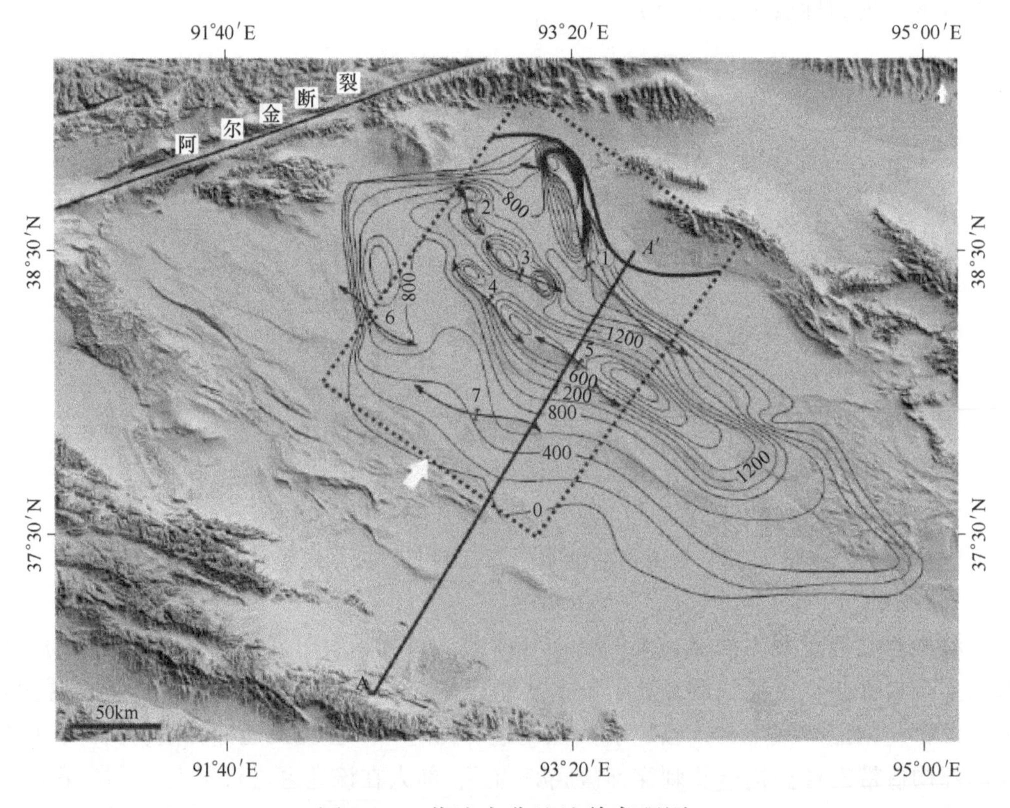

图 3-23　柴达木盆地地貌高程图

1—冷湖构造带；2—鄂博梁 I 号构造带；3—葫芦山构造带；4—鄂博梁 II 号构造带；5—鄂博梁 III 号构造带；6—碱山构造带；7—红三旱构造带

模型长宽厚分别用 60cm、40cm 和 1.6cm 代表实际的长、宽、厚，以及沉积厚度分别为 160km、100km 和 4.7km。模型 1 为累积性基底收缩模型挤压。底部放置 1mm 厚的橡皮，预拉伸 11cm，代表水平累积性的滑脱层。具有摩擦基底性质，上覆脆性层的厚度为 15mm，考察水平累积性收缩变形。模型 2 为滑脱层均匀收缩基底挤压模型。模型基底具有 1mm 厚的铝板，随活动挡板发生移动，带动上覆 3mm 硅胶层和 12mm 石英砂层变形，模拟均厚滑脱层在基底均匀滑脱条件下的变形。模型 3 为不等厚滑脱层均匀收缩基底挤压变形。该模型重点考察滑脱层厚度对变形的影响（图 3-24）。

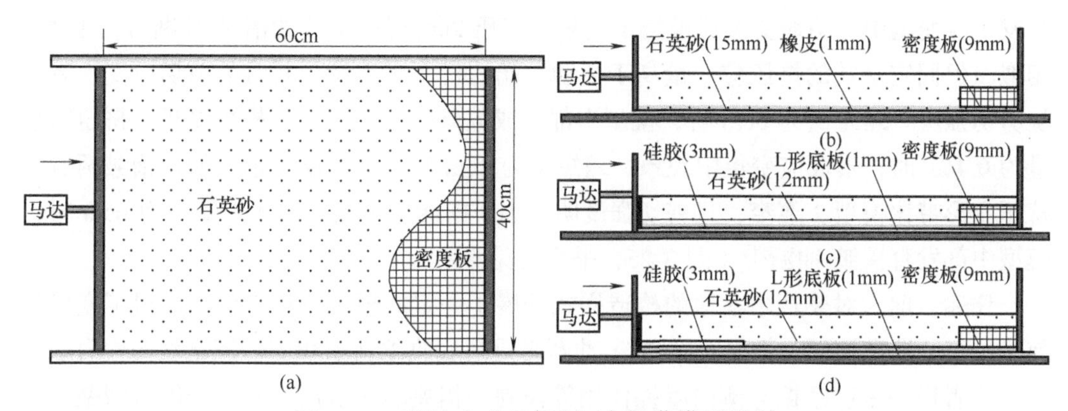

图 3-24　柴达木盆地褶皱-冲断带模型设计

石英砂粒径为 0.25~0.8mm，内摩擦角 31°，其力学性质符合摩尔-库伦破裂准则。硅胶的黏度分别为 2.2×10^4Pa · s 和 9.4×10^3Pa · s。实验过程用数码相机进行延时拍照，并对模拟结果进行 PIV 挤压应变和剪切应变分析。所有模拟实验在中国石油大学（北京）构造模拟实验室完成。

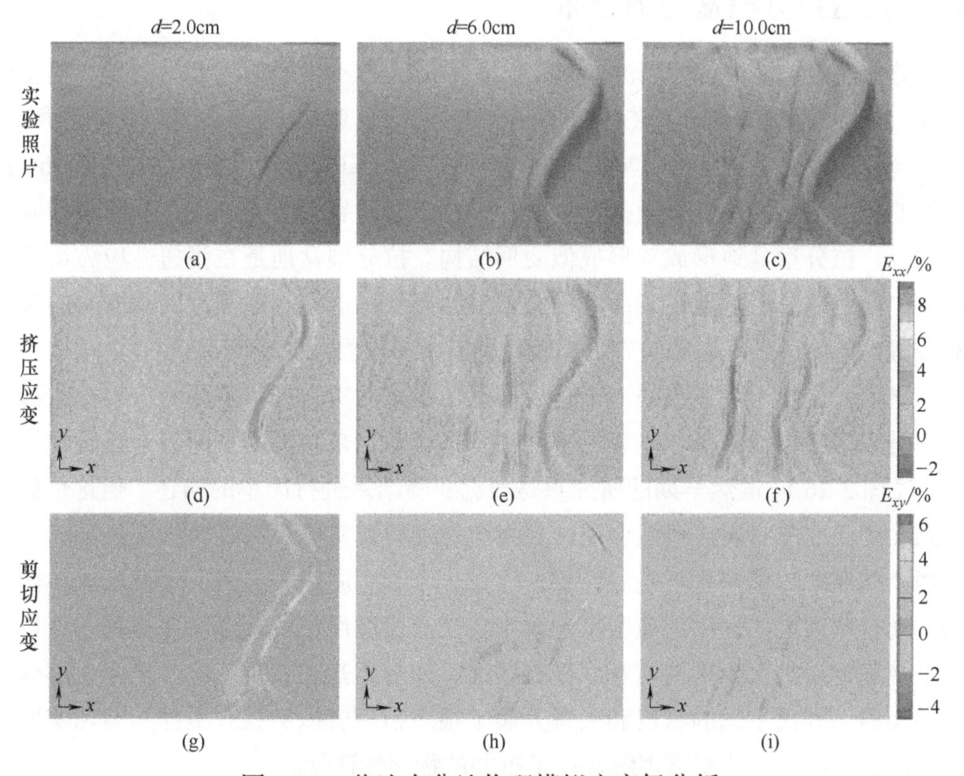

图 3-25　柴达木盆地物理模拟应变场分析

（2）模拟结果

模型 1 模拟结果，缩短量为 0.6cm 时，弧形边界开始发生明显的应变集中。挤压 2cm 时，刚性地体边界出现反 S 形构造，形成前冲断层和反冲断层组成的冲起构造。挤压 6cm 时，形成剪切应变左旋、右旋分布特征。模型 2 模拟结果，缩短量为 0.3cm 时发生应变集中，明显变形比模型 1 要早。挤压 2cm 时，形成的褶皱-冲断带与模型 1 相似，但固定一端的挤压应变量高于活动一端的挤压应变量。此时的剪切应变仅有右旋剪切强度。缩短量为 6cm 时，模型中部形成数条褶皱。模型 3 模拟结果，挤压缩短量为 0.4cm 时，形成应变集中现象。缩短量为 2cm 时，形成反 S 形褶皱。褶皱两侧的挤压变形带比模型 2 要窄，且剪切强度明显大于前两个模型。挤压缩短量为 6cm 时，模型中部发育褶皱-冲断带（图 3-25，书后另见彩图）。

评述：前人对柴达木盆地的构造样式开展了一定的模拟分析工作，取得了变形几何学特征的清晰认识。但是有关褶皱-冲断带是基底收缩性累积变形还是脆韧性力学性质，或者说是基底摩擦与侧向摩擦作用等控制，相关的理解还没有完全解析清楚。有待后续开展进一步的 3D 的物理模拟分析探讨。

3.4 走滑拉分型盆地的物理模拟研究

3.4.1 走滑拉分型盆地的分布

拉分型盆地在世界各地广泛分布，全世界有 50 余个盆地属于拉分盆地，如安达曼海盆地、南死海盆地、新西兰 GlynnWye 盆地、马来西亚 Dungun 盆地、北爱琴海盆地、亚喀巴湾盆地、维也纳盆地、帕雷斯维拉盆地、Jumgal 盆地、Naryn 盆地、Bashy 盆地和阿戈斯特盆地。这些拉分型盆地主要分布在走滑断裂带之间以及走滑断裂的局部。在形态上，拉分型盆地形成菱形或似菱形结构。拉分型盆地是在张扭性应力场条件下形成的，同时拉分型盆地还是部分油气聚集的有利构造带，对其形成和演化的深入研究对理解盆地的形成机制和油气分布规律具有十分重要的指导意义。

在早期，走滑构造形成的理论是根据里德尔剪切实验进行解释的。第一次研究走滑断裂是根据断层的激活、基底的垂直和水平运动，来观察走滑断裂上覆脆性层的变形过程（图 3-26）。虽然早期的研究只是根据实验结果进行简单的描述，但这也成为后来，乃至今天非常有名、仍然引用的经典里德尔剪切实验。在经典的实验装置中，相邻的两个基底宽体模拟垂直基底断层，通过一个基底固定，而另一个基底块体做相对运动，通过基底块体运动的速度不连续来实现上覆脆性层的变形。在里德尔剪切实验中，上覆脆性层的次生构造与基底断裂相接，并受到基底断裂影响。至今，遵循里德尔剪切实验，利用不同的材料和装置开展了很多物理模拟实验。里德尔剪切实验的应用为造山带和盆地构造变形理解提供了重要的物理学证据。

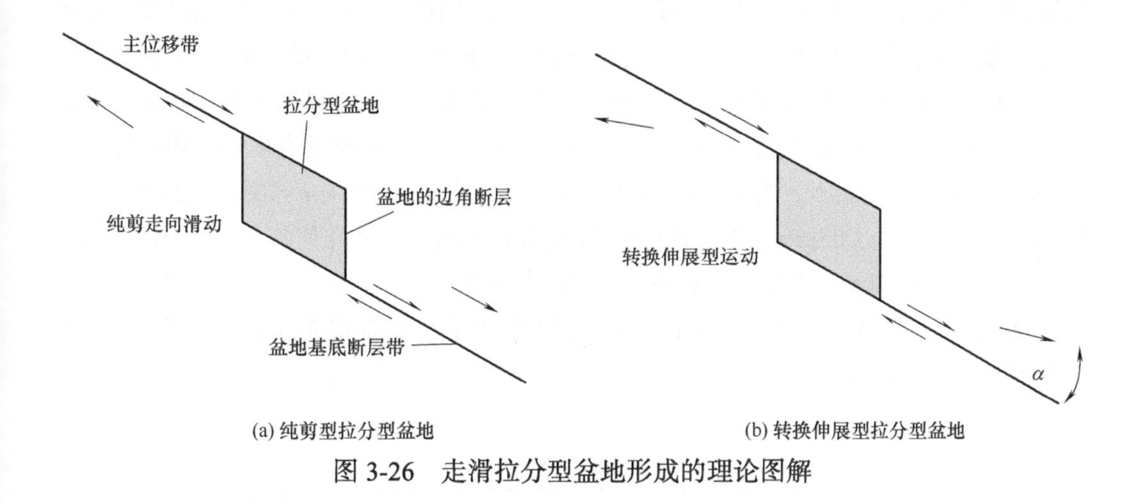

图 3-26　走滑拉分型盆地形成的理论图解

3.4.2　走滑拉分型盆地地质问题

走滑断裂是诱发地震活动和油气资源勘探的主要构造，其一直以来都是地震学家和石油地质学家关注和研究的热点。针对走滑作用形成的拉分型盆地，早期的研究表明走滑拉分型盆地是沿垂直走向滑动断裂方向伸展作用而形成的地貌沉降区域，但是有关走滑拉分型盆地的形成机制和演化问题，仍然存在许多争议，仍有许多科学问题未得到彻底理解。包括：a.走滑断裂与拉分型盆地的地貌变形过程；b.拉分型盆地形成的 3D 物理模拟和数值模拟研究还十分缺乏；c.拉分型盆地形成过程中的变形控制因素的探讨；d.拉分型盆地的伸展方式及形成演化；等等。基于地质和地球物理资料，前人对拉分型盆地的几何学特征开展了大量的研究工作。例如，Harding 对拉分型盆地的形成及构造样式进行了分析探讨，并且研究表明拉分型盆地的形成与主断裂、应力场伸展方向、沉积作用等有关。随着板块构造及盆地形成演化机制研究的深入，拉分型盆地的研究手段越来越多，尤其是从构造物理学的角度出发，近年来其研究得到了快速发展，也取得了许多重要的成果。同时，近年来的研究表明拉分型盆地是纯剪作用的产物，但是随着认识的不断深化，部分学者则认为纯剪作用和斜向伸展作用均可以形成拉分型盆地。这在理论上对简单样式的拉分型盆地进行了合理的解释，但是与实际构造样式相比，仍然存在构造极其复杂的拉分型盆地，它们又是在什么控制因素作用下形成，有待于应用物理模拟技术和数值模拟技术对其进行深入的研究。

3.4.3　走滑拉分型盆地的物理模拟

走滑拉分型盆地的物理模拟工作开展得也比较多，本节从以下实例进行表述。

（1）模型设计

模拟在刚性铝块上进行，相邻两运动块体之间的夹角为 30°，且运动方向沿最大主位移方向的夹角为 5°（图 3-27）。模拟区域的长度约 10cm。对于纯剪滑动模型，块体平行于最大主位移伸展方向滑动，而对于转换伸展模型，它们之间却有 5°的夹角。所有实验均用 2cm/min 的速率伸展。实验过程中，块体基底和边界用橡胶膜封装，以减小侧向摩擦力。SGM 硅胶厚 1.5cm，面积为 21cm×11cm。硅胶具有牛顿流体特性，密度 965kg/m^3。在室温下，有效黏度 5×10^{4}Pa·s。石英砂为 150cm×50cm×7.5cm。内摩擦角 30°，内聚力 1.05kPa，满足纳维尔-库伦破裂准则。模型几何相似比为 10^{-5}，1cm 代表自然界实际 1km。用相机进行延迟拍照，位移变化 1mm 时，拍摄 1 张图像。位移变化 2mm 时，扫描一次照片。最后，通过模型表面的特征对此进行高程计算，得出拉分型盆地地貌模拟特征。

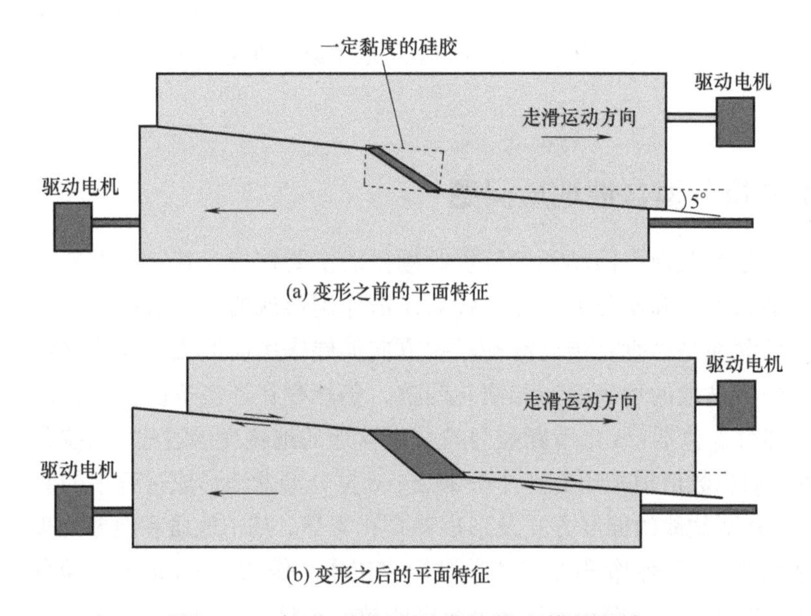

图 3-27　拉分型盆地形成的物理模拟研究

（2）模拟结果

总体特征上，纯剪型模型和转换伸展型模型均在地貌上形成菱形特征。基底无黏性的脆性层覆盖模型形成菱形向 S 形过渡，但不具有拉长的形态特征。断层出现的位置和形态受侧向边界条件约束。尽管纯剪型模型和转换伸展型模拟实验之间具有较多的相似性，但是它们仍然存在细微的差异。从纯剪到具有斜向角度 5°差别的伸展，导致了构造样式和盆地内部的几何特征存在差异。转换伸展型盆地中央坳陷区的宽度比纯剪型盆地中央坳陷区的宽度大 3 倍左右。同时，转换伸展型模型中形成一系列的雁列式的斜向伸展断裂，但是在纯剪型模型结果中很难观察到雁列式的断裂。尽管模型与实际具有一定的差异，但本案例的研究成果，仍然可以对部分拉分型盆地的形成机制进行较好的解释，而且已得到较好的应用（图 3-28~图 3-30，书后另见彩图）。

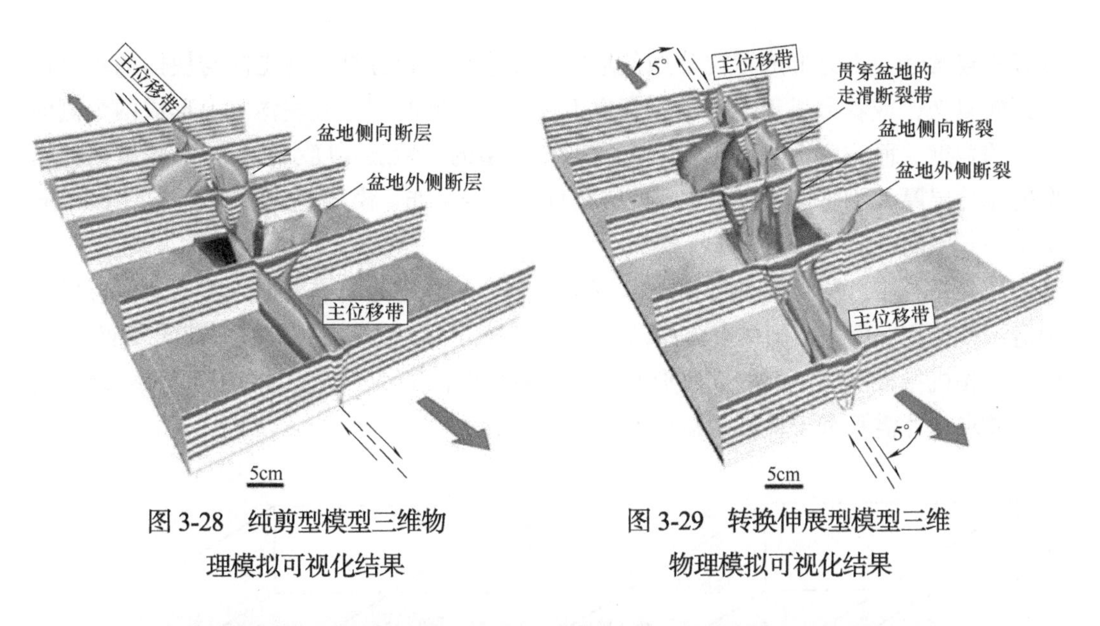

图 3-28　纯剪型模型三维物理模拟可视化结果

图 3-29　转换伸展型模型三维物理模拟可视化结果

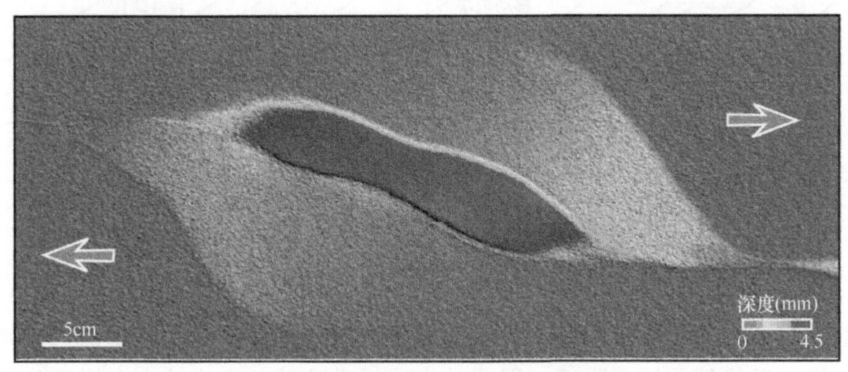

图 3-30　拉分型盆地物理模拟

案例 3-6：走滑拉分型盆地物理模拟

（1）模型设计

前人从物理模拟和数值模拟出发对拉分型盆地进行了模拟研究。他们的研究主要聚焦于拉分型盆地的形成。在实验室拉分型盆地的模拟是通过基底板块的运动产生侧向陡坎而形成的。部分模型参数前人已开展了测试，如形成拉分型盆地的宽度，产生陡坎的角度和模型的脆、韧性流变学结构（如脆性石英砂或者石英和硅胶的厚度和强度组合）等。过去研究表明，常见拉分型盆地的陡坎宽度比其脆性层的厚度要大，这样导致了拉分型盆地形成了一定的长轴，并与块体的运动方向斜交。但是，自然界中存在拉分型盆地的宽度比其上覆脆性层的厚度还要小的情况，如死海盆地就比较典型。为此，值得设计模型对其进行深入的分析探讨。

本模拟研究从经典的里德尔剪切实验出发，变形通过基底薄的塑性块体移动来实现。两个块体在一起，中间不连续代表先存的断裂或者基底不连续的韧性剪切带，其中一个块体固定，而另一个块体移动来实现变形。由于基底块体在运动，其运动速率具有不连续性，由此形成了拉分型盆地陡坎或形成的拉分型盆地走向与块体的垂直运动方向斜交，或者形成走向滑动速度也不连续带。同时在基底块体之上形成两个侧向陡坎的宽度，而这两个宽度中，一个宽度比模型的脆性层厚度小，另一个宽度则比模型的脆性层厚大。基底的韧性层则代表韧性的地壳分布。模型测试中，分别使用 0.5cm 和 1.0cm 厚的硅胶对断阶带进行测试。

实验过程中，随着盆地的生长和沉陷，用薄的砂层等间隔性地充填盆地，形成同构造沉积作用。模型表面的上方用两个相机拍照，一个相机拍摄沉积之前的表面形态，而另一相机拍摄变形之后的表面形态。对实验结果，每隔 2.5cm 的间距进行模型切片，而且要求切片需垂直于块体的运动方向（图 3-31）。

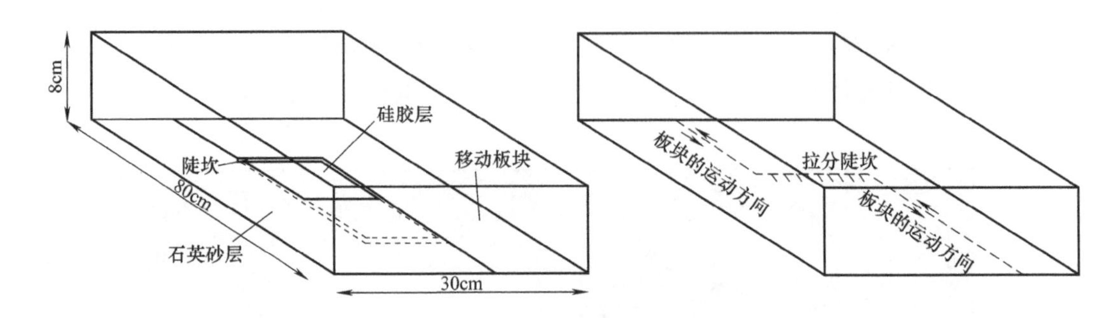

图 3-31　拉分盆地形成的物理模拟研究

（2）模拟结果

模型 1（纯剪切变形），变形首先在盆地中心陡坎上侧开始，并形成两条走向滑动断裂。在靠近里德尔剪切带附近，形成纯走向滑动位移。产生的走向滑动位移向外生长，调节走向运动和倾向滑运动，并最后形成拉分型盆地形态。随着走滑运动的继续进行，在盆地内部形成新的断裂。断层的走向与主位移带并不斜交。部分正断层形成新的走滑断层，部分正断层形成边界断层。模拟最后，形成最终的 S 形拉分型盆地几何特征，且拉分型盆地的形态特征是由基底缺乏韧性层造成的。陡坎的宽度对倾斜断层和强烈弯曲的断层均发挥着重要的作用。相应地，拉分型盆地长轴与主位移带相交（图 3-32）。在宽的基底陡坎上形成拉分型盆地的类型与基底缺乏韧性层有关这一事实，在前人相关的文献中已有论述。

模型 2（具有薄的韧性基底）在初始变形阶段，在宽的基底陡坎之上形成两条断裂。与模型 1 相比，这两条断裂的弯曲度和倾斜度均较小。与以前的模型相似，在变形的早期，走滑断裂和正断层均主要集中分布在初始断裂发育带。最大的走滑位移是初始第一条断裂的位置，而且初始产生的断层与主位移带斜交程度一致。随着位移量的逐渐增大，在盆地中心形成新的走滑断层。断层的斜向运动主要是调节走滑量。在运动的晚期形成了长条形的拉分盆地（图 3-33）。

物理模拟结果与实际构造特征对比，揭示了主断裂带的局部构造带存在弯曲变形，而且形成的拉分盆地的坳陷中心与沉积中心一致（图 3-34）。在一定的时间和空间上，地层将发生侧向迁移，而且构造会发生反转作用，并且流体的活动与构造沉积活动相关。拉分型盆地的几何特征明显受基底断裂所控制，其伸展方向的不同导致了不同应力场条件下形成的拉分型盆地的几何形态存在较大的差异。

评述：本模拟研究对探讨拉分型盆地的形成及其变形控制因素具有重要的指导意义。后续可在该模型设计分析的基础上，开展更为深入的研究和探讨。

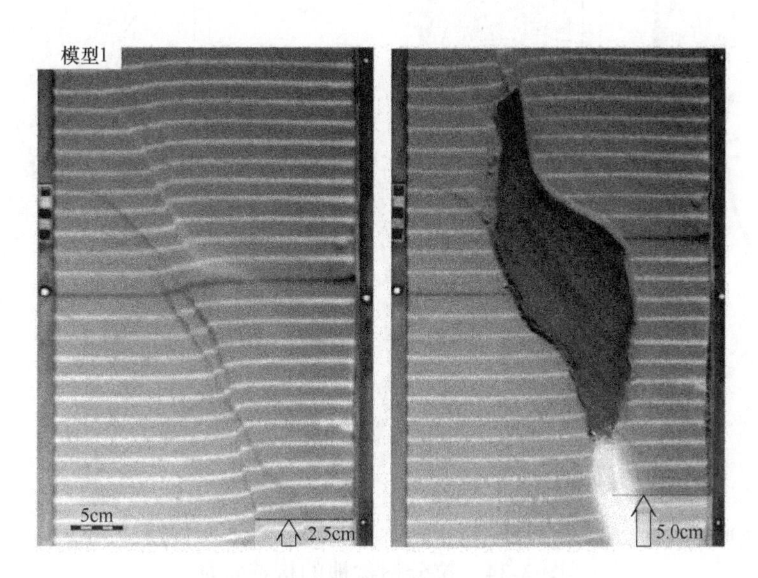

图 3-32　纯剪切变形作用产生的拉分型盆地

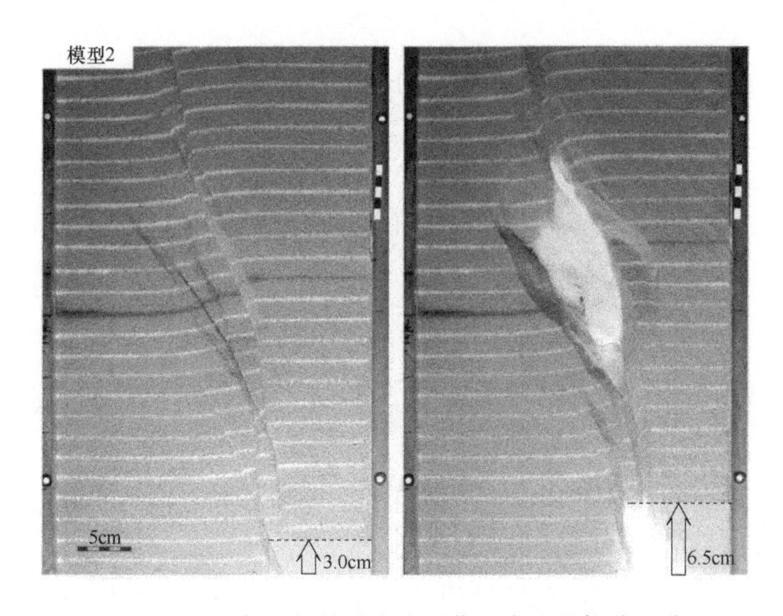

图 3-33　具有薄的韧性基底变形作用产生的拉分型盆地

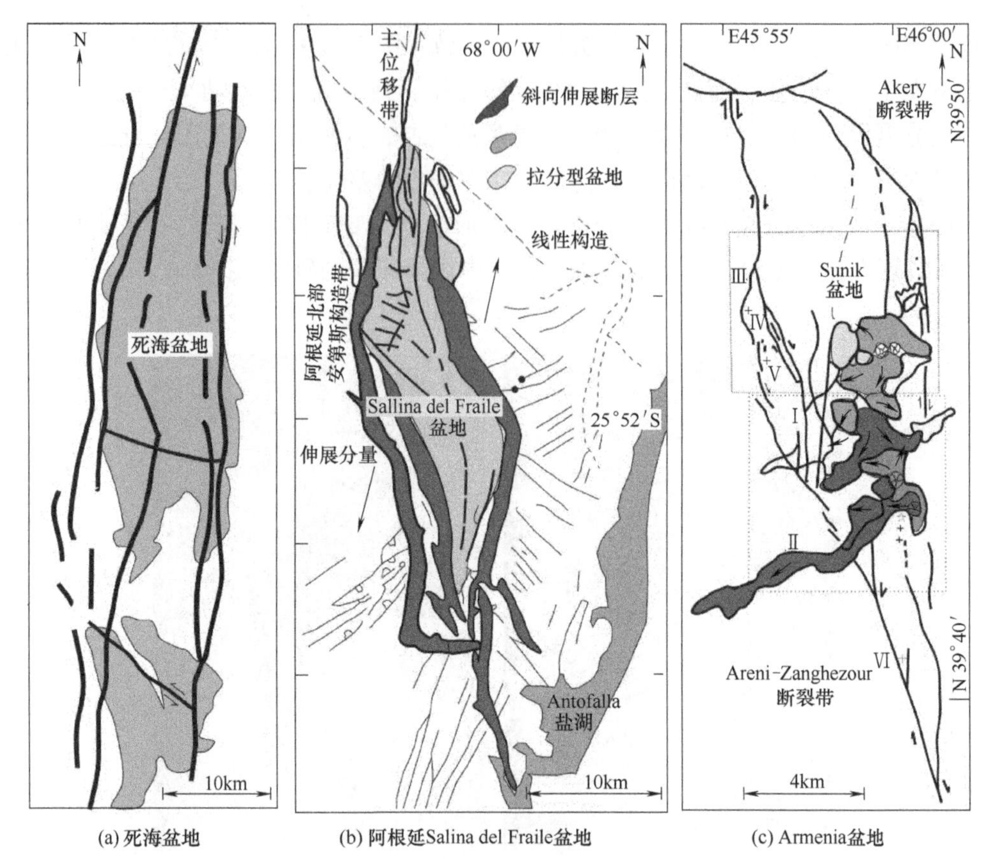

(a) 死海盆地　(b) 阿根廷Salina del Fraile盆地　(c) Armenia盆地

图 3-34　拉分型盆地的构造特征

第4章

造山带形成和演化的物理模拟研究

全世界分布着众多的山系，如典型的安第斯山、阿尔卑斯山、扎格罗斯山、喜马拉雅山、落基山、阿巴拉契亚山和比利牛斯山等（图 4-1）。它们是大陆板块边界或板块内部挤压造山作用产物，对其形成演化的分析研究，对理解其盆地沉积充填、抬升剥蚀和造山带的演化过程对油气及矿产资源分布规律的研究具有非常重要的指导意义。对此，前人开展了大量的研究工作，也取得了许多重要的研究成果，揭示了剥蚀作用、沉积作用、断裂边界条件和挤压应力方向、应变速率、侧向摩擦力等均对变形具有重要的影响。为了进一步系统、深入地研究造山带的演化过程，本章剖析了部分典型的造山带的物理模拟实验，对深化认识其演化过程和形成机制具有重要的参考价值。

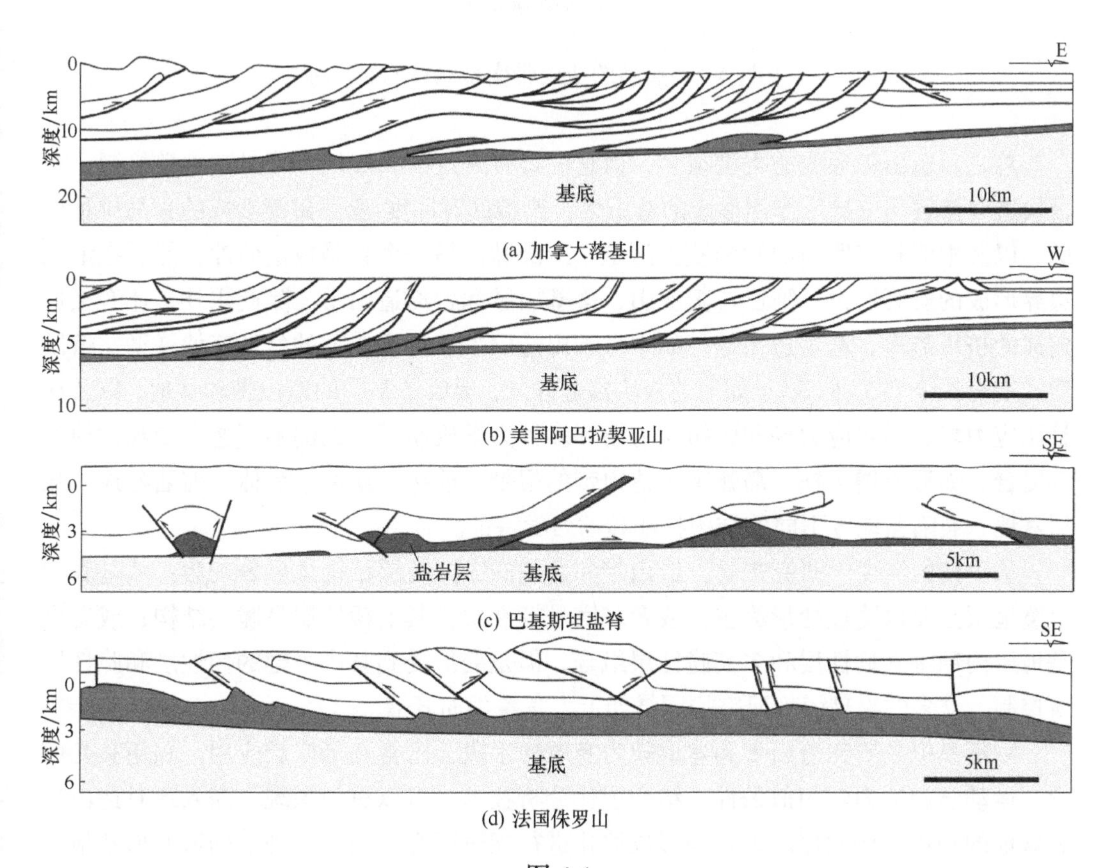

(a) 加拿大落基山

(b) 美国阿巴拉契亚山

(c) 巴基斯坦盐脊

(d) 法国侏罗山

图 4-1

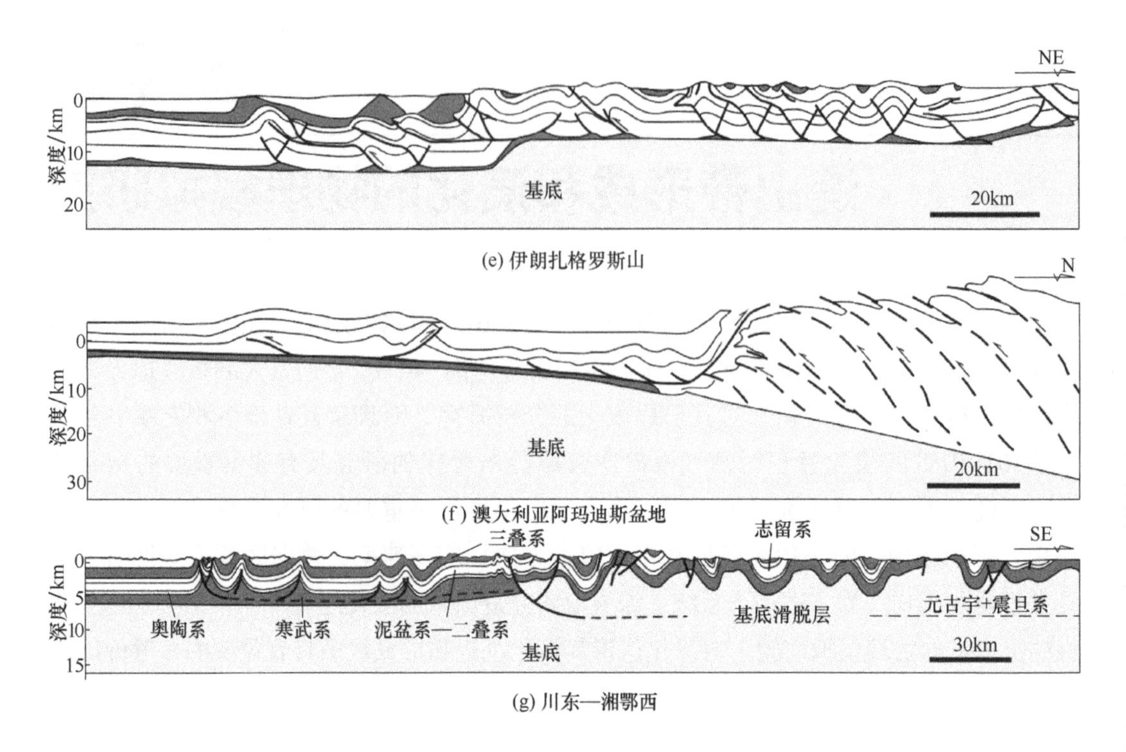

(e) 伊朗扎格罗斯山

(f) 澳大利亚阿玛迪斯盆地

(g) 川东—湘鄂西

图 4-1　典型的造山带南部结构特征

总之，造山带形成的类型很多，但它们具有一定的相似地质背景和力学机制。在板块边界接触部位挤压作用形成的造山带，典型的有印度-亚洲碰撞形成的喜马拉雅山脉，以及中亚扎格罗斯山脉和欧洲阿尔卑斯山脉。另一个就是板块俯冲，然后在汇聚边界形成的安第斯山、阿巴拉契亚山、落基山脉和台湾造山带。除此之外，还有板块内部的挤压造山、增生造山等，如中央天山造山带。形成典型的盆地有伸展型、挤压型和走滑拉分型 3 种。基于如上的板块构造背景，形成了不同的造山带和盆地，以及在挤压应力场、引张应力场和张扭应力场等多种力学机制下形成的不同造山带和盆地及其复合，如形成增生楔、岛弧带、造山带的根带，前缘、逆冲推覆体、前陆盆地、弧后盆地、裂陷盆地等不同的结构特征和动力学特征。

从目前的流变学研究来看，造山带和盆地的纵向地层结构主要表现为：从基底到上覆地层主要以脆性变形为主；或者基底是韧性层，其上覆地层是脆层结构；或者也是地层内部多套韧性层和多套脆性层组合，但是变形受到其中关键的韧性层和脆性层所控制。众多的物理模拟研究均围绕如上力学条件而开展。

物理模拟是研究造山带和盆地较为有效的手段，已得到了广泛应用。利用其几何学、运动学和动力学相似条件，结合现代分析技术，可以更为系统、深入地对造山带和盆地的构造变形的控制因素和形成演化进行探讨研究，为深入理解构造变形及板块构造提供地球物理学证据。

4.1　阿尔卑斯典型构造带的物理模拟研究

4.1.1　区域地质问题

侏罗山位于瑞士西北部与德、法交界处，构造上属阿尔卑斯造山带的前陆。与其东南高度变形的阿尔卑斯山之间横亘着渐新世到上新世磨拉石盆地。侏罗山随着阿尔卑斯弧的弯曲而呈向西北突出的新月形，中部宽，两端窄，其以脱褶皱作用和冲断作用为特征。中生代地层在海西基底上滑脱，三叠系中的膏盐层作为滑脱层出露于背斜核部，形成著名的侏罗山式褶皱样式（图 4-2）。

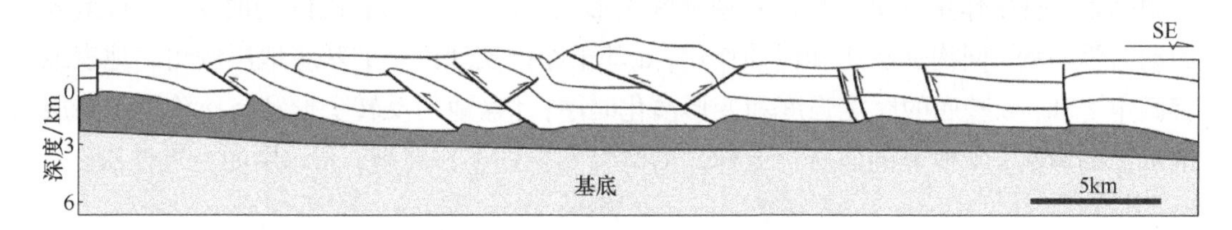

图 4-2　法国境内侏罗山变形样式

喀尔巴阡山褶皱-冲断带形成于中新世，是东阿尔卑斯的一部分，位于欧洲中部，全长 1450km。从斯洛伐克布拉迪斯拉发附近的多瑙河谷起，经波兰、乌克兰边境到罗马尼亚西南多瑙河畔的铁门，呈半环形。地层由新元古界、古生界、中生界、新生

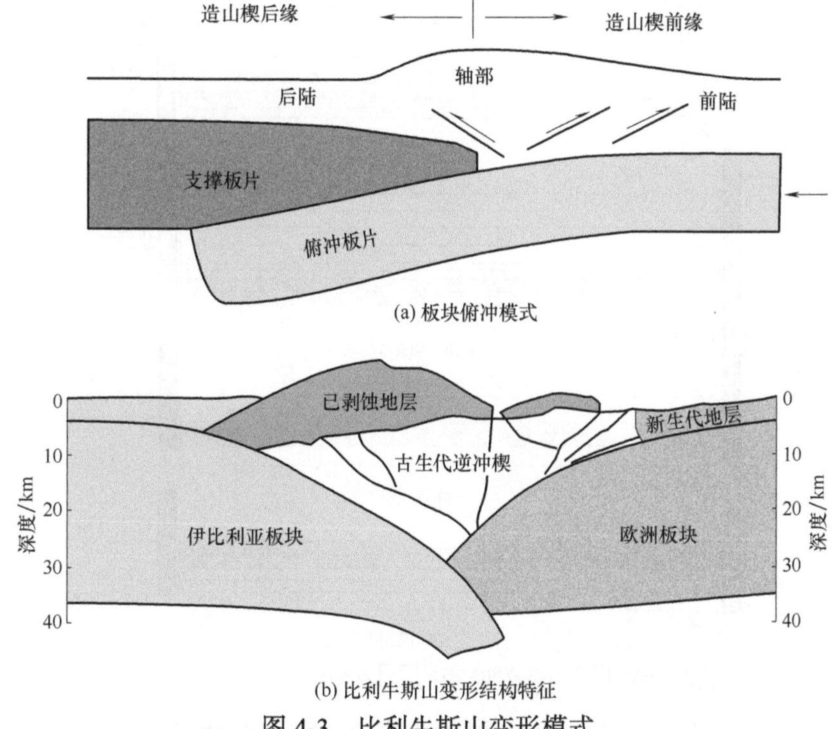

图 4-3　比利牛斯山变形模式

界组成。地层发生强烈变形，基底正断层发育，上覆形成新元古代至白垩纪逆冲推覆构造，而且在冲断带前缘广泛发育前陆盆地。

在阿尔卑斯造山运动中形成的比利牛斯山，在晚中生代至新生代发生变形，形成了 NW-SE（西北-东南）走向的不对称楔形体。前人以楔形体轴部为界，把比利牛斯山分为南部埃布罗河前陆盆地、北部阿基坦盆地两部分。比利牛斯山轴部发育前冲与后冲断层（图 4-3），地层由古生界组成且上覆地层被剥蚀，其两翼前陆地区地层由中生界组成。

侏罗山构造带的形成演化一直是地质学家探讨的热点。存在的科学问题主要集中在以下几个方面：a.侏罗山薄皮褶皱-冲断带的水平缩短和垂直增厚问题；b.变形机制及控制因素，挤压作用和沉积作用对逆冲断裂形成的影响；c.岩石圈的挠曲变形、近地表的动力学过程、同构造沉积和侵蚀作用；d.基于库伦楔理论中的基底地层倾角和地表地貌倾角之和；e.基底的摩擦强度和变形演化时序；f.盆地的反转变形和挤压阶段正断层继承性的激活；g.地震剖面对构造样式的解释和识别不够清晰；h.地层的力学性质。

4.1.2 模型设计

本研究设计了两个系列共计 4 组模型进行研究。第一个系列模型用三层结构，滑脱层的强度发生变化（模型 1 和模型 2）；三层模型由基底向上覆地层，材料由石英砂

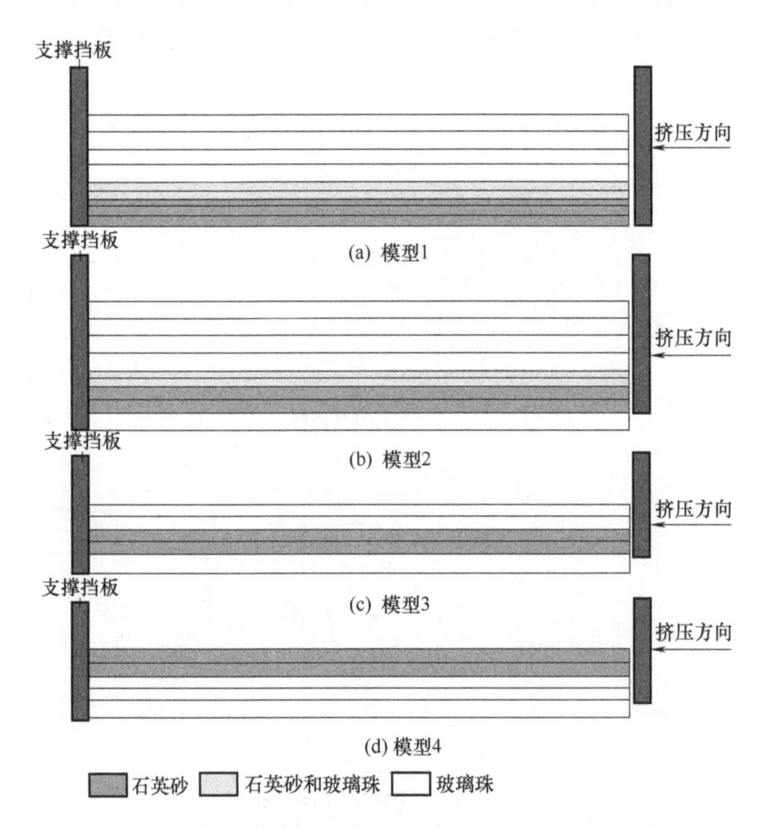

图 4-4 侏罗山式褶皱-冲断带的一种物理模拟设计

到玻璃珠，其力学强度逐渐变弱。模型 1 的摩擦滑动层位于基底铁板和石英砂之间。模型 2 的摩擦滑动层位于基底玻璃珠之上。第二组模型用两层结构（模型 3 和模型 4）。两层模型均位于力学强度较弱的玻璃珠之上。变形体由一层玻璃珠和一层石英砂组成，它们的厚度均为 6mm。但是模型 3 和模型 4 的层序结构不同，模型 3 的石英砂位于基底，而模型 4 的石英砂位于模型装置的顶部（图 4-4）。模型材料的属性体现在，松散石英砂的内摩擦角 30°（μ=0.57），内聚力 165~190Pa。玻璃珠的粒径为 100~105μm，密度为 1.5g/cm^3，内摩擦系数 μ=0.37，内摩擦角为 20°。模型长 40cm，挤压变形速率为 0.3mm/min。所有实验在 Hans Ramberg 构造模拟实验室完成。

应用模拟结果中的逆断层、褶皱和层平行缩短等变形样式的缩短量与层属性建立关系图，探讨地层属性与缩短量的关系。同时分别就石英砂、微玻璃珠的分布特征，分析逆冲断层与产生的位移量之间的空间位置关系。最后，应用模拟结果与地区实际的构造特征进行对比分析，讨论其力学性质及褶皱-冲断带的扩展变形时序。

4.1.3　模拟结果

侏罗山式褶皱卷入变形的地层有砂岩、灰岩和浊积岩。叠瓦状逆冲构造发育，地层倾斜，并形成非对称型的背斜和向斜。物理模拟揭示形成的叠瓦状的逆冲推覆体，其每一层的位移量是发生变化的，位移变化量的大小与地层的组成有关（图 4-5，图中数字表示逆冲断裂产生的顺序）。单层变形位移最大的是砂岩地层，而单层变形位移量较小的是灰岩地层，形成一定的褶皱样式。形成这样的构造样式主要与地层中断弯褶皱的扩展变形有关。其形成机制是断层形成之后，产生的位移滑动量与形成的褶皱之比

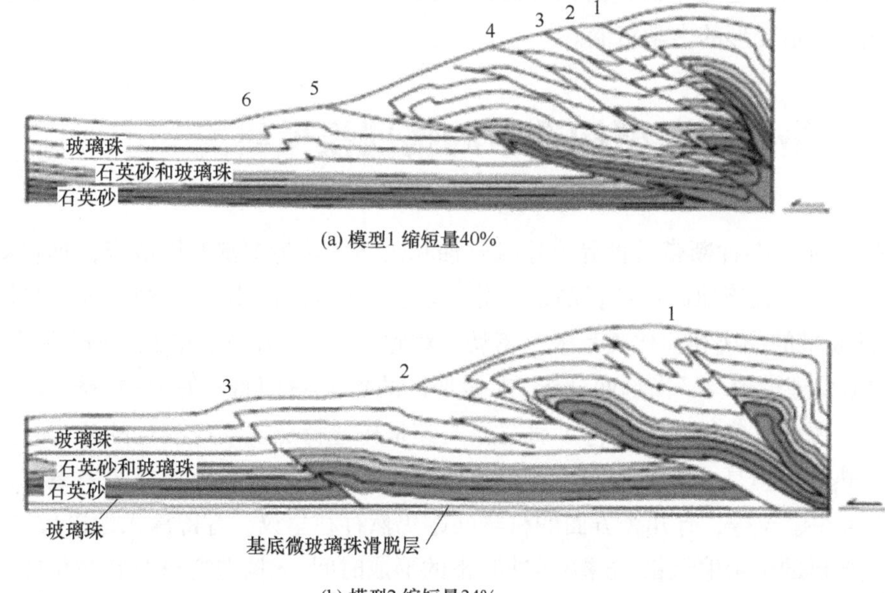

(a) 模型1 缩短量40%

(b) 模型2 缩短量34%

图 4-5

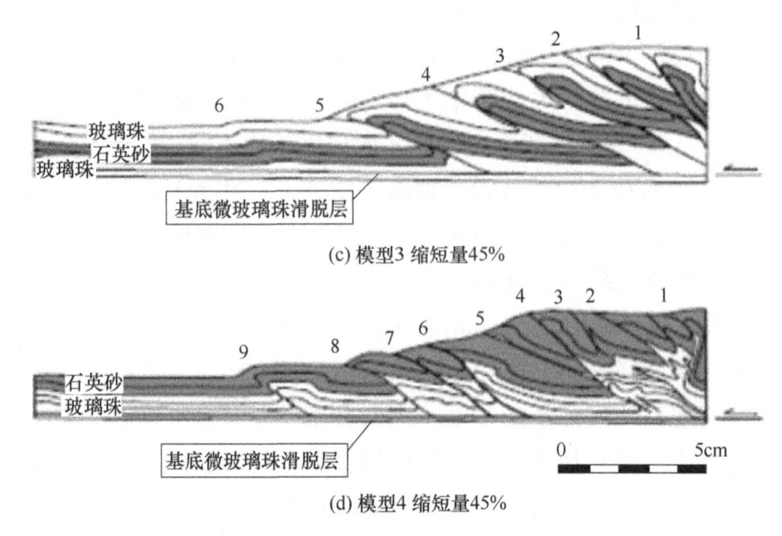

(c) 模型3 缩短量45%

(d) 模型4 缩短量45%

图 4-5 逆冲断裂带形成的物理模拟

的比例系数差异有关。初始阶段的变形特征与叠瓦状逆冲构造的非均质性有关。

层长的差异和力学性质控制了逆冲构造的形成。松散的石英砂能够模拟砂岩。地层具有较高韧性强度和较大的内摩擦系数，而且少量的韧性变形表现为形成低倾角的断坡。微玻璃珠能够模拟第三纪的灰岩变形，并表现出一定的韧性特征。

模型砂岩和实际的地层均显示了叠瓦式的逆冲缩短变形。在模型中，形成的构造变形位置是独立的，表明了断层从基底到上覆脆性层，扩展不具有导向性。更多的变形主要集中在弱的碳酸盐岩和模型中的微玻璃珠位置。构造变形发生的具体位置主要与地层组成有关。通过本研究的物理模拟，揭示产生的滑动量与形成褶皱的缩短量之比是该地区构造变形的力学机制。

4.2 扎格罗斯典型构造带的物理模拟研究

扎格罗斯褶皱-冲断带是世界上蕴藏石油和天然气较为丰富的构造带，具有特大油气田数十个，而且该地区矿产资源也十分丰富。勘探表明，巨量的油气分布与该地区的褶皱-冲断带的形成和演化关系极为密切。对此，前人应用 2D 和 3D 地球物理、GPS 数据、构造物理模拟及平衡剖面分析，对该地区的褶皱-冲断带和底辟构造样式及形成，以及油气资源的富集规律等进行了研究，尤其是构造特征及形成演化的分析一直是学者研究的热点。但是，由于构造及地貌条件样式十分复杂，野外资料的采集存在较大挑战（图 4-6）。至今，有几个方面的科学问题仍然存在争议，有待深入地探讨：a.该地区的挤压变形的汇聚缩短量；b.褶皱-冲断带的形成时间；c.构造变形及其演化的主控因素；d.油气及矿产资源的富集及富集规律；等等。

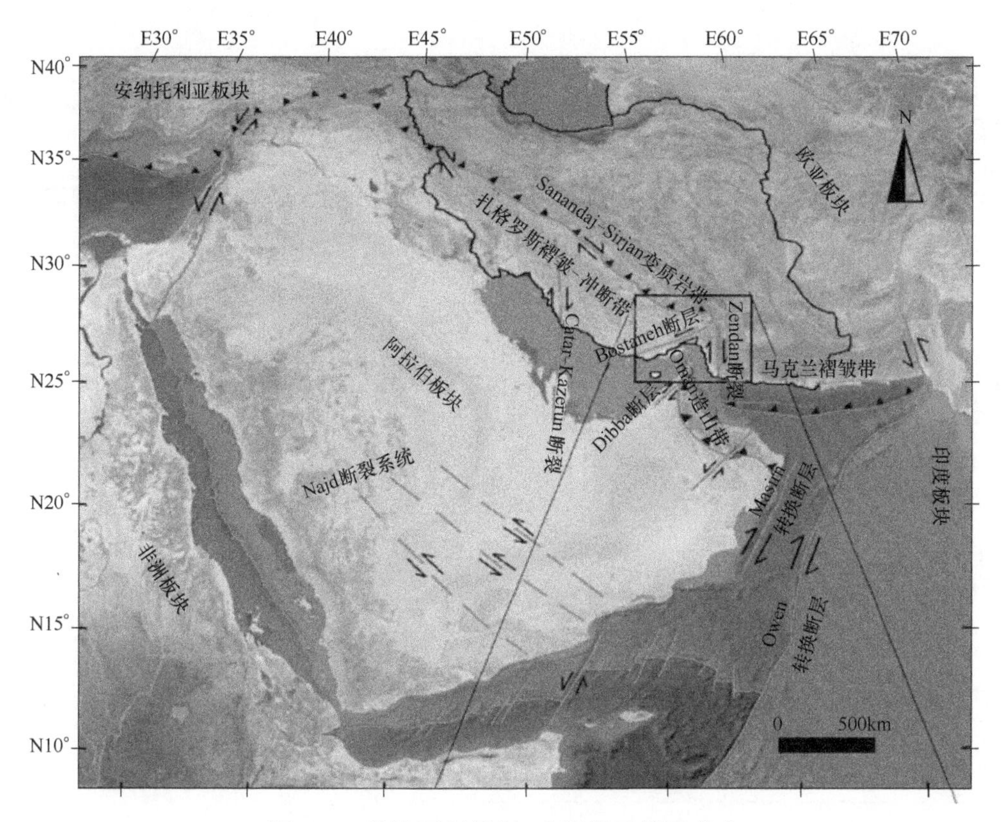

图 4-6　扎格罗斯褶皱-冲断带及邻区分布

4.2.1　区域地质问题

扎格罗斯褶皱-冲断带位于阿拉伯板块的北东缘，与欧亚板块汇聚，紧邻波斯湾地区，即位于非洲板块和亚欧板块之间。前人研究认为，该构造带的形成是非洲板块与欧亚板块俯冲碰撞的结果。扎格罗斯褶皱-冲断带从北西向南东弧形展布。从土耳其至伊朗霍尔木兹海峡绵延 2000km，区域面积约 3×10^6km^2。依据地貌特征，以扎格罗斯断层为界，扎格罗斯褶皱-冲断带被分为高扎格罗斯构造带和扎格罗斯简单褶皱带。该构造带在晚白垩世开始发生挤压变形，在渐新世至早中新世，阿拉伯板块与伊朗中部发生持续碰撞，形成褶皱和逆冲断层 [图 4-7 和图 4-8（书后另见彩图）]。从南西至北东，构造及结构特征表现为前陆盆地、褶皱-冲断带结构，且基底地貌起伏较大，具有多套滑脱层分布。上新世沉积了 6~12km 的沉积物。基底沉积古生代地层，中生代侏罗纪地层、白垩纪地层和新生代第四纪地层。沉积物的岩性主要是蒸发岩、碳酸盐岩、白云岩、页岩、砾岩和碎屑岩。底辟构造极为发育，且具有多套软弱层是该高构造带的显著特点。演化历史表现为从被动大陆边缘过渡到裂陷，以及与蛇绿岩消减和碰撞相关的挤压变形过程。

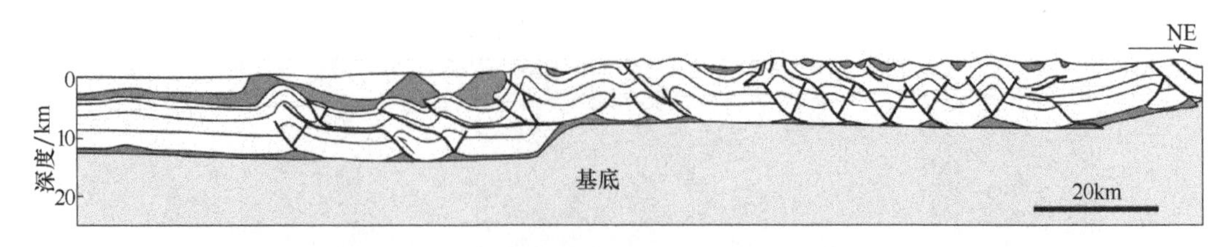

图 4-7 扎格罗斯褶皱-冲断带构造变形样式

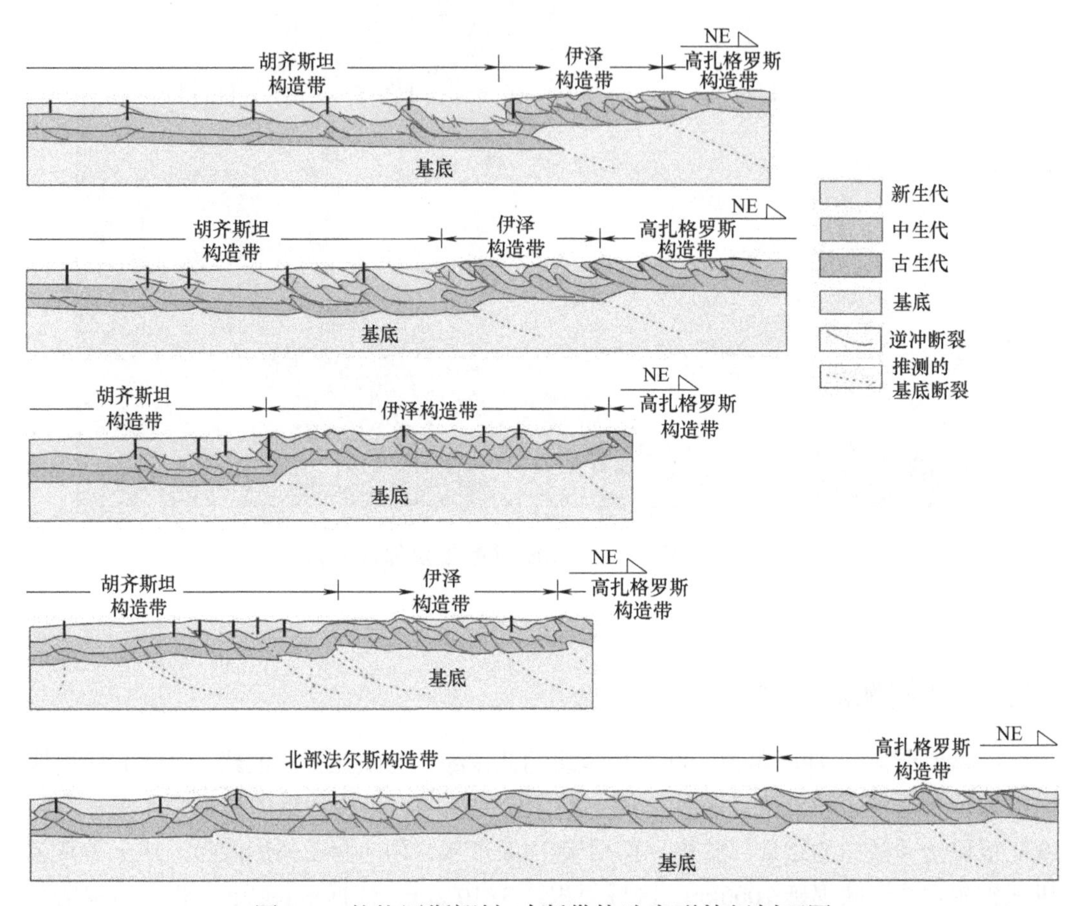

图 4-8 扎格罗斯褶皱-冲断带构造变形特征剖面图

为了揭示该地区的构造变形及演化特征，前人开展了一定的物理模拟研究，对该区的构造特征的形成进行了一定的探索和分析。

4.2.2 模型设计

模型装置建立了 3 个剖面。A：5 层结构，从下至上分别为基底硅胶、中间石英砂、微玻璃珠、硅胶和上覆石英砂。B：5 层结构，从下至上分别为基底硅胶、中间石英砂、硅胶、微玻璃珠和上覆石英砂。C：4 层结构，从下至上分别为基底硅胶、中间石英砂、微玻璃珠上覆石英砂。其中石英砂粒径为 100μm，满足摩尔-库伦破裂准则。基底硅胶厚 5mm，中间硅胶厚 3.5mm，黏度为 10^4Pa·s。密度相等，为 970g/m^3。所有模型的挤压速率为 1.7cm/h。具体参数见表 4-1 和图 4-9（书后另见彩图）。

表 4-1　扎格罗斯褶皱-冲断带模型结构参数

实验剖面系列	结构	褶皱-冲断带的位置	模型宽度/cm	模型长度/cm
A	硅胶；石英砂；微玻璃珠；硅胶；石英砂	前缘	39	78
B	硅胶；石英砂；硅胶；微玻璃珠；石英砂	北部	39	78
C	硅胶；石英砂；微玻璃珠；石英砂	西南部	39	78

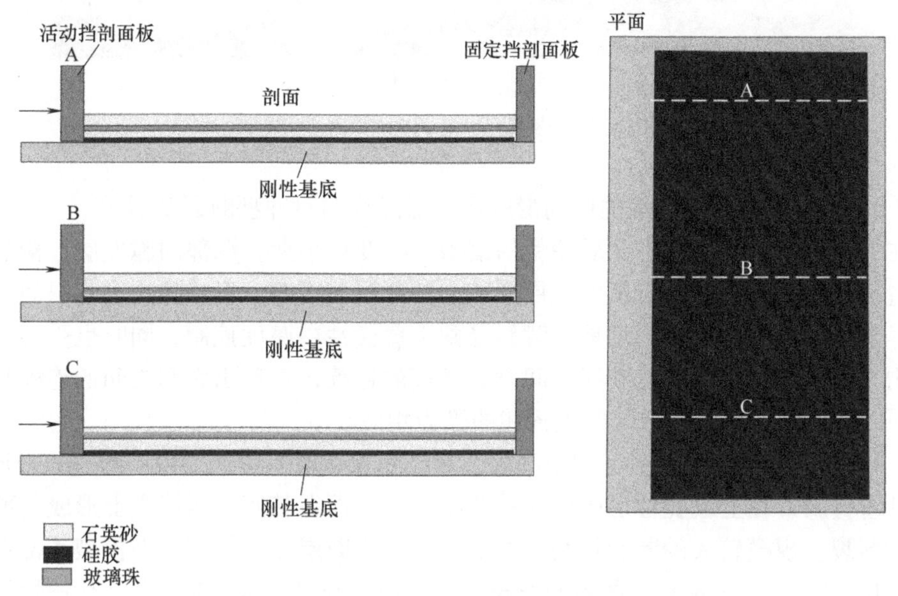

图 4-9　扎格罗斯褶皱-冲断带物理模拟设计

4.2.3　模拟结果

模拟结果揭示，该地区的变形主要与脆性层和韧性层的组合有关。3 组剖面模拟测试结果如下。

（1）模型 A：没有中间滑脱层，形成的褶皱幅度大，简单

褶皱形态一致，而且其波长明显受到强能干性岩层的控制。构造缩短量大，在地表能够见到逆断层及明显的位移。后冲断层切割向后延伸的背斜，并且同时形成前冲断裂。在变形的早期阶段形成冲起构造，在变形的后期，扩展表现以被动传递为主。构造的发育主要依赖材料的力学性质。在扎格罗斯褶皱-冲断带中，发育的后冲断裂较少。这主要是受到碳酸盐岩的流变学性质的影响。该地质条件有利于形成褶皱而不是断层（图 4-10）。

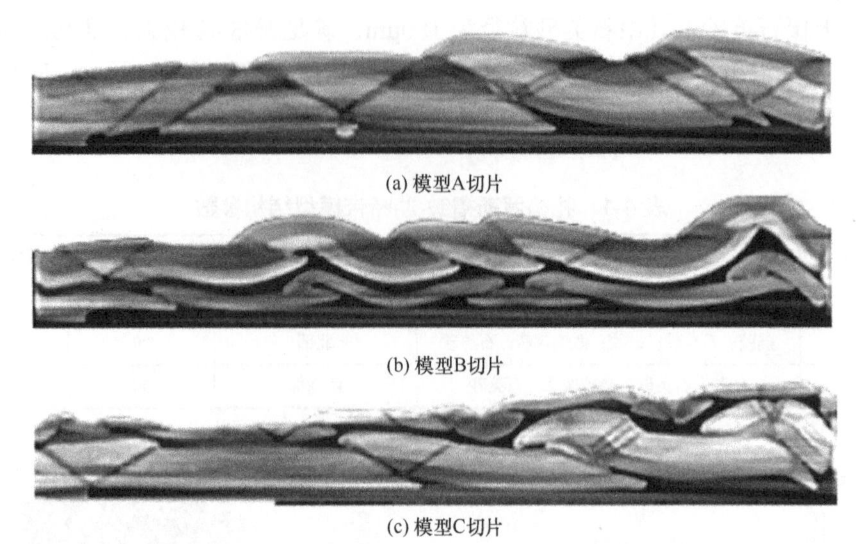

(a) 模型A切片

(b) 模型B切片

(c) 模型C切片

图 4-10　扎格罗斯褶皱-冲断带物理模拟结果

（2）模型 B：具有深埋的中间滑脱层，形成双向对冲型断裂及褶皱

在上覆脆性层几乎看不到后冲型的褶皱。在变形早期，深部的脆性层、褶皱和双冲构造扩展很快，并且在上覆脆性层形成逆冲断层和褶皱。形成的地表背斜间距不规则。尽管如此，上覆形成的近地表背斜受到上覆脆性层厚度控制，同时也受到深部构造影响。深部和浅部形成的断层之间没有直接的连续，表现出它们之间的连续是随机的。同时，个别褶皱的形成与前人描述的极为相似。

（3）模型 C：具有浅的上覆滑脱层，其缩短量调节了中间滑脱层两侧的变形

沿着背斜带在上覆脆性层中形成一些小构造，而在基底软弱层之上形成前冲和后冲型的断裂。规模较大的断裂带则基本上可以形成断层相关褶皱。在模型浅部形成的褶皱波长与模型 A 浅部显示的褶皱波长极为相似，同时褶皱的波长与下伏脆性层的厚度成一定的比例关系。下伏脆性层中形成的断层弧形弯曲，并指向上部软弱层。缩短量在深部是通过断层三角带调节的，而在浅部，主要是通过微小的逆冲断层进行调节。本剖面 C 的模拟结果与实际观察到的构造样式极为相似。

总之，模拟结果揭示，单个褶皱的幅度随着缩短量的增大而逐渐增大；在没有中间滑脱层参与的情况下，该褶皱-冲断带的变形具有一定的穿时性。有关底辟构造及成因见第 6 章。

4.3　印度-亚洲俯冲碰撞的物理模拟研究

4.3.1　区域地质问题

（1）青藏高原

青藏高原位于亚洲板块与印度板块结合处，是世界有名的高原，同时也是国际社

会研究的热点地区。青藏高原地貌海拔平均约 5000m，面积约 $2.5\times10^6km^2$。区域内部及周缘发育多条断裂，如昆仑断裂、阿尔金断裂、祁连山断裂、龙门山断裂、鲜水河-小江断裂、西昆仑断裂、靠近挤压变形强烈地区的前缘逆冲断裂，同时还发育众多南北向的伸展型断裂（图 4-11，书后另见彩图）。有关青藏高原的形成，前人从古气候、沉积、构造变形、古生物等方面，开展了广泛的研究。研究认为印度与亚洲碰撞形成平顶陡变的青藏高原，区域内部的逆冲推覆构造和大型的伸展构造发育并形成大量的岩浆岩和变质岩。有关印度-亚洲碰撞的时间有 65~50Ma 等多种观点，目前仍然存在争议。有学者认为青藏高原形成的时间更年轻，在 30Ma 左右。因此，青藏高原变形及形成机制的研究，已引起学者们的广泛关注。同时，青藏高原还是亚洲东缘乃至整个东南亚气候形成及大气环流的一个重要影响因素。因此，对其开展相关的科学研究意义十分重大。

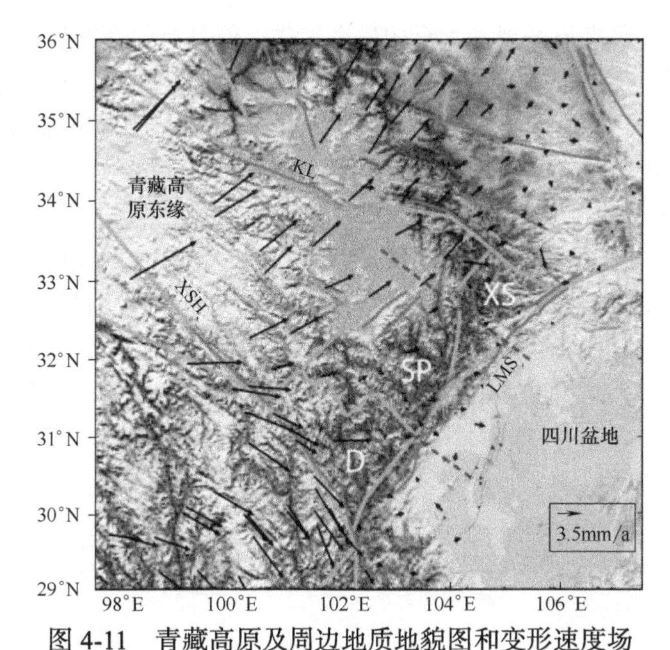

图 4-11　青藏高原及周边地质地貌图和变形速度场

D—大巴；SP—松潘；XS—雪山；XSH—鲜水河断裂；KL—昆仑山断裂；LMS—龙门山断裂

前人对青藏高原变形特征的研究表明，从南至北该区的构造分别由喜马拉雅块体和始新世、渐新世—中新世和上新世—第四纪青藏地块共同组成，块体内部变形结构较为复杂，沉积与构造关系相互影响，控制作用十分强烈，对变形的解释存在较大挑战（图 4-11 和图 4-12）。Tapponnier 等对青藏高原的生长和斜向扩展隆升过程进行了分析探讨。表明青藏高原的地壳和地貌发生了连续增厚和向外扩展运动。青藏高原的剪切带和岩石圈之间，随时间的变化应变也在发生相应的变化。新生代的变形、岩浆作用和地震结构均表明局部剪切发生局部集中。青藏高原的形成经历了 3 个演化阶段：a.印度-亚洲碰撞在 55Ma 以前，300~500km 宽的逆冲楔连续性生长和抬升；b.地壳增厚阶段，形成低缓剪切带，发生沉积充填作用，形成平顶陡变地貌特征；c.斜向俯冲和逃逸作用形成了高原周边的走滑断裂。地壳增厚、走滑应变分割解释了青藏高原北东和东部的高原生长问题。

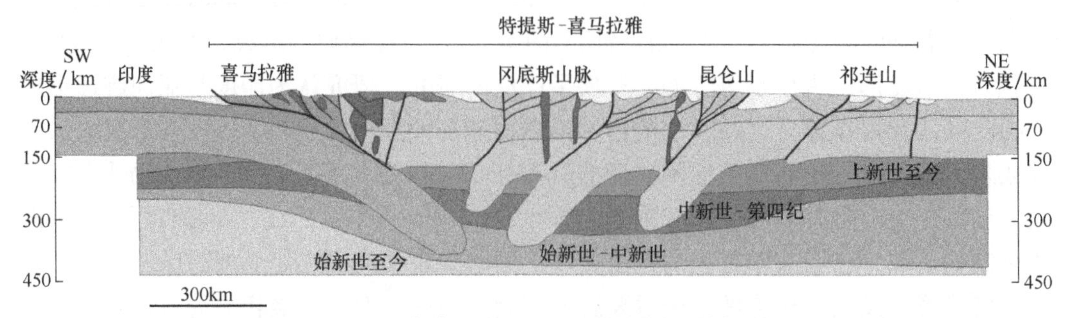

图 4-12　青藏高原构造变形样式剖面结构特征

尽管前人对青藏高原开展了大量的研究工作，但是有关青藏的形成及演化机制，还很多科学问题至今仍然未得到完全解决。包括：a.高原的形成时间问题；b.印度-亚洲碰撞的初始位置；c.碰撞的动力学机制；d.物质的平衡及变形位移量的计算；e.高原的变形与气候和环境的响应问题；等等。

（2）龙门山逆冲-褶皱带

龙门山逆冲-褶皱带位于青藏高原东侧（图 4-13）。其由两期构造变形组成，第一期构造组合下伏层序由前寒武纪结晶基底组成，中生代三叠纪和侏罗纪浅水沉积物覆盖在基底之上，同时发生挤压作用，基底形成叠瓦式的逆冲断层；第二期，中生代再一次造山运动，形成龙门山复杂的逆冲构造，使得早期形成的褶皱进一步强烈变形。

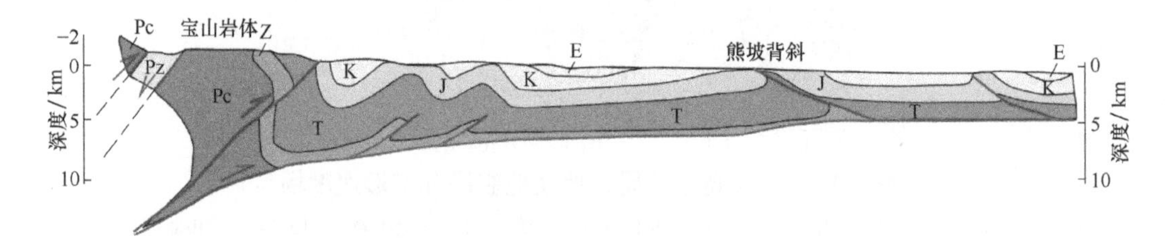

图 4-13　龙门山逆冲-褶皱带构造变形样式

T—三叠纪地层；J—侏罗纪地层；Pc—前寒武纪地层；Pz—古生代地层；K—白垩纪地层；E—始新世地层

总之，青藏高原的构造变形及演化问题一直是全世界科学家研究的热点。前人从深部地球物理、地球化学和古生物等角度进行了广泛的探讨，且目前已取得了许多重要的研究成果，但其形成的运动学特征和动力学过程仍然不够清晰，仍有许多地质问题待于进一步深入研究。

有关物理模拟对青藏高原，特别是喜马拉雅山的形成，前人对此进行了大量的研究工作。早在 1976 年 Tapponnier 等应用物理模拟技术对高原的生长、形成机制和断裂的相互作用，以及位移量和变形进行了研究，并应用逃逸模型对整个青藏高原以及亚洲东缘的构造进行了解释，该研究成果为理解该区域的变形演化提供了新的思路，同时对研究该区域的学术界产生了重大影响。

4.3.2　模型设计

刘重庆对青藏高原的新生代构造演化及下地壳流动进行了物理模拟研究探讨。模型设计的思路是分析区域地质资料、明确模型设计的边界条件和内部的物质构造。进行模拟实验探讨青藏高原的构造变形控制关键因素。最后开展相应的变形演化控制研究。模型结构为长 85cm，宽 76cm，硅胶厚 8mm，脆性层厚 1mm，挤压位移 22cm，硅胶黏度 300Pa · s，挤压速率 0.15mm/min。基底两侧用刚性块体与硅胶边界相接，电机驱动刚性块体实现挤压变形控制（图 4-14）。

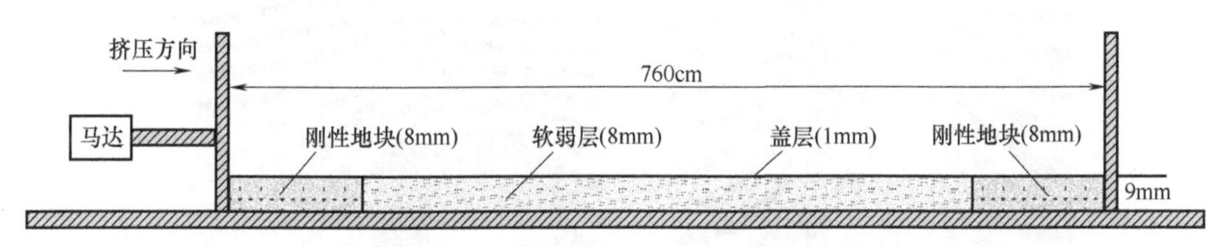

图 4-14　青藏高原平面物理模拟设计

透明塑料作为变形材料，高 11cm，边长 30cm。平面水平应变通过模型块体之间的挤压变形获得。室温保持在 25.1℃，稳定的流变学属性满足指数定律 $\varepsilon=K\sigma^n$，其中，ε 为应变速率，σ 为应力，K 为稠度，且 $n=7.5$。当屈服压力为 10^5Pa 时，应变速率为 $10^{-7}s^{-1}$（图 4-15）。

4.3.3　模拟结果

实验结果表明断裂的几何学、运动学和动力学对位移场具有较大的影响。自由边界的侧向作用改变了对变形样式的展布范围。在变形过程中，形成左阶和右阶断裂以调节应变量的分布。该实验解释了印度-亚洲碰撞产生的走滑位移。40~50Ma 以来，海底扩展 2500~3000km，印亚板块的汇聚量 1000~1500km，沿走滑断裂分布的块体逃逸量为 1000~2500km。该实验应用块体的物理和几何属性对平面应变缩减及边界效应进行了成功解释，对印度-亚洲碰撞和亚洲东缘的动力学过程的理解提供了新的认识。

三维平面物理模拟结果表明：

① 薄脆性上地壳和厚软弱下地壳是形成平顶陡边、准同步隆升的青藏高原的必要条件。大面积的地壳整体隆升只能是其下存在液体状态的物质，构造力通过液压在整个高原软弱层中传递，印度板块挤压产生的青藏高原体积增加使软弱下地壳的水平流

动因高原周边刚性地体阻挡受限而发生垂向运动，使地壳增厚、高原隆升（图 4-16）。

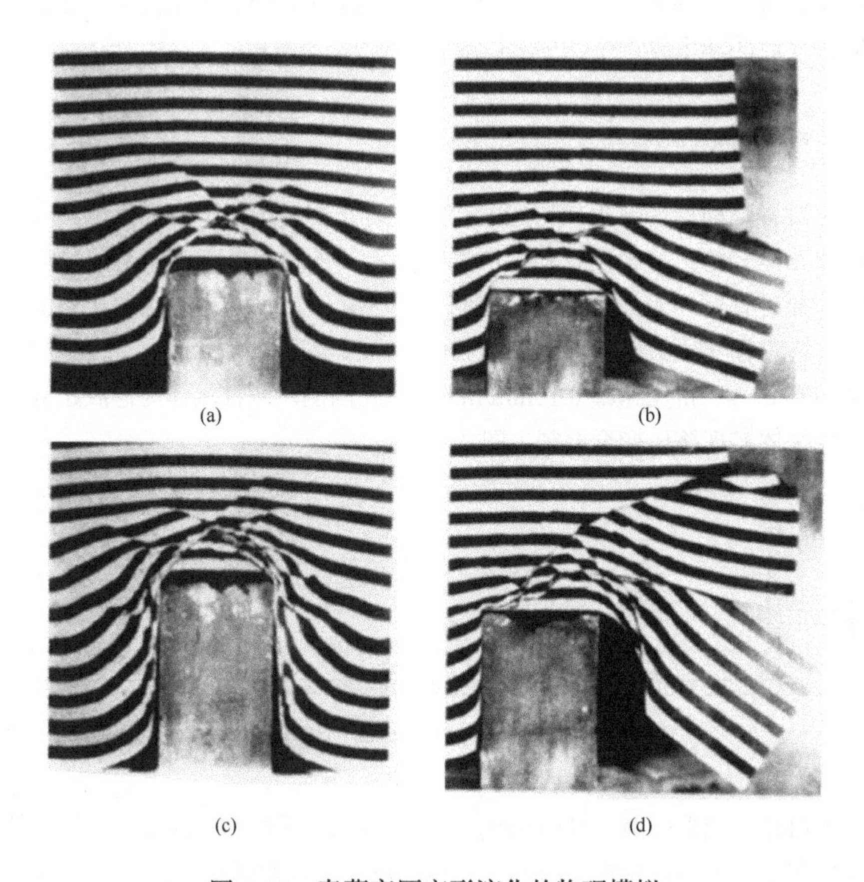

图 4-15　青藏高原变形演化的物理模拟

② 青藏高原的隆升因下地壳流动强度的差异而表现出加速隆升、匀速隆升、减速隆升及垮塌等不同状态。印度板块地壳物质的加入及印度-亚洲板块碰撞过程中青藏高原面积的减小使得高原在变形初期呈加速隆升状态。隆升至一定高度后与周边地区形成显著地势差，引起软弱下地壳在水平压力梯度下流向低海拔区域，地壳物质的不断流出使得高原隆升速率减小。青藏高原在隆升后期的垂向变形很大程度上受到下地壳流动强度的制约。

③ 下地壳的流动具有使地表趋于平坦、减小地势差的作用。这种作用，一方面促成了在挤压早期高原隆升的准同步性，对于远离碰撞边界的地区来说是种高程建造作用；另一方面，高原整体大幅隆升之后与高原以外区域形成显著地势差，下地壳流动使得软弱下地壳物质从高原流向外围区域，对于高原地壳增厚是种消极因素。

④ 印度-亚洲板块碰撞初期，东构造结地区已存在明显的局部地壳向东运动，至 24Ma 时该区地壳运动方向已偏转为东南向，至 14Ma 时高原东南部已表现出近似现今运动方向的地壳运动；青藏高原中部地壳物质的东向运动在 24Ma 时就已开始，其速率

在 20Ma 时达到最大，空间分布表现为北快南慢的特征，之后逐渐减小。

⑤ 印度-亚洲板块新生代碰撞挤压过程中存在多个应变高值区。西构造结与柴达木地体之间连线位置、东昆仑地区、阿尔金断裂及印度板块东部侧边界区域为强剪切应变区。东构造结与龙门山地区、柴达木地块南缘和四川地块西南部为强拉张应变区。各区应变强度在碰撞挤压不同阶段发生变化。

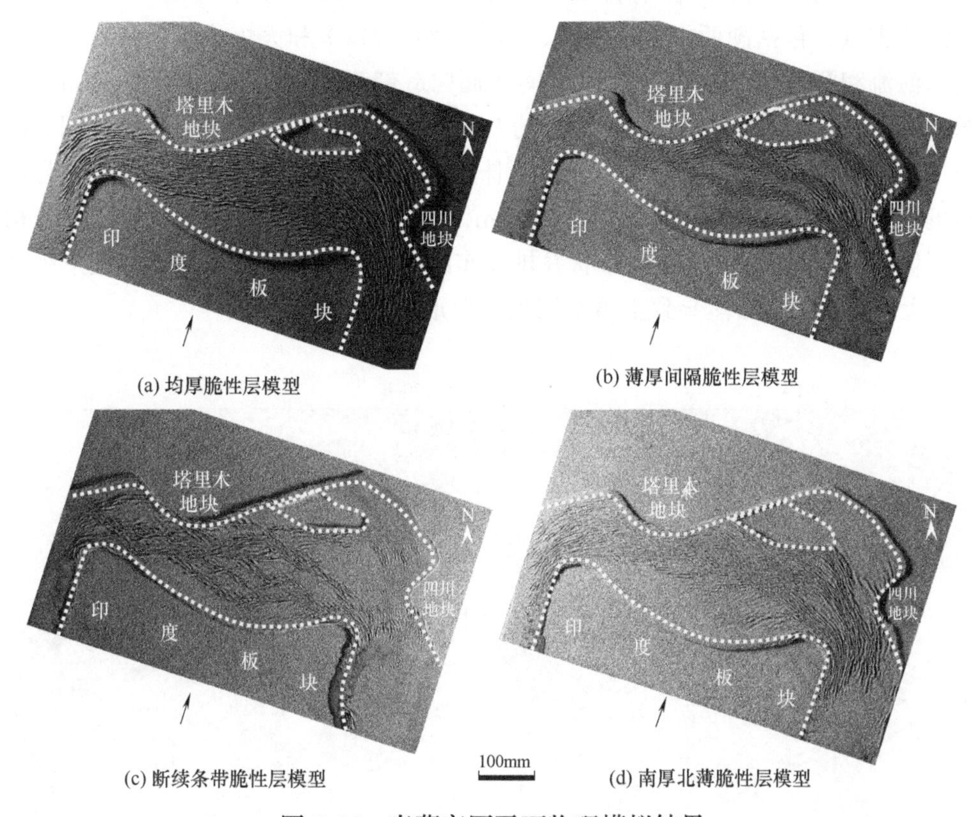

图 4-16　青藏高原平面物理模拟结果

案例 4-1：柴达木盆地西北部新生代褶皱–冲断带形成机制的物理模拟研究

（1）引言

柴达木盆地西北部的褶皱-冲断带以反 S 形态为主要特征，关于其形成机制存在不同观点。孙殿卿等提出其形成与旋卷构造体系有关，这一观点曾得到广泛的采纳，进而与阿尔金断裂的走滑运动相联系。然而，前人根据褶皱-冲断带在与阿尔金断裂直接接触部位无明显牵引弯曲的现象，指出阿尔金断裂的走滑运动对柴达木盆地的侧向牵引作用十分有限，不赞成将反 S 形褶皱-冲断带的形成与阿尔金断裂的走滑运动相联系。周建勋等曾基于物理模拟实验结果，提出该区反 S 形褶皱-冲断带的形成可能与块体间弧形边界的联合作用有关，但受当时条件的局限，实验模型仅采用了摩擦基底条件，未充分考虑该区存在巨厚下侏罗统泥岩的实际情况。现有的研究充分表明，挤压块体的边界形态和基底层的力学性质是控制褶皱-冲断带构造特征和形成过程的关键因素。因此，笔者依据研究区的实际地质条件，充分考虑下侏罗统泥岩因素，设计三组三维模型开展系统实验，研究该区褶皱-冲断带的形成机制及过程，为进一步认识柴达木盆地西北部反S形褶皱-冲断带的形成机制提供依据。

（2）构造特征

研究区中-新生代的沉积地层相对较全，其中作为滑脱层的下侏罗统泥岩是本研究关注的重点，包括湖西山组（J1h）、小煤沟组（J1x）和大煤沟组（J2d），以陆相湖泊、河流和沼泽相沉积为主。冷湖-南八仙构造带基本为下侏罗统沉积上超尖灭带（图4-17），右行同生断层作用下形成的右行雁列次凹决定了下侏罗统的沉积、沉降中心及总体展布。鄂博梁Ⅰ号次凹残余下侏罗统最厚可达2600m，在鄂博梁Ⅱ号次凹最厚可达1600m，冷湖西次凹最厚达2400m，伊北次凹最厚达1600m，冷湖Ⅴ号构造残余下侏罗统厚达1700m。这些带状并排展布的巨厚滑脱层使得该区地层变形强度水平方向上差异悬殊，必然导致上覆地层构造变形的复杂化。

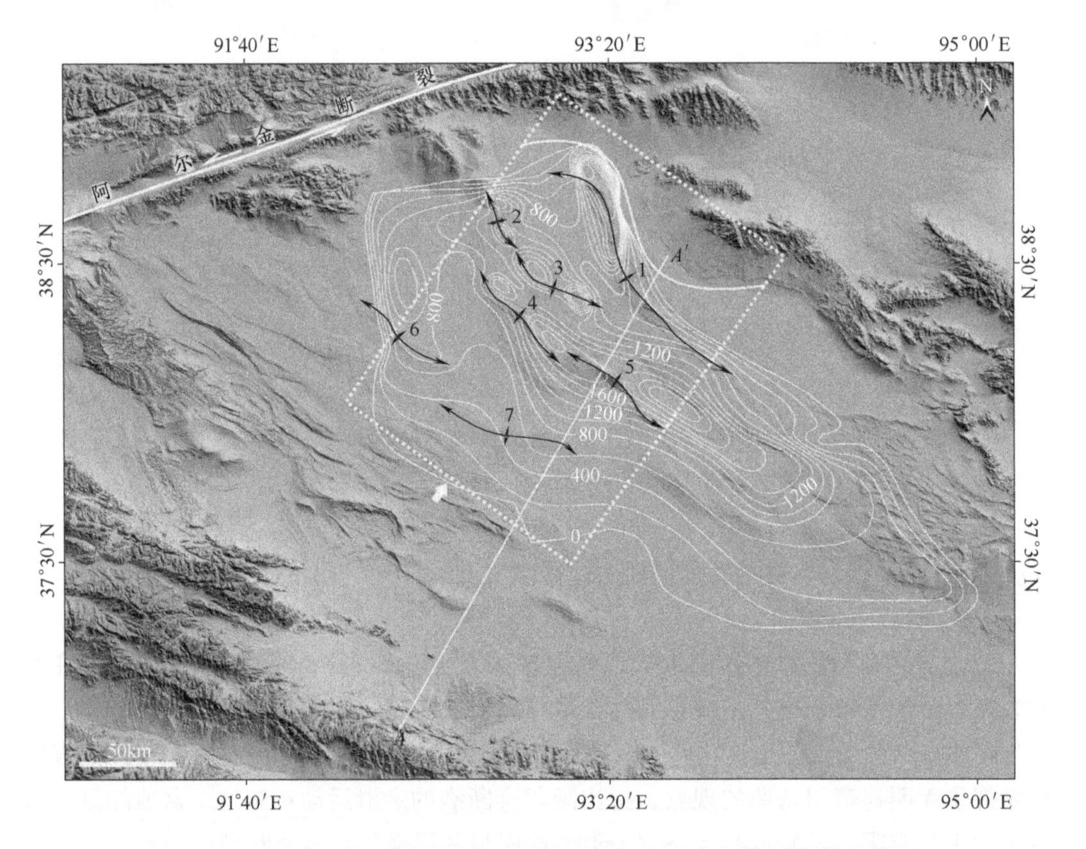

图4-17　柴达木盆地西部SRTM数字地貌及下侏罗统厚度等值线图

1—冷湖构造带；2—鄂博梁Ⅰ号构造带；3—葫芦山构造带；4—鄂博梁Ⅱ号构造带；5—鄂博梁Ⅲ号构造带；6—碱山构造带；7—红三旱构造带；白色等值线—下侏罗统泥岩等厚线

柴达木盆地西部褶皱-冲断带发育非常广泛，与大多数挤压型盆地中褶皱-冲断带集中分布于造山带前缘、盆地中部较为平坦的地貌特征明显不同。褶皱-冲断带总体呈北西走向（图 4-17），其形态与组合特征存在显著空间差异：北东部褶皱-冲断带主要呈反 S 形，每个一级反 S 形构造带由一个以上规模较小的二级反 S 形构造组成；中部褶皱-冲断带弧度略小，主要呈北西西走向，并构成雁列组合；西南部山前褶皱-冲断带较为平直，总体呈稳定的北西走向，且紧密平行排列。从北东至南西，褶皱-冲断带由显著的弧形逐渐过渡到较为平直的形态，延伸长度增大，核部出露的地层年龄也依次变新，发育时代也渐晚，并至今都处于隆升状态。

为充分认识该区构造演化特征进行了构造平衡剖面恢复，结果表明柴达木盆地西部新生带构造演化具有以下特点：在南西-北东向挤压下，盆地两端处于同步变形增厚状态；自渐新世起，北东、南西两端均有断裂开始发育；至中新世，北东侧变形强度变大、断裂活动更为活跃，这一趋势在后续的变形中进一步加强，使得地表褶皱-冲断带的发育从北东向南西逐步扩展（图 4-17 和图 4-18）。

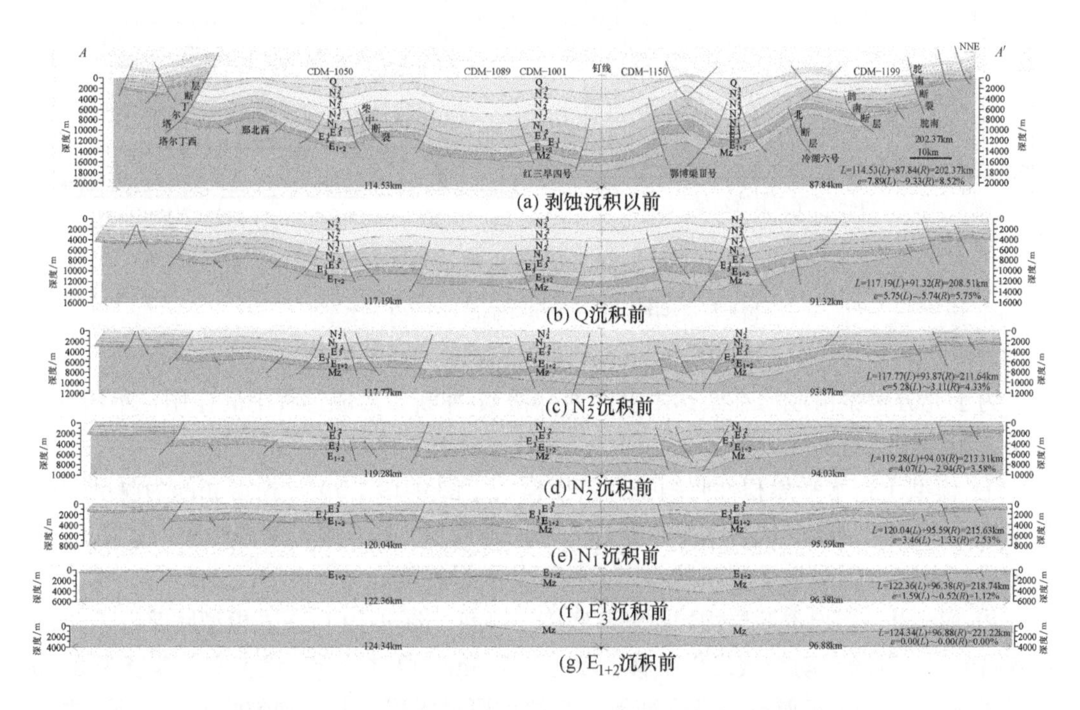

图 4-18　柴达木盆地 CDM 200 测线构造演化平衡剖面图

（3）研究方法——模型设计

模拟范围如图 4-17 中白色虚线框所示，长、宽分别为 160km 和 100km，模型挤压方向与区域挤压应力及地体运动方向一致。研究中以冷科 1 井沉积盖层厚度 4700m 来限定模型总厚度，对应的模型长 60cm，宽 40cm，总厚度为 1.6cm（表 4-2）。模型北部以阿尔金山、赛什腾山南缘为边界，呈弧形，由厚度为 0.9cm 的密度板模拟（模型装置剖面示意图纵向以3倍比例显示），代表不发生变形的刚性地块，南部以祁漫塔格北缘作为平直刚性边界［图4-19（a）］。

表4-2 研究区范围与模型尺寸数据表

项目	长度/km	宽度/km	盖层厚度/m	滑脱层厚度/m
研究区	170	110	4.7×10^{3}	0.8×10^{3}（均一化）
模型	0.6×10^{-3}	0.4×10^{-3}	1.6×10^{-2}	0.3×10^{-2}
相似比例	3.6×10^{-6}	3.6×10^{-6}	3.4×10^{-6}	3.7×10^{-6}

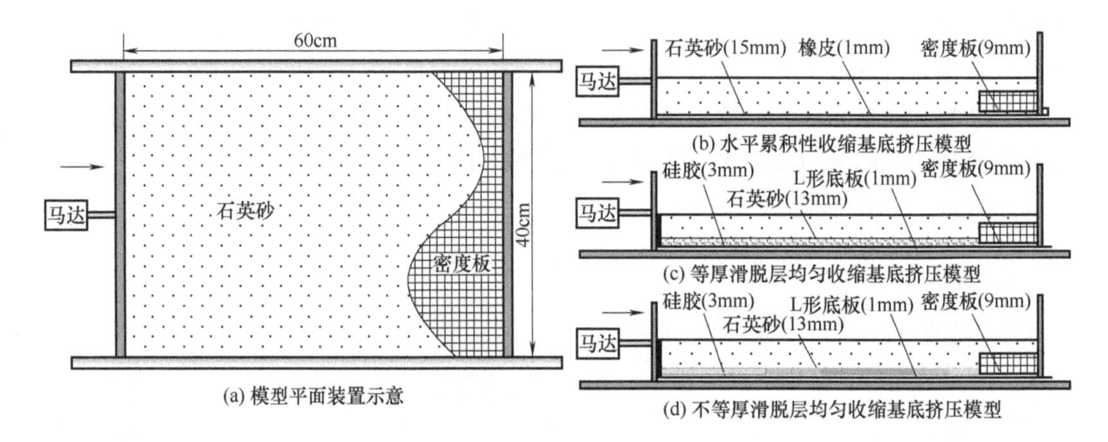

图4-19 模型装置示意

（箭头指示挤压方向，硅胶层不同图案代表不同黏度）

为了充分考察滑脱层在柴达木盆地西部褶皱-冲断带形成过程中的作用，本研究设计了3组模型进行对比分析。

① 模型Ⅰ：水平累积性收缩基底挤压模型［图4-19（b）］。模型底部为厚度1mm的橡皮，预拉伸11cm，代表水平累积性收缩的滑脱层，具有摩擦基底性质，上覆1.5cm石英砂，考察滑脱层水平累积性收缩条件下的变形特征。

② 模型Ⅱ：等厚滑脱层均匀收缩基底挤压模型［图4-19（c）］。模型底部为厚1mm L型铝板，可以随活动挡板发生平移，带动上覆3mm厚硅胶层（代表实际厚度为800m的滑脱层）及13mm厚砂层发生变形，模拟均厚滑脱层在基底均匀收缩条件下的挤压变形。该模型与模型Ⅰ对比考察两类不同收缩性质的滑脱层对构造变形的影响。

③ 模型Ⅲ：不等厚滑脱层均匀收缩基底挤压模型［图4-19（d）］。与膏盐岩不同的是，泥岩的能干性更易受其空间展布及流体压力的影响。因此，该模型重点考察滑脱层厚度差异对构造变形的影响。由于研究区下侏罗统泥岩残余厚度差异巨大，如果按同一相似比会导致滑脱层因上覆盖层差异负荷作用而发生变形，改变模型初始设置。因此，依据滑脱层的厚度增大等效于黏度减小的原则，将实际地质条件中的滑脱层厚度差异转变为同一厚度（800m）下的黏度差异。代表不同厚度滑脱层的硅胶黏度分别

为 2.2×10^4Pa·s、1.4×10^4Pa·s 和 9.4×10^3Pa·s，并按研究区不同厚度下侏罗统泥岩的位置铺设（黏度越大的硅胶代表厚度越薄的滑脱层），上覆 13mm 厚石英砂代表脆性变形层。该模型与模型Ⅱ对比考察滑脱层厚度差异对构造变形的影响。

实验所用干燥、松散石英砂粒径为 0.25~0.38mm，内摩擦角 31°，其力学性质符合摩尔-库伦破裂准则，内聚力接近零，是模拟地壳浅层次构造变形的最佳材料。模拟滑脱层的硅胶混有少量杂质，这种材料在较高挤压速率下表现出近似非牛顿流体的性质，适合模拟变形强度小、流变性较弱的泥岩滑脱层的变形。

实验在中国石油大学（北京）构造物理实验室进行，由软件控制的步进马达驱动活动挡板，以提供稳定准确 0.2mm/min 的挤压速率，挤压位移均为 10cm，即缩短率为 17%，这与该区多条平衡剖面所获得的总缩短率的最大值一致。实验过程由数码相机通过电脑控制自动等时间间隔拍照，并应用 PIV（particle image velocimetry）技术，获得实验不同变形阶段挤压应变、剪切应变数据。三维扫描技术为量化分析模型表面高程变化提供了技术保障。

PIV 是一种最初用于流体力学研究的测速方法，近年被引入物理模拟实验应变分析中。该技术能够瞬时记录大量空间粒子的位置信息，并通过互相关性分析处理序列图像（图 4-20），获得粒子的位移矢量，以此为基础计算出挤压、伸展、剪切、旋转等应变的大小和分布。

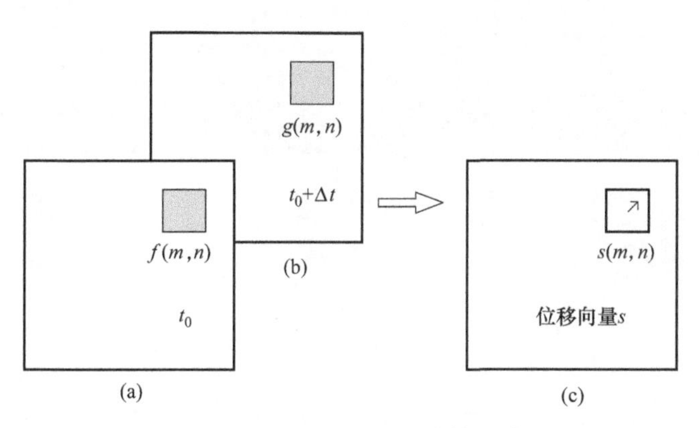

图 4-20　PIV 互相关计算示意

假设系统在 t_0 以及 $t_0+\Delta t$ 这两个时刻分别获取图 4-20（a）和图 4-20（b），在图中相同位置获取两个相同尺寸的判读区 $f(m, n)$ 以及 $g(m, n)$，(m, n) 表示 f 与 g 分别在图 4-20（a）与图 4-20（b）中的相对位置，对 f 与 g 进行处理就可以获得此判读区增量位移 s [图 4-20（c）]。以增量位移为基础数据，通过计算即可获得挤压应变 E_{xx} 和剪切应变 E_{xy}。其中，D_x 为 x 轴方向增量位移。计算应变所选增量位移为 2mm，即 E_{xx} 和 E_{xy} 分别表示从某一瞬时起，活动挡板推挤 2mm 后模型各处平行于挤压方向的挤压应变和剪切应变的大小。

亚像素拟合技术的应用，使得 PIV 矢量精度达到 0.05~0.2 个像素水平，大位移量的计算可以通过迭代算法来实现。本实验所用 PIV 系统矢量精度为 0.1 像素，换算到 3300×2220 分辨率的实验照片中，其空间分辨率为 0.018mm，位移提取误差为 0.6%。

（4）实验结果

挤压缩短 0.6cm 时，弧形边界处开始发生明显的应变集中化，表明该处地体正在发生应变积累，其应变场图像表现为一条沿着弧形刚性边界的高值条带（应变绝对值太小，经色标统一化之后无法有效显示，故不在文中展示，下同）。挤压至 2.0cm 时，沿赛什腾山刚性边界处的地体发育反 S 形褶皱［图 4-21（a）］，该褶皱是由前冲断层和反冲断层组成的冲起构造，前人对其变形机制做过详细描述。挤压应变集中于褶皱两侧逆冲断裂处，形成两条反 S 形应变条带，强度较低［图 4-21（d）］。剪切应变高值条带首尾两端为左旋剪切，中部为右旋剪切［图 4-21（g）］。随着挤压的进行，褶皱隆升幅度增大，达到临界高度后，褶皱-冲断带开始向北东方向逆冲推覆。挤压至 6.0cm，剪切应变左旋、右旋三段式分布特征更加显著［图 4-21（h）］。此后的变形中，仅有剪切应变进一步增大［图 4-21（i）］。需要指出的是，沿着模型两侧边的平直剪切带为基底橡皮边缘收缩引起周围地体运动速率不同所致，属于实验误差，在此略去不计。

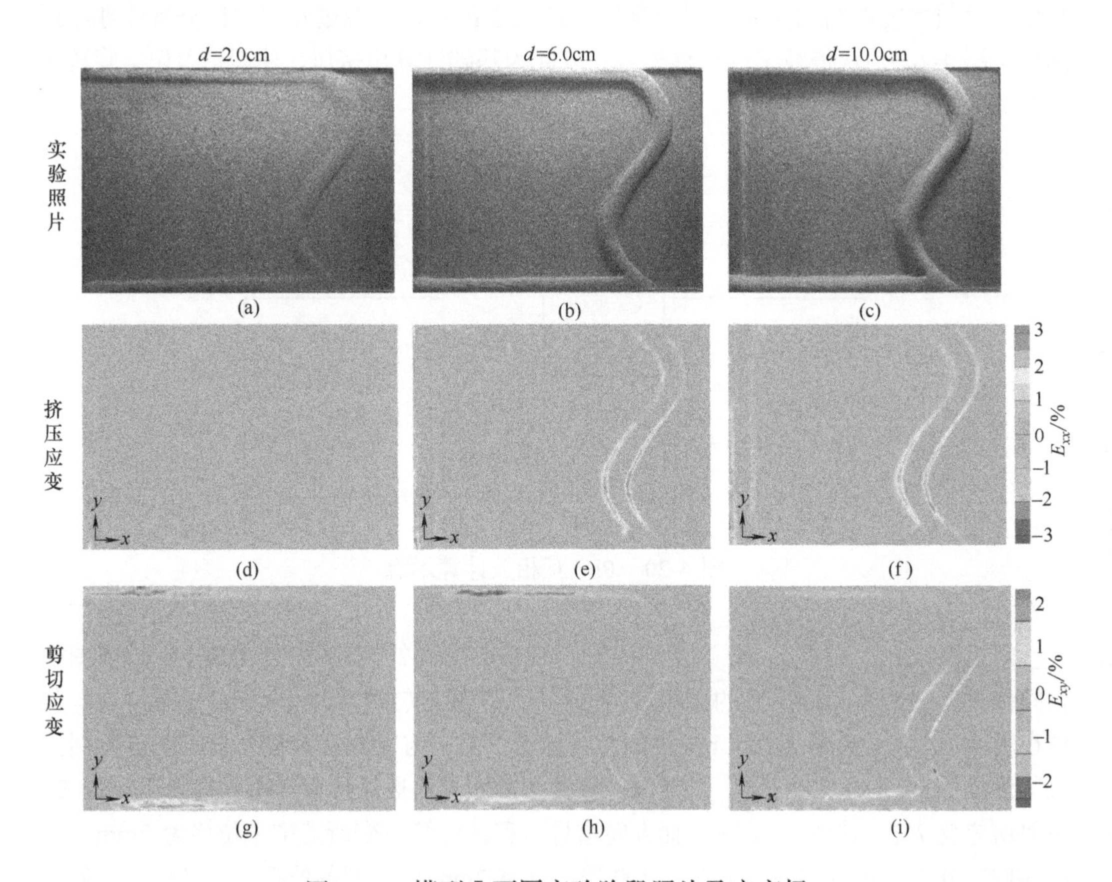

图 4-21　模型 Ⅰ 不同实验阶段照片及应变场

对比图 4-21（书后另见彩图）中各阶段实验照片可知，变形过程差异仅为褶皱隆升幅度的不同，即水平累积性收缩滑脱层参与的变形中，褶皱-冲断带仅发育于模型刚性边界处。然而三维扫描数据显示，模型中发生收缩但未发育褶皱的区域整体增厚了 0.1cm，意味着除了褶皱隆升之外，地体挤压后发生的较为均匀的垂向增厚吸收了部分应变。

模型Ⅱ中挤压至 0.3cm 时发生应变集中化，明显早于模型Ⅰ的 0.6cm 时的应变状态，表明基底收缩性质的差异对应变传递影响显著（图 4-22，书后另见彩图）。挤压 2.0cm 时，褶皱-冲断带的数量及形态与模型Ⅰ相近［图 4-22（a）］，但固定端一侧挤压应变值高于活动端一侧［图 4-22（d）］，剪切应变仅有右旋剪切强度较大［图 4-22（g）］。挤压 6.0 cm 时，模型中部数条褶皱-冲断带紧邻赛什腾弧形边界发育，隆升幅度均较小，延伸长度短［图 4-22（b）］。挤压和剪切应变随着新构造的产生分散于各褶皱-冲断带上［图 4-22（e）、图 4-22（h）］。挤压至 10.0cm，模型中部的褶皱近平行密集分布，形态平直［图 4-22（c）］。后期形成的褶皱-冲断带大都由次级褶皱雁列组合而成，其首尾由转换带相连，形成贯穿模型的大型褶皱-冲断带。挤压应变最大值位置由变形前期的固定端一侧［图 4-22（d）］过渡为变形后期活动端一侧［图 4-22（f）］，即挤压应变极值始终出现在靠近固定端一侧。

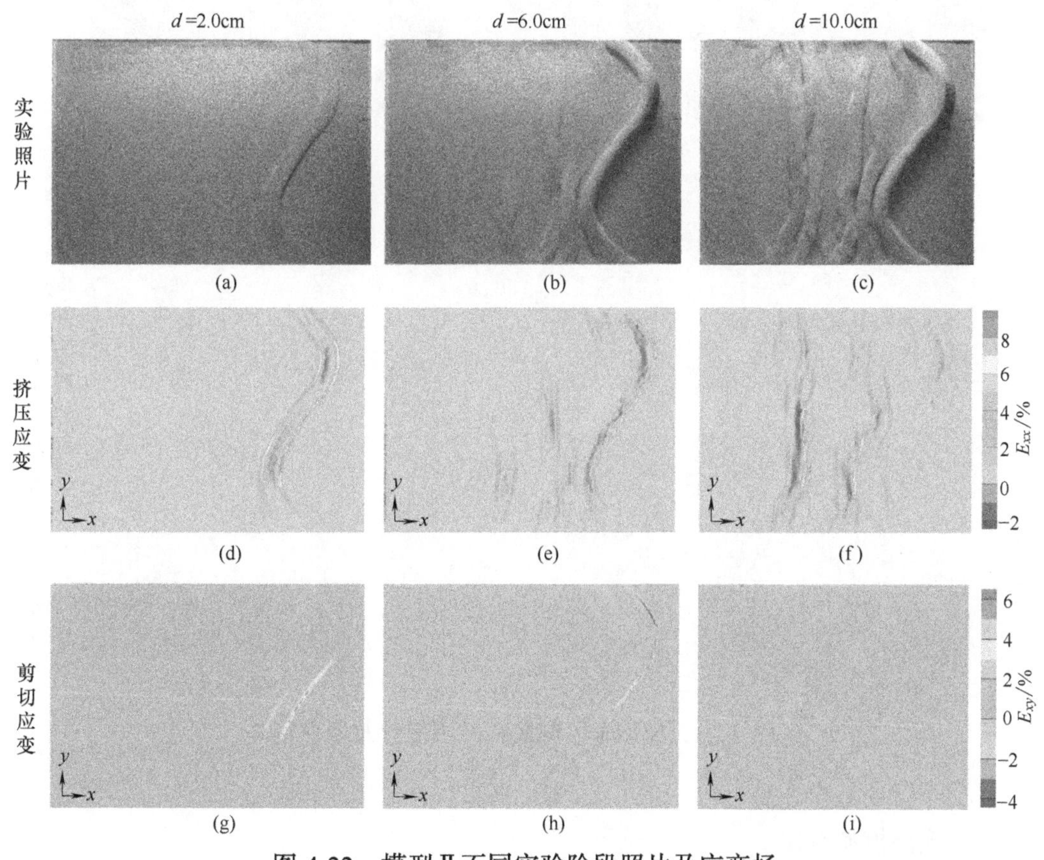

图 4-22　模型Ⅱ不同实验阶段照片及应变场

模型Ⅲ中应变集中起始时间为挤压至 0.4cm 时，随着实验的进行，应变积累逐渐增大，地层发生褶皱、隆升（图 4-23，书后另见彩图）。挤压 2.0cm 时，沿赛什腾山刚性边界发育反 S 形褶皱-冲断带［图 4-23（a）］，褶皱两侧挤压应变集中的条带较模型Ⅱ更窄，剪切应变强度明显大于同一变形阶段的其他两个模型。挤压至 6.0cm 时，模型中部开始发育褶皱-冲断带［图 4-23（b）］，这与紧邻弧形边界以后展方式发育新构造的模型Ⅱ差异显著。随着挤压持续进行，中部褶皱迅速增高，在该褶皱与赛什腾山刚性边界之间陆续发育其他褶皱-冲断带。至实验末期，褶皱-冲断带扩展到紧邻活动端的部位，由 3 条次级褶皱首尾相连形成一条贯穿模型的大型褶皱-冲断带［图 4-23（c）］。挤压应变在模型中条带状均匀分布［图 4-23（f）］，剪切应变则以右旋为主［图 4-23（i）］，且应变强度较大，而相同变形阶段的模型Ⅱ已无明显剪切应变发育［图 4-23（i）］。该模型褶皱-冲断带的形态发生有规律的变化：早期形成的褶皱-冲断带形态为弧形，后期形成的过渡到较为平直。

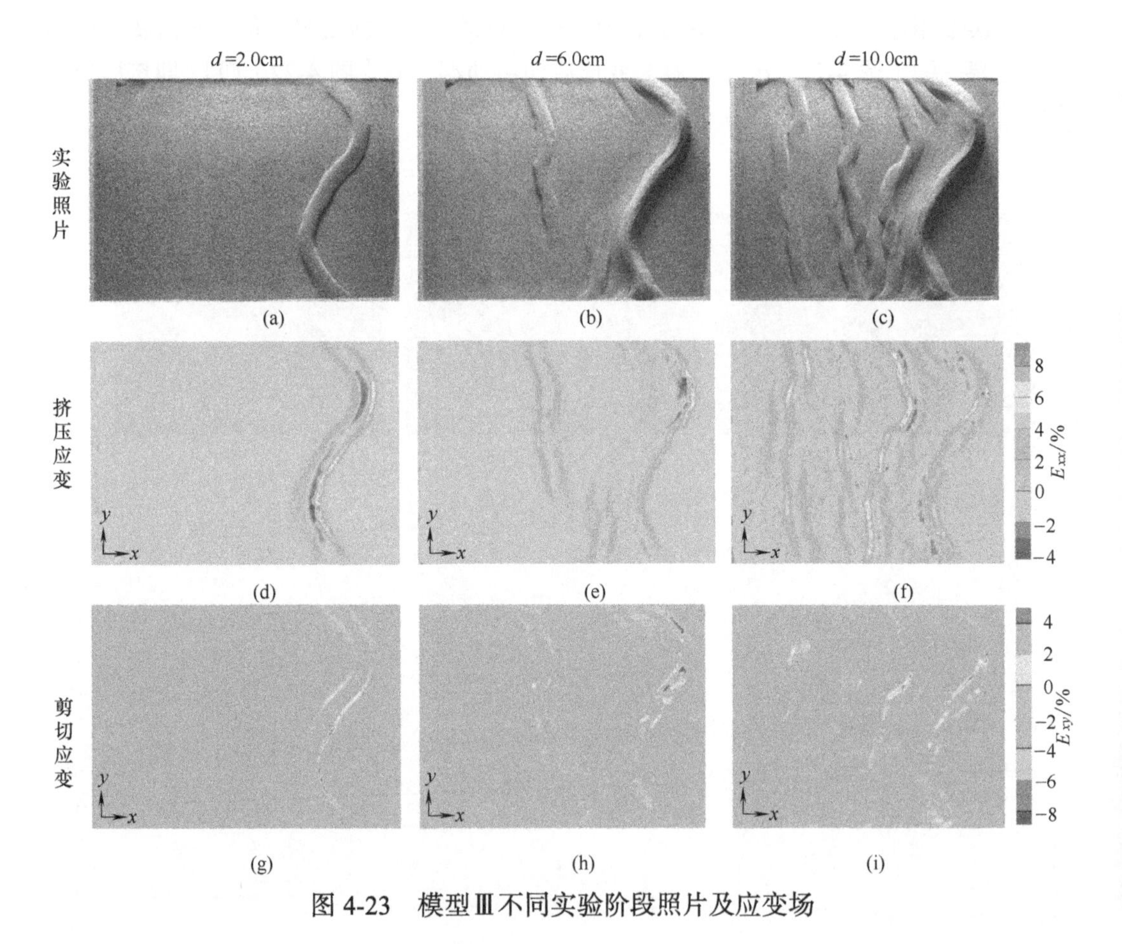

图 4-23　模型Ⅲ不同实验阶段照片及应变场

（5）讨论

1）实验模型对比

模型Ⅰ条件下，褶皱-冲断带仅发育于赛什腾山刚性边界处，盆地内部地形平坦［图 4-24（b）］。这一实验结果与柴达木盆地西部褶皱-冲断带广泛发育的地貌特征不符，即单纯的脆性挤压变形难以形成柴达木盆地西部现今构造样式及其分布格局。模型Ⅱ实验结果表现出褶皱-冲断带在盆地内部广泛发育的特点，但只有紧邻赛什腾山弧形边界的褶皱形态弯曲，其他褶皱-冲断带较为平直［图 4-24（c）］，与研究区实际构造弧形形态存在明显差异。模型Ⅲ的实验结果与研究区实际构造面貌具有较好的相似性：褶皱-冲断带广泛发育；其形态自北东至南西由反 S 形逐渐过渡为平直形态；大多数一级褶皱都由若干二级褶皱雁列组合而成［图 4-24（d）］。

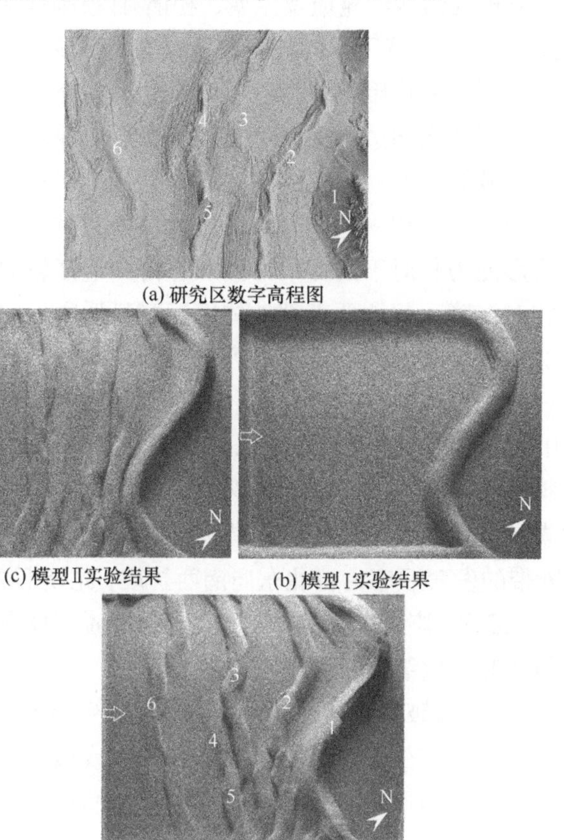

(a) 研究区数字高程图

(c) 模型Ⅱ实验结果　　(b) 模型Ⅰ实验结果

(d) 模型Ⅲ实验结果

图 4-24　研究区数字高程图与各模型模拟结果对比（刘重庆，2013）

1—赛什腾刚性边界褶皱；2—冷湖构造带；3—葫芦山构造带；4—鄂博梁Ⅱ号构造带；5—鄂博梁Ⅲ号构造带；6—红三旱构造带

上述实验结果表明柴达木盆地西北部下侏罗统泥岩滑脱层的存在是该区褶皱-冲断带广泛发育的关键因素。褶皱-冲断带弧形形态的成因除弧形刚性边界的影响外，滑脱层厚度不均造成的变形强度横向差异也起到了一定的作用。褶皱-冲断带形态的变化跟变形地体与刚性弧形边界的距离有关，距离越近，所受刚性边界的影响越大，形态越弯曲。同时也受地体下伏滑脱层空间分布的影响，西北部基底次凹多，沉积的下侏罗统厚度变化复杂，加剧了地表构造形态的弯曲；西南部下侏罗统等厚线平直且梯度较小，地层变形强度变化较小，褶皱-冲断带形态较为平直。

各模型应变场分布存在以下规律：均匀收缩基底变形过程中应变传递速度比累积性收缩基底更快，均厚滑脱层比横向厚度不均的滑脱层传递应变快。挤压应变集中于褶皱-冲断带两侧的逆冲断裂，且固定端一侧应变强度高于活动端一侧，原因可能是近活动端一侧的部分应变被褶皱和断裂调节，而固定端一侧只能原地积累。同一模型的应变场在不同变形阶段也呈现不同特点。挤压应变和伸展应变的高值区域在挤压初期为连续的条带，至挤压中后期，随着构造带的增多，其分布也变得分散。挤压应变极值始终集中在新发育［图 4-23（f）］。

2）反 S 形褶皱-冲断带形成机制

印度板块与欧亚板块的持续碰撞及羌塘、松潘-甘孜等地块的北移使得柴达木地块受到南西-北东向挤压，这一挤压方向与带状展布的下侏罗统滑脱层的条带式展布方向垂直，加之东北部受刚性地块阻挡，滑脱层的易变形性充分发挥出来。由于东北部刚性边界及沉积巨厚泥岩的次凹边界几何形态均呈弧形，地层在不均匀的挤压应力下发生褶皱、扭曲，形成弧形褶皱-冲断带，并从北东向南西扩展，这种扩展顺序与该区平衡剖面获得的结论与前人的相一致。这些褶皱大部分并排分布，但昆特依凹陷处滑脱层厚度较薄，其变形能力相对于两侧的冷湖和鄂博梁地区较弱，因此该区地表表现为弱变形区，发生相对沉降。盆地西南部地体因远离弧形刚性边界，应力的方向和强度较为均匀，形成的褶皱-冲断带形态也较为平直。

（6）结论

① 赛什腾山弧形刚性边界和巨厚下侏罗统泥岩滑脱层控制了该区褶皱-冲断带的形成，其中赛什腾山弧形刚性边界和下侏罗统泥岩的厚度差异是控制反 S 形褶皱-冲断带形成的关键因素，下侏罗统泥岩的存在是该区褶皱-冲断带普遍发育的主要原因。

② 褶皱-冲断带的发育顺序为自北东向南西扩展，先期形成的褶皱呈弧形形态，后期褶皱因变形地体与弧形刚性边界之间距离较大及滑脱层展布较为规则而过渡到直线形，且大部分一级褶皱为次级褶皱雁列组合而成。

③ 挤压应变集中于褶皱两侧的逆冲断裂中，因应变调节空间不同使得固定端一侧应变值高于活动端一侧，应变极值通常出现在新产生或最活跃的构造上。剪切应变集中在与挤压方向斜交的褶皱部位，且因斜交方向不同而形成左行剪切和右行剪切应变分段分布的格局。

4.4 安第斯山形成的物理模拟研究

4.4.1 区域地质问题

安第斯造山带位于南美洲西部，山脉南北长度超过 6000km，是世界上经典的俯冲型造山带。该地区气候、温度变化很大，降雨量也十分丰沛。前人的研究表明，地貌侵蚀作用对构造样式的形成具有重要的控制作用。除了地貌侵蚀作用以外，安第斯山薄的大陆地壳和低海拔地区很容易缩短变形，与已经历了缩短变形和构造抬升的构造带相比，地层浮力作用估计是这些构造带变形的主要控制因素。同时，前人还利用地质和地球物理资料对该构造带进行了其他相关的研究，较好地揭示了安第斯山的构造几何学特征。但是，复杂的地貌及构造变形，使得在该构造带获取较高质量的地质资料存在较大困难，尤其是采集的地震资料品质较差。因此，依据所获得的地球物理资料，对构造的形态特征及变形演化规律很难合理推测。对此，前人开展了一定的物理模拟研究，可以为该地区的构造变形及演化机制提供地球物理学证据。对该区的变形采用物理模拟研究有两个方面的必要性及意义：一方面是因为物理模拟可以根据构造变形的力学理论和库伦冲断楔理论等进一步解释地貌演化，气候条件和地貌、滑坡地质灾害以及大陆边缘活动构造之间的响应特征；另一方面就是该构造带富集大量的油气资源，以及该构造带孕育异常多的地震和海啸，物理模拟可以对俯冲板片的地震的深度及油气圈闭构造形态和演化机制进行模拟预测。因此，安第斯造山带的物理模拟研究具有十分重要的科学意义和经济价值。

通过前人的研究，已基本揭示了安第斯山的地貌形态特征和构造几何学特征。同时研究表明，想要精确预测俯冲带的分布位置具有较大的困难，只能是采取一些合理的手段去解释。如南美洲纳斯卡板块俯冲到中安第斯山块体之下，通过地质与地球物理资料已揭示到该构造带的板块汇聚速率为 7.8cm/a，洋壳在 80km 深处的地壳黏度为 10^{24}Pa・s。

总而言之，前人对安第斯造山带的研究已取得了一些重要的研究成果，但是还存在以下几个方面的科学问题：a.地壳结构与板块俯冲角度和俯冲速度之间的关系及其控制；b.地貌动力学问题，深部构造与地表侵蚀，如气候、降雨、剥蚀以及冰川和河流之间的响应特征精细研究；c.造山带形态特征的形成原因及变形演化的运动学与动力学过程机制；等等。

4.4.2　模型设计

有关俯冲碰撞的模型，前人已应用上下两层结构的硅胶和糖浆装置对此开展过相关的模拟分析。上地幔用低黏度的糖浆模拟，并对糖浆的黏度进行测试，误差控制在 10%以内。俯冲的洋壳板块用具有一定浮力值的硅胶代替。硅胶的黏度误差控制在 5%以内。模型中的仰冲板用硅胶模拟，它比模拟洋壳用硅胶的密度和黏度都较低。所有实验的长度、黏度和其他材料属性均进行标准相似性约束。

俯冲板片和上地貌的黏度分别是 6×10^3Pa・s 和 1.5×10^4Pa・s。这黏度值常常是用来模拟俯冲碰撞模型，如仰冲板块的动力学地貌分析、地震随深度变化的应力方向和地震分布分析、俯冲板块弯曲时的应力分布、俯冲板片与地幔之间的黏度差等，并且对于板片的俯冲和后撤模型，黏度的比值范围如控制在 10^2~10^4 之间时，不需要对较小范围的黏度比进行约束。

安第斯造山带模拟中，硅胶铺设在 80cm×80cm×20cm 装置里。基底代表 660km 厚的上地幔和下地幔，即地幔基底不连续面。模型中 3cm 代表实际长度 200km。俯冲板片的速度是通过电机对刚性支撑板进行推挤控制。速度为 0.13mm/s，相当于实际变形 10mm/a。俯冲方向是以垂直造山带走向进行，具体的实验参数见表 4-3 和图 4-25。

表 4-3　安第斯俯冲物理模型实验几何学特征参数简表

实验系列	板块的宽度/mm	硅胶的厚度/mm	糖浆的厚度/mm	俯冲板片的长度/mm	俯冲板片的黏度/（10^5Pa·s）	仰冲板片的长度/mm	仰冲板片的黏度/（10^5Pa·s）	糖浆的黏度/（Pa·s）
1	300	13	97	520	5	210	3	82
2	300	13	97	520	5	210	3	82
3	400	13	87	590	3.2	190	2	40
4	400	10.5	87	600	3.2	170	2	40
5	400	11	92	580	3.2	100	2	40
6	305	13	97	300	2.9	200	1.2	20

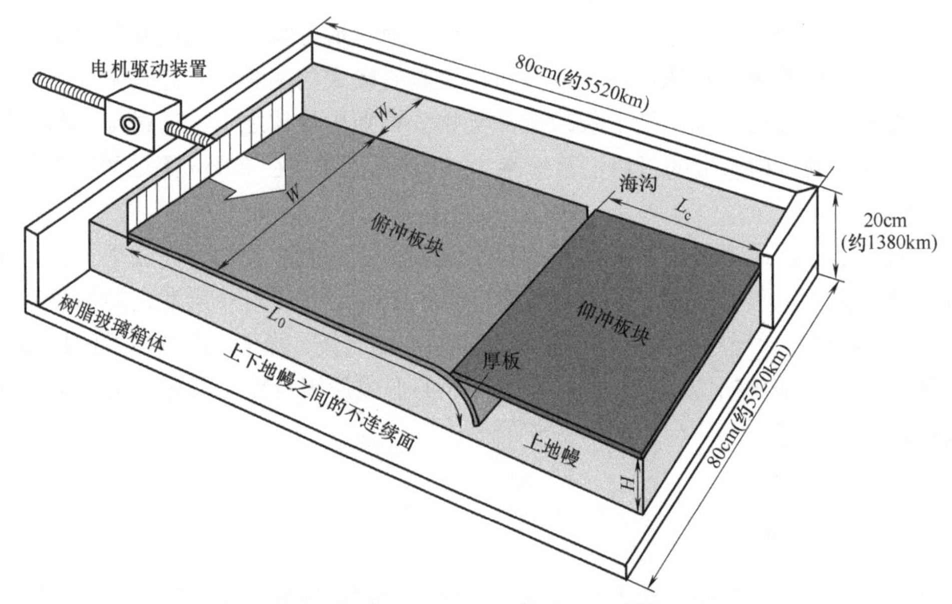

图 4-25　安第斯山构造变形的 3D 物理模型设计

W—俯冲板块宽度；W_t—海沟宽度；L_0—俯冲板块初始长度；H—上地幔的厚度；L_c—仰冲板块的长度

4.4.3　模拟结果

物理模拟显示，洋壳俯冲到固定的大陆地壳之下。模型变形演化的第一个阶段，挤压时间 60s（对应的安第斯造山带的变形时间为 0.55Ma），挤压板片以 0.17mm/s 的速度推挤洋壳向大陆地壳方向前进 52cm 的位移时，俯冲板片已俯冲到大陆地壳之下。此阶段对应实际的洋壳位移及俯冲作用发生了 3600km 的距离，对应实际的俯冲汇聚速率为 12.8cm/a。当变形到 3.5Ma 时（相当于实验进行到 380s），俯冲板片与固定的大陆地壳基底接触，并出现俯冲板片有向下微弱弯曲的状态。变形 6.4Ma 以后，变形进入长时间的俯冲过程。俯冲板片与大陆地壳之间处于相互作用。当俯冲板片前缘到了固定的大陆地壳之下，并且俯冲板片的上侧的倾角变化范围达到了 40°~65°。变形到 14.7Ma 之后，俯冲板片开始变得很陡，并且其倾角增加到 62°。在这一阶段，俯冲板片继续弯曲。到了 30.3Ma 时，俯冲板片到达下地幔边界。紧接着，俯冲板片在仰冲的大陆地壳之下变得拉平。当洋壳完全俯冲到大陆地壳之下，此实验结束（图 4-26）。

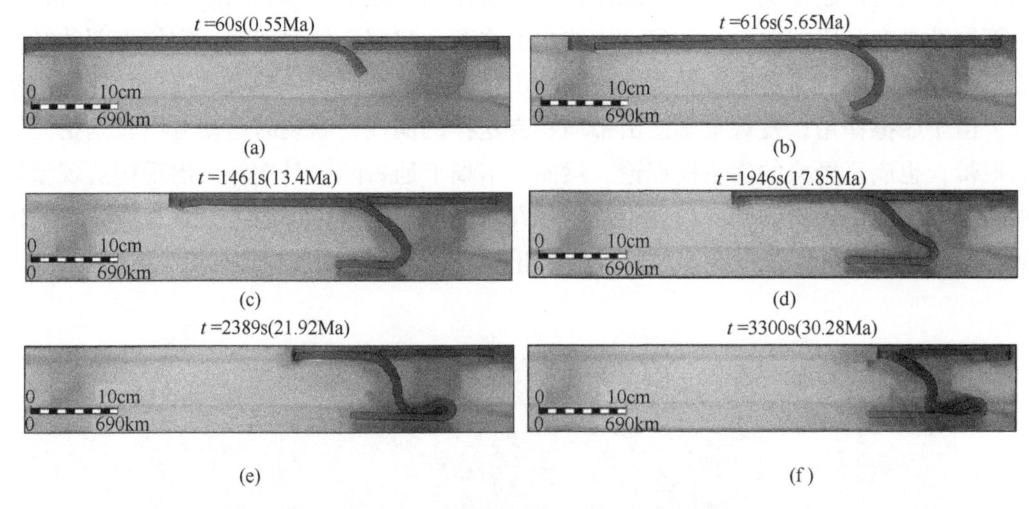

图 4-26　安第斯造山带形成演化的 3D 物理模拟结果

仰冲板片的缩短变形主要依赖于俯冲板片的演化。在俯冲板片与仰冲板片接触之前，仰冲板片是处于伸展状态并垂直于海沟的。此阶段的伸展状态主要是基底糖浆之上的硅胶在浮力作用下扩展形成的。显示了俯冲带推着仰冲板块向海沟方向扩展，同时俯冲板片与仰冲板片之间发生相互作用。

总之，通过物理模拟研究，表明俯冲板片的长时间作用处于一个不稳定状态，其原因是固定的仰冲板块约束了海沟的位置，并导致了俯冲板片叠加到下地幔 660km 的不连续面上。俯冲板片的动力学主要来自上下地幔的相互作用，其明显的表现特征是：当俯冲板片倾角变缓消失时，出现拉平阶段，然后紧接着又变得很陡，倾角增大。在拉平阶段的后期，俯冲板片的倾角与后撤模型观察到的倾角接近。俯冲板片变陡，板片舌的倾角与自由边界型的俯冲模型实验的前进方式所观察到的倾角接近。模拟结果还揭示了俯冲带存在应力作用，俯冲板片的暂时性停止移动，导致仰冲板片缩短变形。也就是说，当俯冲板片暂停时，拉平作用还在推动仰冲板片缩短。俯冲板片变陡则促进仰冲板片伸展或者缩短。实验过程进一步表明尽管边界条件应用到俯冲带并没有实质性的改变，但由于俯冲过程的不稳定状态造成的构造脉冲式效应，也会影响仰冲板片的变形演化。

4.5　卡斯卡迪古陆典型构造样式形成的物理模拟研究

4.5.1　区域地质问题

卡斯卡迪的构造变形研究一直是地质学研究的热点。因为该地区的变形样式具有一定的特殊性。构造变形的运动学指向与其他造山带的构造样式相比，完全相反（图 4-27）。在经典的理论中，认为由于基底摩擦与内摩擦的作用，力学满足库伦破裂准则。断裂的形成也满足临界楔理论，即地貌倾角和地质体基底的倾角之和与材料的内部属性具有一定的关系，达到一定的角度之和，它就会发生破裂，它们内部的结构近似于推土机模式或者雪橇铲雪模式。造山带整体就会以某一种模式周期性地发生变形。由于摩擦作用，发现很多造山带均具有这样的属性，断裂的运动方向总是指向后陆根带，也满足经典的库伦楔理论。然而，卡斯卡迪古陆很是例外，出现构造现象异常的样式，应用经典的临界楔理论难以解释其成因。而且，该地区又是地震频发的区域，引起了学界的广泛关注。对此，前人开展了一系列的物理模拟研究。

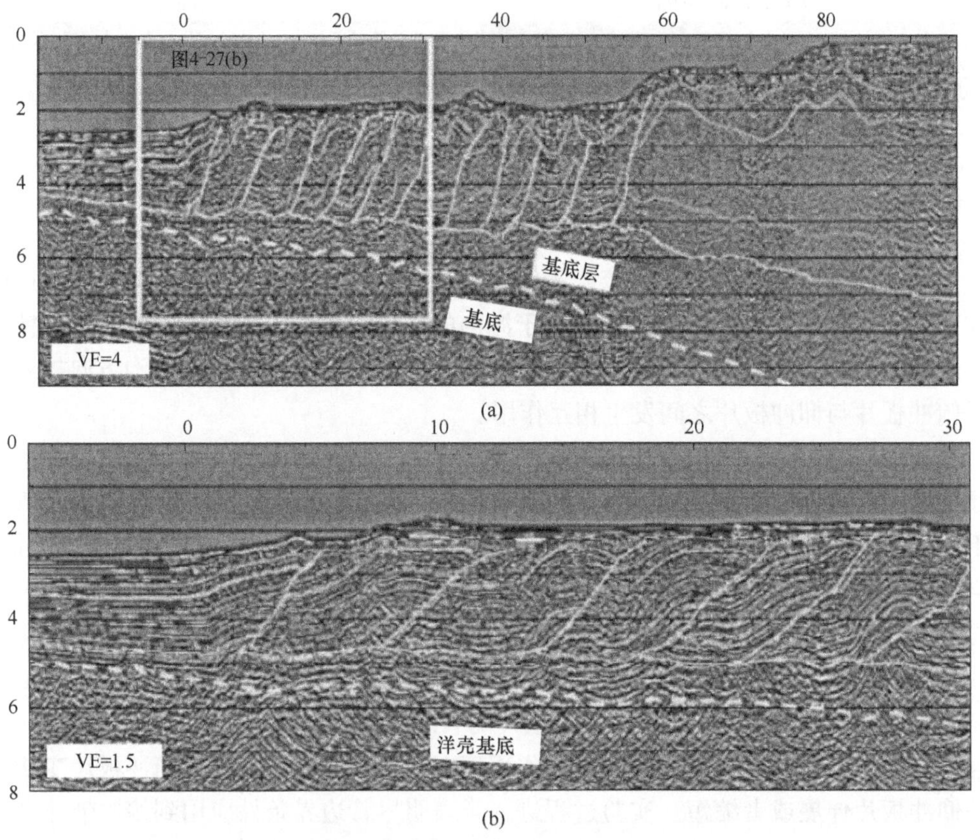

图 4-27 卡斯卡迪古陆的构造样式（单位：km）

VE—剖面垂直放大倍数

Gutscher 等研究卡斯卡迪古陆的变形特征成因时，基于以下科学问题开展。a.构造特征显示，该地区基底地震波中的纵波速率大于等于 4km/h，并且基底具有较厚的滑脱层。b.前人给出的分析不能合理地解释该地区的构造成因。对此解释的观点有 3 种：a.具有向海一侧的斜向支撑体；b.具有较小基底摩擦力条件；c.既有向海一侧的斜向支撑体也具有低基底摩擦作用。但是，向海的倾斜支撑在初始阶段会产生向前陆的运动学指向断层，后续产生的逆断层的运动学指向才慢慢转换为造山带根部。其次，太低的基底摩擦会产生对称性的箱状褶皱，形成双向运动学指向的断层，不存在明显的指向前陆的运动学特征。而且，物理模拟揭示较小基底摩擦和向海的斜向支撑作用也是只能形成向后陆运动学指向的逆冲断层。因此，前人的观点无法合理解释卡斯卡迪古陆的形成。于是，相关学者对此开展了相应的挤压速率差异、基底摩擦强度和脆韧性强度耦合差异的物理模拟研究。

Zhou 等针对卡斯卡迪古陆的形成，采用基底收缩变形对其解释。研究表明，卡斯卡迪古陆向前陆指向的构造样式是因为基底存在低黏度的滑脱层（图 4-28）。软弱基底收缩，导致上覆地层受到基底影响而产生明显的速率差，由此形成了运动学指向差异。基底收缩模型讨论的科学问题集中于以下几个方面。a.对于一些构造现象，前人主要是根据库伦楔理论进行解释，尤其是褶皱-冲断带。它们的影响因素与地层的厚度、强度、后侧的块体几何形态、基底剪切强度、沉积速率差异、同沉积作用与侵蚀等有关。这些因素中，剪切强度又扮演非常重要的角色，而且低的基底剪切强度可以形成双向运动学指向和宽的褶皱-冲断带。前人利用这样的观点解释常见构造样式的褶皱-冲断带是可行的，但对于卡斯卡迪古陆的构造样式无法解释。b.前人的研究已经表明卡斯卡迪古陆地层具有软弱的泥岩和高压流体存在，说明单纯利用库伦楔理论无法解释其成因。c.快速发展中的物理模拟技术表明，构造样式的形成与地层厚度、黏度和应变速率等有明显的相关性。但是，前人的这些实验仍然未能合理解释卡斯卡迪古陆向前陆逆冲的运动学指向特征，而且在模型与实际的变形特征或者过程仍然存在明显差异，很多现象仍然无法解释。因此，Zhou 等应用基底收缩模型对此进行模拟研究。

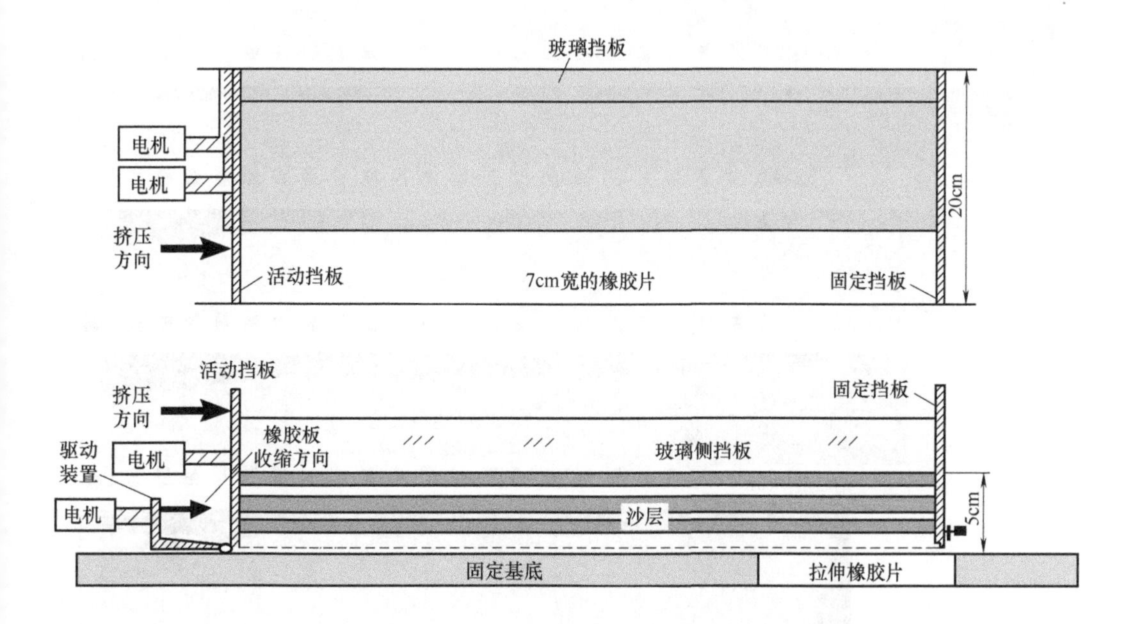

图 4-28　卡斯卡迪古陆的构造样式模拟模型装置

4.5.2 模型设计

Gutscher 等的研究模型已在基底挤压速率控制一节论述过。Zhou 等的模型装置在固定的刚性平板上开展。基底橡皮未发生变形之前，初始长度为 7cm，然后两侧电机拉伸到 13cm。在橡皮上铺设石英砂 5cm 后，对此缓慢收缩。模型装置的前缘具有固定挡板，后缘是活动挡板，活动挡板随电机一同挤压模型内部的砂体。当回到长度为 7cm 时，结束模拟实验。

4.5.3 模拟结果

速率差异、侧向摩擦和基底收缩等有关卡斯卡迪古陆构造特征形成的模拟，均表明向前陆的运动学指向在低基底剪切强度和较低的变形速率条件下可以形成（见图 4-29）。较低的速率，导致了构造带基底的剪切应力减小，物体的变形与基底软弱层和上覆脆性层之间的力学强度有关。从牛顿流体的剪切强度公式可以看出，基底流动的运动速率越大，受到的剪切力也就越大，反之，则受到的剪切力也就越小，说明差异的速率可以控制地质体变形所需剪力。但是太小的速率对构造的影响就难以确定。于是，根据前人的研究，提出了 0.5~1.0cm/h 的挤压速率下，可以形成指向后陆的构造样式。同时，基底收缩模型中，基底的变形影响上覆脆性层的运动，仍然是基底剪切力与上覆脆性层之间的应力调节差异所致。侧向摩擦力的影响也是在基底极其软弱的条

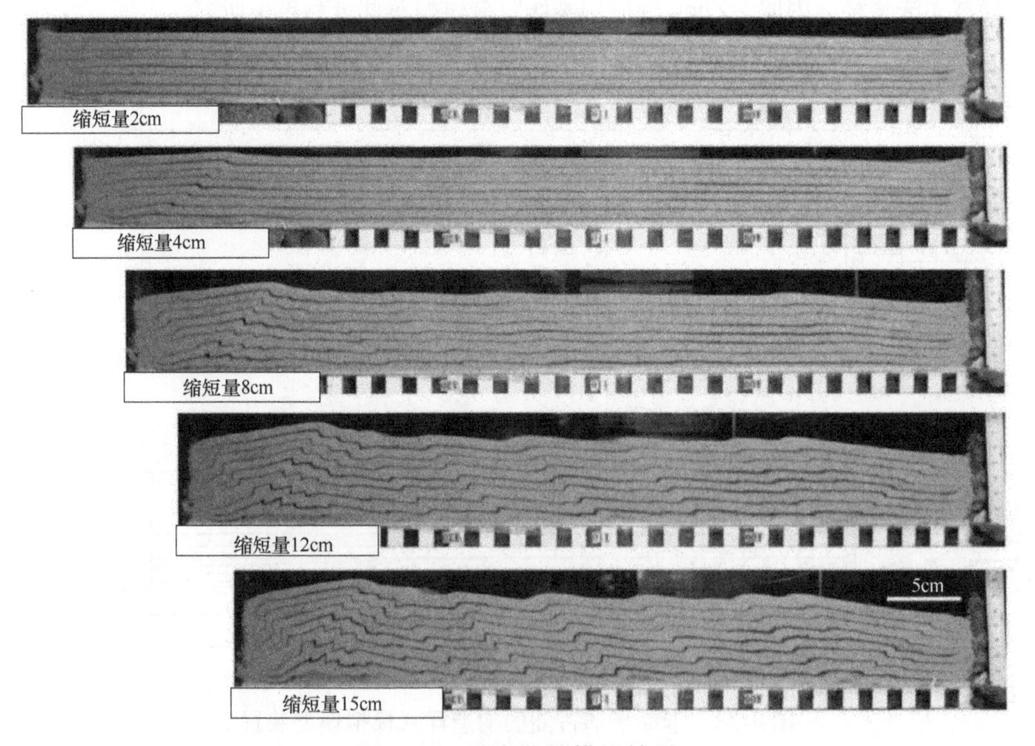

图 4-29 基底收缩模拟结果

件下，侧向摩擦力大于基底摩擦强度，导致上覆脆性层在运动中表现出与脆性基底极不一样的特征。因此，用经典的库伦破裂准则很难对其进行解释。

卡斯卡迪古陆的模拟实验都在一定程度上解释了向陆构造样式可能的形成原因，也证实了软弱基底的存在是构造样式异常的重要控制因素。前人的研究，为我们开展相关的构造样式，如苏门答腊、川东—湘鄂西褶皱-冲断带等特殊的构造指向研究提供了借鉴。

4.6　台湾造山带形成的物理模拟研究

4.6.1　区域地质问题

台湾造山带也是一个研究特别热的构造带（图 4-30）。该构造带活动强度较大，火山地震异常发育。从现今增生楔活动强度划分，前人把台湾造山带称为活动的造山带。台湾造山带位于太平洋板块、菲律宾板块和亚洲板块交汇处，且太平洋板块俯冲到欧亚板块之下，而欧亚板块俯冲到菲律宾板块之下。地质资料揭示，台湾造山带形成了岛弧带或弧后盆地、弧前增生楔及马里亚纳海沟等典型的沟-弧-盆体系。但是，台湾构造带的变形也十分复杂，因为该地区应变比较集中，也是地震活跃带。前人研究表明，台湾构造带的北部和南部的俯冲极性存在明显差异，且该构造带的汇聚速率约 7cm/a。

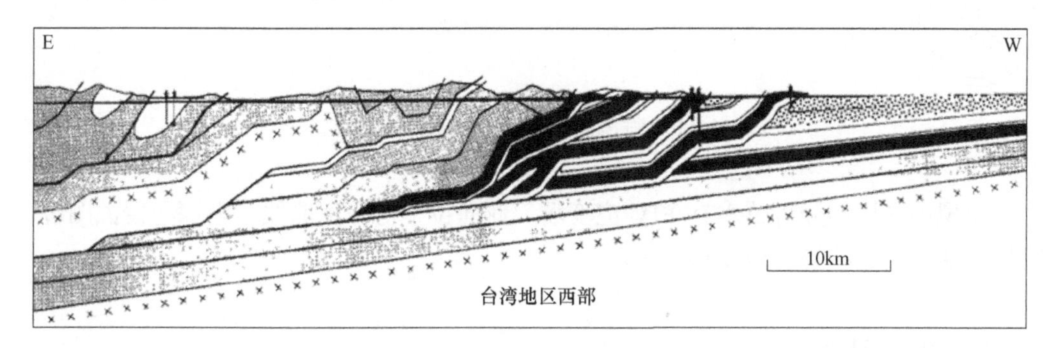

图 4-30　台湾造山结构剖面图

台湾造山带的结构与其他造山带相比具有明显的差异。造山带的宽度较小，为 50~200km，形成窄条带。同是俯冲增生型造山带，安第斯造山带的宽度则较大，可以达 500km 宽。台湾造山带的地表地貌倾角变化值为 2.5°~3.4°，平均值为 2.9°左右，表明该地区的地层均质性较好。即地层压力、物质组成和基底倾角（约 6°）相差不大。从物质组成和地层结构分析，该地区的变形与临界楔理论揭示的条件极为相似。于是应用临界楔理论对台湾造山带的基底内摩擦系数进行技术分析，其理论值为 0.85，相应的地层内部的摩擦系数为 1.03，流体压力系数为 0.7。

台湾造山带的地层流体压力研究很早就已引起了人们的广泛关注。通过石油勘探中的地层测试和声波测井，已揭示了台湾西部山前带和滨岸平原的变形几何特征。该地区典型的褶皱-冲断带有侵蚀现象，近地表地层的流体压力系数为 0.4 左右，而深部致密层的地层流体压力系数为 0.7 左右。尽管前人对台湾造山带的变形进行了大量的研究，但复杂的地质条件使得该地区的变形控制及其演化机制的研究还存在很多争议。为此，应用物理模拟技术开展相关的研究仍十分必要。

4.6.2 模型设计

前人针对台湾造山带的构造几何学特征和形成演化，开展了相关的物理模拟研究。模型在无基底的箱体下面进行，石英砂铺到呢绒席上，而且呢绒下伏是刚性基底，后缘用挡板支撑石英砂。通过推挤支撑挡板产生水平挤压，于是楔体上的石英砂发生变形（图 4-31）。装置的基底倾斜角可以通过另一侧的弹簧调节。驱动轮使得呢绒席转动，让上覆砂层发生位移，实现模拟的过程。这个装置主要是模拟造山带和增生楔俯冲和变形的过程。

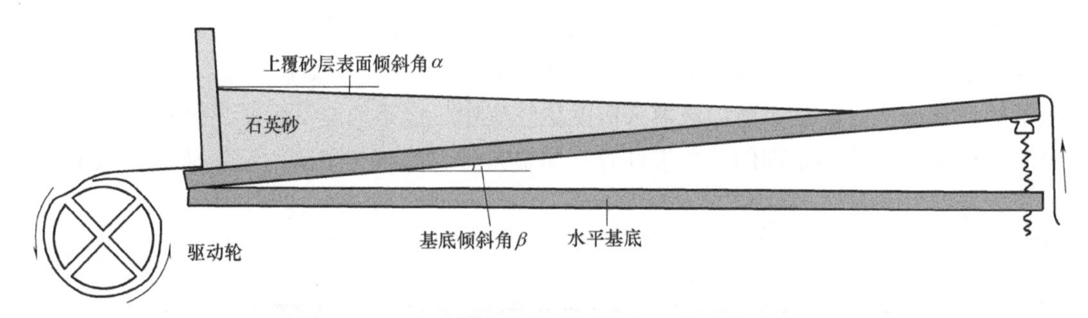

图 4-31　台湾造山带物理模拟模型设计

模拟中采用的分析技术有 PIV 应变场、侧向位移与深度曲线、埋深与侵蚀图解、剪切应变场、位移场、地貌形态等。

4.6.3 模拟结果

实验中，通过一系列的照片记录实验的整个变形过程。砂体的厚度从后缘支撑板位置发生变形，直到形成临界角稳定状态为止（图 4-32）。

用石英砂及其装置来模拟褶皱-冲断带和增生楔，满足库伦冲断楔理论。此模型只能解释变形的微观机理，对复杂的变形演化具体细节则无法再现。变形的初始阶段，形成靠近支撑板、运动学指向前缘的 1 条逆冲断层。随着应变量的增加，在逆冲构造的根部形成 3 条明显的逆冲断裂。前两条之间的距离空间间距较小，最新形成的这条逆冲断裂与早期形成的逆冲断裂之间的间距较大。同时，在这一阶段形成后冲逆冲断裂，其倾角与早期形成的逆冲断裂的倾角大致相同，倾斜相反。在变形的中后期，剖面上形成 4 条逆冲断裂，它们之间的间距因形成时代逐渐变新而增大（图 4-33，书后另见彩图）。整个过程代表了造山带的缩短和增厚。

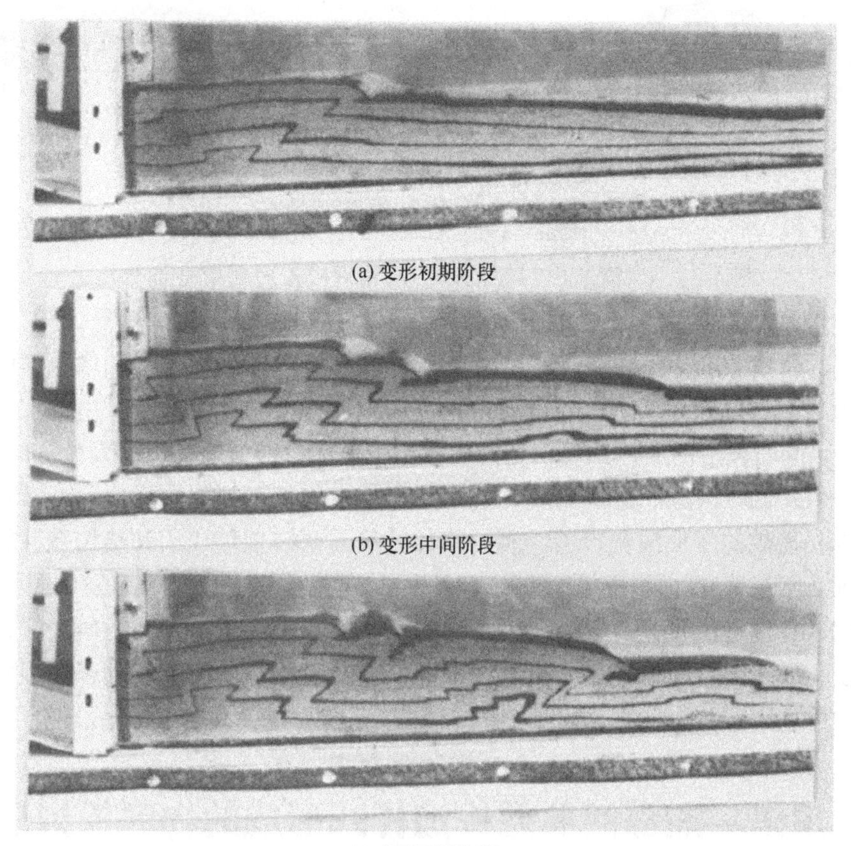

(a) 变形初期阶段

(b) 变形中间阶段

(c) 变形晚期阶段

图 4-32　台湾造山带物理模拟结果

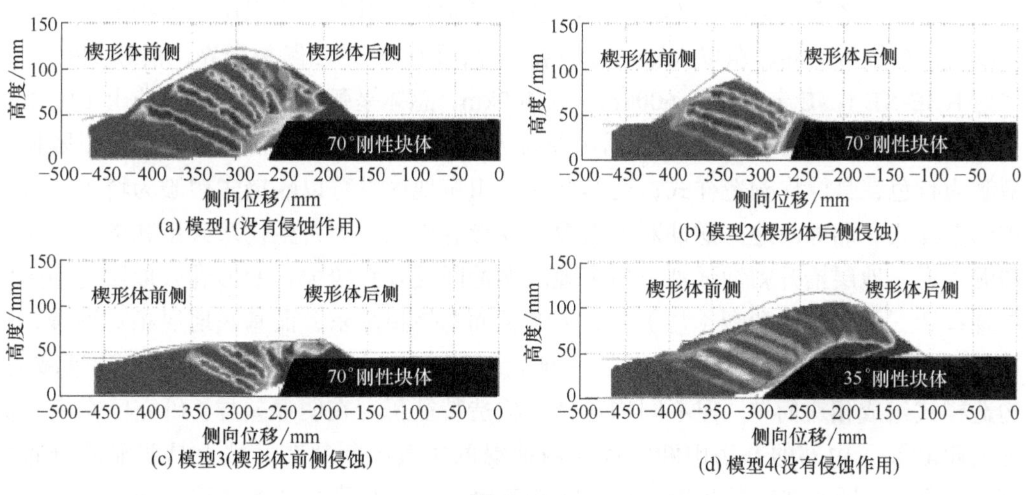

图 4-33

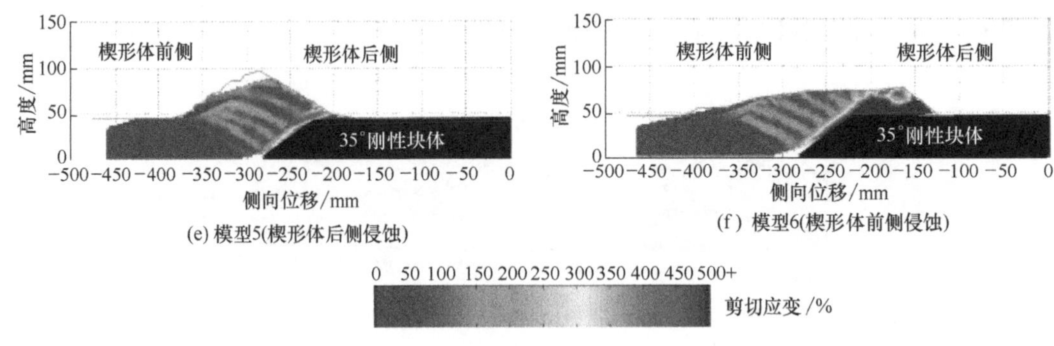

图 4-33　台湾造山带侵蚀作用的物理模拟剪切应变场分析

最新的研究表明，不对称性的侵蚀作用控制了双向侵蚀造山带和增生楔的地貌特征。楔形的前侧侵蚀导致了被动剪切快速地向顺时针方向发生旋转。由此产生的地层倾角较陡，同时楔形的后侧出现构造翻转现象。后侧楔形的被动剪切发生逆时针旋转，形成了一系列低缓构造。物理模拟实验表明，造山带的侵蚀作用控制了构造带的宽度、分布范围、地貌的变形演化扩展。剥蚀率的计算需要结合年代学和热构造计算，才能更加准确。刚性基底的倾角对上覆构造剪切应力的扩展具有一定的控制作用。

总之，台湾造山带具有复杂的变形力学背景，是一个富有挑战的研究区，研究其形成和演化及动力学机制具有十分重要的意义。物理模拟的研究有利于增强对该地区形成演化的理解。

4.7　川东—湘鄂西典型构造样式形成的物理模拟研究

4.7.1　区域地质问题

川东—雪峰褶皱-冲断带位于中国中上扬子地块，其北以大巴山弧形构造带为界，南以右江褶皱带为界，东以大庸逆冲断裂为界，西以华蓥山断裂为界，褶皱-冲断带总体呈 NEE-NE-NNE 走向，长 600km，宽 400km，总体呈弧形向北西方向凸出（图 4-34 和图 4-35，书后另见彩图）。以齐岳山断裂为界，其南东一侧湘鄂西地区发育以隔槽式褶皱为特色，具厚皮构造样式；而其北西的川东地区发育以隔挡式褶皱为特色，具薄皮构造样式。湘鄂西地区逆冲断层发育，变形卷入地层为古生代寒武系和奥陶系灰岩和泥页岩，地层抬升剥蚀强烈。川东地区逆冲断层发育较少，变形卷入地层为中生代二叠系和三叠系灰岩和膏（盐）岩，褶皱轴面总体指南东，而基底地层相对平缓，变形较弱（图 4-36）。从湘鄂西的南东一侧至北西川东构造带一侧，变形强度逐渐减弱，构造样式组成相对简单，但不同构造带的构造特征仍存在明显差异。研究区东南一侧的大庸断裂、中部的齐岳山断裂和北西前缘的华蓥山断裂在区域上具明显的分布特征，是现今不同构造带的界限，而且这三条边界断裂对研究区构造特征的形成具有重要影响。

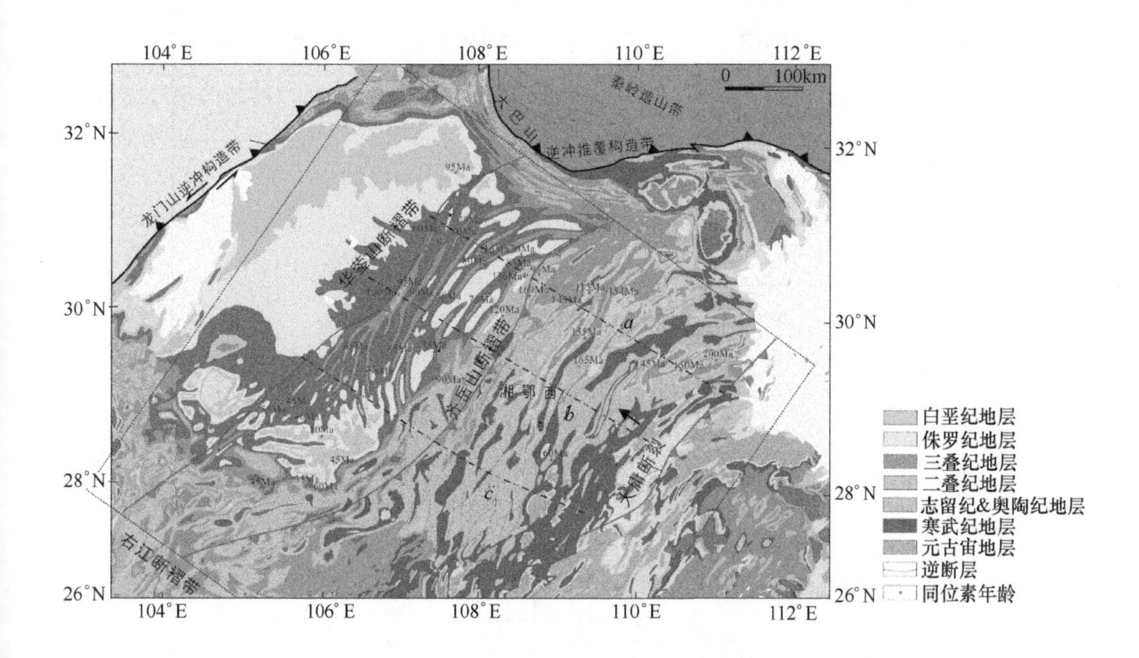

图 4-34　华南大陆岩石圈结构剖面图（一）

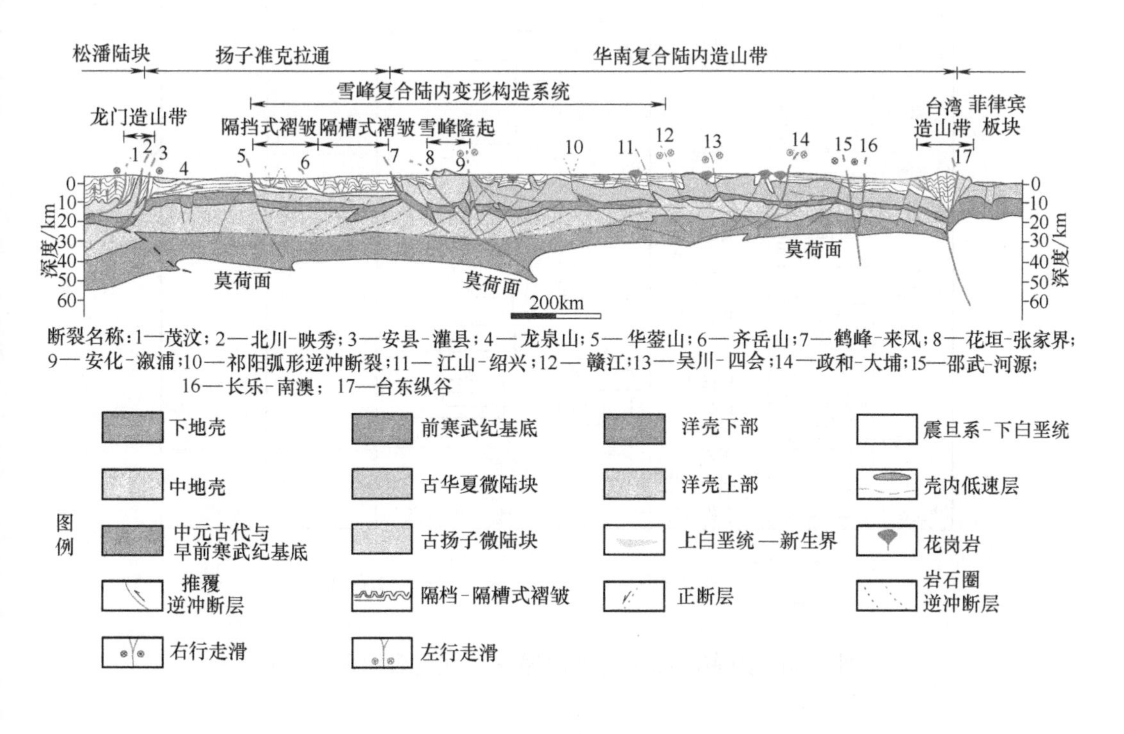

图 4-35　华南大陆岩石圈结构剖面图（二）

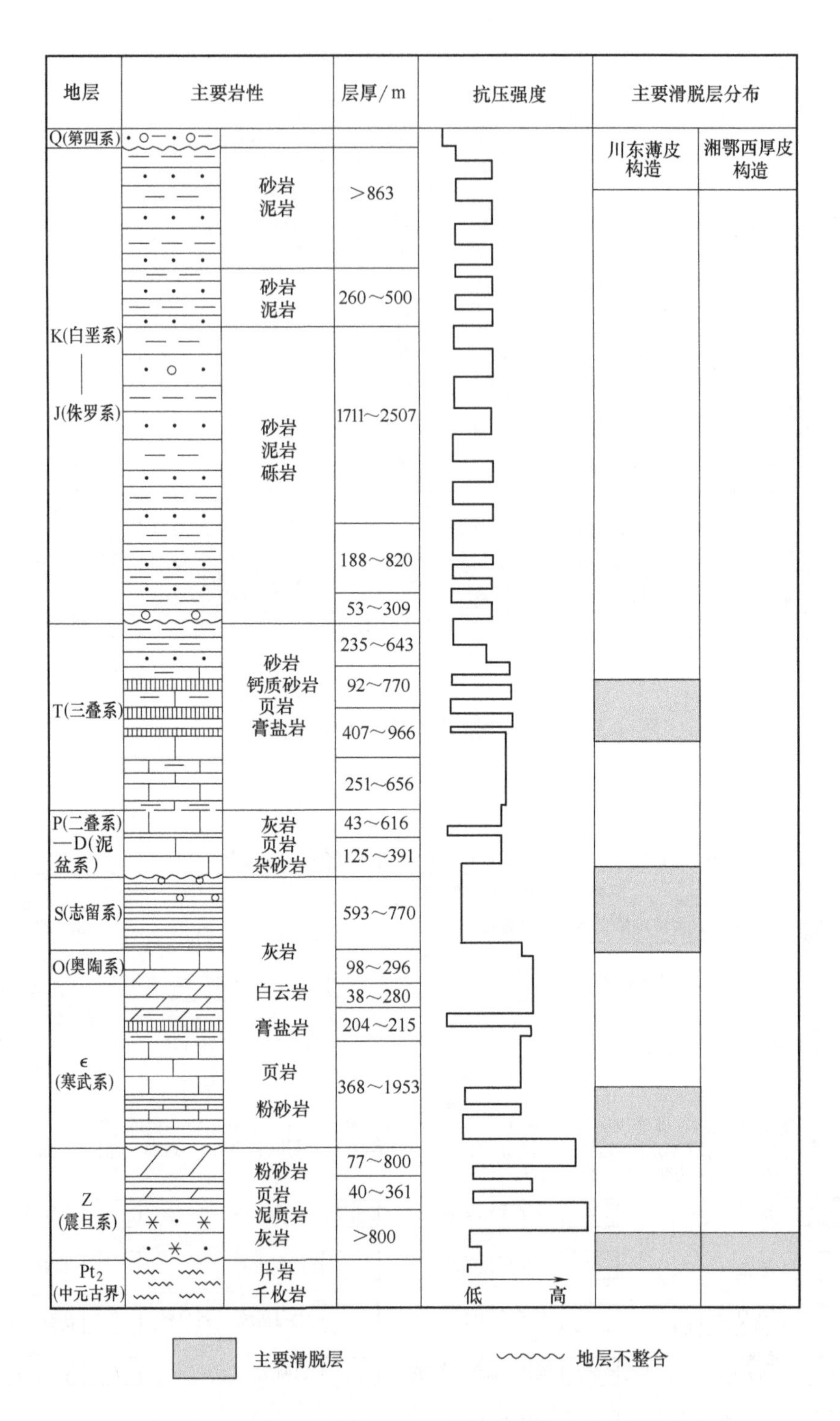

图 4-36 川东—湘鄂西地层厚度、强度和滑脱层分布

川东—湘鄂西是我国南方中上扬子陆内重要的构造带，油气资源和矿产资源丰富。勘探实践表明，资源的分布与复杂构造关系极为密切，构造控制了资源的分布。同时，

构造样式及其演化十分复杂，区域内构造变形差异较大。因此，相关的地质问题至今仍处于探索之中。为此，有必要开展进一步的物理模拟研究。

尽管前人对研究区已开展 2D 物理模拟和数值模拟的研究，并揭示研究区基底新元古界板岩和寒武系膏盐岩、震旦系泥页岩对变形演化具有重要控制作用，但缺乏三维物理模拟研究，因此有关研究区的构造演化问题仍然没有得到完全理解。为此，笔者在前人研究基础上，系统地分析了研究区的构造几何学特征，并应用 3D 物理模拟技术对该区的形成和演化进行研究。

4.7.2　模型设计

① 根据实验台的尺寸确定尽可能大的模型尺寸，以减小边界效应对实验结果的影响。同时根据地质资料得出模拟区域实际的平面范围，结合模型尺寸算出比例尺。

② 应用川东—湘鄂西褶皱-冲断带挤压抬升的回返时间及所在的位置，结合现今位置得出雪峰构造带向北西挤压的距离，并换算成模型挤压距离。

③ 通过地质资料和地球物理资料得出地壳厚度、脆性层厚度等参数，用相同的比例尺计算出模型的总厚度及韧性层厚度。

④ 选取不同的韧性层黏度及挤压速率，开展实验。

⑤ 用褶皱-冲断带构造样式和地貌特征来评判实验结果，并优化实验参数。

根据实验台的尺寸，选用了 73cm 长的活动挡板作为雪峰刚性块体长度，这个尺寸兼顾尽可能减小的边界效应对实验结果的影响。由测量结果可知，模拟区川东—湘鄂西的东西向宽度为 820km，南北向 730km，换算到模型尺寸即挤压结束时模型东西向 82cm，南北向 73cm（图 4-37）。挤压距离由褶皱-冲断带现今位置，根据平衡剖面复原计算得出。最新研究结果表明川东—湘鄂西褶皱-冲断带自古生代以来，寒武系、志留系及上覆三叠系发生了缩短变形。地层总体平均缩短率约 18%。并在其运动轨迹中确定挤压起始时其所在位置，对比现今位置可知，通过本书平衡剖面测算，川东—湘鄂西从中新生带以来向北西挤压缩短了 136km，换算到模型即模型挤压距离为 13.6cm（表 4-4 和表 4-5）。

通过分析区域地质资料和区域地球物理资料，换算出川东—湘鄂西脆性层深度、厚度及平面分布的大致范围，遵照物理模拟的基本原则设计，并以褶皱-冲断带构造样式及地貌特征来约束、评判实验结果，优化实验参数，以求实验结果尽可能相似于川东—湘鄂西实际地质特征。然后针对不同碰撞、挤压方式设计相应的实验模型，展开模拟研究。综合对比、分析实验结果，得到川东—湘鄂西构造变形特征及关键控制因素，并讨论中新生代以来该地区的构造成因机制。同时，研究中应用切片技术，以观察挤压完成后三维模型内部的地层变形情况，给变形机制分析提供更多的资料和证据。尽管切片只能显示挤压结束时模型内部的变形，而无法提供挤压过程中地层的变形特征，但对于三维物理模拟分析来说，仅有表面变形数据是不够的，切片技术对此提供了很好的补充。研究中根据探讨科学问题的需要，分别设计了川东、湘鄂西、川东—湘

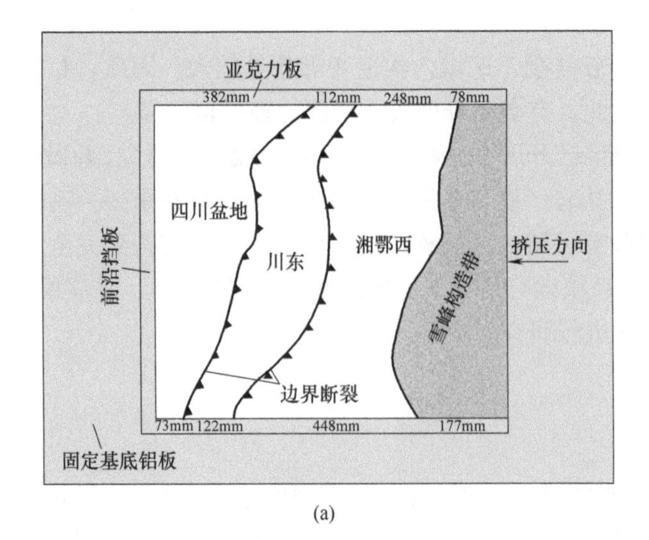

(a)

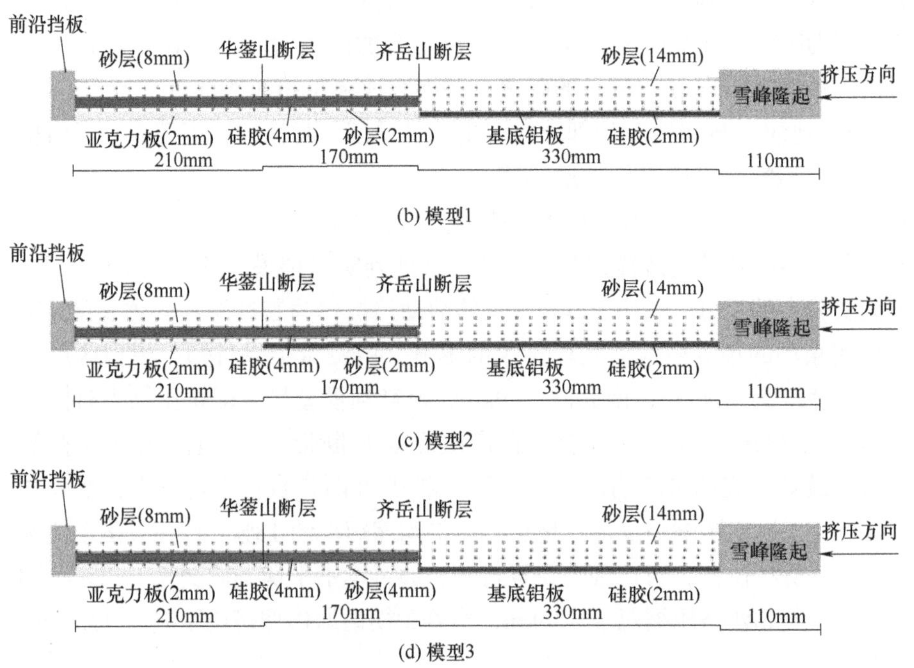

(b) 模型1

(c) 模型2

(d) 模型3

图 4-37 川东—湘鄂西基底流变学差异模型装置及剖面示意

表 4-4 研究区流变学结构模型范围与模型数据

名称	长度 L/km	宽度 b/km	隔挡式褶皱带		隔槽式褶皱带	
			沉积盖层厚度/km	滑脱层厚度/km	沉积盖层厚度/km	滑脱层厚度/km
研究区	820	735	8	4	14	2
模型	8.2×10^{-4}	7.35×10^{-4}	8.0×10^{-6}	4.0×10^{-6}	1.4×10^{-5}	2.0×10^{-6}
相似比例	1.0×10^{-6}	1.0×10^{-6}	1.0×10^{-6}	1.0×10^{-6}	1.0×10^{-6}	1.0×10^{-6}

表 4-5　研究区流变学结构模型力学特性参数

参数	模型	川东—湘鄂西构造带	相似比
脆性层密度 ρ_b/（kg/m³）	1430	2400	0.6
韧性层密度 ρ_d/（kg/m³）	940	2200	0.43
韧性层黏度 η/（Pa·s）	8300	7.75×10^{20}	1.07×10^{-17}
脆性层内摩擦系数 μ	0.6	0.6~0.85	
应力 σ/Pa	112	1.89×10^{6}	6×10^{-7}
脆性层内聚力 σ/Pa	80	40×10^{6}	2×10^{-6}
脆韧性比 δ	0.5~5	0.3~30	
重力加速度 g/（m/s²）	9.81	9.81	1
缩短量 L	13.6 cm	136 km	1.0×10^{-6}
挤压速率 v/（m/s）	2.5×10^{-6}	4.3×10^{-11}	5.8×10^{4}
变形时间 t/s	5.4×10^{4}	3.2×10^{15}	1.69×10^{-11}

鄂西脆性及韧性组合差异模型，基底流变学差异模型及隔挡式褶皱带运动学指向差异模型 3 个系列共计 17 组实验并进行了重复性验证。

4.7.3　模拟结果

研究中川东构造带、湘鄂西构造带及川东—湘鄂西褶皱-冲断带 3 个系列共计 17 组模型的物理模拟实验结果揭示，川东—湘鄂西褶皱-冲断带的变形受边界几何形态、地层滑脱层分布、脆韧性组合、流变学结构等因素控制。川东—湘鄂西褶皱-冲断带中生代的变形过程主要受边界断裂和地层流变学结构的控制。变形最先发生在雪峰隆起前缘的大庸边界断裂和四川地块东缘的齐岳山边界断裂部位，然后分别从这两条边界断裂向北西扩展，最终止于华蓥山断裂一线。研究区褶皱-冲断带隔挡、隔槽式褶皱的平面展布明显受大庸和齐岳山这两条边界断裂的几何形态控制。同时基于系列模型的对比揭示湘鄂西地区的构造变形受深部韧性下地壳的控制，而川东地区的变形特征受四川地块下地壳流变学特征差异的控制，大致以华蓥山断裂为界两侧下地壳可能具有明显不同的流变学性质。同时，川东南马尾状构造的形成与川东华蓥山和齐岳山断裂边界形态关系密切；脆韧性地层厚度比和脆性层的厚度差异对褶皱的波长和样式产生具有重要控制作用；适当的基底摩擦作用是形成马尾状构造的必要条件，地层基底摩擦力太大，不利于应变向川东地区扩展，同时基底摩擦力太小，变形则受边界的影响而不利于形成马尾状构造；研究区基底流变学结构为川东南马尾状构造的形成提供了有利的形成条件（图 4-38~图 4-40）。

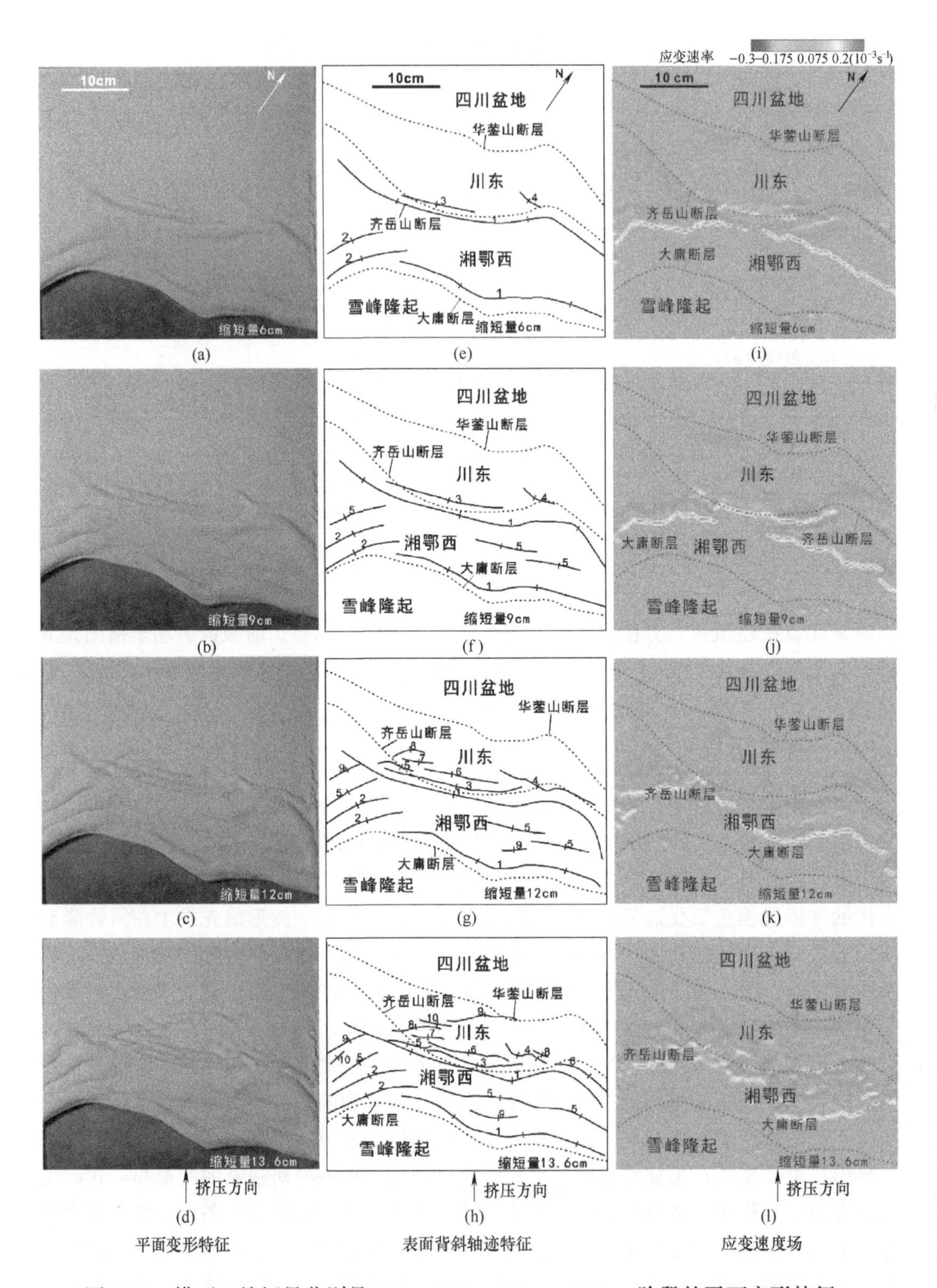

图 4-38 模型 1 缩短量分别是 6cm、9cm、12cm、13.6cm 阶段的平面变形特征，表面背斜轴迹特征，应变速度场

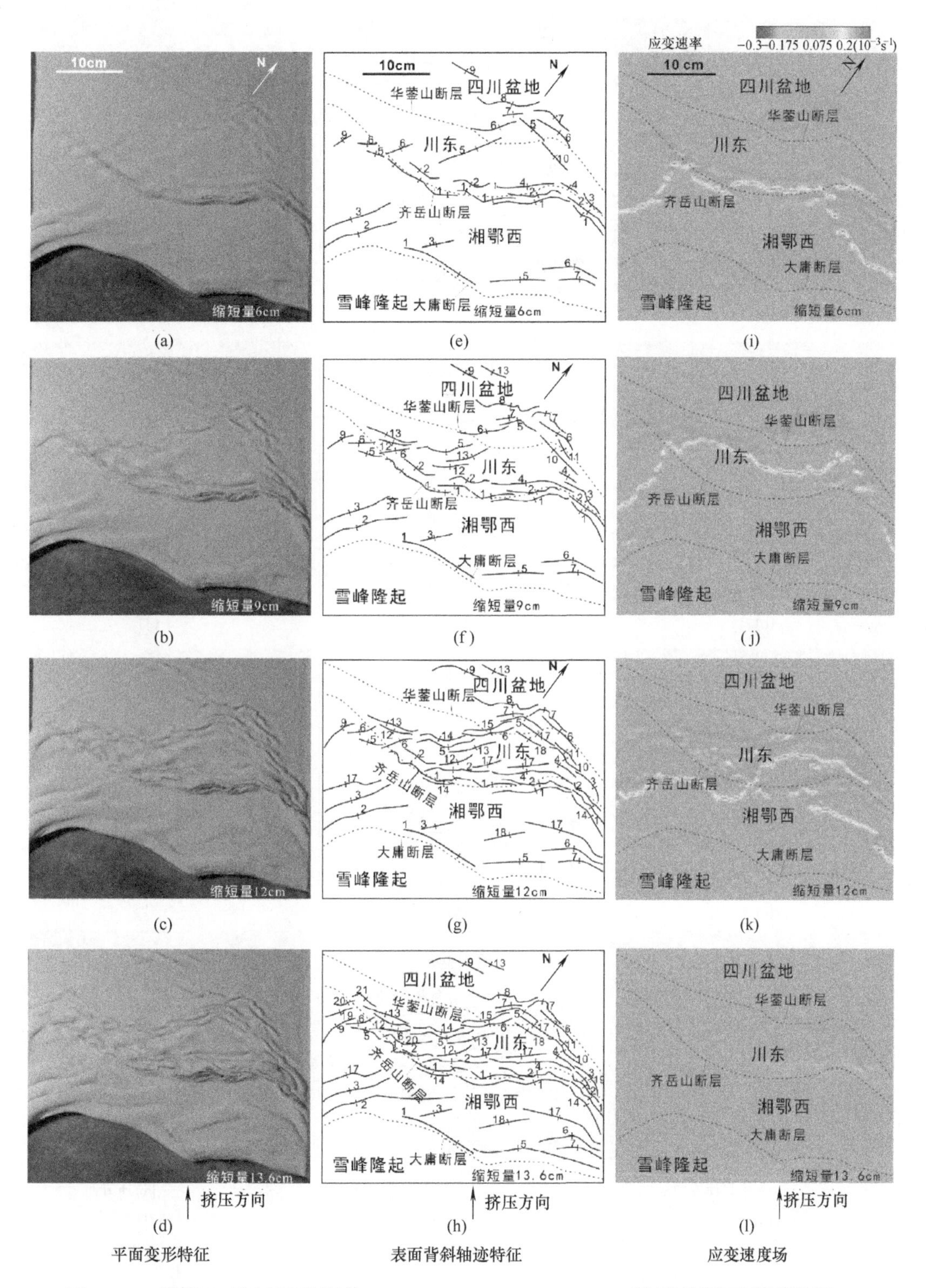

(a) (e) (i)

(b) (f) (j)

(c) (g) (k)

(d) (h) (l)

平面变形特征　表面背斜轴迹特征　应变速度场

图 4-39　模型 2 缩短量分别是 6cm、9cm、12cm、13.6cm 阶段的平面变形特征，表面背斜轴迹特征，应变速度场

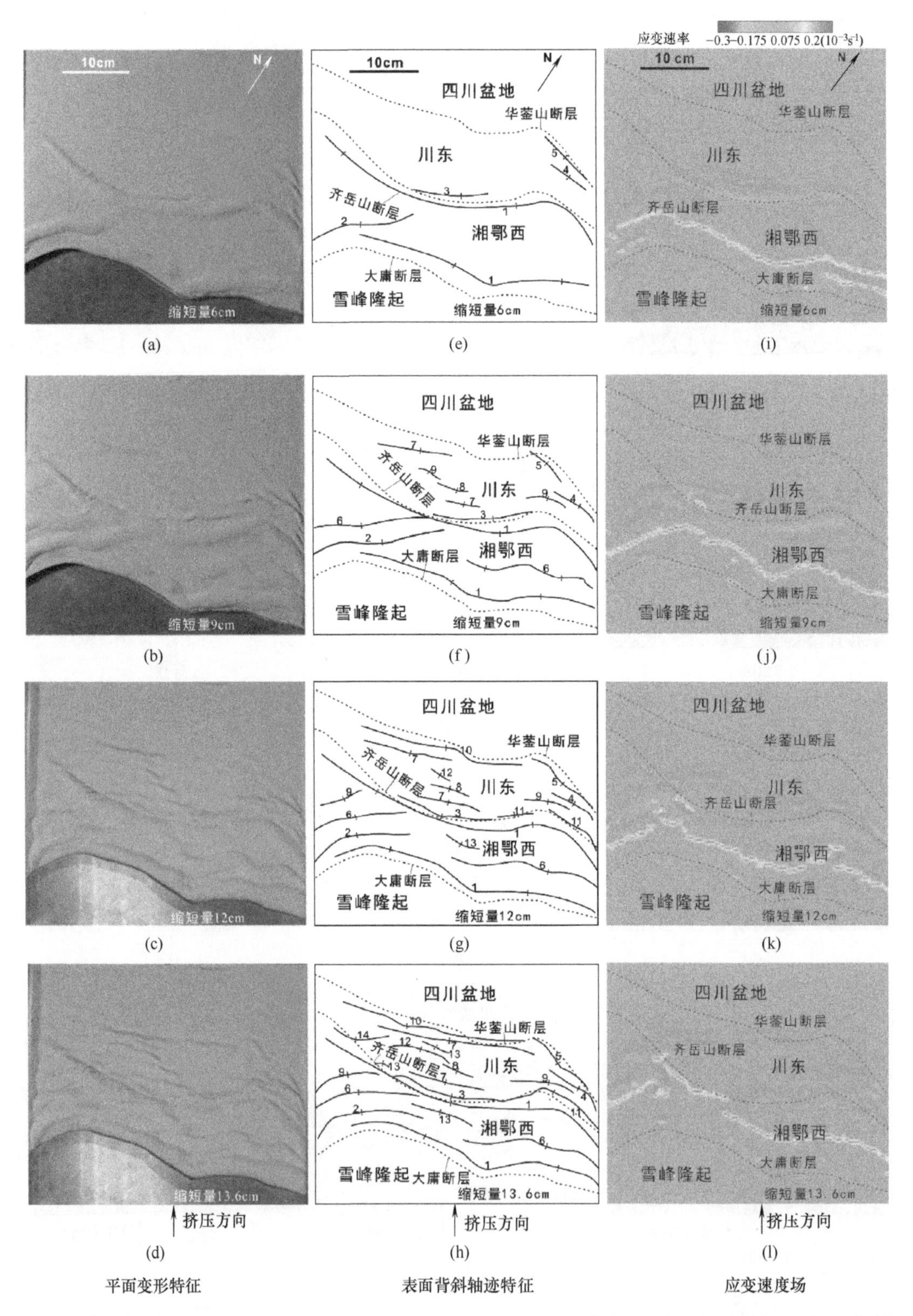

图 4-40 模型 3 缩短量分别是 6cm、9cm、12cm、13.6cm 阶段的平面变形特征，表面背斜轴迹特征，应变速度场

4.7.4　变形扩展过程及控制因素探讨

（1）变形扩展时序及方式

有关川东—湘鄂西褶皱-冲断带运动学扩展过程分析，前人对此开展了大量的研究工作，形成了多种变形扩展模式，其中主流扩展过程有构造成因模式和构造挤压模式。构造成因模式如李忠权等根据加里东、海西、印支-燕山和喜山大地构造旋回特性，推测该地区的变形是由早期隔槽式褶皱到中期“两背一断”，最终形成晚期隔挡式褶皱的演化过程。构造挤压模式如颜丹平等通过区域构造解析，推测该地区震旦纪—早古生代是深层滑脱变形；泥盆纪—中三叠世，该地区的变形是自东向西扩展；晚三叠世—新生代，强烈挤压变形且晚期受喜马拉雅运动，区域整体发生抬升，由此发展而形成。以上有关变形扩展过程认为，变形是从南东向北西逐渐扩展，大庸断裂最先形成，形成隔槽式褶皱；随着应变量的增加，形成过渡型褶皱，最后形成隔挡式褶皱。其变形扩展是递进的，意味着湘鄂西构造带的变形时间一定要早于川东构造带的变形作用时间。

近年来开展的磷灰石裂变径迹年代数据分析表明，川东弧形构造带形成时间分布在 65~135Ma 之间，且构造带内部的年龄值（56~84Ma）比两侧齐岳山（95Ma）和华蓥山（85Ma）边界断裂构造带的年龄值偏小。同时另一组跨越整个川东—湘鄂西褶皱-冲断带的同位素年龄值（95~165Ma）也表明，边界断裂两侧的同位素年龄值比构造带内部的年龄值偏大。前人有关变形扩展过程的解释与年代学所反映的构造特征之间存在不一致，进一步说明该地区构造变形的扩展过程的认识不够统一。然而物理模拟表明构造变形过程是：在变形早期，大庸断裂和齐岳山断裂几乎同时出现，二者形成的时间相差不大，同时随着应变量的增加，变形扩展因边界断裂控制而向边界断裂相反的两侧扩展。盆地内部次级构造带的变形晚于边界断裂而出现，最后扩展到川东及川东南地区（图 4-41）。

湘鄂西构造带位于研究区褶皱-冲断带根带，研究区内韧性层不发育，目前勘探发现古生代地层页岩发育，整体上地层表现为脆性变形。同时其紧邻雪峰块体，在挤压变形过程中，因大庸曲折边界和下地壳韧性基底作用，以基底韧性变形控制，发生应变向北西扩展，有利于隔槽式褶皱形成。川东地区寒武系和三叠系膏（盐）岩滑脱层分布。脆性层埋深较浅且基底流变学特征存在明显差异，使得应变传递较快，有利于隔挡式褶皱形成。因此，川东—湘鄂西褶皱-冲断带的构造变形并不是从南东向北西单调式扩展，也不是所谓的递进衰减扩展变形，它是在大庸、齐岳山及华蓥山断裂控制下，由南东向北西逐渐扩展，同时因边界断层影响而向相反方向扩展变形。这一研究成果与近年来开展的年代学数据测量结果所表达的变化特征具有较大一致性。

（2）运动学及演化特征

物理模拟研究表明，挤压作用早期，变形主要位于雪峰北缘及齐岳山地区，形成一系列北东向褶皱。挤压作用中期，齐岳山与大庸断裂成型且华蓥山见雏形，此时变形强度集中在边界断裂附近。挤压作用的晚期，应变传递到了川东地区。此时的应变量分布是不均匀的，其川东南应变量由褶皱发育而边界相对不清，变形滞后于同一构

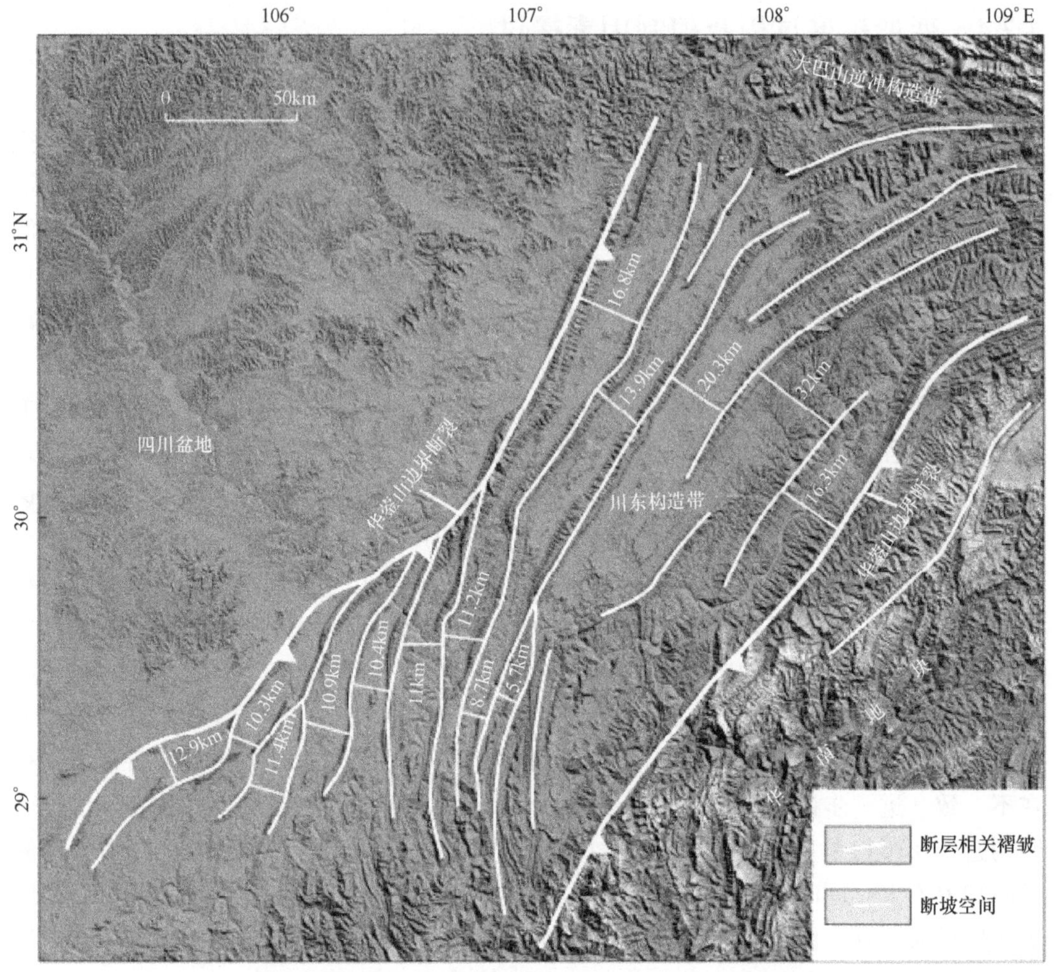

图 4-41　川东马尾状构造带相邻断褶带之间断坡空间的大小及分布

造带的其他区域。构造样式的形成是由于边界断裂和岩石力学性质差异。整个运动学特征表现为湘鄂西隔槽式褶皱、川东隔挡式褶皱，同时川东渝中与川东渝西地区由于脆韧性差异影响，形成不同波长和幅度的褶皱及运动学差异。

区域地质分析表明，印支期是褶皱-冲断带构造变形的主要开始阶段，喜山期区域性的挤压变形几乎结束。喜山期的运动改造了褶皱-冲断带的构造样式，形成了现今复杂的构造面貌。刘尚忠认为川东薄皮构造的形成是太平洋板块向西俯冲到扬子板块以下的过程中，造成扬子板块结晶基底之上发生逆掩推覆而形成，并用箱型褶曲模式对其变形进行解释。而许靖华则认为其由扬子板块与华南板块的碰撞而产生，其动力来源在福建海岸之外，可能是在中国台湾地区，也可能是在日本。构造特征、相关的运动学过程及可能的动力学思考一直是地质学家讨论的话题。

张国伟等研究认为华南大陆在先期演化基础上，显生宙以来主要在全球 Rodinia 与 Pangea 超大陆拼合与裂解演化进程中，历经原特提斯、古特提斯和新特提斯演化，形成纵向结构差异的三大构造层及其结构组合特征。

同时研究表明，震旦纪—早古生代，雪峰北缘大庸边界断裂初始形成，区域处于浅海陆棚环境，应力场以伸展变形为主。泥盆纪—中三叠世，华南及邻区进入板块汇聚及碰撞期，开始发生强烈变形，自东向西，自北向南先后褶皱回返，并伴随大规模的中酸性岩浆活动。中三叠世—新生代，发生强烈的挤压，形成褶皱和冲断带。由于喜马拉雅运动使得区域整体抬升遭受剥蚀，并最终形成现今的总体构造面貌。

基于流变学结构模型 3，物理模拟再现了印支期以来褶皱-冲断带的挤压变形过程及其扩展方式。研究区南东边界与先存齐岳山边界断裂准同步发生变形，且边界断裂影响了应变的传递并控制了构造样式分布。模拟实验变形演化序列有效地再现了中生代变形扩展过程。大庸与齐岳山断裂在 190Ma 几乎同步发生变形。在 140~150Ma 阶段，应变传递到川东构造带的内部，并最终在 120Ma 扩展到了华蓥山构造带。有关其变形演化过程与磷灰石裂变径迹数据所反映的隆升剥蚀时代具有较大的一致性，而与过去的变形演化模式存在差异（表 4-6）。

表 4-6　流变学结构特征的模型 3 所反映的川东—湘鄂西褶皱-冲断带变形演化特征

最终形成演化时序	褶皱形成时代/Ma	模型缩短量/cm	相当于实际缩短量/km
1	187	1.35	13.5
2	177	2.7	27
3	170	3.6	36
4	163	4.5	45
5	160	5.1	51
6	150	6.3	63
7	143	7.2	72
8	137	8.1	81
9	130	9.0	90
10	117	10.8	108
11	113	11.2	112
12	110	11.7	117
13	108	12	120
14	100	13	130

（3）边界条件

物理模拟实验表明边界几何特征对褶皱-冲断带最终的变形面貌具有重要控制作用。由于初始边界几何特征差异的影响，形成不同方向的断裂和褶皱及差异的运动学指向。

研究区内大庸断裂、齐岳山断裂及华蓥山断裂是区域性的主断裂，是划分构造属性的边界，对此开展了大量的分析和研究。在雪峰北缘大庸断裂两侧，其右侧是古老的结晶基底，左侧湘鄂西古生代地层发育且基底逆冲断裂发育，地表剥蚀严重。具有明显的背斜宽大、向斜窄小的隔槽式组合，断裂切割褶皱带。齐岳山断层则把川东背斜紧闭、向斜宽缓的隔挡式褶皱带与湘鄂西隔槽式褶皱带明显分隔开。而华蓥山断层则在地貌上把川东隔挡式褶皱带与四川盆地内部弱变形带截然分开。其西北部与大巴山弧形构造带比邻，其南部则是右江东西向褶皱带。诚然，这3条北东-南西向边界断裂与区域内部构造变形之间具有某种特定的联系。根据边界断裂约束，3组实验均表明边界条件对变形具有重要的控制作用。随着南东向北西的挤压，主应力方向持续向北西方向传递，在边界断裂曲折处，应变主方向由于受边界特征的影响而发生改变。在湘鄂西构造带东南侧，由于大庸断裂曲折边界控制形成北西-南东、北东-南西和南北向的断层和褶皱；而在湘鄂西构造带西北侧，由齐岳山边界断层控制形成北西-南东和南北向的断层和褶皱。川东地区，因齐岳山与华蓥山断裂的共同作用，形成了北东东-南西西、北东-南西和南北向的断层和褶皱。华蓥山边界断裂则控制了四川盆地内部构造带和川东隔挡式褶皱带西部边界的展布特征。

（4）脆韧性比及其差异

地层的叠置差异导致了不同构造样式的产生，因此地层叠置关系也是影响变形的控制因素之一。同时滑脱层叠置差异控制构造转换带几何特征，如在时空上控制变形向前陆方向扩展的方式、构造变形样式和运动学特征。流变学结构模型1与模型2实验结果对比表明，川东地区地层的有效叠置促进了薄皮构造的形成。模型1，基底刚性且基底滑脱层与上覆滑脱层无叠置，应变量主要集中在湘鄂西地区，以基底卷入变形为主。刚性块体之上的变形扩展较慢。因为变形样式在一定程度上受脆性剪切强度与基底韧性剪切强度的影响。刚性基底改变了基底剪切强度，早期变形主要集中在湘鄂西软弱基底构造带，而冲断带前缘刚性基底之上的变形扩展比较慢。流变学结构模型2，基底滑脱层与上覆滑脱层叠置，改变了地层的脆韧性强度，同时基底为韧性结构。这一结构特征在挤压变形过程中，脆性层与韧性剪切强度比与模型1相比则较大，促进了褶皱-冲断带变形在前缘的扩展，导致在冲断带前缘形成大规模低幅度褶皱。在褶皱-冲断带根部湘鄂西地区，地层的剪切强度与模型1相比没变，变形样式也没有发生改变，但应变量有所减少是由在相同挤压缩短量条件下，前缘变形较快所致。流变学结构模型3改变了基底性质且基底与上覆滑脱层无叠置。基底是脆性材料而不是刚性不变形材料，在挤压过程中仍会发生一定的变形。模拟结果表明脆性基底与韧性无叠置滑脱层可以反映川东—湘鄂西褶皱-冲断带的变形特征。实验中，脆性基底而不是刚性基底，有利于上覆滑脱层之上变形作用在相似条件下向刚性块体方向扩展，表明川东地区脆性层8~10km以下的基底性质与四川刚性基底的性质有所差异。该实验结果也支持川东与四川盆地岩石圈性质存在差异的观点。

对比分析表明，模型1由于刚性基底分布在齐岳山断层附近，基底引起的剪切变形很难向川东地区扩展，导致褶皱-冲断带前缘变形量不足且华蓥山边界不清，与现今变形特征不相似。模型2由于基底与上覆滑脱层的叠置，导致川东地区变形扩展过快，应变传递到褶皱-冲断带的前缘甚至到达四川盆地内部，但在几何特征分布上仍然与现今构造特征有差异。流变学结构模型3再现的褶皱波长、幅度及其几何特征与现今构造特征极为相似，表明川东—湘鄂西褶皱-冲断带的变形受到了边界断裂、下地壳韧性基底及其流变学差异与上覆寒武系和三叠系滑脱层控制。

（5）地壳韧性基底及流变学差异

深部韧性下地壳控制湘鄂西隔槽式褶皱的形成。脆性层厚 14km，基底下地壳韧性层 2km。其脆韧性厚度比 7，脆韧性强度比差异较大，有利于形成波长较大的褶皱和逆冲断层。有关变形样式物理模拟研究表明，韧性层厚 0.2cm，脆韧性厚度比≤3，有利于褶皱的形成，反之则有利逆冲构造的形成。湘鄂西地层流变学结构特征进一步说明了研究区有利的构造特征发育。同时下地壳韧性作用，导致靠近挤压一侧隆升变形幅度较大。因此，现今该地区古生代等地层已抬升遭受剥蚀，大量寒武系、奥陶系灰岩和泥页岩出露地表。

下地壳基底流变学特征控制了川东隔挡式褶皱的形成。前人研究表明川东构造带下地壳基底性质与四川盆地结构特征有差异，四川盆地是刚性基底，岩石圈能干性强（黏度 1024Pa · s 左右），川东地区岩石圈能干性低（黏度 1022Pa · s 左右）。因此，以齐岳山断层为界把四川盆地基底性质看作刚性块体不利于川东隔挡式褶皱带的形成。实验中，华蓥山以西四川盆地刚性基底，川东构造带脆性基底而湘鄂西下地壳软弱基底这样的流变学差异，有利于应变量向川东地区扩展而又不会造成该地区应变过大。脆性层厚度 8km，韧性层 4km，脆韧性厚度比 2，有利川东地区褶皱样式的形成。同时实验对比分析表明，冲断带前缘的川东构造带的变形是在脆性基底控制作用下，寒武系和三叠系膏盐岩滑脱层快速向北西扩展而形成的。

（6）川东南马尾状构造控制因素及其区域构造指向差异

构造控制因素及运动指向对变形机制的理解具有重要的作用。物理模拟研究表明，相邻断坡空间与脆性层埋深之间具非线性增加的关系。该研究成果可以进一步判断断坡随着脆性层埋深的增加，其空间间隔相应地增大；反之断坡较小的构造带，其脆性层埋深较浅。研究区马尾状构造北东一侧渝中的断坡间隔空间为 13.9~32km，而马尾状构造带断坡间隔空间在 5.7~12.9km 之间（图 4-41），明显马尾状构造带的断坡间隔空间小于川东地区，反映了川南马尾状构造带的脆性层厚度比渝中地区脆性层厚度薄。上覆脆性层的厚度也许能够决定该地区是发育褶皱还是断层。很显然，脆性层厚度是以发育褶皱和断层相关褶皱为主的川东南及川东地区构造变形的关键控制因素。同时，Teixell 和 Koyi 地层力学性质的差异物理模拟研究表明，逆断层间距的大小主要受控于基底滑脱层强度。褶皱的波长主要依赖于能干性岩层的厚度。川东构造带渝西地区的逆冲断层间距小于其渝中地区，同时基底滑脱强度是否对其变形有重要控制，值得进一步深入分析。

物理模拟研究表明川东马尾状构造的形成及其反向的运动学指向与滑脱层厚度分布差异和基底性质有关。滑脱层厚度太大，变形扩展速度过快，不利于箱状褶皱的形成。基底摩擦力越大，形成的褶皱主要分布在齐岳山构造带，应变很难传递到华蓥山断裂带。因此，适当的滑脱层厚度和基底摩擦力，有利于川东马尾状构造的形成。

川东—湘鄂西褶皱-冲断带的平面及剖面结构样式复杂，运动学指向多变。这种复杂的变形状态可以由多期构造叠加形成，尤其是湘鄂西地区浅层显示北西运动学指向，而深层则显示南东运动学指向，似乎表明该区经受两期构造动力的作用，即早期为南东向推挤，晚期转为北西向推挤。这种解释虽然十分直接，但南东向推挤的动力学成因解释可能比较困难，并且需要解释为何这一构造动力主要作用于湘鄂西地区的深层。前人物理模拟实验及上述实验模型均给出启示，在有软弱滑脱层存在的条件下，褶皱-冲断带的运动学指向可以与构造动力方向相反。因此，川东—湘鄂西褶皱-冲断带的运动学指向差异无需双向构造动力的作用也可以形成现今的构造变形特征。

（7）与现今川东—湘鄂西褶皱-冲断带对比

模拟结果揭示，隔槽式褶皱带位于川东—湘鄂西褶皱-冲断带的根带地区。其基底前冲断裂和反冲断裂发育，变形以基底卷入变形为主。滑脱层主要是下地壳韧性基底和寒武系薄层膏（盐）岩和志留系泥页岩。下地壳韧性基底对上覆脆性层变形具有重要控制作用。地层组合特征上，脆/韧性厚度比大（7/1），脆性特征强，产生了大量的逆冲断层。由于位于褶皱-冲断带的根带，来自南东向的挤压位移量首先在该地区被吸收，使得逆断层吸收了大量的位移量，地层隆起抬升幅度大。在外地质动力的作用下，使得中新生带以来的地层遭受强烈风化剥蚀，使得古生代地层抬升出露地表。

位于褶皱-冲断带前缘的川东地区，三叠系和寒武系膏（盐）岩发育且滑脱层埋深浅，脆/韧性厚度比小（2/1），形成典型的薄皮构造。该构造带横向差异较大，其中川东渝西地区脆性层薄而渝中地区脆性层厚，其岩石力学性质在横向上发生了较大差异，进而形成了川东褶皱波长大且近似平行的断褶带，而渝西地区因脆性层薄而形成褶皱波长小、断褶带向南西散开，平面上呈马尾状构造特征。

模型结果与区域构造特征对比分析表明，其构造变形具有一定的相似性及其差异性。

相似之处：褶皱波长、幅度及其组合特征、平面展布特征与现今构造特征相似。形成川东—湘鄂西褶皱-冲断带根带强力的挤压变形、齐岳山断层及其两侧变形极其强烈。由于构造剥蚀作用，形成地层大面积剥蚀。实验中再现了湘鄂西褶皱波长大于川东地区且平面上具明显分带特征。在冲断带前缘地区，以薄皮构造为主，形成隔挡式褶皱带。模拟结果与区域变形在一级尺度上具有较大相似性。

差异之处：川东华蓥山断褶带边界和川东南马尾状构造特征及其形态不够清晰。原因是实验中未考虑剥蚀作用影响。实验表明，剥蚀作用的参与，使得褶皱扩展速率增大，有利于向外扩展形成褶皱，反之则形成被动顶板双冲构造。因此，由于实验自身固有的局限性使得实验结果与现今华蓥山断褶带展布特征吻合程度不高。

（8）模拟结果的局限性

模型设计重点考虑了区域一级尺度的构造变形、主要控制因素和变形扩展过程。研究区累计有5套软弱层分布，但为了简化模型结构并抓住主要软弱层对变形的影响，模型设计主要基于元古代、寒武纪和三叠纪软弱层的分布，设置相应的硅胶层厚度，因此其余软弱层的分布对构造变形的影响缺乏细节上的处理。对于模型中基底刚性块体的相似比，由于其对变形影响较小，因此对其没有开展详细的讨论。研究主要是探讨从印支期到晚燕山期这样一个连续变形过程的模拟结果，对于是否存在多期性对构造变形的影响未做进一步探索。同时，模型设计主要是探索研究区在区域大尺度上变形特征和运动学过程的相似性，但对于局部构造特征在细节上的相似性已简化。

研究中虽然模型未考虑地层流体压力、风化剥蚀及沉积作用对变形影响因素，但笔者通过对该地区三维物理模拟研究，再现了该地区构造变形几何学及运动学特征（图 4-42）。其分析结果与地区实际几何特征和运动学特征极其相似。其研究成果为地区变形特征认识提供了一种新的视角；同时研究成果有力地反映了川东—湘鄂西褶皱-冲断带构造变形的力学机制，该研究成果对该地区构造变形特征理解和油气资源勘查提供了构造物理学依据，具有非常重要的意义。

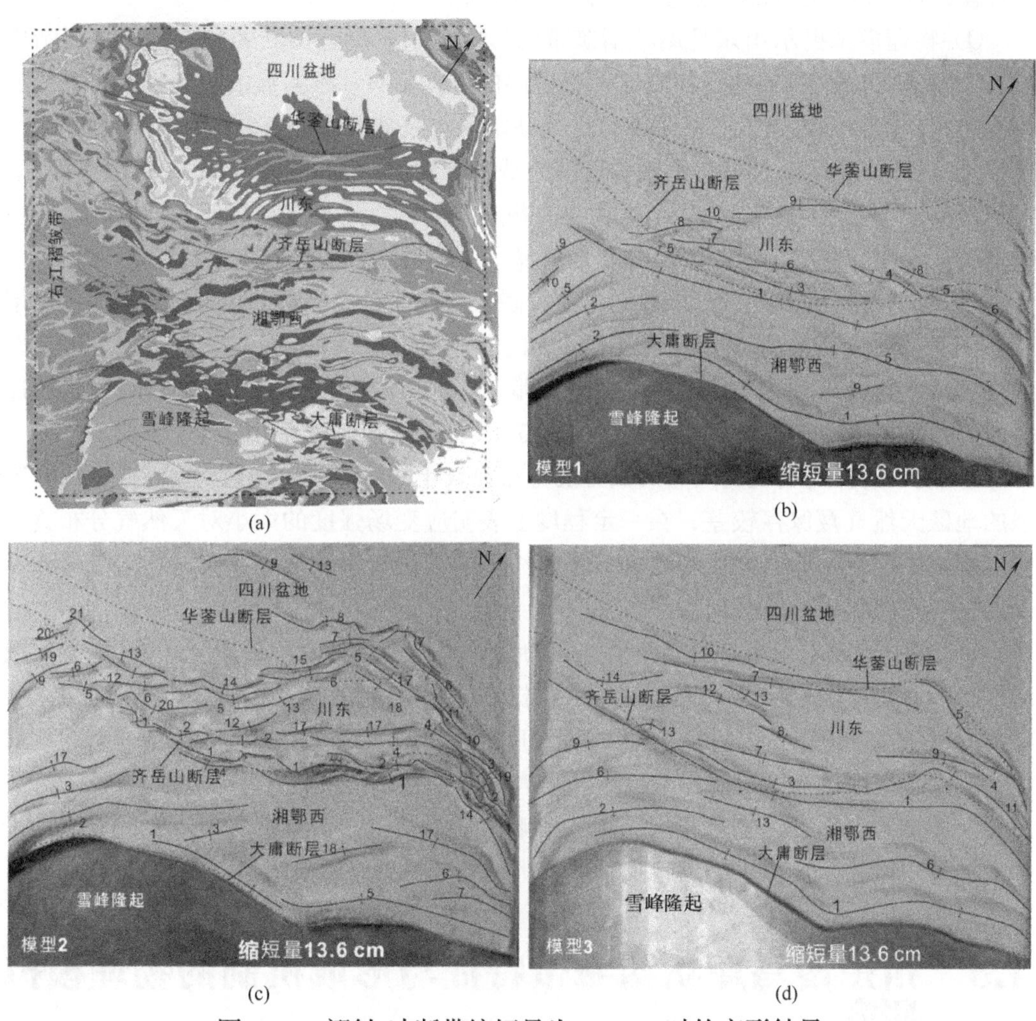

图 4-42　褶皱-冲断带缩短量为 13.6cm 时的变形结果

图 4-42 描述为：(a) 研究区地质图及模型设计范围。(b) 模型 1 以齐岳山为边界，基底硅胶无叠置。湘鄂西基底塑性变形为主，其西部川东及四川盆地以三叠系滑脱层变形为主，变形扩展速度慢。(c) 模型 2，边界与模型 1 相同。川东—湘鄂西褶皱-冲断带前缘变形扩展较快，构造样式存在明显差异。(d) 模型 3，仍然与模型 1 边界相同。褶皱-冲断带的褶皱波长和幅度有差异，川东的褶皱幅度较小，而湘鄂西的褶皱幅度大，

与现今构造特征极为相似。

（9）研究结论

川东—湘鄂西褶皱-冲断带三维物理模拟研究成果为系统理解该地区运动学扩展过程及形成机制提供了一种新的思路和观点。四川盆地刚性基底、脆性层、滑脱层的分布，几何特征，断裂边界条件等对湘鄂西隔槽式、齐岳山对冲式构造带及川东隔挡式褶皱带分布及其内部变形样式具有重要的控制作用。众多控制因素中，边界条件控制一级构造的形态特征，脆韧性强度及韧性层几何特征控制局部构造的内部形态。同时物理模拟也再现了该地区构造变形的运动学特征。

① 物理模拟揭示川东马尾状褶皱带的形成与川东华蓥山断裂和齐岳山边界断裂形态关系密切，脆/韧性地层厚度比和脆性层的厚度差对该区褶皱波长和样式具有重要控制作用，此外，适当的基底摩擦力也是马尾状褶皱带形成的一个不可忽视的因素。

② 物理模拟结果表明，川东构造带的基底流变学性质并非如前人所认为的那样，与川西的刚性基底类似或与湘鄂西软弱的基底类似，而是具有与川西和湘鄂西基底性质均明显不同的性质，因此更加合理地解释了川东构造带的构造演化特征。

③ 根据物理模拟实验结果并结合前人磷灰石裂变径迹资料，认为川东—湘鄂西褶皱-冲断带的变形演化并非如前人普遍认为的那样逐步顺序向前传递，而是以无序状态演化。大约 190Ma 开始大庸与齐岳山断裂带基本同时隆升，于 140~150Ma 时变形传递至湘鄂西和川东构造带内部，最终在约 120Ma 变形传递到华蓥山断裂带部位。

④ 现今勘探所发现的天然气藏主要分布在较小的应变场分布区，而高应变场分布强的地区天然气藏保存较差，在一定程度上表明应变场强度的大小对天然气分布具有一定影响。可以预测研究区应变场分布较小的川东构造带和湘鄂西向斜构造带对天然气勘探较为有利。

研究中，虽然对川东—湘鄂西褶皱-冲断带构造特征和形成机制开展遥感解译、区域地质分析和物理模拟研究，针对变形演化机制的研究成果在一定程度上满足对川东—湘鄂西褶皱-冲断带变形机制的一级构造尺度分析，对系统理解该地区构造变形的几何学及运动学特征具有一定的参考意义。但是由于实验过程并没有考虑剥蚀与沉积作用、地层流体压力等因素对物理模拟结果的影响，使得实验分析成果具有一定的局限性。为此，对于该地区复杂变形机制及动力学机制的认识有待后续进一步深入研究。

4.8 川东南马尾状褶皱带特征与形成机制的物理模拟研究

4.8.1 研究背景

研究区位于四川地块东缘，华蓥山断层和齐岳山断裂之间，其南侧为泸州隆起，是湘鄂西构造带向四川盆地内部变形的过渡带（图 4-43，书后另见彩图）。褶皱-冲断带总体走向北东，并向北西弧形突出，有明显的构造指向反转现象［图 4-43（a），图 4-43

（b）]，大致以合川—涪陵一线为界，以南地区褶皱带呈马尾状散开。该区是中上扬子油气勘探的热点地区，分布有赤水天然气田、天府煤矿、安岳气田及威远页岩气田的天然气和煤炭矿藏，油气地质资源量达万亿立方米。勘探实践表明该区油气分布与构造演化关系密切。有关该区的构造特征、演化及其与油气成藏关系已有广泛研究，并揭示了前震旦系变质岩滑脱层、寒武系泥页岩滑脱层、三叠系嘉陵江组膏盐岩滑脱层对该区构造演化的重要控制作用。虽然对于该区的构造形成机制，如构造指向反转现象等有过深入研究，但对于该区马尾状褶皱带的形成机制及控制因素尚缺乏专门深入的研究。

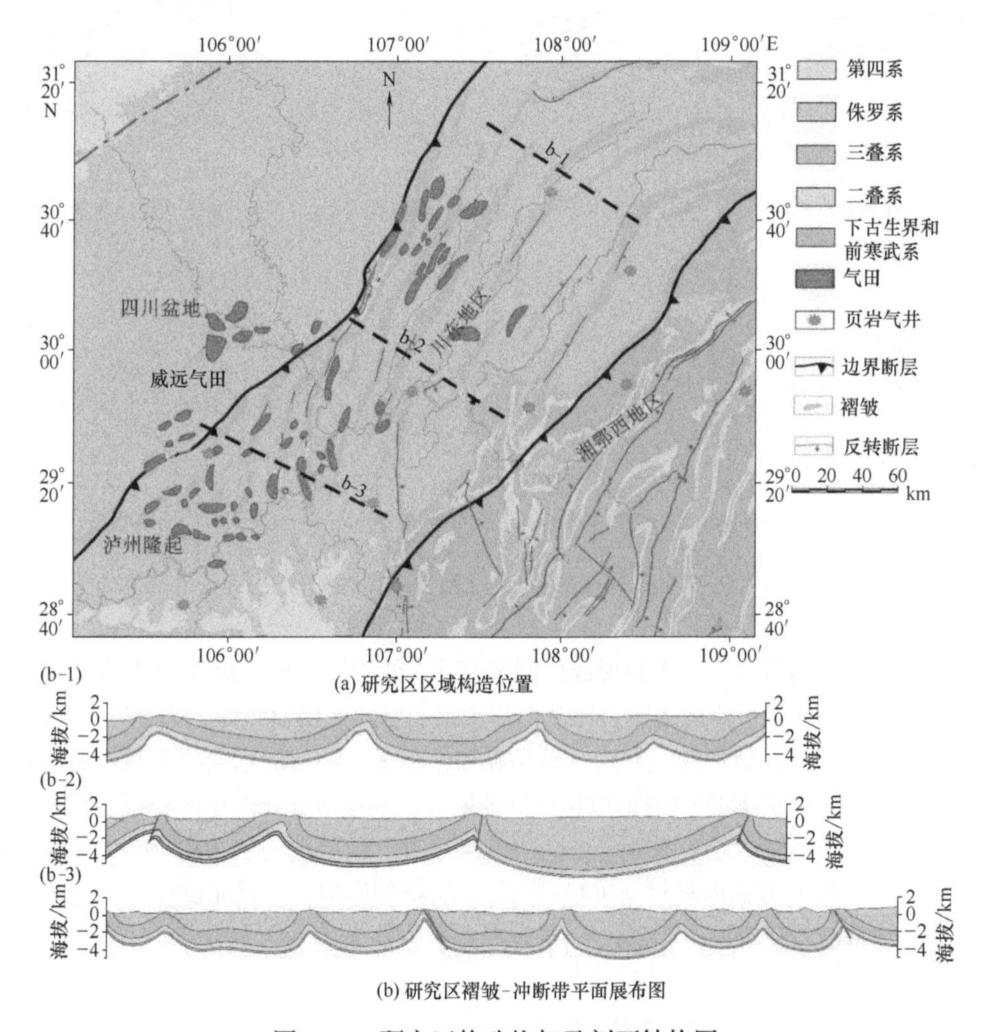

(a) 研究区区域构造位置

(b) 研究区褶皱-冲断带平面展布图

图 4-43　研究区构造格架及剖面结构图

b-1—褶皱带北东段地质剖面，构造指向南东，断层不发育；b-2—褶皱带中段地质剖面，构造指向南东，伴生逆断层；b-3—褶皱带南段地质剖面，褶皱轴迹近直立，伴生断层

有关褶皱-冲断带马尾状分叉现象的成因机制问题，学界已有较长时间的关注。对

于出现在构造转换带马尾状褶皱的形成机制问题已有较多工作，认为主要受原始地层厚度变化、基底垂向高差、支撑板水平位移偏差、基底摩擦、前陆阻挡、同构造沉积与剥蚀、地层非均质及其力学性质等多种因素控制（图 4-44）。Calassou 等认为马尾状褶皱的形成与冲断楔与前陆之间构造转换带有关。但是前人研究取得的认识尚无法直接用于解释川东南马尾状褶皱带的形成机制。对这一问题的深入研究无疑具有重要理论与实际意义。

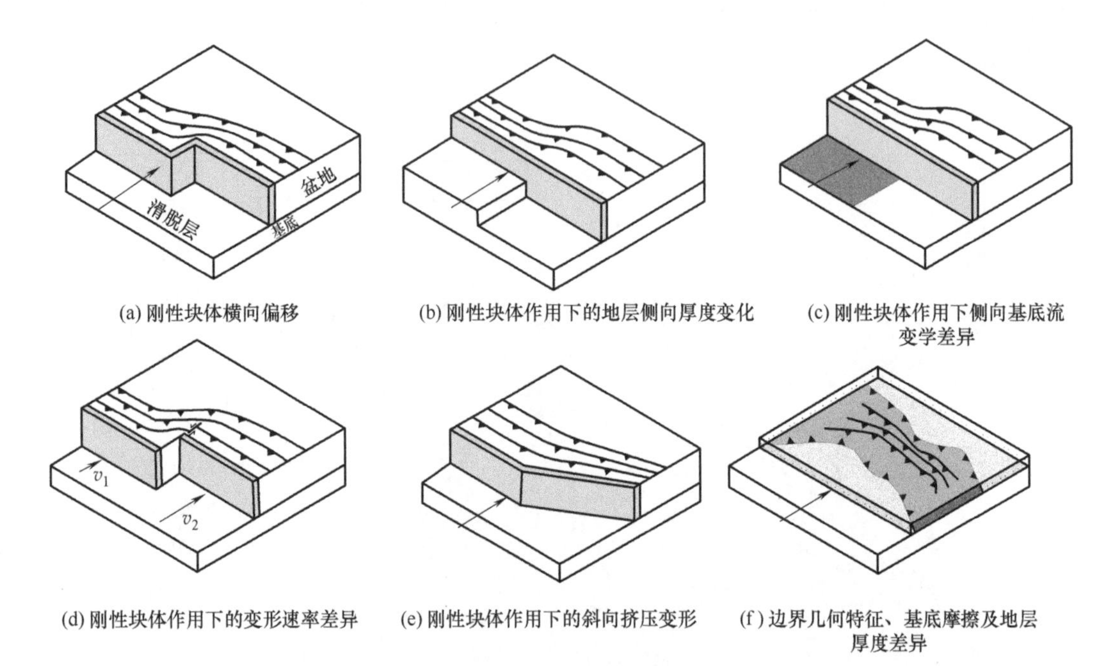

(a) 刚性块体横向偏移　(b) 刚性块体作用下的地层侧向厚度变化　(c) 刚性块体作用下侧向基底流变学差异

(d) 刚性块体作用下的变形速率差异　(e) 刚性块体作用下的斜向挤压变形　(f) 边界几何特征、基底摩擦及地层厚度差异

图 4-44　马尾状褶皱-冲断带可能控制因素

物理模拟是构造变形过程和形成机制研究的有效手段，已在褶皱-冲断带研究中发挥了十分重要的作用。研究表明边界几何形态、地层的流变学结构、基底滑脱层强度、沉积或剥蚀导致的加载和卸载作用、地层脆韧性强度、地层的耦合与解耦作用以及地貌特征均可能对褶皱-冲断带的形成构成重要影响。本项研究在对该区马尾状褶皱带构造特征详细分析的基础上，分别考虑边界几何形态、地层流变学结构、韧性层黏度和基底摩擦系系数 4 方面因素对马尾状褶皱形成特征的影响，并据此设计了 5 组模型开展系统的形成机制研究。

4.8.2　构造形成演化及地质条件

（1）构造特征与演化

该区构造以发育一系列北东向和北北东向的高陡背斜带和断裂带组成的隔挡式褶皱-冲断带为最显著特色，向南西撒开成马尾状，与其北东段构成明显反差。逆冲断层长度分布范围为 76~136km，主要沿褶皱核部及其两翼顺层发育。褶皱两翼地层倾角

30°~55°。褶皱波长 9~17.7km（图 4-41）。马尾状褶皱区出露地层主要为三叠系和侏罗系。钻井揭示地层自下而上为：震旦系变质岩，寒武系泥页岩，奥陶系、中-上志留系灰岩和泥页岩，二叠系浅灰色灰岩、深灰色厚层块状灰岩及白云质灰岩，三叠系钙质页岩、粉砂岩，膏（盐）岩和浅灰色灰岩，侏罗系灰色灰岩和层状粉砂岩。其中寒武系和三叠系膏（盐）岩和泥页岩较为发育，是地层变形的有效滑脱层，对构造变形具有重要的控制作用。

研究区横跨川南低缓褶皱带和川东高陡构造带，位于加里东运动期乐山—龙女寺古隆起东南斜坡、印支运动期泸州古隆起东南斜坡带。因受华蓥山断裂、齐岳山断裂及娄山断褶带的共同影响，该区现今构造处于近南北向构造带与东西向构造带（长垣坝构造带）的交汇部位。研究表明，该区震旦纪至早印支期，在新元古代张性基底之上发育海相沉积；早印支期末发生挤压构造作用，形成逆冲断层；晚印支至燕山运动早期，属陆相沉积阶段。晚燕山至早喜马拉雅时期，造山运动进一步加强，地貌变形变得极为复杂［图 4-43（a）］。虽然尚有一些不同意见，但通常认为该区构造变形的动力来自雪峰构造带向北西方向的推挤作用，其时代为印支-燕山期。地层不整合面的接触关系和平衡剖面分析表明，该褶皱带的形成时代为晚侏罗世末至早白垩世初，属于川东—湘鄂西褶皱-冲断带的前锋带部位。

（2）滑脱层分布

中上扬子地区滑脱层分布在中-下寒武统、石炭系、中-下三叠统和白垩系—古近系的地层之中，其中主要滑脱层分布在中-下寒武统和三叠系。滑脱层厚度分布不均，封盖作用差异很大。中-下寒武统膏盐岩在区域性广泛分布，厚度普遍大于 30m，局部厚度在 100m 左右，主要分布在川东宣汉、建始、重庆等地区。以齐岳山断层为界向东，膏盐岩厚度逐渐减薄（图 4-45，书后另见彩图）。平面上，滑脱层 NE 向展布与褶皱轴

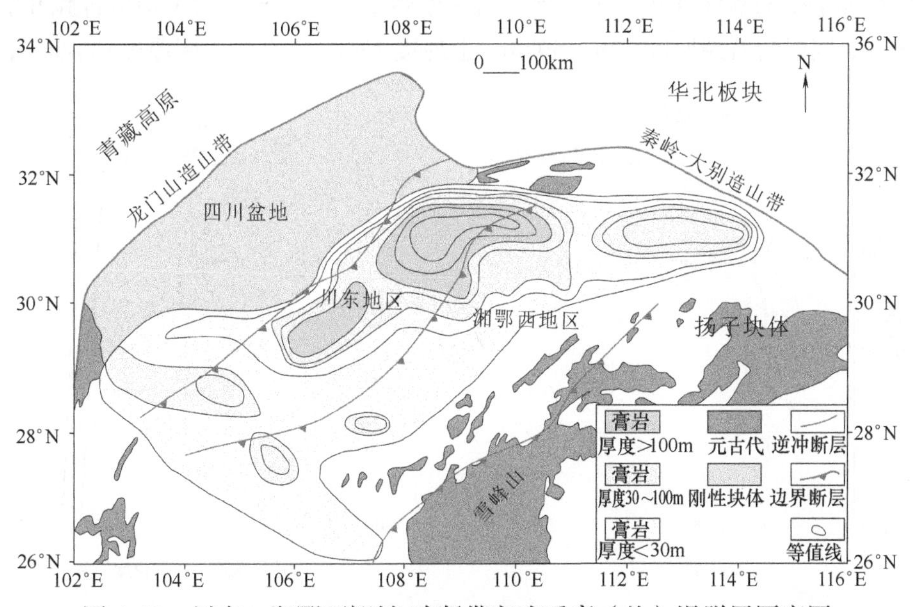

图 4-45　川东—湘鄂西褶皱-冲断带寒武系膏（盐）滑脱层厚度图

迹展布方向一致。三叠系膏盐岩是川东—湘鄂西褶皱-冲断带又一重要滑脱层，在整个四川盆地均有分布，厚度普遍大于 300m；在川东地区膏盐岩最厚 600m，主要分布在石柱至宣汉之间；而南部重庆地区，膏盐岩厚度普遍小于 100m，同时滑脱层平面和纵向分布特征表明，三叠系膏盐岩是四川盆地及川东地区最为发育的软弱层（图 4-46，书后另见彩图）。

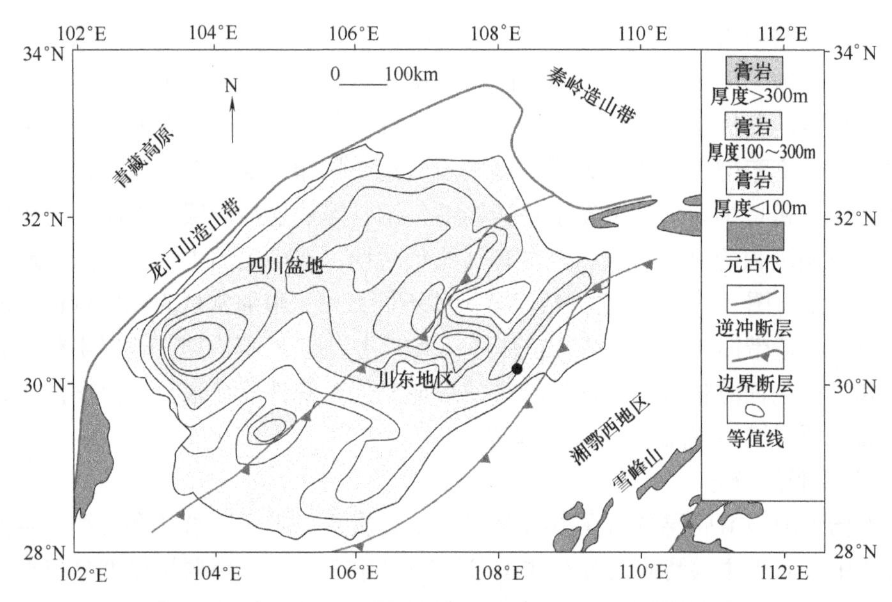

图 4-46　四川盆地及川东三叠纪膏（盐）滑脱层厚度图

（3）地层流变学结构

川东构造带与邻区四川盆地相比，流变学特征存在差异。川东构造带脆性层厚度为 6~8km，同时岩石圈厚度 120~150km，上地幔 135km；平均地壳厚度约 40km，总体

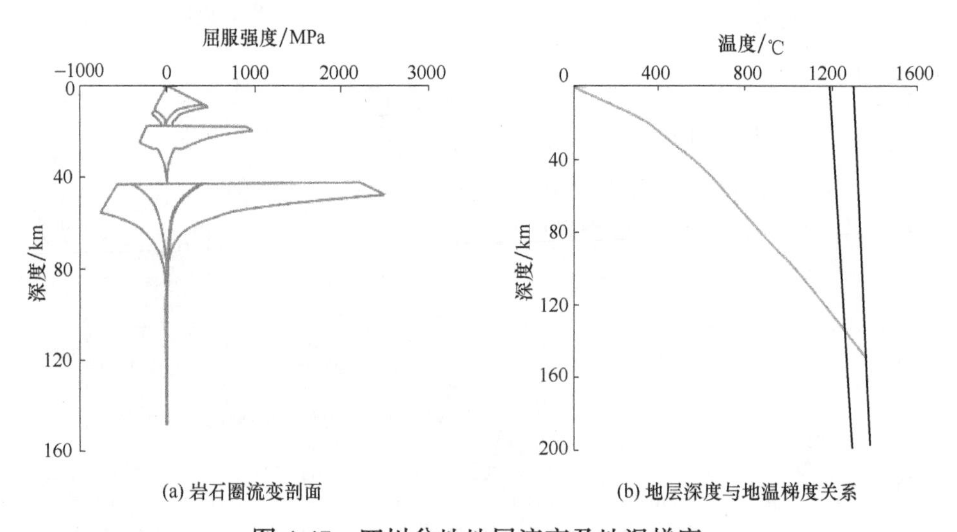

图 4-47　四川盆地地层流变及地温梯度

特征表现为上地壳加厚，下地壳减薄现象。地震 P 波和 S 波分析表明，四川盆地地壳 250km 范围内具刚性的克拉通性质。浅层钻井资料揭示川东地区地温梯度为 20℃/km，而四川盆地中部地温梯度高达 25~30℃/km（图 4-47）。同时四川盆地与川东构造带在地壳黏度上相差大两个数量级，分别是 10^{24}Pa・s 和 10^{22}Pa・s。

4.8.3　模型设计

（1）模型设计思路

5 组实验均分别在长 82cm、宽 73.5cm、厚 4cm 的亚克力腔体中完成。边界结构不同，其中模型 1 自己单一边界，东南边界如白色虚线所示；模型 2、3、4、5 的边界相同且东南边界如黑线所示（图 4-48，书后另见彩图）。模型设计主要考虑马尾状褶皱的分布，结合现今构造格架及其地层特征，建立四川盆地刚性基底，雪峰刚性块体，华蓥山断裂为约束，推测齐岳山断裂可能的原始边界形态，并对复杂边界进行一定程度简化。模型设计主要是探索川东初始几何特征、基底摩擦、脆韧性组合差异及其地层流变学性质 4 个因素对变形的控制，以进一步揭示马尾状褶皱的形成及其控制因素。

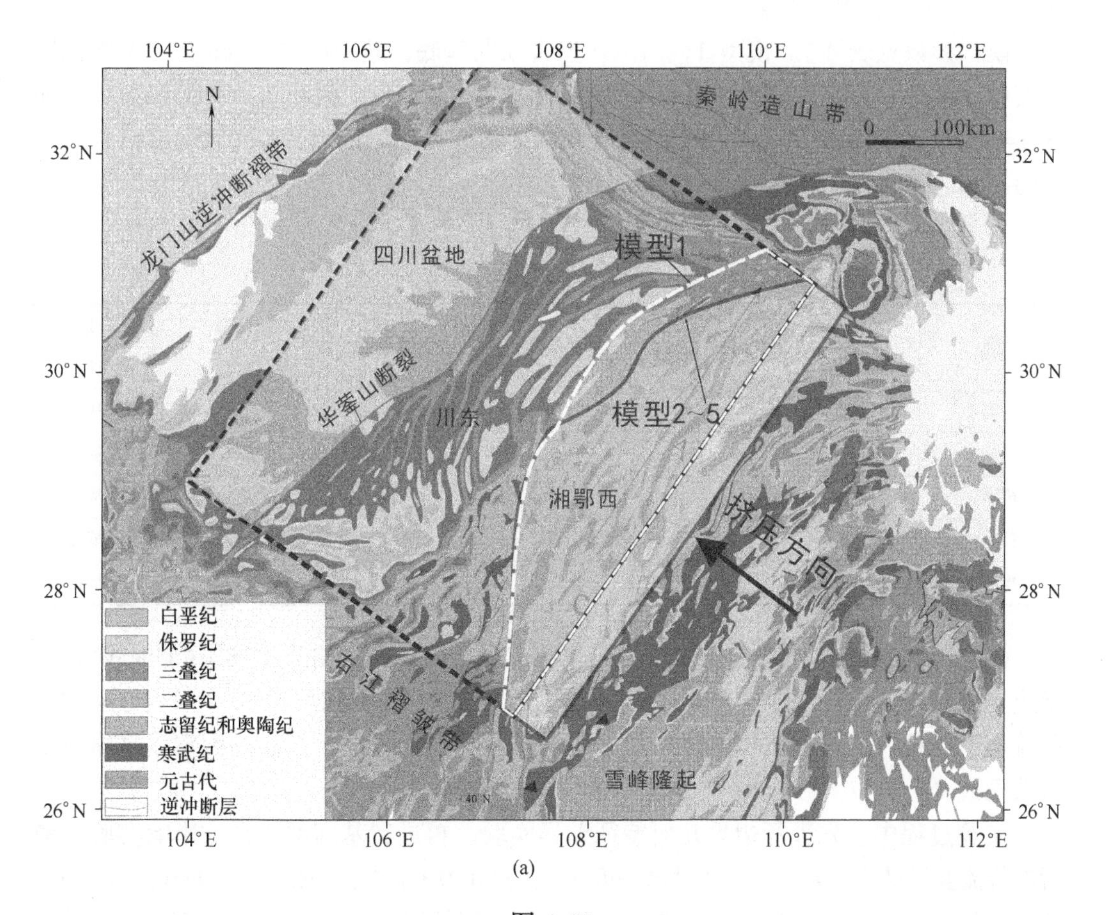

(a)

图 4-48

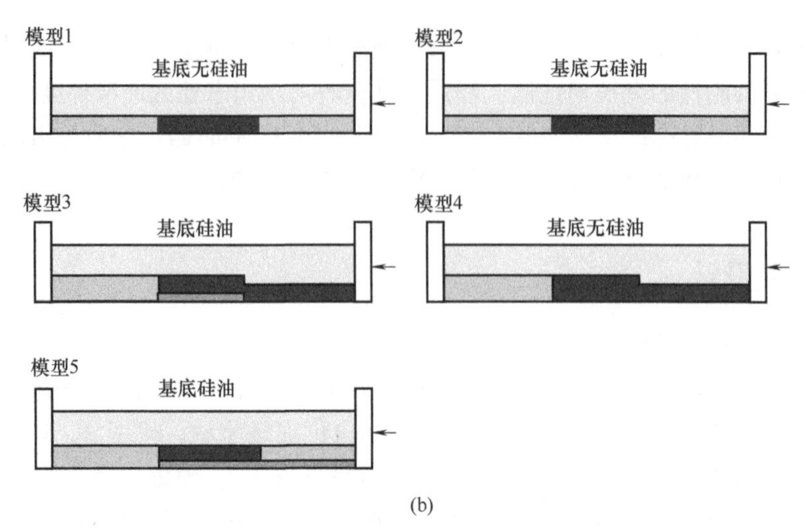

(b)

图 4-48 模型范围及剖面装置示意

图 4-48 的模型中硅胶和石英砂总厚 1cm；5 组模型的剖面结构中，黑色为软弱层，黄色为石英砂，蓝色为硅油，浅红色为刚性亚克力板。

（2）实验装置及方法

模型参数见表 4-7。模型 1，川东构造带软弱基底，硅胶层厚 0.4cm，上覆脆性层石英砂 0.6cm。西部边界为华蓥山断裂，东部边界推测为向西北凸出的弧形边界，如图 4-48（a）白色虚线所示。该模型设计的主要目的是探讨该地区基底软弱层对构造变形的控制。

表 4-7 模型参数

模型	挤压速率/（cm/h）	缩短量/cm	脆性层厚/cm	韧性层厚/cm	构造带基底结构	挤压一端基底结构
模型 1	0.5	15	0.6	0.4	无硅油	刚性基底
模型 2	0.5	15	0.6	0.4	无硅油	刚性基底
模型 3	0.5	15	0.6	0.4	硅油	软弱基底
模型 4	0.5	15	0.6	0.4	无硅油	软弱基底
模型 5	0.5	15	0.6	0.4	硅油	软弱基底

模型 2 与模型 1 结构特征相似，但改变东部边界形态［如图 4-48（a）黑线］，探索边界条件对该地区变形的影响。模型 3~5 是在模型 2 的基础上，改变基底摩擦和地层流变学结构，以进一步探索川东构造带马尾状构造的形成及其控制因素，具体模型参数见表 4-7。

实验过程中，先进行边界几何特征差异实验，再进行基底摩擦系数影响实验，最后进行流变学结构差异实验。针对每一组实验，采用 0.3cm/h、0.5cm/h、0.9cm/h、1.5cm/h 共 4 组挤压速率进行试验，测试结果表明，试验条件下的 0.5cm/h 挤压速率满足实验要求。实验中，以前人计算成果（变形缩短率约为 20%）为借鉴，采用缩短量均为 15cm 进行模拟。

实验在中国石油大学（北京）构造模拟实验室进行。每一组模型均进行了重复性验证。实验过程用相机自动拍摄，实验结果用 PIV（particle image velocimetry）技术对各变形阶段的应变场特征进行了定量分析。

（3）实验材料与相似条件

松散的石英砂是目前研究上地壳脆性变形的最好材料之一，它满足库伦破裂准则，并且在褶皱-冲断带及上覆脆性破裂中得到了广泛应用。实验中，相似性的假设及应用在前人实验中已得到验证，动力相似系数计算和相似比符合 Hubbert 模型要求。有关模型影响因素，重点考虑了地层的边界条件，脆/韧性层厚度、挤压速率、差应力、基底剪应力、韧性层剪应力、脆/韧性厚度比、剪应变率及脆性层和韧性层的几何学特征等，满足了实验研究的要求。实验中，模型相似系数为 5×10^{-6}，即 1cm 代表研究实际长度 5km。硅胶黏度 8300Pa·s，石英砂密度 1450g/cm^3，内摩擦系数 0.65（详见表 4-8）。实验中，由于剥蚀作用对阶段性增生变形的影响没有考虑，使得模型并不能完全补偿有关剥蚀对变形的控制。

表 4-8　模型相似系数

模型参数	模型	川东构造带	相似比
脆性层密度 ρ_b/（g/cm^3）	1.43	2.40	0.6
内摩擦系数 μ	0.65	0.6~0.85	0.76~1.08
内聚力 c/Pa	80	4×10^7	2×10^{-6}
硅胶密度 ρ_b/（g/cm^3）	0.83	2.2	0.38
硅胶黏度 η/（Pa·s）	8.3×10^3	10^{18}	8.3×10^{-15}
长度 l/m	0.01	5000	2×10^{-6}
重力加速度 g/（m/s^2）	9.81	9.81	1

4.8.4　实验结果

（1）模型 1 和模型 2

模型 1 和模型 2 模拟结果显示（图 4-49 和图 4-50，书后另见彩图），挤压量在 3cm 时出现齐岳山初始边界断裂。随着挤压量的增加，变形缩短产生的构造样式发生变化，产生的褶皱与初始边界近似平行展布。当挤压量增加到 6cm 时，模型 2 冲断带前沿出现向北西凸出的弧形褶皱，而模型 1 仍然是沿着挤压一侧边界产生褶皱。当挤压量增加到 9cm 时，模型 1 的褶皱轴迹变得弯曲，而模型 2 的轴迹比较平滑且川东构造带出现微小褶皱。当挤压量增加到 12cm 时，模型 1 出现马尾状褶皱雏形，而模型 2 靠近挤压一侧的褶皱密度增大，产生向北西凸出的次级弧形褶皱。当挤压量增大到 15cm 时，模型 1 出现马尾状褶皱样式，模型 2 也具有一定的马尾状样式，但应变主要分布在靠近挤压一侧。

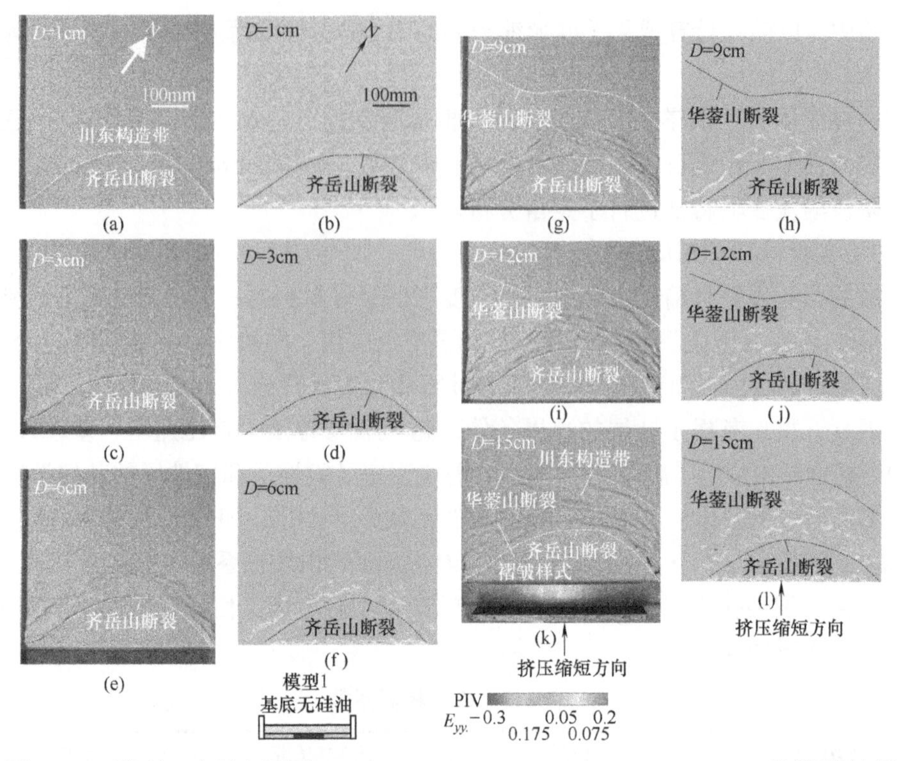

图 4-49 模型 1 在缩短量为 1cm、3cm、6cm、9cm、12cm、15cm 的模拟结果（左侧为变形照片，右侧为沿挤压方向的 PIV 应变场处理结果）

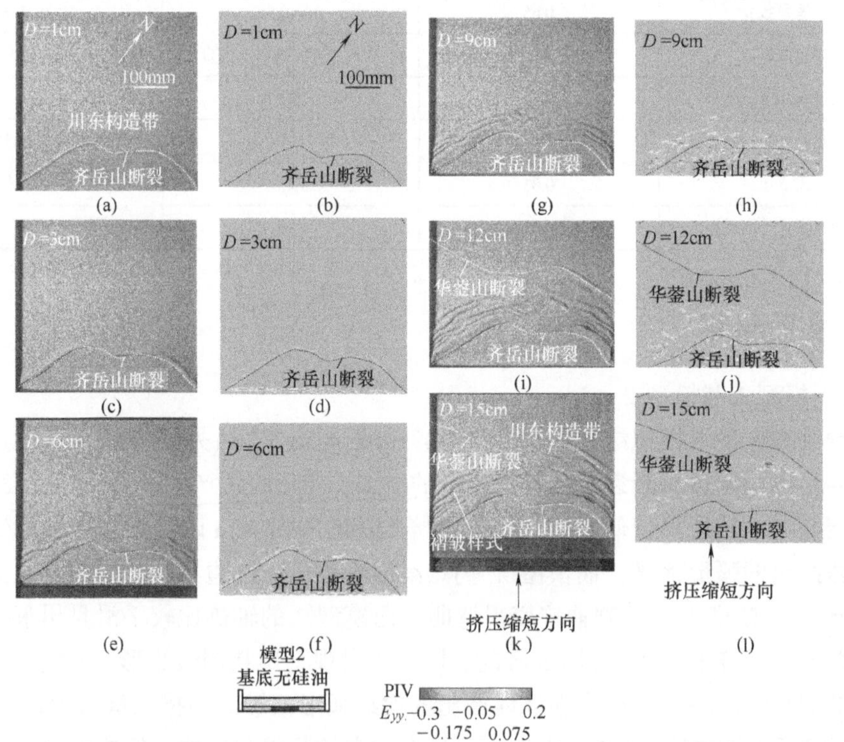

图 4-50 模型 2 在缩短量为 1cm、3cm、6cm、9cm、12cm、15cm 的模拟结果（左侧为变形照片，右侧为沿挤压方向的 PIV 应变场处理结果）

（2）模型 3

模型 3 是在模型 2 的基础上，使用硅油减小基底摩擦作用（图 4-51，书后另见彩图）。挤压量在 3cm 时，模型 2 产生的褶皱较为紧闭，隆升的幅度较大，而模型 3 模型隆升幅度较小而且应变传递到川东构造带内部。当挤压量增加 6cm 时，模型 2 靠近挤压一端出现两条褶皱带，前缘华蓥山断裂出现雏形，而模型 3 在构造带内部出现多条分散褶皱。当挤压量增大到 9cm 时，模型 3 形成多个褶皱围限的地貌盆地，形成多方向延伸的褶皱，而模型 2 褶皱仍然比较紧闭。当挤压量增大到 12cm 时，模型 3 应变分布的范围增大，主要以形成隔挡式褶皱为主，而模型 2 靠近挤压一端的褶皱数量增多。当挤压量增大到 15cm 时，模型 2 的褶皱变得紧闭，华蓥山边界断裂更加清晰，模型 3 褶皱轴迹变得弯曲，同时华蓥山边界断裂南部向东南方向弯曲。

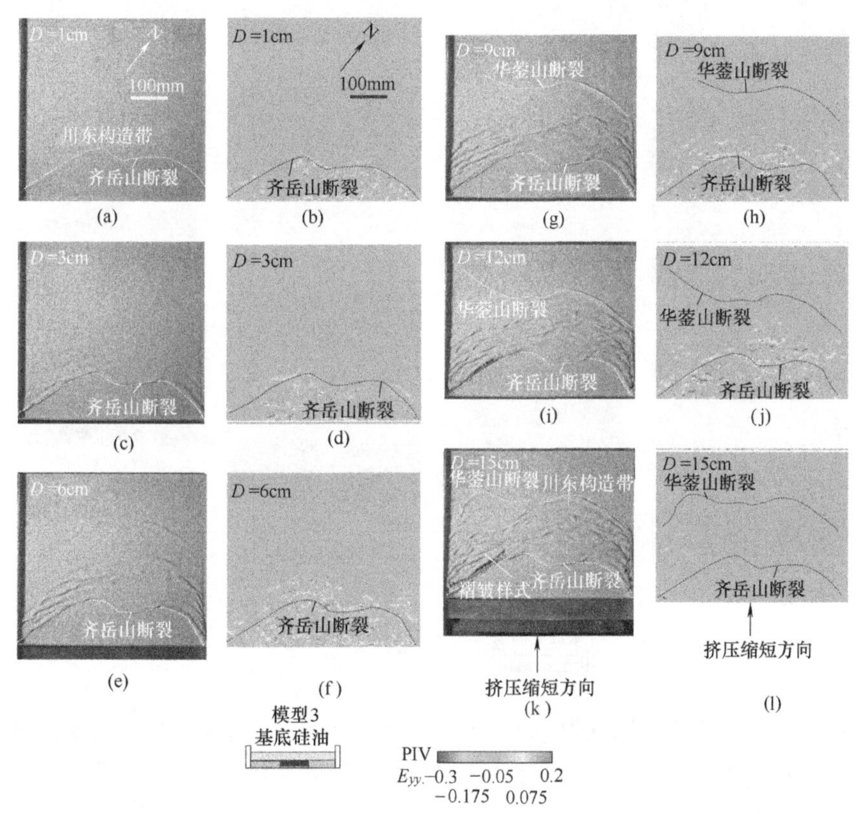

图 4-51　模型 3 在缩短量为 1cm、3cm、6cm、9cm、12cm、15cm 的模拟结果

（左侧为变形照片，右侧为沿挤压方向的 PIV 应变场处理结果）

（3）模型 4 和模型 5

模型 4 和模型 5 是在前 3 个模型的基础上，改变地层的流变学结构（图 4-52 和图 4-53，书后另见彩图）。实验结果显示，挤压量为 3cm 时，齐岳山边界断裂出现，但断裂横向并不连续。当挤压量增大到 6cm 时，模型 4 比模型 5 产生的褶皱更为紧闭，

应变集中分布在齐岳山断裂一侧，而模型 3 的应变已扩展到川东构造带内部。当挤压量增大到 9cm 时，模型 4 在挤压一端出现多条褶皱，模型 5 则产生的褶皱数量较少，此时模型 3 的应变已经快速扩展到川东构造带内部，褶皱规模较大和数量增多。当挤压量增大到 12cm 时，模型 4 华蓥山断裂出现，靠近挤压一端的褶皱数量增多，模型 5 产生的褶皱数量较少，但多处出现隐伏隆起。当挤压量增大到 15cm 时，模型 4 产生与弧形挤压边界近似平行的褶皱带，且华蓥山褶皱带两侧变形较弱，模型 5 变形缩短量最大分布在齐岳山弧形构造带西北一侧，其东南一侧地貌则出现明显隆升。

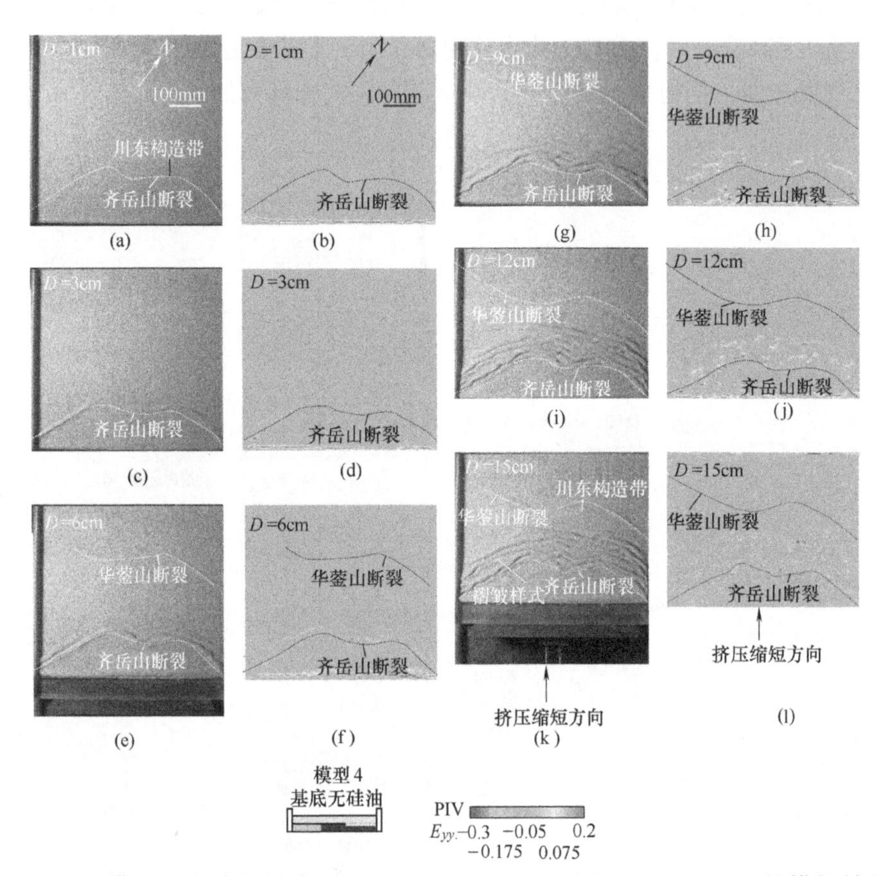

图 4-52　模型 4 在缩短量为 1cm、3cm、6cm、9cm、12cm、15cm 的模拟结果
（左侧为变形照片，右侧为沿挤压方向的 PIV 应变场处理结果）

4.8.5 讨论

前人开展的地震变形样式分析、岩石力学实验、剖面物理模拟和数值模拟研究表明研究区的构造变形与滑脱层的控制作用有关，并明确了滑脱层在研究区的变形中具有重要的控制作用，但是有关研究区构造变形平面分布特征的控制及形成演化机制缺乏深入探讨。本书物理模拟结果揭示地质体边界条件、脆韧性厚度比及韧性层埋深（或

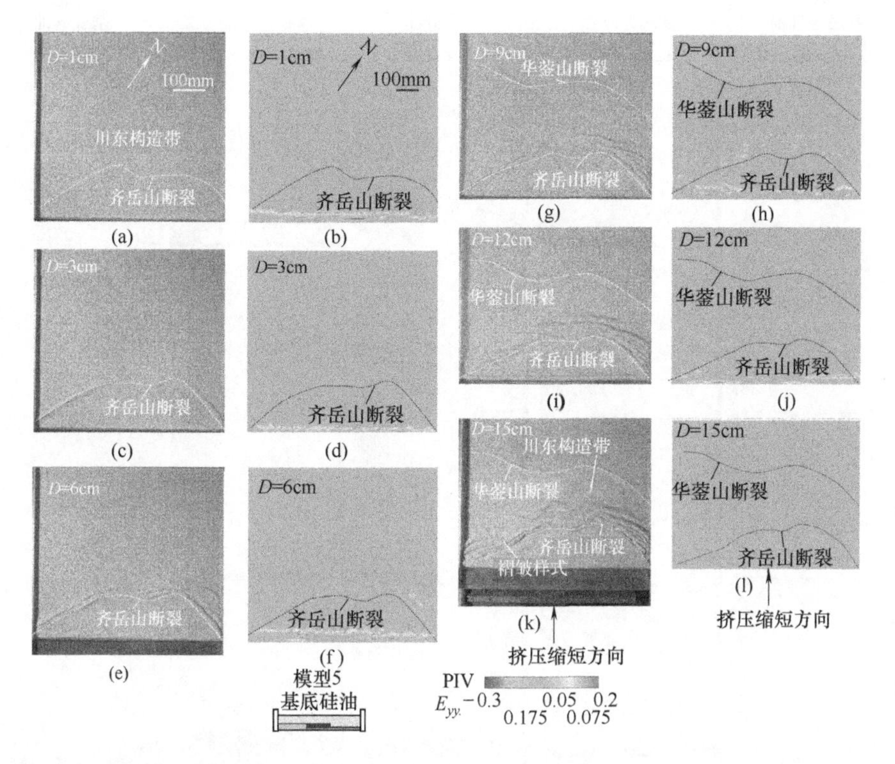

图 4-53　模型 5 在缩短量为 1cm、3cm、6cm、9cm、12cm、15cm 的模拟结果
（左侧为变形照片，右侧为沿挤压方向的 PIV 应变场处理结果）

者脆性层厚度）、基底摩擦作用和地层流变学结构 4 个因素对川东构造带马尾状构造的形成具有重要的控制作用。

（1）模拟结果对比

实验中，边界条件、脆韧性厚度比及韧性层埋深、基底摩擦作用及基底流变学结构 4 个方面因素的 5 组模型模拟结果表明，模型 1 的马尾状褶皱比其余模型展现得更为清晰（图 4-54）。该相似性模拟结果为川东构造带形成及其控制因素分析提供了直观的物理学证据。

（2）边界条件影响

模型 1 齐岳山边界向北西凸出和模型 2 齐岳山边界向南东弧形弯曲清晰显示了边界条件对变形具有重要的影响。在变形初期，北西凸出的弧形边界，产生与弧形褶皱边界的轴迹近似平行的褶皱，而南东弧形弯曲的边界，产生的褶皱轴迹也与边界近似平行；而在变形中后期，褶皱样式却出现明显的差异：模型 1 的南东一侧褶皱数量逐渐增多，形态仍然与初始齐岳山边界断裂近似平行，而且在川东构造带南西一侧形成北西、南北和北东向展布的褶皱，北东一侧形成北东和北东东向的褶皱，同时华蓥山断裂出现的时间比较晚，并最终形成马尾状褶皱（图 4-49）。模型 2 虽然在变形中后期出现与南东弧形边界相反的褶皱，在平面上形成地貌盆地，且川东构造带南西一侧形成

图 4-54　各组（5 组）模型模拟结果对比（参数 BS 为缩短量）

北西向褶皱为主，北东一侧形成北东、北西、南北向平直和弯曲褶皱，但是最终并没有出现明显的马尾状形态特征（图 4-50）。对比模型 1 和模型 2 的模拟结果揭示，边界条件确实对川东马尾状褶皱带的形成具有重要的控制作用。

前人类似的模拟实验也表明边界几何形态对构造变形面貌的产生具有重要控制作用。边界断裂是分割两个不同属性构造带的位置，在该区域主要发生层平行缩短变形，进而影响构造样式的产生。由于川东南褶皱密度较大，褶皱近似直立；川东北东段褶皱宽缓，规模较大且有指向北西和南东的褶皱（图 4-48），所以在应变量强度分布上，川东南比川东北段大，因此，向北西凸出的弧形边界是形成川东南褶皱样式的重要条件。同时，川东褶皱带的变形主要是由南东的挤压应力作用形成的。挤压应力在齐岳山断层边界附近，由于断裂边界几何形态差异，使得应变传递发生变化，因为边界几何特征的差异会导致流变学结构和地层缩短量在分布上发生变化。综合模拟结果和区域变形特征表明，向北西凸出的弧形边界对研究区构造样式的形成具有重要影响。

（3）脆韧性厚度比及韧性层埋深影响

模型 1 和模型 4 实验结果揭示了脆韧性厚度比和脆性层厚度（软弱层埋深）是影响研究区变形的又一重要控制因素。模型 1 初始应变起始于齐岳山边界断裂附近，而且初始形成的褶皱幅度大，地貌高陡；而模型 4 变形最先始于挤压端软弱基底一侧，形成的褶皱数量少，地貌低缓；同时模型 4 的褶皱在平面上分布差异较大，川东构造带的褶皱波长较小，密度较大，齐岳山断层东南一侧褶皱波长大，密度较小。实验中构造样式产生的原因是川东韧性基底厚 0.4cm 和上覆脆性厚 0.6cm，脆韧性厚度比为 1.5（表 4-7），有利于形成向外扩展型褶皱。而挤压一端基底分别是 0.4cm 的亚克力板（模型 1）和 0.2cm 的软弱层基底（模型 4）且脆韧性厚度比为 1.5，使得应变的扩展位置和变形速率发生改变，因此，脆韧性层厚度差异对研究区的变形产生了重要影响。同时前人的研究也表明，在脆韧性构造转换带中，控制马尾状褶皱形成的因素可能较多，但滑脱层的参与会使得褶皱-冲断带前沿形成马尾状褶皱和穿时的运动学特征。

前人有关褶皱-冲断带构造变形特征的模拟研究表明，脆性层厚度、脆/韧性厚度比或者脆/韧性强度比对构造样式的产生同样具有重要控制作用（具体见 4.7.4 部分相关内容）。二维剖面物理模拟的研究也表明滑脱层的深度对构造变形具有重要影响，因此，综合前人研究表明川东构造带脆/韧性厚度比及脆性层厚度对研究区的褶皱样式分布具有明显的控制作用。

（4）基底摩擦作用的控制

模型 1、模型 3、模型 4 和模型 5 对比研究表明，基底摩擦作用对研究区的变形具有重要的控制作用（图 4-49、图 4-51~图 4-54）。模型 3 基底硅油而模型 1 基底无硅油，改变了基底的摩擦属性，减小了基底摩擦力，使得随着应变量的增加，变形快速地向构造转换带前缘扩展，在平面上形成多个褶皱围限的地貌盆地。而模型 1 的基底摩擦力较模型 3 大，变形已明显受边界形态的影响，形成与边界几何特征相似的褶皱。同样，模型 4 和模型 5 模拟结果同样证明，基底摩擦力越小，越有利于应变扩展，同时适当的基底摩擦对变形样式的产生具有重要影响。

前人的研究表明，基底摩擦对构造变形具有重要的控制作用。显然，川东构造带基底三叠纪和寒武纪膏盐岩、志留纪泥页岩的广泛分布对研究区的变形具有重要影响。膏盐岩分布较厚的川东地区（图 4-45 和图 4-46），基底摩擦力较小，应变在该地区的变形扩展较快，易形成波长和幅度较大的褶皱。模拟实验中，一定相似比例的硅胶软弱层再现了滑脱层在变形中起的控制作用，但是由于区域上膏盐岩和泥页岩分布的不均，同时膏盐岩能干性较其他岩石低，使得变形样式存在差别。结合地震剖面、钻井和露头资料分析表明，川东南马尾状褶皱带的变形特征主要是软弱基底在适当的基底摩擦作用条件下形成的。

（5）地层流变学结构控制

模拟结果表明，地层流变学结构是研究区变形的关键控制因素。华蓥山断层以西四川盆地刚性基底，川东构造带软弱基底和湘鄂西古老的结晶基底对川东马尾状褶皱带的形成产生了重要影响。四川盆地刚性基底使得川东软弱基底应变在华蓥山断裂东侧累积，形成川东高陡构造带。同时，齐岳山以东的湘鄂西软弱基底，不利于应变快速传递到川东地区，而一定刚性的基底则有利于应变在川东地区内部扩展。因此，基底的流变学结构差异是影响研究区变形的重要控制因素之一。

地层流变学结构特征对变形具有重要的控制作用。实验研究表明，基底低流变学结构有利于应变向前缘扩展，形成低缓的地貌和宽阔的变形区域；而高流变学结构则形成高陡地貌形态和相对窄小的变形区域。川东和川东南褶皱样式存在差异，川东宽缓而川东南紧闭，也许研究区流变学性质在不同位置存在差异，使得变形在样式分布上不同。总而言之，实验结果表明四川盆地巨厚刚性基底、川东软弱基底和湘鄂西古老结晶基底这样的地层流变学结构对川东马尾状褶皱带的形成具有较大的控制作用。

（6）模拟结果与实际特征对比

物理模拟结果与地区构造特征相比，在一定程度上反映了该地区的构造变形几何学和运动学特征，具有较大的相似性，但同时也存在一定的局限性，有待进一步改进和提高（见图 4-55）。

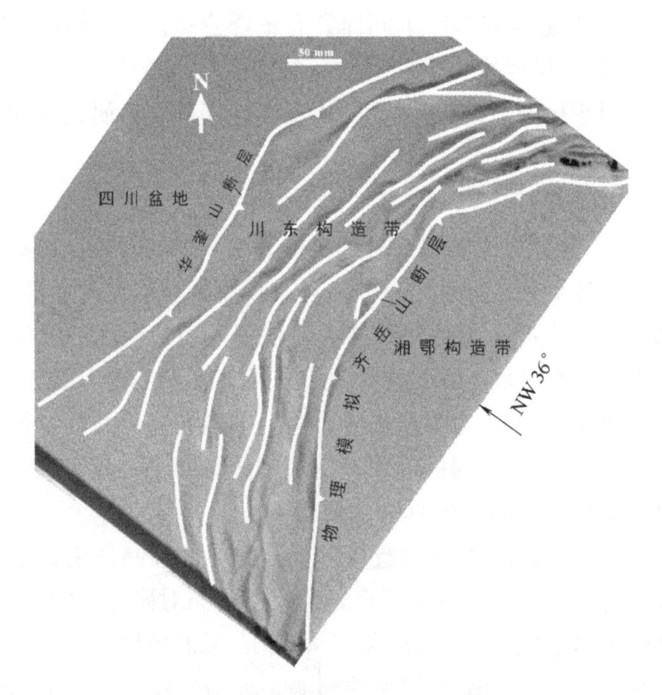

图 4-55　模拟结果与实际对比分析

相似之处是模拟实验再现了川东构造带褶皱分布样式，特别是模型 1 再现了川东南马尾状褶皱带构造样式和川东平行排列的隔挡式褶皱，为我们深入理解川东马尾状褶皱带的形成及其控制因素提供了构造物理学证据。同时，模拟结果在华蓥山边界断裂带的变形特征和马尾状褶皱带西南一侧形成的褶皱在形态特征上不够清晰，有待下一步继续深入研究。

前人研究表明地层孔隙流体压力、剥蚀与沉积作用虽然对变形具有一定的影响，如剥蚀作用有利于形成宽度较窄的冲断楔，而沉积作用促进向外扩展型褶皱（outward folding propagation）向被动顶板双冲式（passive roof duplex）构造转换。但是根据地区实际变形特征和研究的需要，此研究没有重点关注以上因素对变形的制约，有待后续开展进一步研究。同时模拟结果已有效、系统地再现了研究区构造变形带内部主要的变形特征；研究中取得的对变形控制因素及其形成机制的认识，将为该地区资源勘查和构造变形特征的理解提供重要的物理学证据。

4.8.6　研究结论与认识

模拟结果结合地质特征分析表明地质体几何特征、脆/韧性层厚度比、基底摩擦作用及流变学结构特征对川东南马尾状构造的形成具有重要的控制作用，同时揭示了川东南马尾状褶皱带是在以上 4 个控制因素共同作用条件下形成的。边界几何特征是控制川东南马尾状褶皱带的重要因素，齐岳山和华蓥山断裂边界条件和来自南东向的挤压应力共同作用形成了川东南马尾状褶皱带的外部形态，而内部形态的形成则是在弧形边界约束下，受基底摩擦作用、脆/韧性结构差异和流变学结构控制。

① 川东南马尾状褶皱带的几何学、运动学特征与川东华蓥山和齐岳山断裂边界形态关系密切，对该地区马尾状褶皱带的形成具有重要控制作用，特别是向北西凸出的齐岳山边界断裂对研究区褶皱样式的形成产生了重要影响。

② 脆/韧性地层厚度比和脆性层厚度对褶皱的波长和样式产生重要影响，地层脆/韧性厚度比大和脆性层厚度大，形成褶皱的幅度和规模较大；而地层脆/韧性厚度比小，脆性层厚度小则形成褶皱的波长和幅度较小。

③ 基底摩擦作用对马尾状褶皱带的形成产生了重要影响。基底摩擦小，应变传递范围大，产生不同方向扩展的褶皱，而基底摩擦大，则产生的褶皱样式主要受边界形态的控制。因此，适当的基底摩擦是形成马尾状褶皱带的必要条件。

④ 地层流变学结构是马尾状褶皱带形成的重要控制因素。四川盆地刚性基底、川东软弱基底和湘鄂西一定程度的刚性基底为川东马尾状褶皱带的形成提供了有利条件。

4.9　巴基斯坦典型盐构造形成的物理模拟研究

4.9.1　区域地质问题

大约在 40Ma 以前，印度板块与亚洲板块的碰撞，形成了喜马拉雅弧形构造和及周缘一系列的造山带。从巴基斯坦至喜马拉雅山，弧形构造带从北西至南东向逐渐过渡到东西展布（图 4-56）。

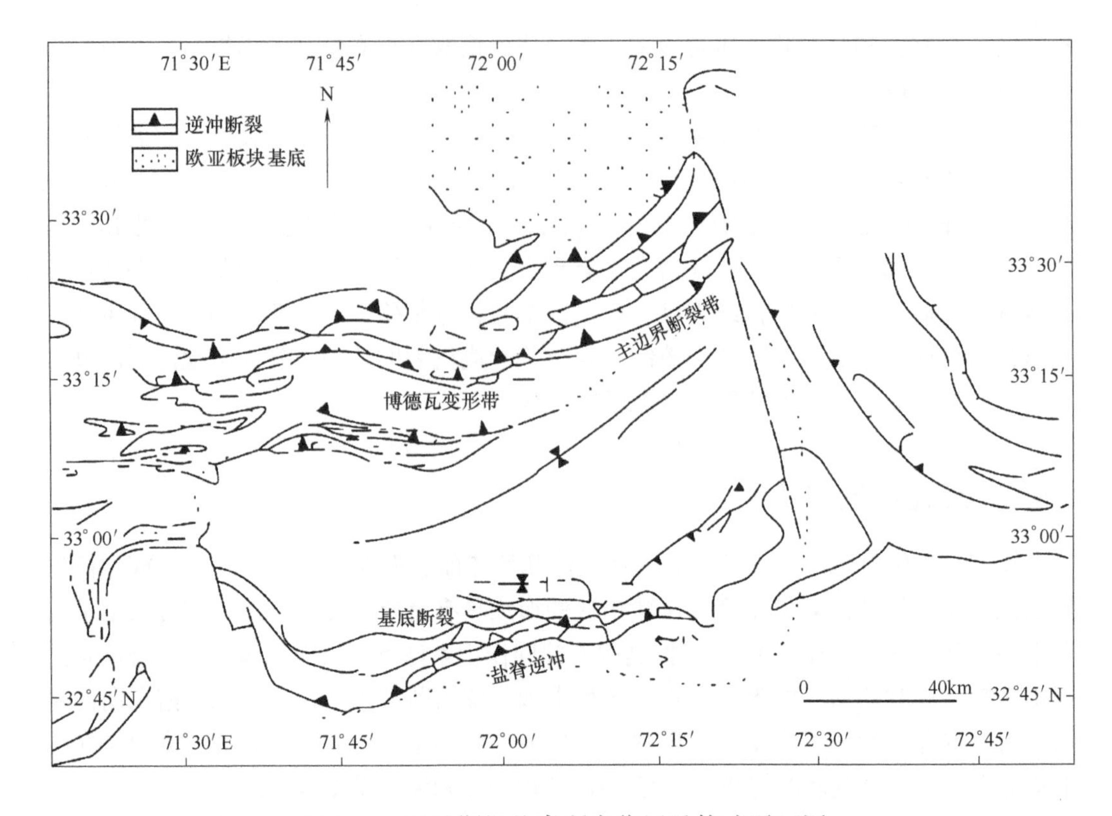

图 4-56 巴基斯坦盐脊所在位置及构造平面图

巴基斯坦的盐构造位于喜马拉雅北西一侧，是典型的薄皮褶皱-冲断带。该构造带的盐脊主要发育在研究区的北部（图 4-56）。地层中最明显的韧性层是膏盐岩，而且十分发育。膏盐岩的局部厚度可达 2km。构造样式又以前冲断裂、后冲断裂、断层三角带以及断层相关褶皱组合为主（图 4-57）。盐构造和不同类型的盐底辟是该地区构造样

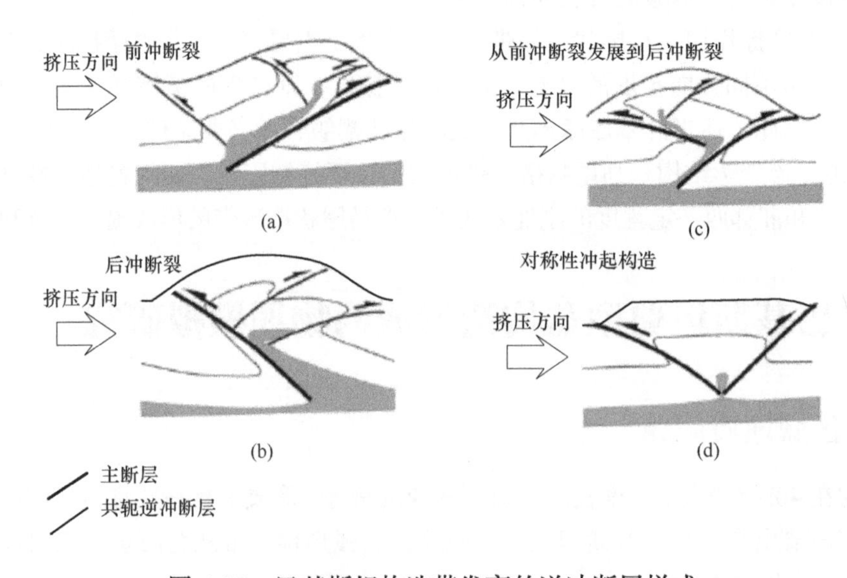

图 4-57 巴基斯坦构造带发育的逆冲断层样式

式的一大特色。沉积地层的基底倾角与其他地区存在差异，该地区的基底地形倾角分布在 1° ~3° 之间。整体表现为研究区东部的基底地层倾角较小，中部的基底地层较大。从基底至上覆地层，软弱层岩性主要是前寒武纪到寒武纪的膏盐岩，而上覆脆性层为古生代至第四纪沉积，地层厚度 2~8km（图 4-58）。年代学和地层分析表明，该地区褶皱-冲断带经历了 5Ma 的变形。

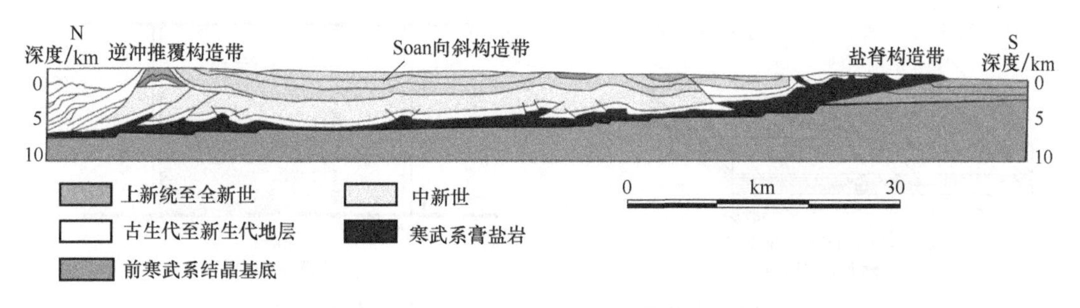

图 4-58　巴基斯坦盐脊典型剖面图

前人对此造山带进行了广泛的研究，但是早期的研究都是基于单一的流变学特性进行分析，如把地层看作脆性变形，或把地层看作黏性变形，并且认为地层的变形主要以单一的流变学特性控制为主。而且，过去 30 年的研究表明，临界楔理论的实用性也会受初始的地质体几何形态和边界条件影响；基于库伦楔理论模拟的结果总是形成以运动学指向前缘的逆冲构造，并形成空间较窄和运动学指向前陆的递变层序样式。同时，由于研究区内脆性层和韧性层的分布及地层的流变学特性对薄皮构造样式的影响并不十分清楚，而且断裂系统的运动学特征用经典的库伦破裂准则很难解释。于是 Davis 等应用砂箱试验对此进行了研究探讨。

4.9.2　模型设计

实验中，用粒径为 35mm 的松散石英砂模拟脆性地层，SGM36 硅胶模拟韧性地层，且硅胶满足牛顿流体特性。所有实验在瑞典 Hans Ramberg 构造模拟实验室进行。所有模型固定在长 40cm、宽 30cm 的实验平台上。模型的具体参数见表 4-9 和图 4-59。

本实验设计了 3 个模型对变形影响参数进行探讨：模型 1 主要讨论韧性层盐岩的

表 4-9　模型设计系列和初始条件

初始条件	模型 1	模型 2	模型 3
脆/韧性层厚度比	变量	1 : 1	1 : 1
地层厚度	变量	1cm	1cm
上覆地层厚度	变量	1cm+楔形	1cm
上覆地层的变形特征	—	运动学之前 2°~8°	构造作用（同运动学）

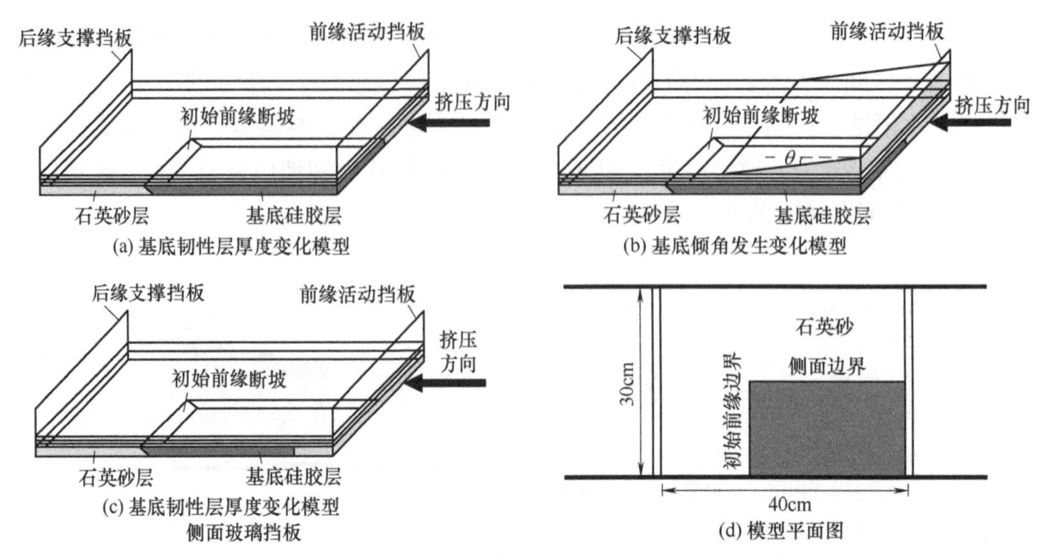

图 4-59　巴基斯坦盐脊构造变形的物理模型装置

厚度影响；模型 2 主要讨论上覆脆性层厚度对变形的影响；模型 3 主要考虑基底倾角对变形的影响（图 4-59）。每一个模型都被平行缩短方向的边界分为两部分。所有模型的初始硅胶边界条件一致。在模拟实验中，对每一组实验进行延迟拍照，并测量其相关的固定参考点。最后进行洒水固结并切片。模型相关的运动学和动力学相似条件见表 4-10。

表 4-10　模型特征参数表

特征参数	巴基斯坦盐脊构造	模型	相似比
重力加速度/（m/s^2）	9.81	9.81	1：1
上覆脆性层厚度/km	2~8	1×10^{-5}~2×10^{-5}	10^{-5}
基底韧性层厚度/km	0.5~1	0.8×10^{-5}~1.2×10^{-5}	10^{-5}
上覆脆性层密度/（kg/m^3）	2550	1500	0.59
基底韧性层密度/（kg/m^3）	2200	987	0.45
上下地层密度差/（kg/m^3）	350	513	1.46
摩擦系数	0.85	0.73	0.86
基底韧性层的黏度/（Pa·s）	$1.7\times10^{18\,(19)}$	5.0×10^{4}	$2.9\times10^{-14\,(-15)}$
正应力与剪应力之比	7.5×10^{-1}	1.6×10^{-1}	0.2
变形缩短率/（cm/a）	1.0×10^{4}	0.6~5	6.0×10^{-5}~5.0×10^{-4}

注：括号中数据指可选择性参数。

4.9.3　模拟结果

本研究结果为具有基底滑脱层的造山带的变形理解提供了新的视角。实验结果显示逆冲构造带的宽度较大，具有异常的运动学指向、空间位置和演化时序。应力分析揭示了基底滑脱层和上覆脆性层之间具有一定的耦合关系，这些影响参数涉及基底的倾角、层厚、摩擦作用、挤压速率和韧性层的黏度等。具体体现在以下几个方面。

（1）脆性地层的模拟结果

脆性基底地层形成倾向前陆的运动学指向特征。挤压变形强烈部位的地层倾角约30° ~35° 。随着逆冲作用的增强，在后陆一侧地层变陡并发生旋转变形。变形过程中形成箱状褶皱和逆冲构造，并最终形成叠瓦式的逆冲构造和背驮式盆地。

（2）韧性地层的模拟结果

韧性基底地层形成前陆和后陆并存的双向运动学特征，并以箱状褶皱为主要构造样式。当挤压速率恒定不变时，随着挤压变形量的增加，箱状褶皱的幅度越来越大，并且早期形成的褶皱的变形速率逐渐减小，并转换为新的叠瓦式逆冲构造。

（3）侧向脆韧性差异模拟结果

韧性基底模型一侧的变形速率快于脆性基底模拟一侧。差异的运动速率与增加韧性层的厚度有关。当韧性层较薄时，边界条件对变形的影响较大，并对冲断带前缘的扩展和转换形成了较大的约束（图 4-60~图 4-64）。

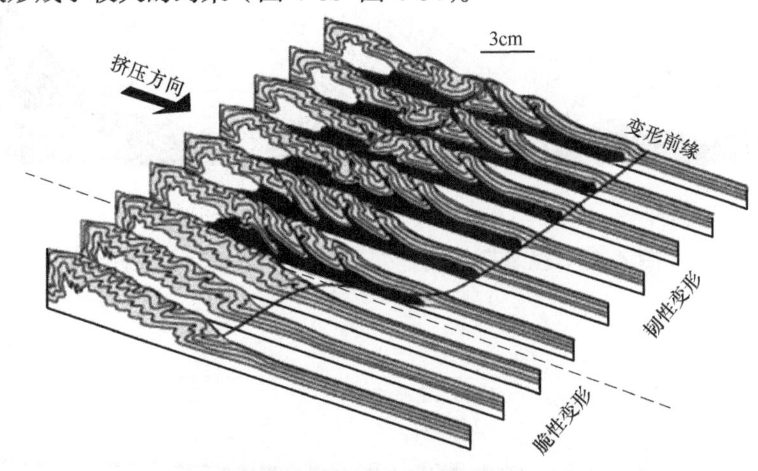

图 4-60　巴基斯坦盐脊构造变形的物理模型结果

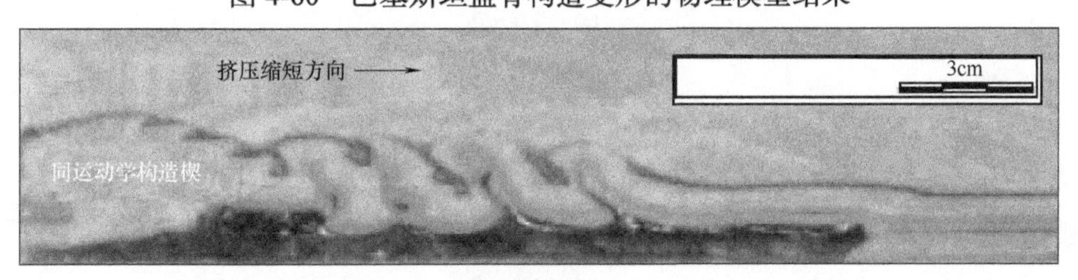

(a) 模拟结果的切片

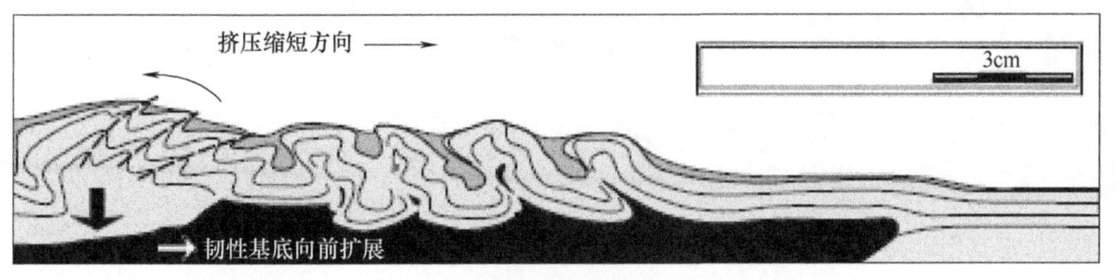

(b) 切片的构造解释

图 4-61　巴基斯坦构造变形模拟结果（切片 1）

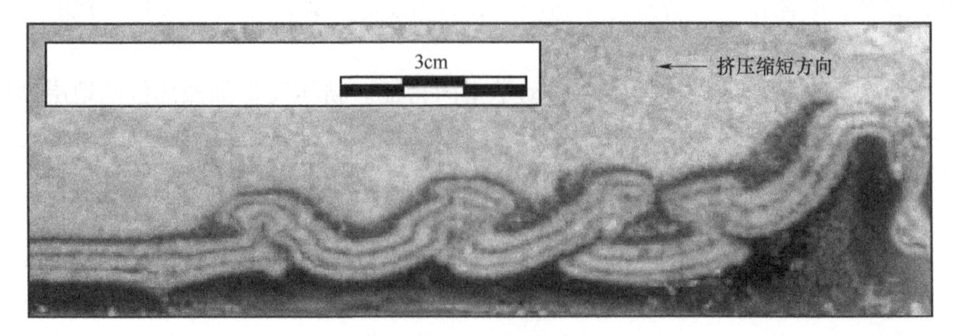

(a) 模拟结果的切片

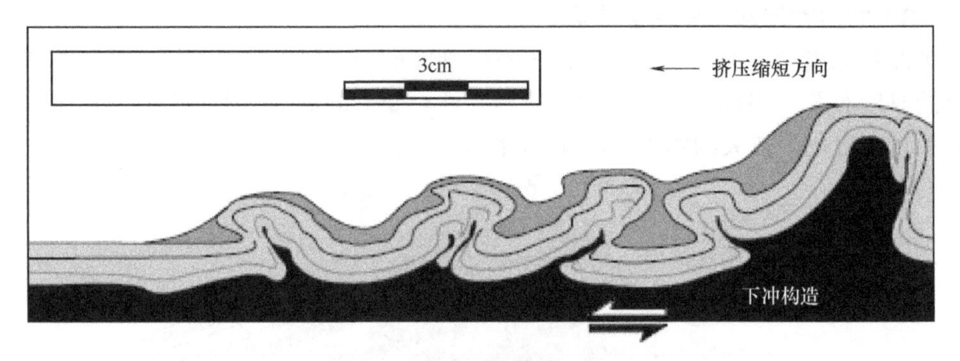

(b) 切片的构造解释

图 4-62　巴基斯坦构造变形模拟结果（切片 2）

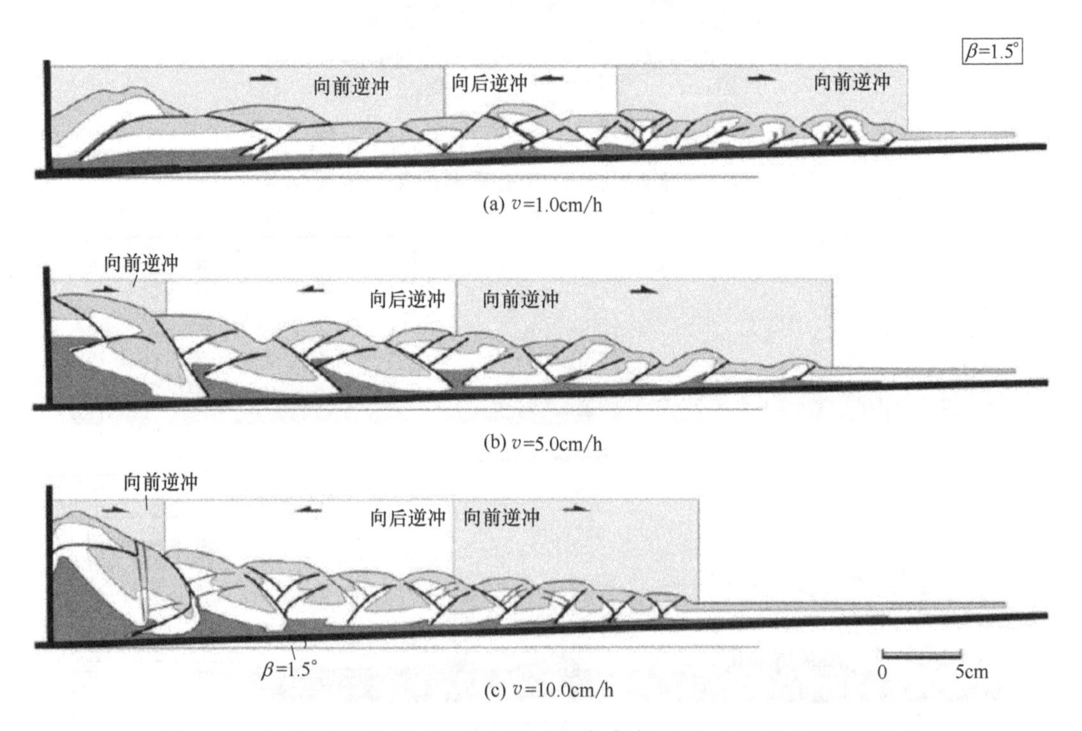

图 4-63　巴基斯坦构造带不同挤压速率条件下的变形物理模拟结果

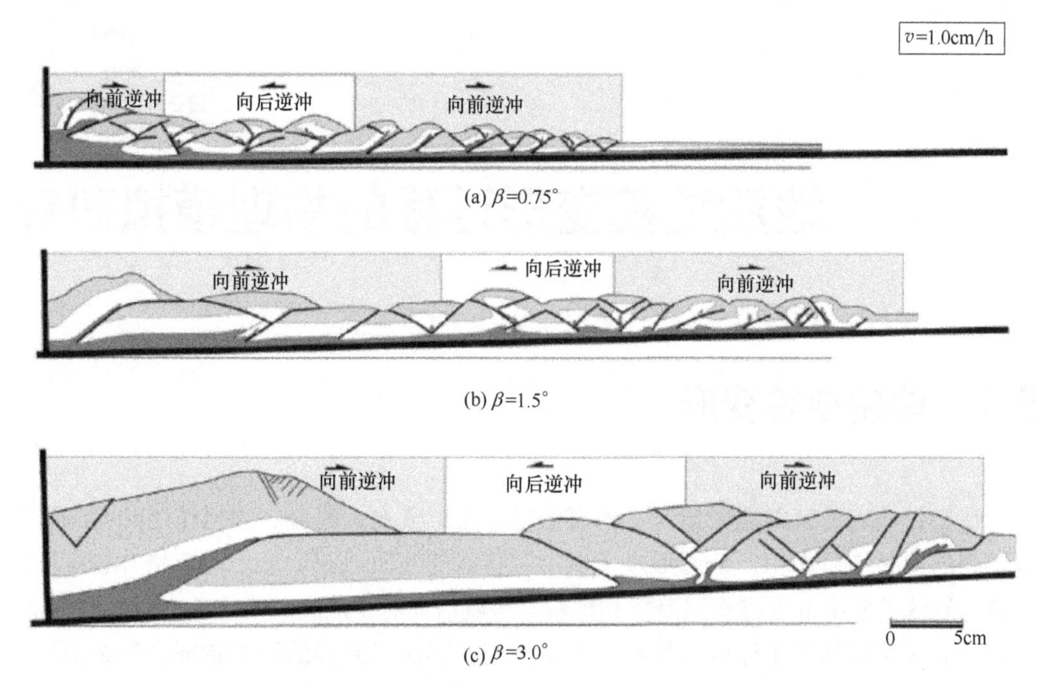

图 4-64　巴基斯坦构造带不同基底倾角条件下的变形物理模拟结果

模拟结果表明，脆韧性层相邻区域的变形具有明显的差异。韧性层的扩展速率和扩展量均大于脆性层所在区域，在二者转换带常常形成转换挤压褶皱以调节邻区的应变量差异。同时，剥蚀作用的形成促进了底辟构造的形成。

第5章 地质地貌变形过程的物理模拟研究

5.1 地质地貌变形

造山带浅表地貌因地壳抬升、地震活动、火山喷发、河流、冰川作用和大气降雨等一列的内外地质作用，从而形成了造山带特殊的地质地貌形态。构造抬升和板块的碰撞，导致了造山带形成不同海拔和地貌。地震活动时，地震波快速地向近地表传播，导致地壳表层岩体和土体应力场特征发生改变，形成了差异的结构特征和复杂的地貌形态。从岩石圈深度结构看，越到地壳表层，岩体因地震活动变得越松动，并造成地表大量的建筑物遭到不同程度的破坏。全世界有两个明显的地震带，分别是特提斯-喜马拉雅地震带和环太平洋地震带，这两个区域也是造山带较为发育的区域，即从欧洲的阿尔卑斯山至亚洲东缘的喜马拉雅山、龙门山和秦岭等。火山喷发作用使深部高压热流体沿着地表构造薄弱带喷出地表，形成了复杂的地貌形态。河流、冰川和大气降雨等改变地表的物质量和对地表形态进行改造。从物质守恒出发，物质的迁移应该满足体积守恒。从造山带内部剥蚀的物质，经过河流、风、大气和冰川等作用，会迁移到前陆地区沉积下来。同时，剥蚀、侵蚀作用和沉积作用对造山带的变形样式和演化过程具有重要的控制作用。总之，造山带表层的侵蚀和沉积对造山带的几何学和运动学特征的改变具有明显的影响。然而，滑坡灾害又是对造山带变形动力过程的综合响应，对此开展了专门的物理模拟研究。

5.2 造山带浅表滑坡物理模拟

5.2.1 研究背景

滑坡地质灾害是一个全球性的热点问题，引起了国际社会的广泛关注。截至 2020 年 3 月，全球已发生的巨型滑坡达数十万起。这些滑坡主要分布在阿尔卑斯山、落基山、安第斯山、亚平宁及特提斯-喜马拉雅等构造带，且位于不同构造带的地质灾害及滑坡变形具有其特定的变形特征。

前人通过 GPS、GIS、遥感影像、地质地貌特征等开展了一些地区的滑坡变形特征及其诱发机制的研究，表明滑坡主要是极端气候下的大气降雨、地质构造以及人类工程活动等作用所诱发。同时前人根据一些重大的滑坡灾害，总结并建立了“滑移-拉裂-剪断”式、“挡墙溃屈”式、近水平地层的“平推”式、反倾向岩层倾倒变形模式和滑移-剪断模式 5 种常见的滑坡形成模式（图 5-1）。

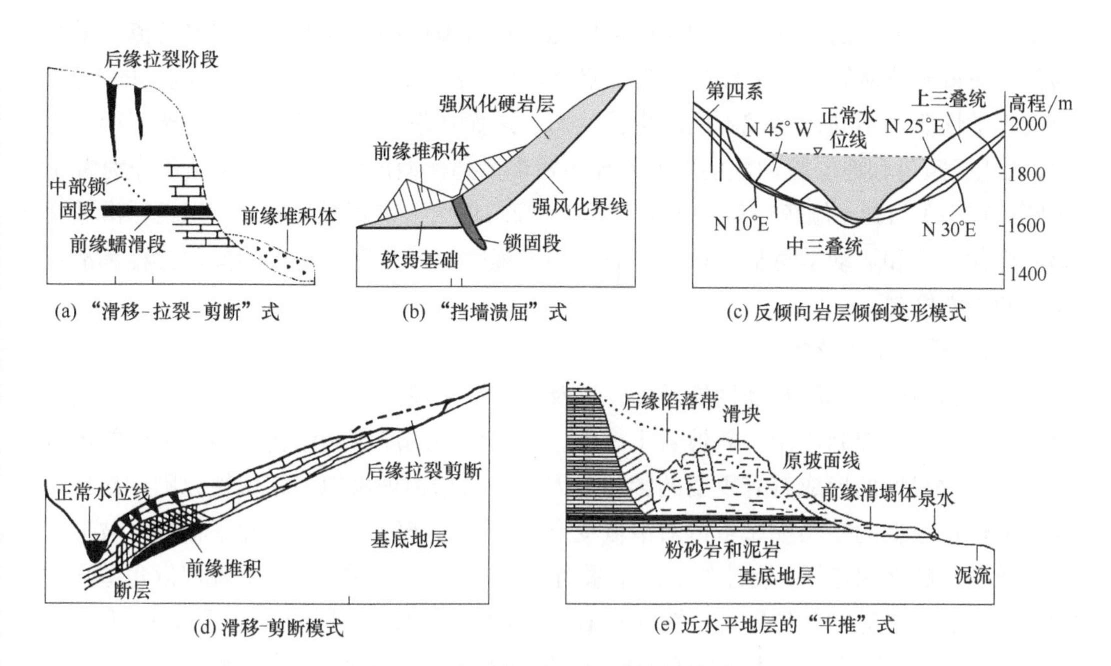

图 5-1　常见滑坡几何学特征模式图

尽管前人通过历史上滑坡灾害事件对有关滑坡的变形特征进行了分析和总结研究，形成了滑坡变形特征及形成演化的一些分析和认识。如许向宁和黄润秋应用振动台模型对滑坡的变形进行相关的物理模拟，表明滑坡的形成发生在坡高的 1/3 处。但是，滑坡的形成机制和形成模式，由于地质条件的复杂性而具有较大的差异性，特别是对有关地层倾角较低条件下的滑坡体变形演化的控制因素的研究在黔北地区开展得还不够深入；同时，从地质地貌、地层坡角及脆韧性层的厚度出发，开展典型坡体的运动学过程和变形扩展模式的物理模拟研究工作至今仍十分缺乏。

物理模拟是目前构造变形模拟较为有效的手段之一，在造山带、盆地及滑坡演化以及岩土工程物理模拟中得到广泛的应用，砂箱实验可以模拟不同厚度的脆性层和韧性层组合，以及进行不同地层倾角条件的模拟，实验过程直观清晰，与其他方法相比，具有明显优势。尽管如此，有关临空条件（侧面无支撑作用）下的滑坡演化过程及形成机制的物理模拟研究工作仍十分缺乏，需要进一步开展深入的研究。

为此，本书在前人研究基础上，从影响滑坡变形的两个关键因素——地层倾角和滑坡体脆性层厚度出发，设计了两个系列 6 组模型，对滑坡体的变形演化过程及其变形的力学特性进行了系统深入的模拟研究。

5.2.2 物理模拟及设计

（1）模型构建

地层倾角的大小决定了滑坡体在重力作用下发生变形，并促进滑坡体变形扩展和演化。较小地层倾角和较大地层倾角条件下的滑坡，它们的运动学特征和蠕变扩展机制是存在明显差异的。通过模型实验可以充分理解地层的组合差异。地层的流变学结构差异使得滑坡体的演化过程存在明显差异。地壳表层的岩体和土体在结构上的差异，造成力学性质的不同，形成不同的失稳状态，进而在滑坡形成机制上也迥然不同。为此，从地层倾角和地层脆韧性层厚度差异的两个系列模型出发，设计地层倾角分别为5°（倾角较小）、15°（倾角中等大小）和30°（倾角较大）进行模拟对比，以探讨滑坡变形的演化过程和运动学特征，帮助研究者和工程师进一步理解滑坡的演化过程和滑坡变形的力学机制。

（2）模型设计及装置

地层的脆性层厚度和韧性层厚度，以及脆韧性层厚度比，对构造变形样式及演化过程具有重要的控制作用。斜坡岩土体中，上覆地层的厚度和结构面强度之间的组合关系同样对滑坡的形成具有重要的影响。因此，根据物理模拟的相似性原则，设计不同脆韧性层厚度的砂箱模型可以对滑坡变形演化进行研究探讨。为此，根据滑坡形成的地质条件和地貌特征，设计如下两个系列6组砂箱模型进行研究：a.地层倾角差异对比模拟。地层坡角5°条件下，韧性层厚1cm，脆性层厚度分别为1cm（实验1）和2cm（实验2）的演化模拟；地层倾角15°条件下，韧性层厚仍然是1cm，脆性层厚度分别为1cm（实验3）和2cm（实验4）的演化模拟；地层倾角30°条件下，韧性层厚仍然

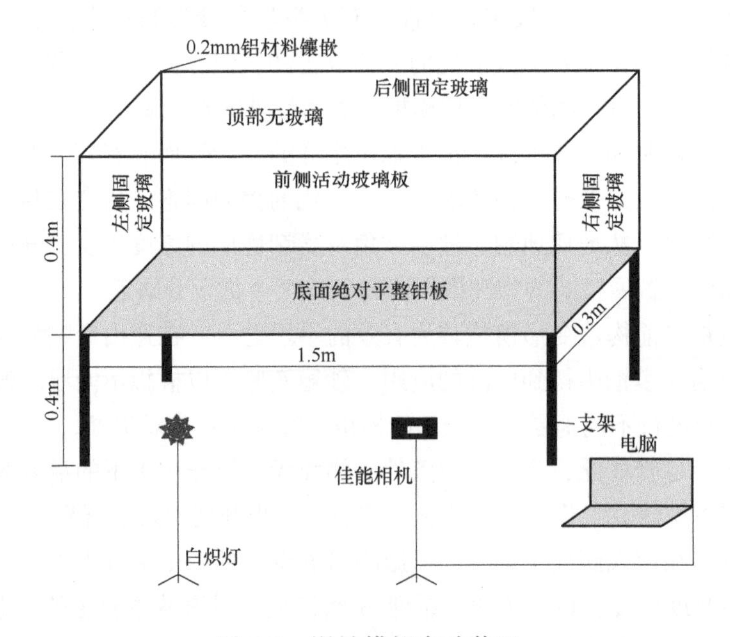

图5-2 滑坡模拟实验装置

是 1cm，脆性层厚度分别为 1cm（实验 5）和 2cm（实验 6）的模拟。b.脆性层厚度差异对比模型。在地层倾角和韧性层厚度一定的条件下，地层脆性层厚度分别是 1cm 和 2cm 的对比分析模拟。实验装置、模型设计及其装置如图 5-2 和图 5-3 所示，模型结构及基本参数见表 5-1。

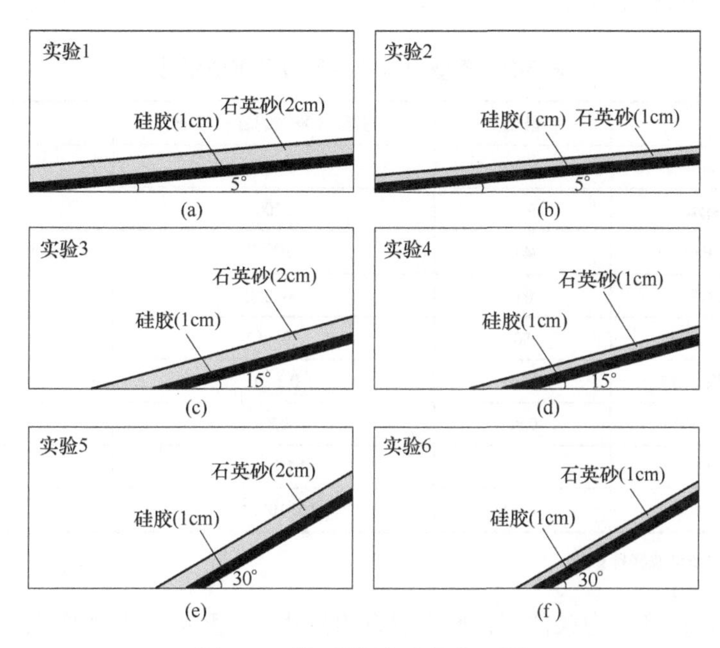

图 5-3　模型设计及其装置图

表 5-1　模型结构及基本参数

名称	地层倾角/（°）	石英砂厚度/cm	硅胶厚度/cm	脆韧性层厚度比
模型 1	5	1	1	1
模型 2	5	2	1	2
模型 3	15	1	1	1
模型 4	15	2	1	2
模型 5	30	1	1	1
模型 6	30	2	1	2

（3）材料及相似性

模拟材料主要用石英砂和硅胶。松散的石英砂是目前模拟上地壳脆性变形最适合的材料之一，它满足库伦破裂准则，在地壳表层脆性破裂中得到了广泛应用。因此，模型中的石英砂主要用来模拟上覆脆性层的变形。同时，黏度适宜的硅胶材料是目前模拟软弱地层构造变形较好的韧性材料之一，它具有不同的流变学特性。在脆、韧性地层组合的褶皱-冲断带变形分析中也得到了广泛应用。因此，模型中的硅胶主要用来模拟滑坡体中的泥岩、膏盐岩和页岩等软弱层。实验中石英砂的粒径为 0.30~0.45 mm，密度为 1.43g/cm^3，在常温条件下，硅胶密度为 0.94g/cm^3，黏度 9.47×10^{3}Pa·s（表 5-2）。模型实验及数据处理在贵州省遵义市遵义师范学院构造物理模拟实验室完成，且每组模型均进行了相似性验证。

表 5-2　模型力学特性参数及相似系数

参数	模型	实际代表性的岩石特征	相似比
脆性层密度/（kg/m^3）	1430	2400	0.6
韧性层密度/（kg/m^3）	940	2200	0.43
韧性层黏度 η/（Pa·s）	9470	$10^{18\,(19)}$	$9.47\times10^{-15\,(-16)}$
脆性层内摩擦系数 μ	0.6	0.6~0.85	
脆性层内聚力 c/Pa	80	40×10^6	2×10^{-6}
脆/韧性层厚度比 δ	0.5~5	0.3~30	
重力加速度 g/（m/s^2）	9.81	9.81	1
应力 σ/Pa	112	1.86×10^6	6.0 × 10^{-6}
时间 t/s	3600	$2.5\times10^{11\,(12)}$	$1.44\times10^{-8\,(-9)}$

注：括号中数据指可选择性参数。

在正常的温度和压力条件下，地表岩石的密度、硬度及其他物理属性与松散的石英砂具有较好的相似性，松软的黏土和石膏等与一定黏度的硅胶也在物理属性上具有较好的相似性（表 5-2）。模拟大构造的变形仍然适用模拟浅表层的构造变形，只是它们的分布范围有一定的差异，对滑坡形成演化机制的讨论不会构成关键影响。根据侧向摩擦力和基底摩擦力公式，对实验中 6 组模型的初始受力状态进行了分析计算（表 5-3）。

表 5-3　实验模型力学参数表

实验	硅胶黏度/（10^{3}Pa·s）	脆性层自重应力/Pa	侧向摩擦力/Pa	基底摩擦力/Pa
实验 1	9.47	140.2	10.51	5.6
实验 2	9.47	280.4	21.20	11.2
实验 3	9.47	140.2	10.51	5.6
实验 4	9.47	280.4	21.20	11.2
实验 5	9.47	140.2	10.51	5.6
实验 6	9.47	280.4	21.20	11.2

5.2.3　模拟结果

（1）地层倾角 5°模拟结果

模拟结果显示，在地层倾角 5°，且韧性层厚度一定的条件下，产生了前缘和中后缘拉张裂缝现象。实验 1，脆性层厚 2cm，硅胶层厚 1cm 的模型模拟结果：初始变形的幅度较小，且变形初期主要是靠近临空面发生滑塌构造和产生 3 条拉张裂缝［图 5-4

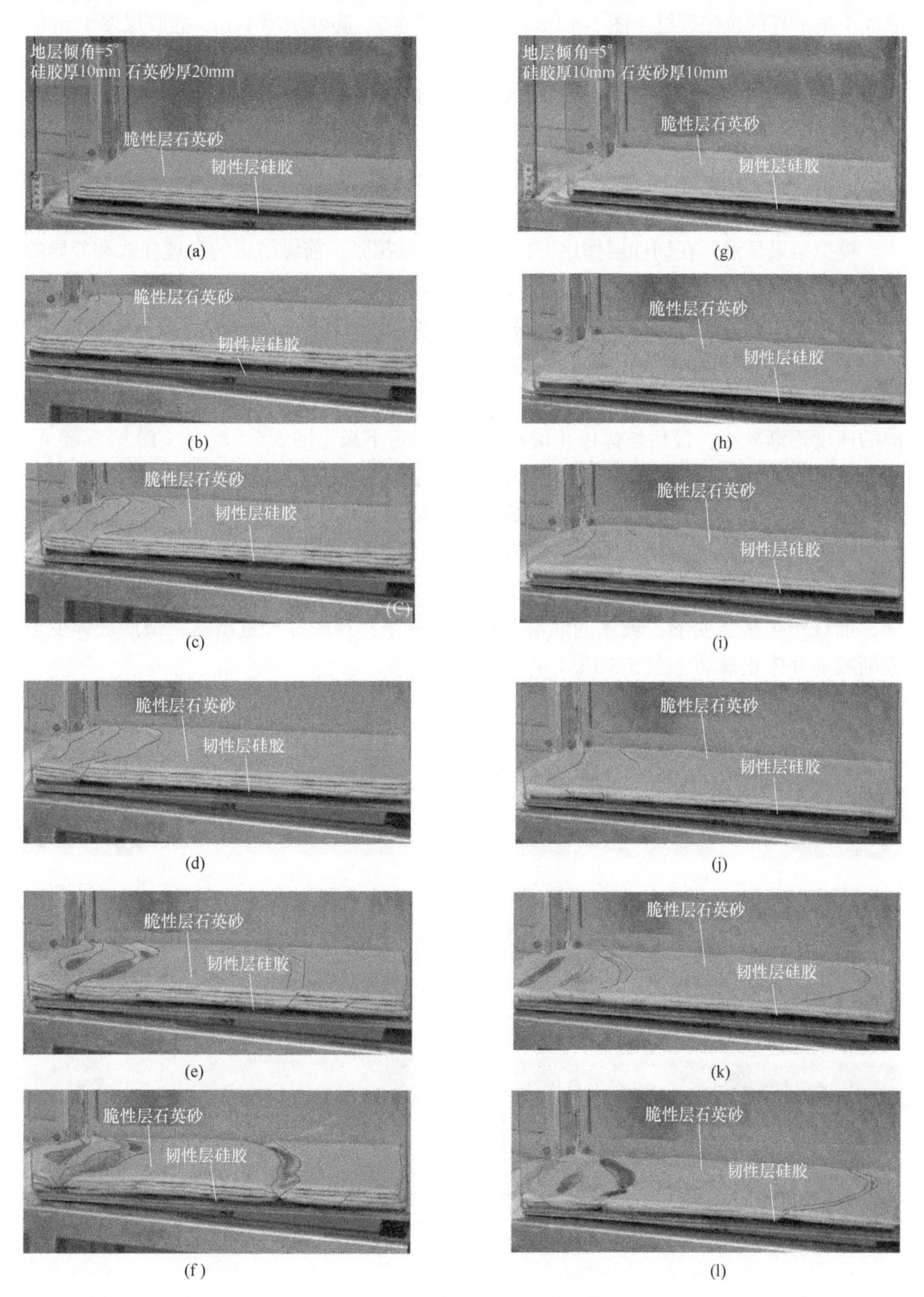

图 5-4　脆性层厚 2cm（左实验 1）和厚 1cm（右实验 2）的滑坡模拟序列结果

（a）~（d）]。随着滑坡演化的进行，前缘形成的拉张断裂数量和规模逐渐增大，基底的韧性层刺穿上覆脆性层。同时在坡体的中后缘也形成 2 条拉张裂缝，且靠近坡体顶部形成 1 条平直的拉张裂缝 [图 5-4（e）、（f）]。实验 2，脆性层厚 1cm，硅胶层厚 1cm 的模型模拟结果：初始变形仍然发在坡体的前缘，且形成的断层幅度较小 [图 5-4（g）~（j）]。滑坡变形中后期，在前缘形成 3 条间距较为宽大的拉张裂缝和 2 个底辟刺穿构造，同时在靠近坡体的后缘形成 1 条拉张裂缝，最后坡体停止滑动并逐渐稳定下来 [图 5-4（k）、（l）]。

（2）地层倾角 15°模拟结果

模拟结果显示，在韧性层作用下，形成了后缘拉张、前缘挤压的滑坡样式和差异的演化过程。实验 3，脆性层厚 2cm，硅胶层厚 1cm 的模型模拟结果：初始变形的幅度较大，在坡体后缘形成与滑动方向垂直的 3 条裂缝，且侧向形成斜向伸展型裂缝 [图 5-5（a）~（c）]。随着滑坡演化的进行，形成的拉张断裂数量和规模逐渐增大，并伴有底辟构造产生。在滑坡演化的中后期，后缘继续形成拉张裂缝，前缘产生挤压变形，蠕滑的速度逐渐减小，最后坡体停止滑动并逐渐稳定下来 [图 5-5（d）~（f）]。实验 4，脆性层厚 1cm，硅胶层厚 1cm 的模型模拟结果：初始变形的幅度较小，在后缘形成与滑动方向垂直的 2 条裂缝，且侧向形成斜向伸展型裂缝 [图 5-5（g）~（h）]。随着滑坡演化的进行，形成的拉张断裂数量和规模逐渐增大，并伴随有底辟构造产生，且底辟体之间的间距越来越大 [图 5-5（i）~（j）]。滑坡变形中后期，后缘继续形成拉张裂缝，前缘产生挤压变形，坡体的蠕滑速度逐渐减小，且底辟大量出露，最后坡体变形逐渐减弱并停止滑动 [图 5-5（k）~（l）]。

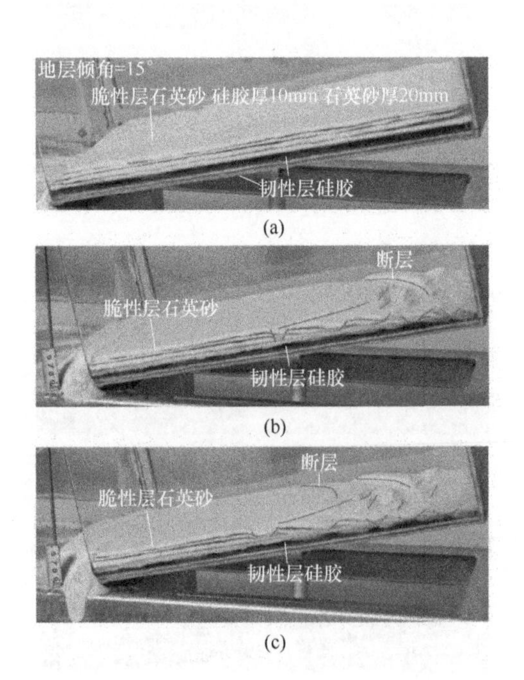

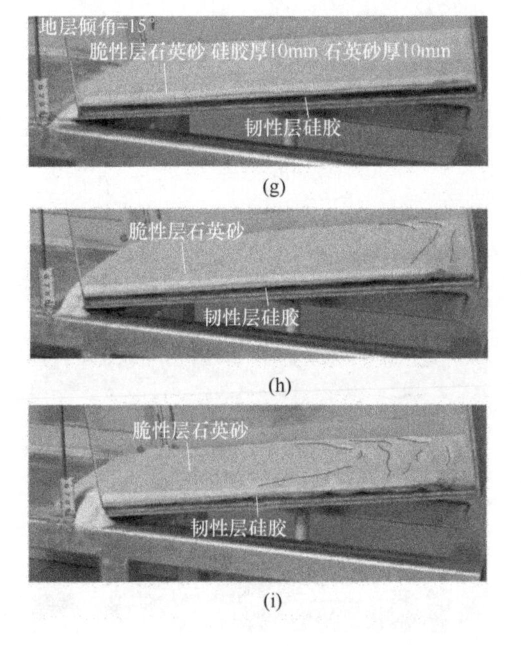

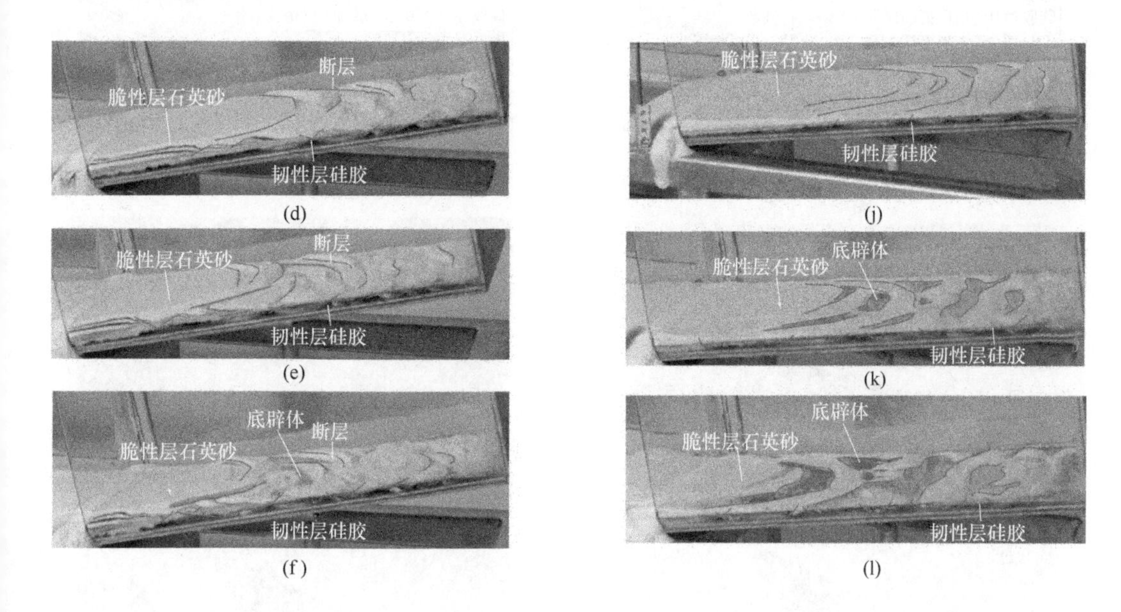

图 5-5　脆性层厚 2cm（左实验 3）和厚 1cm（右实验 4）的滑坡模拟序列结果

（3）地层倾角 30°模拟结果

实验 5，在地层 30°倾角下，韧性层厚 1cm，脆性层厚 2cm 的模拟结果显示：变形初期，脆性层后缘快速拉张，并且石英砂沿韧性层顶部发生快速滑移［图 5-6（a）、（b）］。运行 40min 后，大量的脆性层堆积在滑坡体的前缘，坡体内部形成部分断层［图 5-6（c）、（d）］。变形中后期，只有韧性层之上约 4mm 厚的脆性石英砂随韧性层缓慢蠕动，前缘继续挤压，最后坡体慢慢稳定下来［图 5-6（e）、（f）］。实验 6，仍然是在地层 30°倾角下，韧性层厚 1cm，脆性层厚 1cm 的模拟结果显示：变形初期，脆性层后缘快速拉张，并且石英砂沿韧性层顶部发生快速滑移［图 5-6（g）、（h）］。运行 20min 后，大量的脆性层堆积在滑坡体的前缘，坡体内部形成部分张性断层［图 5-6（i）、图 5-6（j）］。变形中后期，只有韧性层之上 2mm 厚的脆性石英砂随韧性层缓慢蠕动，前缘继续挤压，最后坡体在韧性层的作用下缓慢蠕动，并慢慢稳定下来［图 5-6（k）、（l）］。

（4）脆性层厚度差异模拟对比结果（1cm 和 2cm）

3 组模型模拟结果显示，如脆韧性厚度存在差异，则坡体的变形特征存在明显不同。5°模型，脆/韧性层厚度比为 1，形成的断层幅度小，且后缘断层对称性弧形发育并靠近坡体顶部分布［图 5-7（a）］；而脆/韧性层厚度比为 2，则出现拉断断裂分布在坡体靠近中部一侧，表明坡体的应力分布特征存在明显的差异［图 5-7（b）］。15°模型，脆/韧性层厚度比为 1，形成的断层幅度小，韧性层刺穿上覆脆性层，形成底辟构造［图 5-7（c）］；而脆/韧性层厚度比为 2，则出现前缘挤压现象［图 5-7（d）］。30°模型，脆/韧性层厚度比为 1，脆性层快速滑动，在坡体的前缘形成挤压现象［图 5-7（e）］；而脆/韧

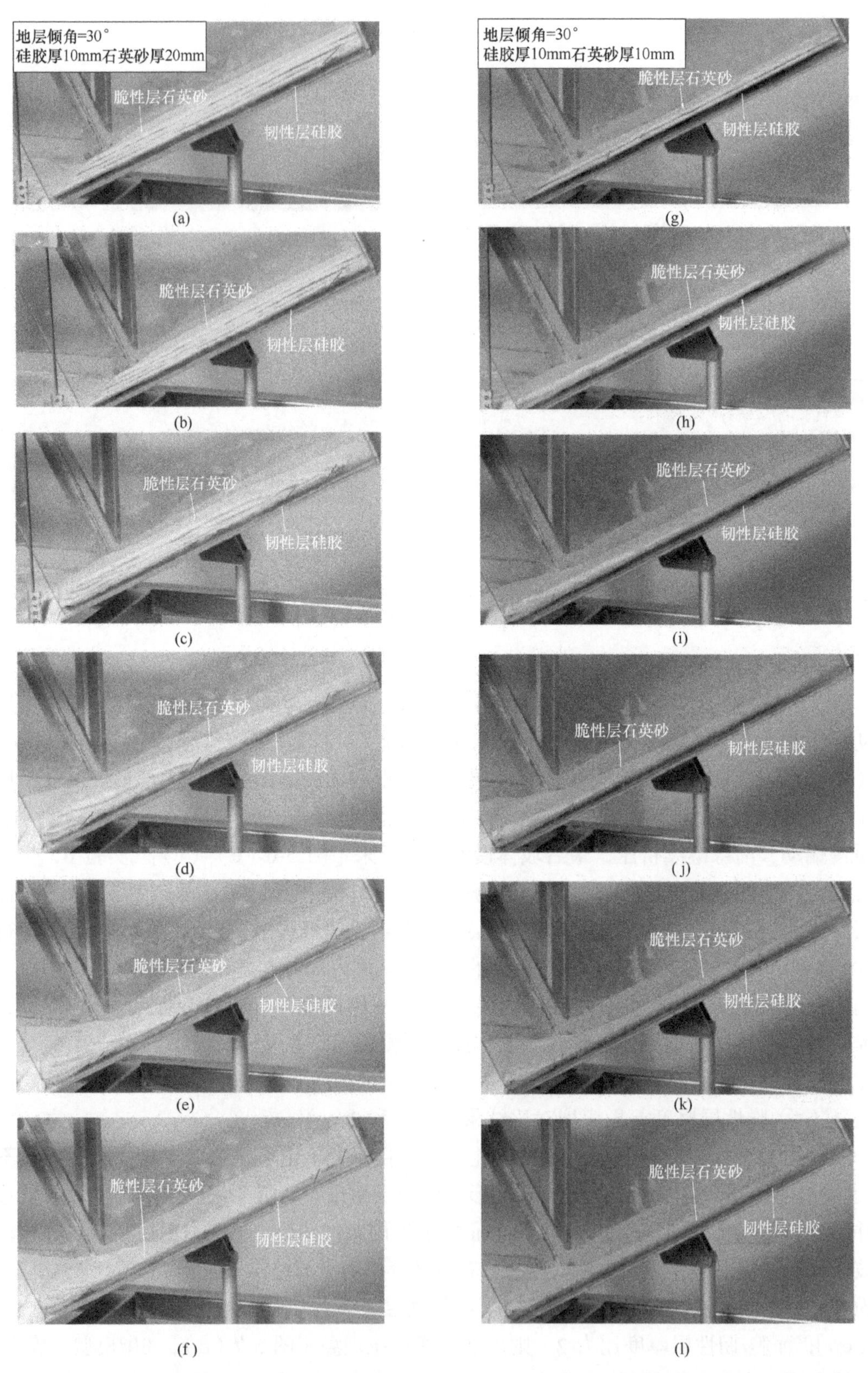

图 5-6 脆性层厚 2cm（左实验 5）和厚 1cm（右实验 6）的滑坡模拟序列结果

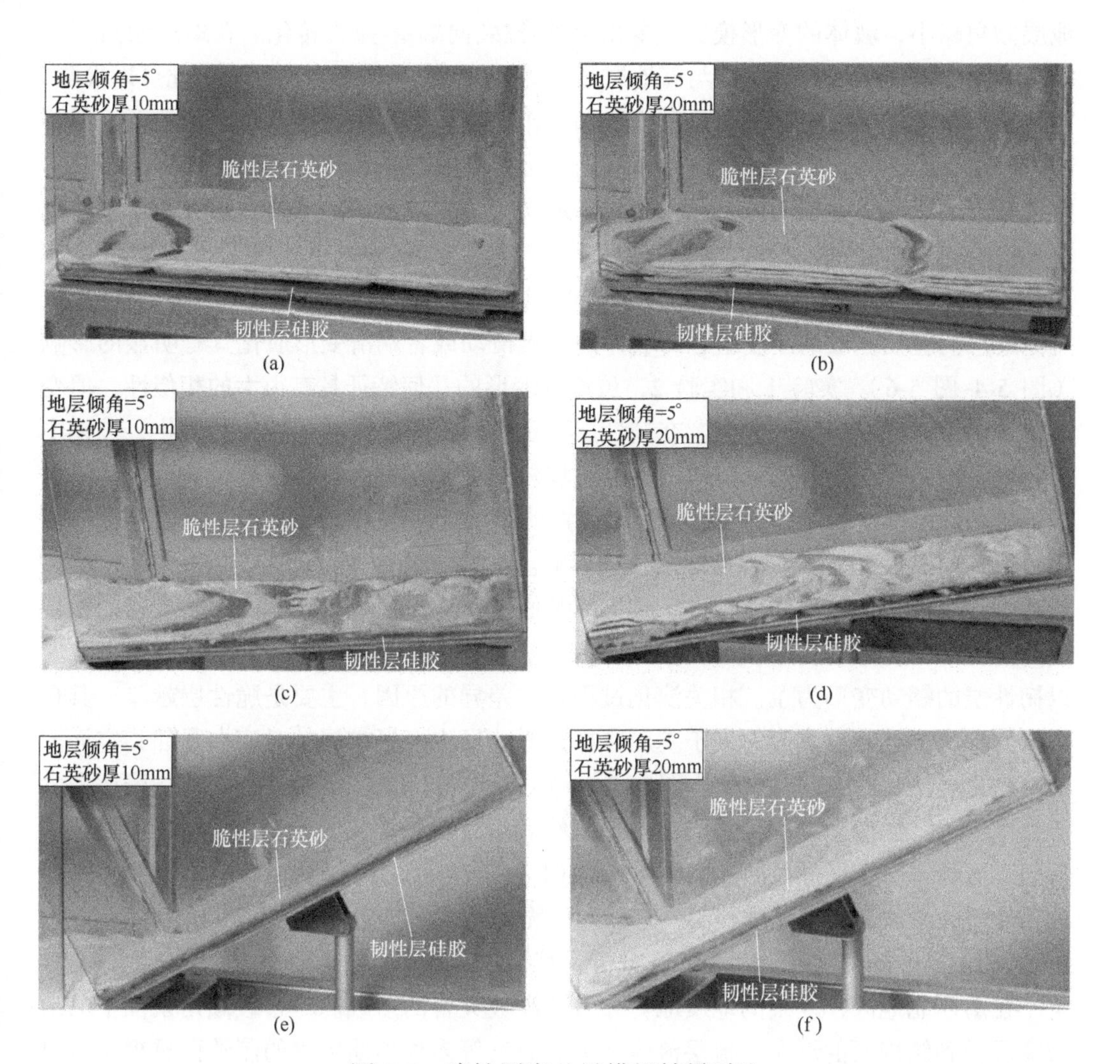

图 5-7　脆性厚度差异模拟结果对比

性层厚度比为 2，则仍然出现前缘挤压现象，只是初始滑坡的速度比脆性层薄的模型更快，且韧性层之上残余的脆性层厚度也比较厚［图 5-7（f）］。

5.2.4　讨论

（1）地层倾角对滑坡变形的控制

实验结果揭示，在高地层倾角的条件下，坡体的变形以滚动和快速滑移为主。但随着地层倾角的减小，由 30°减小到 15°，最后减小到 5°，坡体的滑动模式和速度都发生较大的变化。高地层倾角条件下，主要是快速滑动。坡体的滑移过程主要表现为后缘的快速张裂和前缘的堆积和挤压（实验 5 和实验 6）；较小地层倾角条件下，主要是缓慢滑动和蠕滑为主，坡体的滑移过程主要表现为前缘的重力滑塌和后缘的拉张和中部的剪断（实验 1 和实验 2）。前人对此也具有相似的研究认识，如相关研究成果揭示地层倾角越小，坡体的变形模式主要由滑移-拉裂向蠕滑-拉裂转化。在地层倾角小于30°条件下，坡体的滑移过程则与高地层倾角的滑移过程存在明显差异。由此可以推测，高地层倾角条件下，滑移主要是在重力场的作用下变形，而较小层倾角条件下，滑移的过程由自重应力、侧向摩擦力和基底摩擦力共同控制。坡体地层倾角大小的不同，导致其重力场分布存在明显差异。因此，地层倾角在控制坡体滑移和蠕滑变形中均起着关键的控制作用。

（2）地层的脆韧性层厚度组合特征对滑坡演化的影响

地层的脆韧性层的厚度组合对坡体的缓慢滑动或者蠕滑变形演化具有明显的影响（图 5-4~图 5-6）。实验 1 和实验 2，虽然其变形的几何特征具有很大的相似性，但变形构造的分布存在明显的差异。在韧性层一定的条件下，随着滑坡体的演化，坡体中后缘形成的断裂位置不同：脆性层越厚，坡体中后段发育断裂的位置越靠近坡体的前缘，而脆性层厚度越薄，则断裂的形成位置就越靠近后缘。实验 3 和实验 4 的坡体演化过程则同样揭示了脆/韧性层厚度比的影响。在脆/韧性层厚度比为 2 的条件下，坡体滑移过程中产生的断层幅度较大，且形成基底底辟构造样式，坡体内部陡坎式的断裂极为发育。而脆/韧性层厚度比为 1 的条件下，坡体的滑移速度较慢，且滑移后期主要以韧性层的蠕动变形为主。相关演化过程存在差异的原因，主要是脆性层越厚，其自重应力越大。当其自重应力大于基底摩擦力时，发生变形扩展的时序在紧邻临空面附近，即主要从前缘向后缘扩展［图 5-7（a）、（c）和（e）］。而脆性层较薄，摩擦力大于自重应力，此滑动过程则是前缘变形，然后是后缘顶部脱离母岩，最后再是坡体中后部靠近母岩一侧形成拉断破裂［图 5-7（b）、（d）和（f）］。因此，在地层倾角一定的条件下，滑坡体的演化过程明显与该地区脆/韧性层厚度比有关。

（3）与实际滑坡变形的相似性分析及其指示意义

在黔西北地区，复杂的地质地貌导致了滑坡灾害的形成。尽管缓倾角条件下的滑坡变形受到结构面的形态、地层流体和地层温度等多种地质因素的制约而显得十分复杂，但本书滑坡体演化过程的模拟结果可以较好地揭示蠕动滑移变形中产生的变形样式和扩展过程，并且其与实际对比具有较好的相似性。

位于贵州省黔西地区的晴隆县沙子镇滑坡，未变形之前该坡体所在的地层倾角较小，约 8°（图 5-8 和图 5-9）。纵向坡体结构特征为基底含有一层软弱层煤和泥岩，上覆松散的砂和第四系沉积物。2018 年的滑坡导致了天然气管线的破裂，引起了相关部门的高度重视。前人对此开展了一定的研究工作，较好揭示了该坡体的变形特征，但对其形成演化过程的认识还十分不足，本模拟研究结果可以较好揭示其演化过程，并且坡体变形的几何特征极为相似。地表大量的松散堆积体在基底韧性剪切带的作用下，缓慢蠕滑变形。在滑坡的演化初期形成前缘拉张裂缝，在坡体变形的中后期形成后缘拉张裂缝和前缘的挤压变形，并导致了前缘天然气管线的破裂。

尽管本研究只是在地层倾角和脆韧性组合条件下的模拟，与实际的坡体特征有一定的差异，但研究成果对于 0°~30°地层倾角条件下的脆韧性层滑坡的演化过程的认识具有极为重要的参考价值。

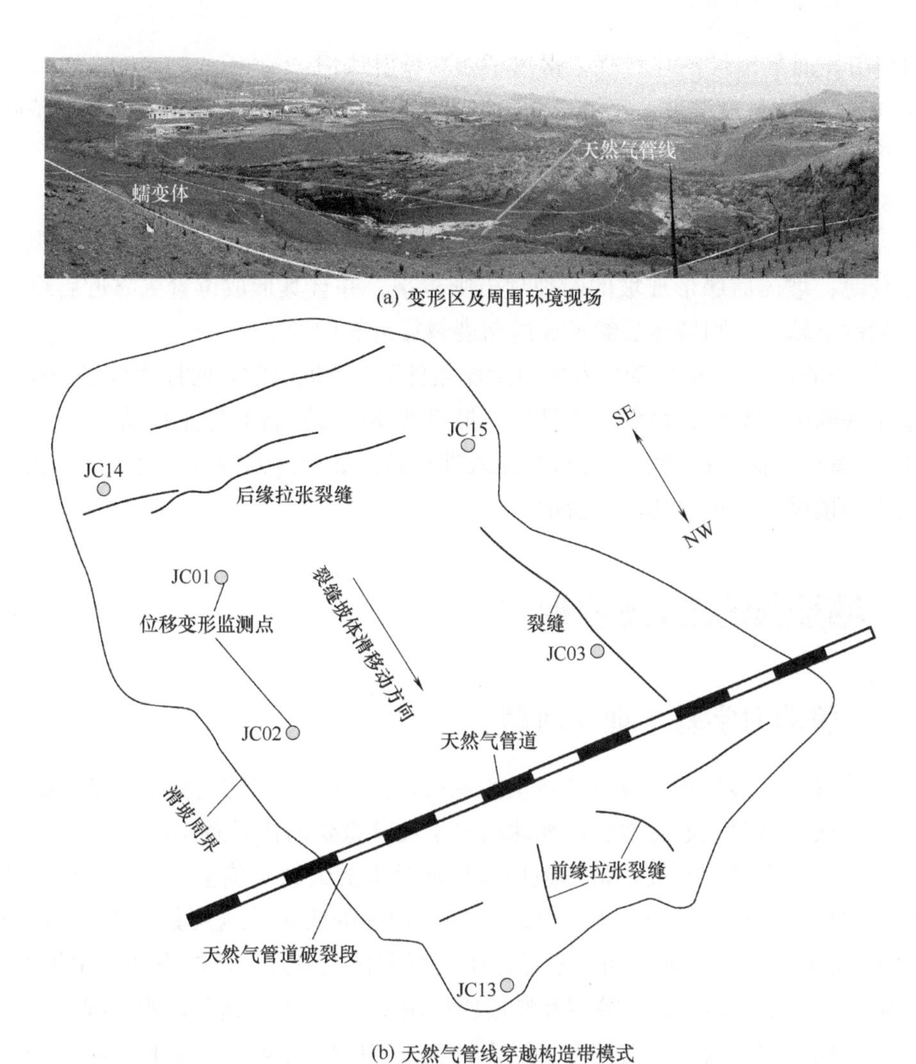

(a) 变形区及周围环境现场

(b) 天然气管线穿越构造带模式

图 5-8　黔西晴隆县沙子镇地层倾角 8°条件下的滑坡变形

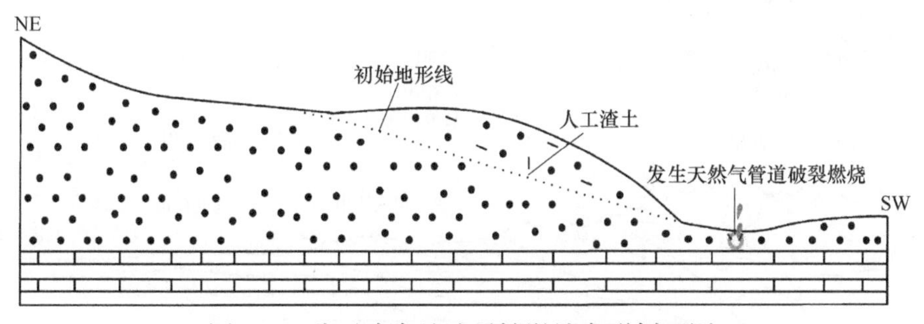

图 5-9　黔西晴隆县沙子镇滑坡变形剖面图

5.2.5　结论

滑坡演化过程的砂箱实验揭示了临空条件下，韧性层厚度一定，地层倾角分别为

30°、15°和 5°时的滑坡演化过程。得出了如下重要认识：

① 地层的倾角对滑坡的运动形式具有重要的影响。在地层倾角小于 30°条件下，变形过程主要以蠕滑变形为主，且初始变形幅度较小；而高地层倾角作用下，滑坡以快速滑动为主，且在坡体形成前缘挤压和后缘拉张型的构造样式。

② 脆韧性层厚度的差异对坡体内部产生的断裂的分布位置具有明显的控制作用。脆性层越薄，坡体后缘形成坡的断裂规模则越小，并且其形成位置更靠近后缘坡顶一侧，而脆性层越厚，则坡体后缘形成的断裂越靠近其中部。

③ 较小的地层倾角和脆/韧性层厚度比条件下，滑坡的演化时序为前缘拉张，然后是后缘拉张到中部剪断，再到前缘挤压，最后坡体缓慢滑移并停止蠕动。

④ 该滑坡模拟过程的实验分析对深入理解黔西北乃至西南地区滑坡的成因分析、滑坡勘查和预警具有重要的参考价值。

5.3 地质地貌的物理模拟

5.3.1 地貌动力学基本地质问题

地质地貌的变形过程就是地质内动力和外动力共同作用的过程。系统地研究其变形演化，对认识第四纪地质地貌及地球动力学具有重要的指导意义。

活动造山带山麓的研究是揭示造山带形成过程的天然实验室，因为其聚焦了构造地震作用和地貌活动作用等过程。褶皱-冲断带山麓的演化受地壳变形过程（褶皱和断裂作用）、地表过程（侵蚀作用、搬运作用、沉积作用以及河流的下切作用等）、气候作用（降雨、冰期和间冰期）等相互作用所控制（图 5-10）。这些作用过程在时间和空间上相互作用，并形成一定的耦合，进而触发一定的信息反馈。例如，构造活动产生

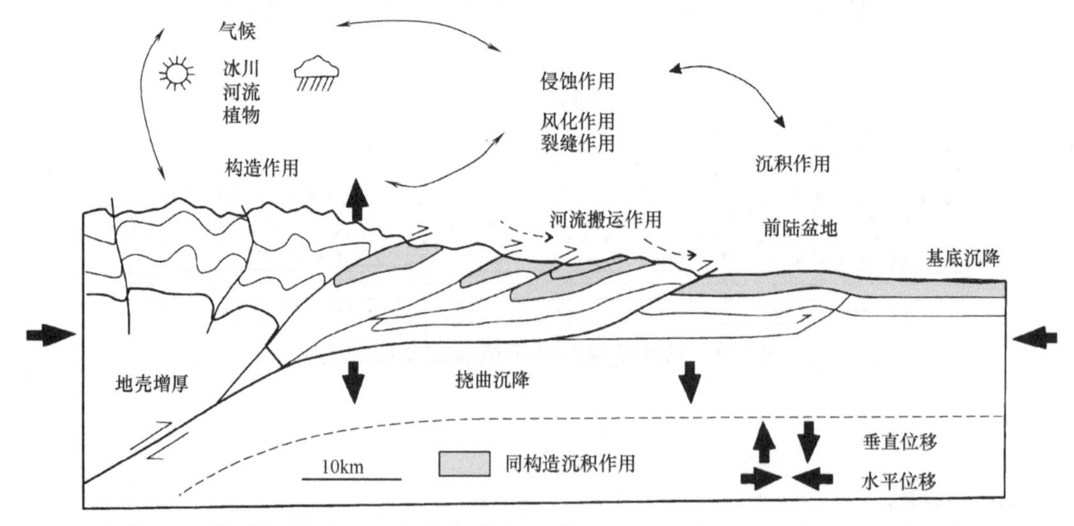

图 5-10 构造、侵蚀、沉积和气候相互作用对造山带形成和演化的控制图解

地表物质的释放，控制地表的演化过程，并影响侵蚀模式、水系的分布、沉积盆地的生长和局部气候的变化。相反，侵蚀、搬运和沉积作用也会使物质沿造山带发生迁移，改变造山带的物质平衡并触发不同的构造扩展时序，如形成穿时的逆冲构造和具有双向对冲的构造等。

在这一研究领域中，早期的研究聚焦于构造几何特征分析、地貌测年和典型构造特征（断层、褶皱、河流阶地和冲积扇）之间的耦合。在古环境的研究和同构造沉积分析中，以上分析方法用得比较多。部分数据记录了造山带形成过程中的主要演化阶段和气候变化历史。但是这些数据比较分散，不足以反映造山带演化的动力学过程和地貌变形演化。为了更好地约束构造与侵蚀、沉积速率之间的相互关系，开展地貌形成、演化和变形记录之间的研究意义十分重大。

在过去的研究中，前人已利用数值模拟和物理模拟技术构造和侵蚀作用对地貌影响的内在机理进行了有益的探讨。例如，以前的工作主要是揭示降雨作用对造山带构造变形样式的控制，以及构造过程是如何控制水系的分布的。其他的模型则强调构造和沉积作用对造山带的构造和演化的影响，或者对构造和气候对造山带最大海拔高度形成中的作用进行探讨。尽管如此，很少有模拟实验开展造山带山麓地貌演化方面的研究及地壳变形过程（褶皱和断层作用）和侵蚀、搬运和沉积之间的时空耦合模拟分析。

为了实现这一目标，Graveleau 等设计了一种新的材料和方法对此开展研究。

5.3.2　地貌动力学模型设计

（1）模型设计

本实验装置在前人设计的装置基础上，充分考虑大陆或大洋汇聚过程中的变形来设计的。其由 3 部分组成：a.变形计算装置；b.侵蚀作用的降雨系统；c.光学测量系统（图 5-11）。

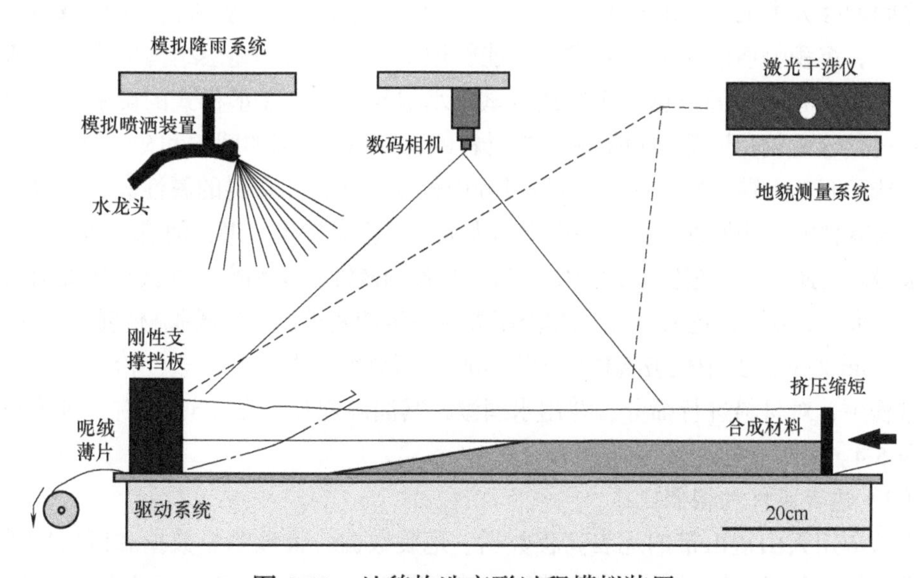

图 5-11　地貌构造变形过程模拟装置

变形装置由基底塑料在刚性支撑平台上拖拉来实现。薄塑料上铺设前陆盆地形成的沉积盖层。刚性的支撑模型内部的变形并没有卷入活动的变形前缘。通过挤压缩短作用，形成材料内部的变形和产生叠瓦式逆冲断裂较为发育的增生楔。降雨系统由 20 个喷头和微小的水滴洒到模型表面构成。小水滴的直径 100μm，足够小并不构成对模型表面的影响。水流作用使山麓产生侵蚀过程，河道作用产生下切和侧向侵蚀作用。光学测量系统由数码相机和激光干涉仪组成，可以测量模型实验的变形特征和地貌。水平位移场和断层的运动学是通过相关技术进行测量。该技术主要采用实验结果中相对连续的一组数字照片进行频谱分析，并用 50μm 分辨率的精确测量方式完成。降雨的侵蚀过程不需要任何干扰作用。激光干涉仪测量不同阶段的地貌演化，并提供精确的数字高程值。这一装置系统与 InSAR（干涉雷达）相比，采用技术类似，均是从三维空间测量模型地貌，其分辨率接近 1mm。在挤压过程中，需要间隔 20~30min 暂停，以进行降雨作用。暂停并不影响变形和侵蚀作用。结合经典的视频录像、图片分析、动力学演化过程的记录、变形的运动学过程、水系的分布和地貌的发展演变，完成这一测量过程。最终，对模型进行一系列切片，并进一步建立三维模型，获得褶皱-冲断带山麓地貌内部的构造变形过程。

（2）模型材料

在物理模拟实验中，模型材料常常使用松散颗粒的石英砂，有的研究人员甚至使用水润湿性粉末。在地貌构造变形模拟中，应用了微玻璃珠、石英、塑性物质、泥土、石墨、火山玻璃和滑石粉等多种颗粒混合。混合颗粒的物理属性满足以下条件：a.材料的流变学属性满足摩尔-库伦破裂准则，如断层产生破裂条件一样；b.它通过扩散过程对山麓进行侵蚀，如产生滑坡、泥石流等，同时通过峡谷或河流对流作用模拟主要的侵蚀过程和物质的搬运过程，进而改变地貌形态，形成物质的释放、水系分布、起伏、山麓和河床等地貌特征；c.模型颗粒尺寸需要足够小，并且能够满足物质长距离搬运和颗粒之间能够分类沉积；d.侵蚀率要足够大，并且能够满足实验所需的时间要求。

因此，沉积物质能够满足要求，并能够记录构造作用和地层结构中产生的断层、不整合、切割和下超等信息。实验还测试了水饱和材料对变形样式的影响。侵蚀和物质搬运过程等地貌变形强烈地依赖模拟材料的物理属性。例如圆的和分选好的材料（如微玻璃珠、亚克力颗粒材料），在滑坡过程中侵蚀太快，其材料的属性具有一定的局限性，然而其他的一些侵蚀材料，因内聚力太大而又很难发生变形，河流下切作用过程中侵蚀很慢。由此，在模拟实验过程中，为了观察到侵蚀现象和变形样式，需要对材料的颗粒尺寸大小、颗粒形态和含水饱和控制等有一定的要求。物理模拟材料的粒径中值控制在 105μm 左右，其中微玻璃珠体积占 40%、石英粉末占 40%、塑性粉末占 20%。在实验过程中，对材料进行筛分，并用水润湿，其润湿饱和度在 25%左右。具体物理属性见表 5-4。

（3）边界条件和相似比

实验应用天山造山带的地表高程数据、地震数据、大地测量数据和区域地质调查数据进行综合分析，探讨天山造山带的地貌构造变形过程。以天山造山带的分布作为

表 5-4　物理属性参数表

参数	物质组成		
	微玻璃珠	石英粉末	塑性粉末
粒径中值/μm	105±4		
密度/（g/cm^3）	干的：1.25±0.05	水饱和的：1.60±0.05	
孔隙度/%	37±2	35±2	
内摩擦角/（°）	35±2	40±2	
内聚力/Pa	100±50	500±100	

实例，以天山构造带的具体特征作为其流变学和结构的初始边界条件。研究的尺度聚焦在地壳 10~15km 范围内，且大陆地壳的流变学结构由两个主要模拟层组成。上覆脆性层用 5~10cm 厚的组合材料，深度用韧性材料模拟。韧性材料由滑石粉和硅油混合在一起，占比分别为 65%和 35%。初始模型地貌起伏较小，不超过 1cm。设置的原因主要是考虑水系分布特征、需在几小时内实现缩短变形。这一判断的原因是活动的造山带前缘变形在扩展到前陆盆地地貌形成之前，其水系分布和继承性的物质疏散是存在的。

鉴于过去的研究及经验总结，对模型的相似性进行了确定。由于自然界和模型材料的物理特征及力学机制的影响，相似理论很难严格定义。因此内聚力、侵蚀线、侵蚀和搬运规律并没有得到很好的约束。首先，根据观察到的区域卫星照片和实际考察获得的测量值，进行了地貌构造几何特征的模拟测试。通过对山谷、阶地和冲积扇的分析，建立了几何特征相似系数 1×10^{-5}~2×10^{-5}（相当于 1cm=500~1000m）。这一相似系数与经典的物理模型比较接近，满足实验要求。模型的长宽分别为 2.2m 和 1.2m，代表实际山麓 100km 长的范围。其次，对连续介质的非量纲参数进行动力学方程推算，并对模型表面和内部的无量纲参数进行定义。模型与实际之间的相似系数 $\sigma^*=\rho^*g^*l^*$，它们分别是密度、重力和长度之间的关系。$g^*=1$，代表实验中使用的重力场；$\rho^*=1.5$，表示沉积岩与模型材料的密度比值（分别是 $2400g/m^3$ 和 $1600g/m^3$）。长度相似系数为 $l^*=1\times10^{-5}$~2×10^{-5}。$\sigma^*=1.5\times10^{-5}$~$3.0\times10^{-5}$。沉积岩的内聚力是 1×10^7~5×10^7Pa，如灰岩、石英砂岩等。模型材料的内聚力分布范围是 150~1500Pa。模拟山麓地貌构造变形的内聚力是 400~600Pa。根据相似原则，这一计算值满足相似条件。在相关的文章中已经讨论了实验及其材料的属性。最后，模拟实验和自然界实际变形之间的时间相似系数根据具体的侵蚀速率计算。根据恒定的降雨作用（大约 30mm/h）进行测量计算。地貌的坡度角从 10°变化到 20°，平均的侵蚀速率为 2~5mm/h。天山造山带实际的侵蚀速率为几毫米每年。因此时间相似系数大约为 5×10^{-10} 和 1.0×10^{-9}（相当于 1s≈35~70a 和 1h=125000~250000a）。考虑到时间尺度和几何相似性，挤压速率控制在 20~40mm/h，相当于实际的汇聚速率为 10~20mm/a。在实验中，挤压变形耗时 10h，相当于地质历史 2Ma，变形缩短量为 20km。模型的动力相似系数存在一定的推出性，存在一定的不确定性。而且，地貌构造变形实验也许存在一定的扭曲现象，如水力和山麓在模型尺度下很难缩减。尽管如此，实验在大尺度上计算了缩短和侵蚀速率。因此，本研究仍在一定的时间尺度上为该地区构造变形演化特征的理解提供了较合理的解释。

5.3.3 模拟结果

（1）地貌和变形机理的有效性探讨

将构造地貌特征与变形机理的实验模拟结果与实际的变形特征进行了对比。实验结果表明，模拟结果的构造和地貌与天山造山带的构造和地貌可以进行对比（图 5-12 和图 5-13）。实验过程中，降雨速率和挤压速率保持恒定值，降雨速率为 30mm/h，挤压速率 40mm/h，并持续进行 9h。在模型的表面，降雨保持均匀分布而不对其产生太大扰动，即保持侧向变化率不超过 20%，并且保持收缩作用与前缘的汇聚相一致。基于以上参数，模型初期或者早期的快速汇聚速率为 20~30mm/a，且保持相对低的侵蚀速率，即侵蚀速率应低于 1mm/a。两个数码相机跟踪拍照。整个地貌变形过程中，变化最显著的特征是受到垂直于挤压方向的两个差异地貌迹线所控制。通过倾向于支撑挡板，而且其间距保持在 10cm 的断层对构造释放区域进行控制。实验结果表明，增生楔的构造样式与活动的山麓的典型样式相似。水系网络最明显的特征是呈平行排列，并且在变形的前缘呈格栅状。同时，在变形体的前缘，形成数个冲积扇形态的沉积体。

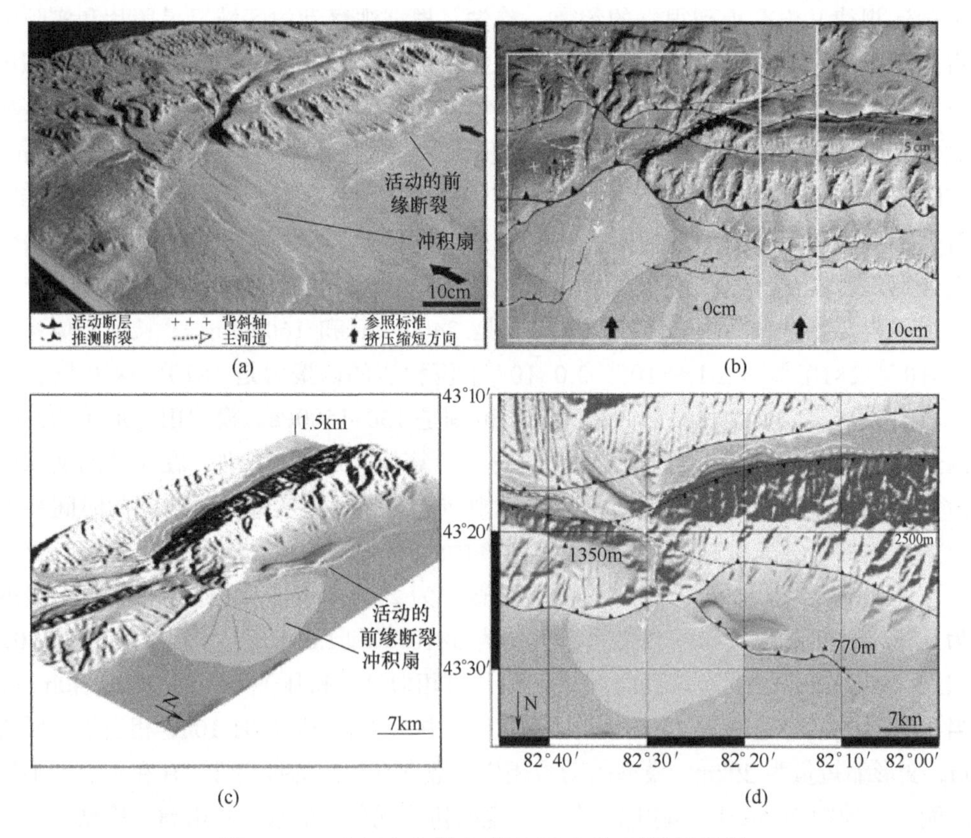

图 5-12 天山造山带山麓的形成物理模拟结果

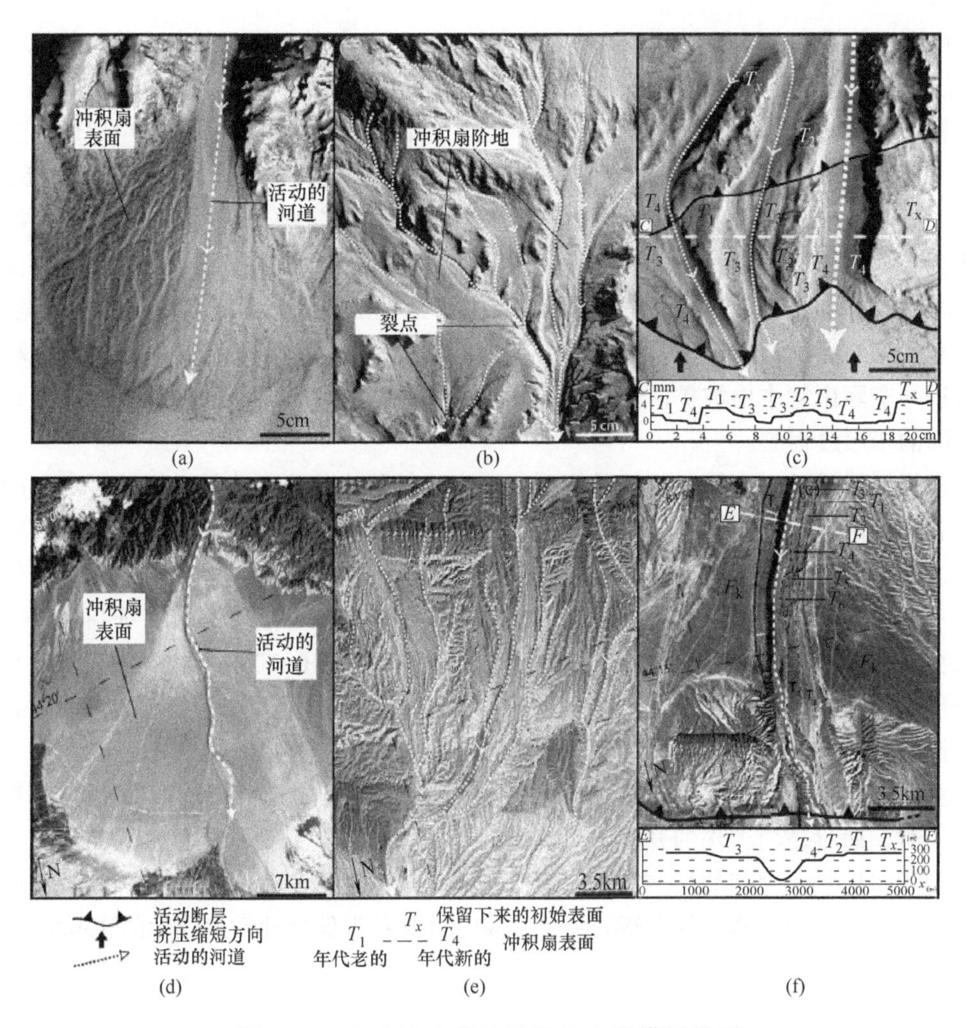

图 5-13　天山造山带地貌构造变形模拟结果

它们的形成是因为在造山带的前陆盆地和前缘变形过程中，河流的搬运能力在斜坡和低洼的地方被截断。物理模拟所显示的变形特征与自然界实际的河流水系和冲积扇的作用过程大体相当。

（2）获得的地貌典型特征

通过模拟实验获得 3 个典型的变形特征。

第 1 个变化特征是冲积扇的形成。扇形结构（扇形的顶点位于河道泄口处和扇的环形前缘），它与河道表面快速流动和运移分异紧密相关。由于动力学作用，早期形成的冲积扇仍然保留在活动的河道和洪泛沉积的表面。在模型 250cm^2 范围内，山麓坡角保持在 5°~6°之间。这样一个范围相当于天山造山带数百平方公里。在区域上，天山山麓大多数冲积扇的地貌倾角在 1.5°~3°之间。尽管如此，模拟实验还是显示了与实际相似的地貌特征。本研究揭示了模拟实验中的搬运过程与自然界实际情况之间存在一定的差距，或者说在垂向和水平方向也许都存在不同的地方。然而，在地貌动力学分析上，冲积扇模拟结果与实际的变形之间具有较大的相似性，其他技术无法与本物理模拟实验相比。

模拟实验第 2 个显著的特征就是天山造山带山麓水系的形成。模型中形成了多条近似平行的河道，并且它们微有起伏，同时在河道分支之间保存有冲积扇的表面形态。模型表面有几个破裂点，幅度大约 1mm，相当于实际构造±（50~100）mm，并且沿着河床分布。这样的变形特征与实际的河道下切作用或者河道内部因构造抬升遭到侵蚀作用相似。从本质上看，模型中显示的山麓所形成的亚平行水系、河道的长度和宽度、坡形起伏等与天山造山带的实际地貌特征较为相似。它揭示了模拟结果中的侵蚀和搬运过程与实际山麓中山坡扩散过程和河流的疏导过程在整体上是相似的，是遵循自然界实际的变形过程的。

模拟结果最后一个明显特征是模型表面产生的陡坎位于两个活动逆冲带之上的表面。它们的产生与河流发生分异、搬运和下切等水系动力学过程紧密相关。河道在不同阶段的水流驱动和整体搬运过程中，都不可能是一成不变的，会发生一定的变化，并在一侧产生陡坎，另一侧产生阶地。垂直于运动方向的地貌形态、特征指示了山麓地貌存在差异的高程，约有 1mm 的高程差，相当于实际 50~100m。相对的高程差与山麓变形前缘的抬升率相当。模型中产生的台阶和几何特征与天山造山带的活动断裂和断展褶皱中因构造抬升形成的河流在幅度和地貌形态上较为相似。

总之，地貌动力学也是近年来研究的热点，越来越多的学者开始重视该项研究工作。同时，通过该项工作的开展，可以进一步更为深入地探讨地质体表面的侵蚀、抬升、沉积与地质体内部的褶皱、断裂及其他动力学过程及其影响。可为地貌及构造变形演化机理的研究提供一种全新的视角，同时也有利于促进地质地貌学的快速发展。

第6章

底辟构造形成和演化的物理模拟研究

底辟构造研究的历史久远。早在20世纪30年代，人们就开始对底辟构造进行研究。代表性人物Nettleton用Rayleigh-Taylor不稳定性理论对其解释：认为底辟，尤其是盐岩底辟具有不稳定性，它与上覆的脆性层之间存在密度差，导致了其不稳定而形成底辟构造。Rayleigh-Taylor不稳定性理论的提出，对后来底辟构造成因的解释产生了深远的影响。但是，现代流变学理论数据发现：Rayleigh-Taylor不稳定性理论解释底辟的形成存在一定问题，是因为上地壳存在偏斜应力。当断层面活动的时候，使得偏斜应力还未达到固态蠕滑状态时，就沿着断层面发生了释放。因此，上地壳主要表现为脆性变形，而且主要考虑的是温度和压力条件的影响。

同时，早期研究底辟应用了基底多层饱和液体层被上覆脆性层覆盖模型。然而，地震反射剖面显示良好的断层和构造样式在模拟结果上没得到较好的显示。表明模型结构存在一定的问题。但后来研究发现，驱替速率快速通过盐岩通道流动时，确保了盐岩在其围岩周缘快速上升，这样才使得盐岩能够发生运移或者同沉积扩散。于是就建立了被动底辟（downbuilding）、主动底辟（upbuilding）、区域性伸展断层作用（底辟刺穿）和区域性缩短四种类型及相关的底辟成因认识。

由于底辟构造与油气圈闭及固体矿产的富集，以及近年来的二氧化碳埋藏、储存等密切相关。有利的底辟构造及其相关的构造样式，具有十分重要的经济价值。于是人们加强了对底辟构造的研究，从物质组成、构造样式和形成演化等方面开展了更为深入的研究。研究方法主要有地震解释、地貌分析、物理模拟、数值模拟及数值分析等。本章主要是对底辟构造相关的实例和物理模拟进行归纳总结和分析探讨。

6.1 底辟构造特征及分布

底辟构造是由地下低密度高塑性岩层（如岩盐、石膏、泥岩、岩浆等）在差异压力或构造应力作用下向上运动导致的变形构造。就塑性岩层种类的不同分为岩浆底辟、盐底辟和泥底辟。盐底辟和泥底辟常见于大陆边缘（包括主动和被动大陆边缘）盆地及造山带前陆盆地。例如，位于主动大陆边缘的安达曼海盆地的泥底辟、莺歌海盆地的高温超压热流体泥底辟，位于被动大陆边缘的南美东海海岸盆地的系列盐底辟以及特提斯构造域前陆盆地的盐底辟等。底辟构造通常由底辟核、核上构造层和核下构造层三部分组成。核上构造的变形通常较为复杂，其复杂程度与其底辟核岩层的流动性有关，核下构造则普遍比较简单。

有关底辟构造的特征及其影响因素，前人已有较多研究。费琪和王燮培曾经从沉积层密度、沉积速率及沉积物充填方式3方面因素探讨了东营坳陷中盐和泥底辟形成过程，并认为水平构造应力应是关键触发因素。Hudec和Jackson系统讨论了被动大陆边缘和造山带盐底辟构造形成规律，认为浮力、构造应力、基底倾斜度和差异加载是其中的关键因素。近年来，人们采用物理模拟和数学模拟方法对盐底辟构造的形成过程和机理问题进行了深入的探讨。例如，Warsitzka等的砂箱模拟实验研究表明，盐底辟的形成主要受其塑性层埋深和源岩层的消耗量、盖层封闭性、剥蚀作用、基底倾斜度及构造应力作用方式等因素控制。Nikolinakou等开展盐岩底辟构造的演化模型和静态模型数值模拟对比分析，模拟结果表明，在预测相同孔隙度的岩石时，演化模型得到的平均有效应力值比静态模型预测值大；同时，演化模型能够对盐底辟构造周缘岩石强度和各向异性进行有效预测。然而，以往的研究主要针对盐底辟构造，而对于底辟作用较弱且在地震剖面上识别不易的泥底辟构造的研究则相对较少。

其实，泥底辟（及泥火山）构造也是分布在大陆边缘盆地及造山带前陆盆地中的一种常见构造（图6-1），在全球范围内广泛分布，地球上已知泥火山数量近900个。详细地震资料陆续揭示了安达曼海盆地、莺歌海盆地、东营凹陷及珠江口盆地等含油气盆地都存在不同程度的泥底辟构造。前人对底辟构造几何及演化特征开展了大量的研究，然而，由于泥底辟构造在地震剖面上的可识别性远低于盐底辟构造，尤其当泥岩的塑性较弱时，核上构造层与泥底辟核之间的界线比较模糊，给泥底辟构造的研究带来了不便。但是，越来越多的勘探实践表明，泥底辟构造对于油气成藏具有重要的控制作用，因此深入探讨泥底辟构造的特征及其主控因素不仅能够丰富对于底辟构造的认识，而且具有重要的实际意义。

安达曼海盆地是位于印度洋东北部的中-新生代弧后伸展型裂陷盆地。现有的勘探

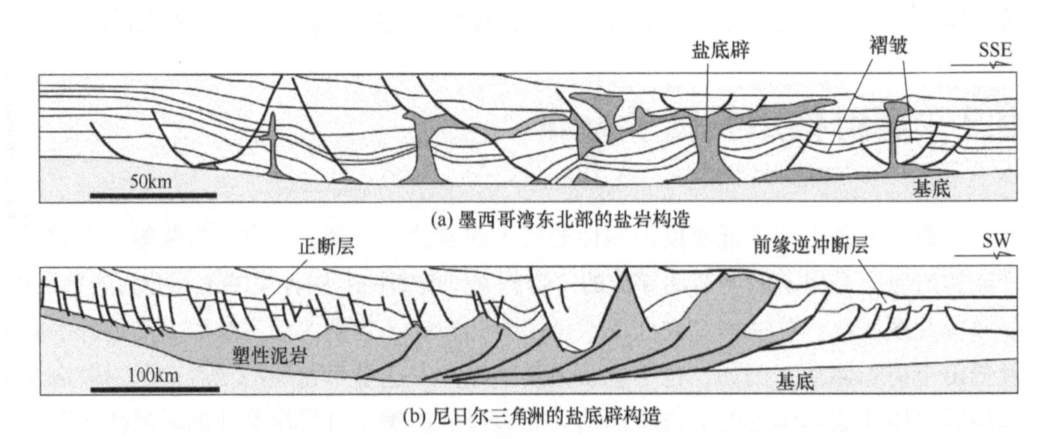

(a) 墨西哥湾东北部的盐岩构造

(b) 尼日尔三角洲的盐底辟构造

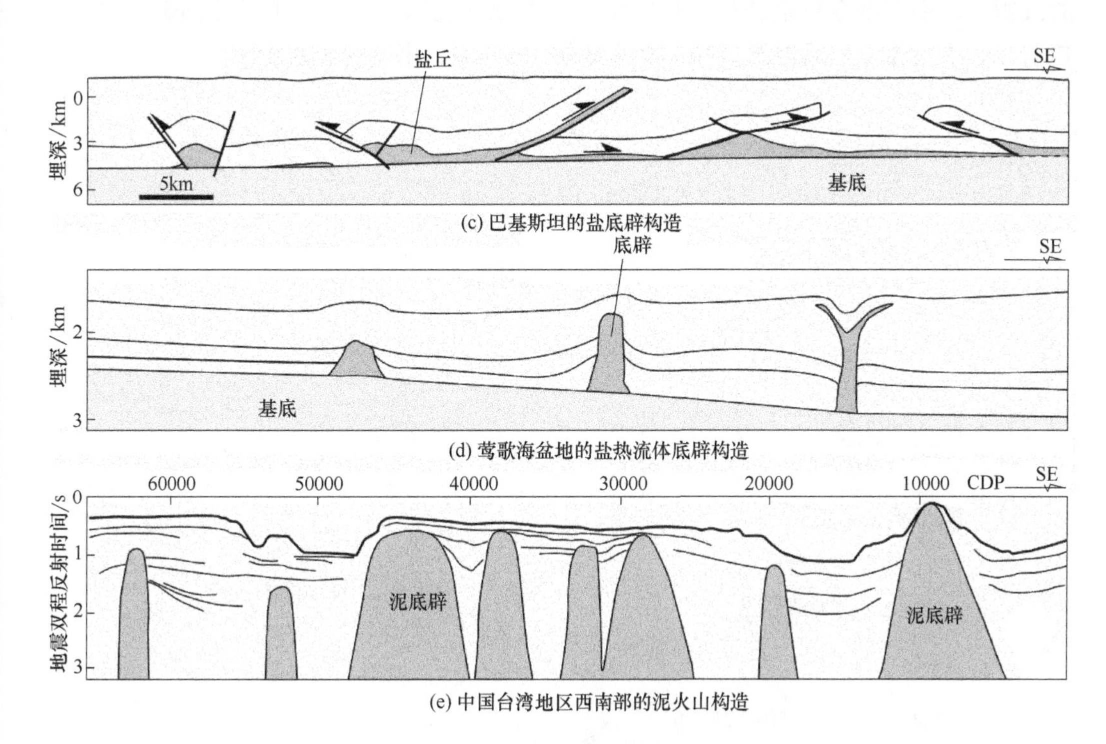

(c) 巴基斯坦的盐底辟构造

(d) 莺歌海盆地的盐热流体底辟构造

(e) 中国台湾地区西南部的泥火山构造

图 6-1　典型的底辟构造特征图

资料表明该海盆的增生楔和弧后盆地区域存在着不同类型的泥底辟构造，Nielsen 等曾根据多波速条带测深数据和深海地震剖面揭示了该区泥底辟（及泥火山）构造的存在。然而，由于资料条件的限制，泥底辟构造在二维地震剖面上的反射特征很不明显，并且穿过增生楔的地震剖面数量不足、质量差，且缺乏钻井资料。导致对该区泥底辟构造的分布特征认识不够充分、因此对其主控因素的了解也不够深入、形成机制的认识不够深入和完善。本章根据地区构造特征，设计了无走滑断裂和有走滑断裂发育条件下的 2 组物理模型，并结合钻井和前人的地震资料，深入分析该区泥底辟构造的特征与分布规律，并在此基础上探讨该区的泥底辟构造的主要控制因素。

6.1.1　典型的泥底辟特征分析

（1）泥底辟构造

安达曼海域主动大陆边缘位于印度板块与欧亚板块以及东南亚板块之交汇区，西邻孟加拉湾，南邻苏门答腊，东邻泰国和马来西亚，北邻缅甸陆上。该区构造受印度洋板块北北东向斜向俯冲作用和实皆走滑断裂控制，形成非常独特的主动大陆边缘构造。现有的研究表明，安达曼海域及邻区板块构造演化经历了三个不同阶段，分别是晚始新世—早中新世阶段，研究区经历了斜向伸展变形；中新世—上新世阶段，研究区开始裂陷并演化形成安达曼海扩张中心；上新世至今属裂陷后沉积阶段，形成巨厚的沉积物。根据现今构造格局，可将安达曼海域构造划分为五个带，分别是增生楔、弧前、火山岛弧、弧后以及掸邦—马来地块（图 6-2，书后另见彩图）。

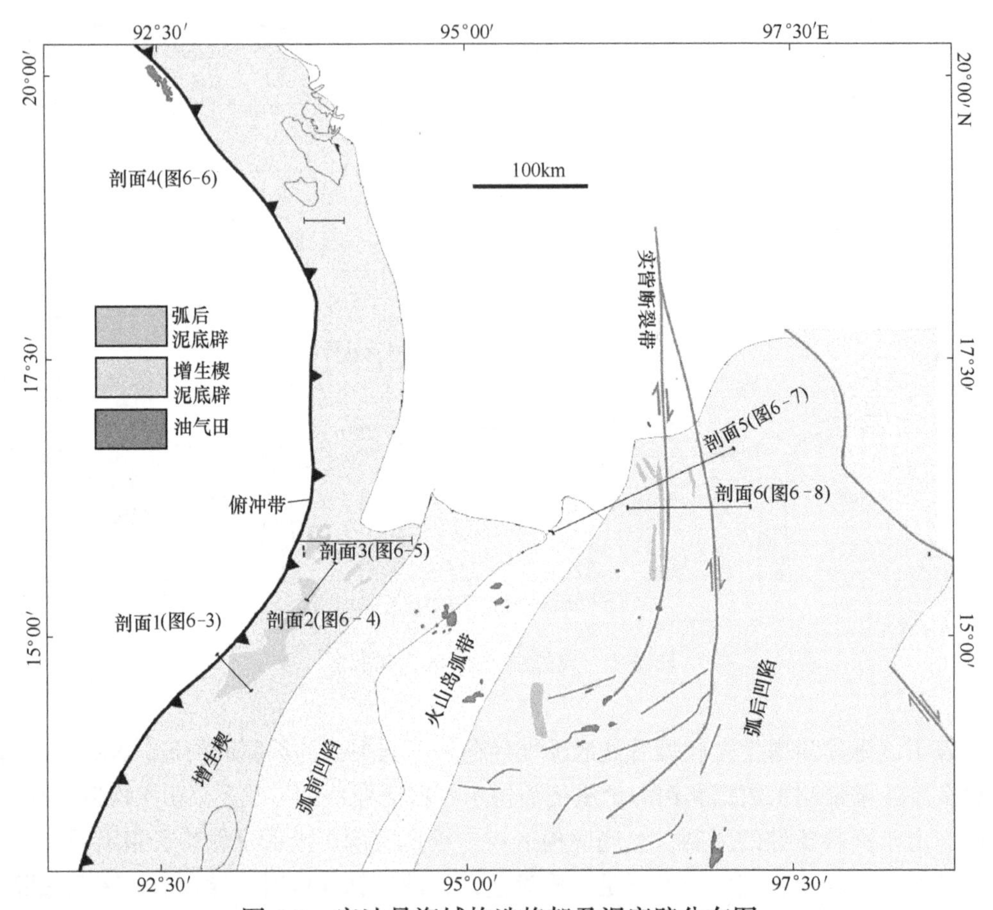

图 6-2　安达曼海域构造格架及泥底辟分布图

区内坳陷南北差异较大，缅甸陆上坳陷主要是早期断陷，晚期挤压改造，安达曼海域坳陷则为早期断陷，后期继承性张扭改造特征。安达曼海域的沉积作用与构造作用关系密切，沉积作用受到构造的控制。在被动大陆边缘阶段，地层沉积作用受板块裂离、漂移作用的影响；在过渡性大陆边缘阶段，沉积作用主要跟印度板块俯冲的强度和速度有关；在主动大陆边缘阶段，火山岛弧隆升，整个缅甸地块进入挤压作用占主导地位的被动大陆边缘阶段。自上新世以来，研究区发育了巨厚的沉积物，形成的坳陷结构特征和中国东部断陷湖盆具有一定的相似性，但不具备中国东部断陷湖盆的裂陷前、同裂陷以及裂陷后三期明显的特点。

（2）增生楔泥底辟剖面特征

安达曼海增生楔是印-缅俯冲带的一部分。前人利用多波束测深条带数据分析显示，增生楔不同段变形样式和地层缩短量存在明显差异，同时差异的应变场导致了区内发育右行走滑断裂（图 6-3 和图 6-4）。增生楔西部边界在形态上是一向东弯曲的弧形特征，不同构造带走向差异极大，即增生楔走向上，北段为北西向，中段为南北向，而南段则为北东向（图 6-2）。构造极为发育有正断层、逆断层、走滑断层和泥底辟构造（图 6-3）。钻井揭示发育有中新统—全新统等地层，但沉积较薄。深层岩性主要为泥页岩、薄层砂岩，属海相沉积；浅层岩性主要是发育砂泥岩互层，属滨浅海相沉积。

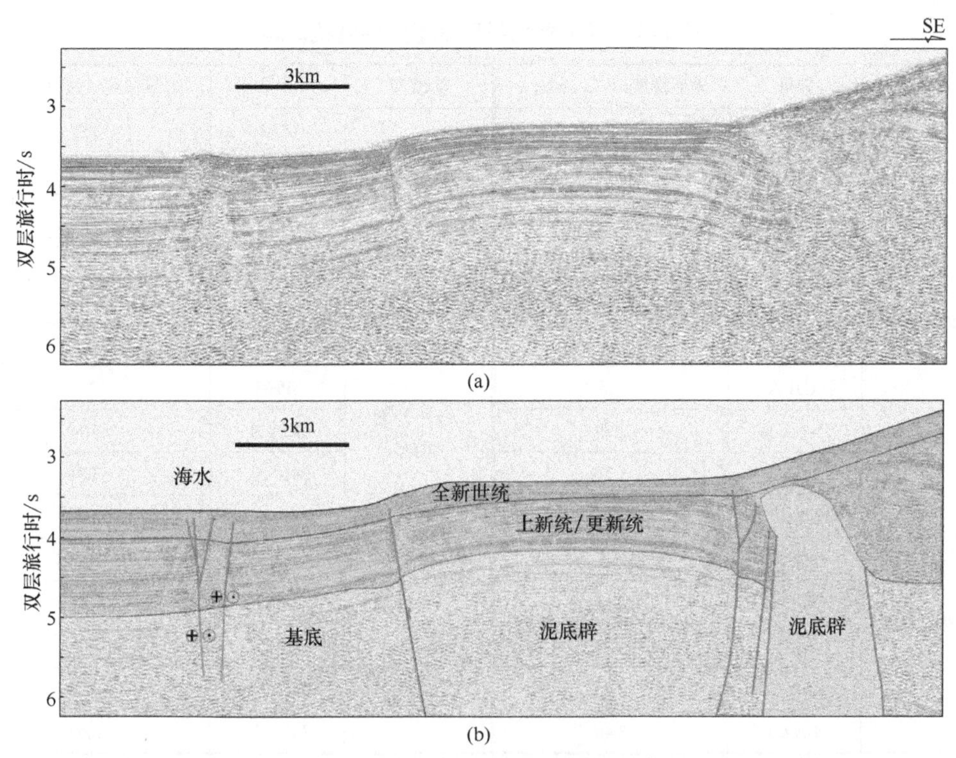

图 6-3　增生楔“龟背”形泥底辟地震剖面解释（位置见图 6-2 剖面 1）

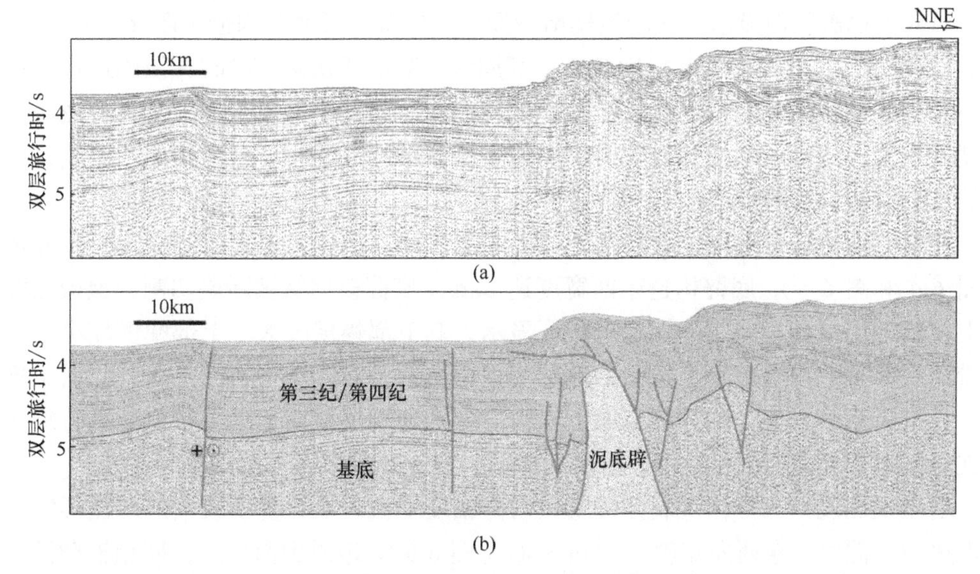

图 6-4　增生楔“刺穿”形泥底辟构造地震剖面解释（位置见图 6-2 剖面 2）

在靠近海沟一侧，沉积厚度增大，特别是临近孟加拉扇区域，地层沉积厚度达3000m；而在增生楔东部，其地层基底被巨厚的伊洛瓦底三角洲底沉积物覆盖。总体上，增生楔地层沉积厚度较薄，而且地温梯度也较低（表 6-1）。因此，增生楔构造特征使得其底辟构造与一般的高温高压泥底辟有差异。

表 6-1　增生楔与弧后地温度梯度统计表

构造带	井号	地温梯度/（℃/100m）	构造带	井号	地温梯度/（℃/100m）
增生楔	JA1	2	安达曼海弧后盆地	M7-1	3.97
	A3	2.37		M1-A1	3.21
	E1	1.46		M1-B1	3.65
	G1	2		5-BA-1	4.48
	H1	1.73		5-AA-1	3.57
	RU1	1.6		SPA-1	3
	RU1-A	1.6		SPH-1	3.2
	1-AA-1	1.79		3CA-X	4.74
	1-AA-2	1.77		M10-A1	3.71
	M8-A1	<2		M10-B1	4.54
安达曼海弧后盆地	6CC-1	5.5		SPT1	3.75
	9GC-1	4.14		SPT2	4
	YE-1	4.5		SPT3	3.7
	M12-A1	4.45		M11-A1	3.23
	4-AA-1	3.46		M12-C1	3.65

研究区地震剖面显示，在增生楔南段发育“龟背”形底辟构造（图 6-3），横向宽度最大在 6km。底辟核隆起幅度较小，其周缘被断层所切割；同时在该构造带靠近海沟的一侧，发育的“龟背”形底辟核幅度较小，而靠近增生楔东部，发育的泥底辟核幅度则较大。而且底辟核的核下构造层地震反射杂乱，地震反射同相轴不连续；底辟核的核上构造层亚平行结构，地震同相轴连续。

在增生楔构造带中段，即靠缅甸陆上南部海岸线地区，发育“刺穿”形底辟构造（图 6-4 和图 6-5），底辟构造东西宽度达 5km。底辟核周缘被断层切割，覆盖底辟体的上覆新地层被刺穿。底辟核形态特征显示，其下部幅度较大、上部幅度较小。此构造带泥底辟核上部地层发生扭曲，地层明显不协调。横向结构特征上，其与增生楔南段“丘形”底辟相似，同样具有靠近海沟一侧的地震反射同相轴平行或亚平行结构；而在东侧靠近弧前地区，地层发生明显倾斜，且正断层发育，形成断块构造。

增生楔北段，底辟构造刺穿幅度较南部幅度增大，发育规模较大的“丘形”底辟和泥火山，泥底辟东西向宽度在 8km 左右（图 6-5）。地震剖面显示，同相轴杂乱，两翼变化地层倾角较大，而且泥底辟核下构造层隐约可见向深海一侧倾斜。泥底辟核被

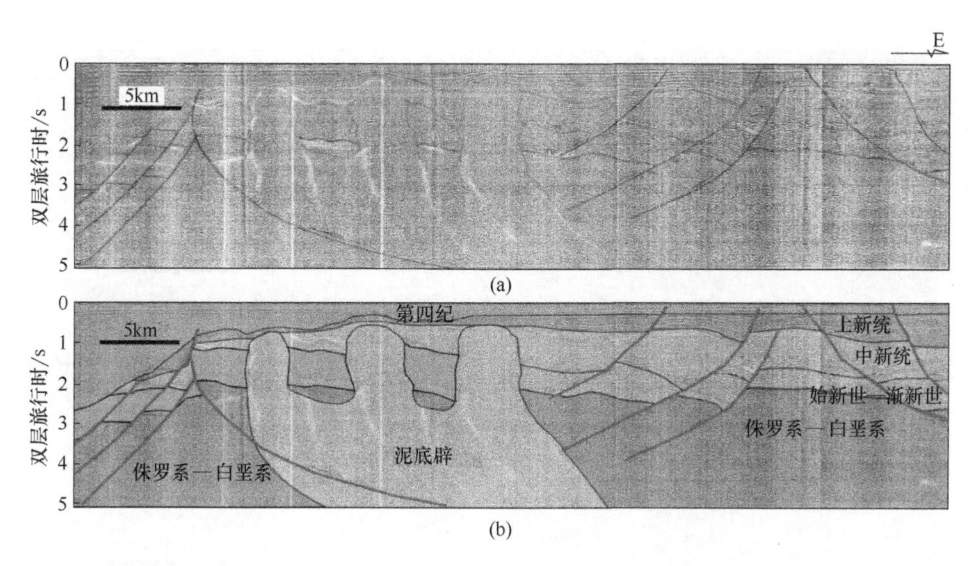

图 6-5　增生楔 M2 区块“刺穿”形泥底辟构造地震剖面解释（位置见图 6-2 剖面 3）

断层强烈切割，断层在深部的倾角较小，而在浅层，断层的倾角则较大。底辟核周缘核上构造层东、西差异较大；“丘形”底辟核的顶部，可见地层明显隆起，与其两侧地层不协调。横向上结构特征与增生楔中段和南段仍然相似，在靠近深海平原一侧地层呈平行接触，而靠近东部弧前盆地一侧的地层则发生扭曲。有关增生楔北段泥底辟和泥火山，Nielsen 等在对印-缅俯冲带应力场特征研究时，同样发现了研究区（14° 30′~15° 、17° ~17° 35′）及 Ramree Lobe 岛分布着大量的泥底辟和泥火山。

地震剖面构造特征解析及前人分析表明，增生楔底辟构造特征主要是底辟核与核上构造层之间，地层组合呈现明显的不协调特征，且底辟核被断层切割（图 6-4 和图 6-5）。底辟核顶部地层明显扭曲，核下构造层地震同相轴反射杂乱。底辟核周缘地层东、西差异较大：靠近深海一侧的地层呈平行或亚平行结构，而靠近弧前一侧的地层不平行且地层倾角增大。增生楔构造带，由南向北泥底辟的强度和幅度逐渐增大；而地貌特征则显示，增生楔北段泥火山广泛分布。综合解析表明，增生楔泥底辟构造类型主要有“龟背”形、“丘”形、“刺穿”形及泥火山四种类型。

（3）增生楔泥底辟平面分布特征

在增生楔南段，地震剖面显示底辟构造主要是泥底辟，且以“龟背”形和“丘形”为主，而在增生楔北段主要分布的是“刺穿”形泥底辟和泥火山。可见，在增生楔不同部位，底辟构造差异性较大。印度洋板块向北东斜向俯冲，导致增生楔南北段应力差异较大，应变状态是由局部到整体这样一个演化过程。因此，增生楔南北不同构造位置，应力场不同，形成了复杂的底辟构造特征。而且，北部紧邻孟加拉扇，巨厚的沉积作用与底辟由南向北强度逐渐增大具有紧密关系。增生楔东西向对比显示，靠近深海平原一侧的底辟发育强度较小，以“龟背”形为主，而靠近岛弧前一侧（图 6-6）底辟的底侵作用增强。

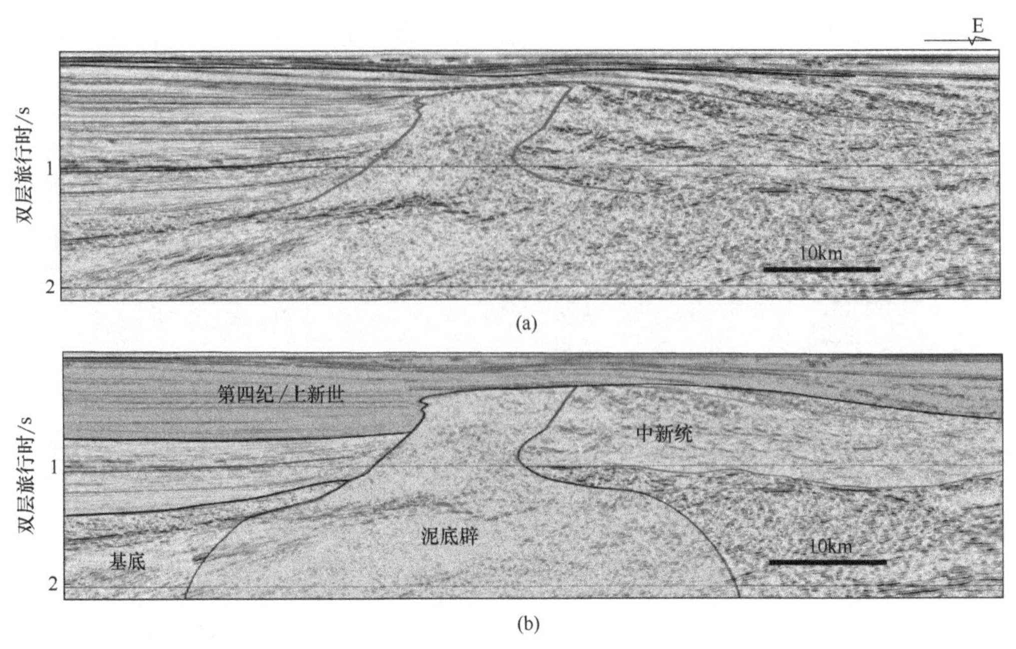

图 6-6 增生楔 A4 区块“丘”形泥底辟构造地震剖面解释（位置见图 6-2 剖面 4）

（4）弧后泥底辟剖面特征

安达曼海弧后坳陷位于伊洛瓦底江以南，掸邦高原的西侧和火山岛弧带的东侧。泥底辟构造集中分布在马达班湾地区，且底辟构造带东部与实皆断裂带比邻。工区内实皆断裂切割地层，平面上 NNE-SSW 雁行断裂发育（图 6-2）。地震及钻井揭示，该地区发育有渐新统—全新统等地层（图 6-7 和图 6-8）。安达曼海弧后盆地北部 E-S 地

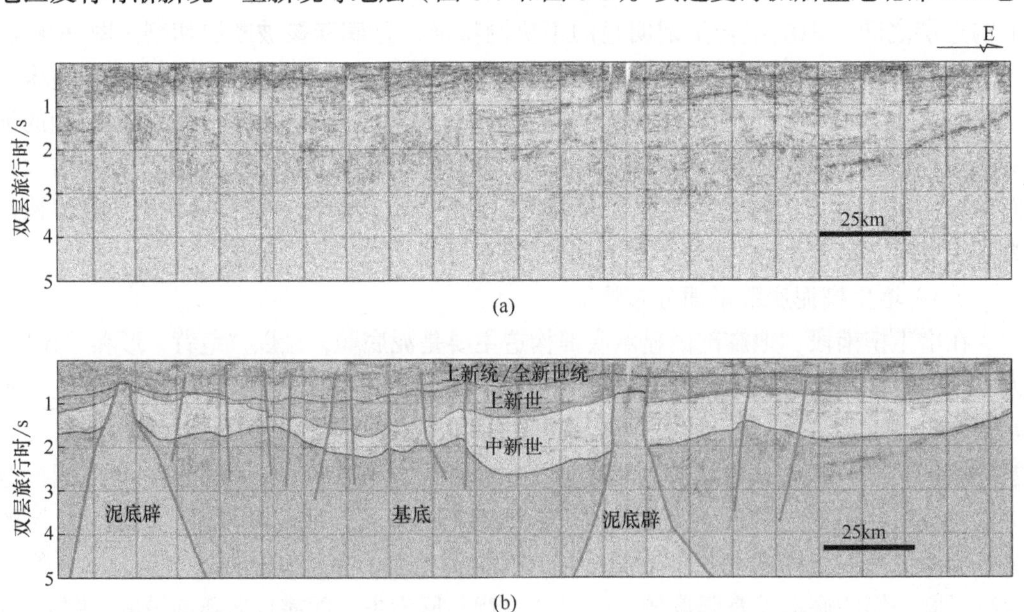

图 6-7 安达曼海弧后盆地“气烟囱”形泥底辟构造地震剖面解释（位置见图 6-2 剖面 5）

震剖面解析表明，该构造带发育“刺穿”形底辟。泥底辟核形态似“气烟囱”特征，底辟底部幅度稍大，顶部幅度稍小，且底辟核内部地震同相轴杂乱反射（图 6-7）。纵向结构特征显示，底辟核刺穿层位较多、刺穿幅度较大，即底辟核的核上构造层更新世和中新世地层被底辟物质刺穿。由于泥底辟被断层切割，所以底辟核周缘构造层横向变化较大。核下构造层地震反射不清晰。图 6-8NE 地震剖面同样显示，发育“气烟囱”形底辟，底辟构造结构特征也极为相似。弧后盆地东部中央带底辟特征与弧后盆地北部底辟构造特征相似（图 6-2、图 6-7 和图 6-8），泥底辟核周缘被正断层切割。总之，安达曼海弧后坳陷底辟剖面特征为：底辟核纵上刺穿层位幅度大（中新统—更新统），底辟核周缘地层倾角较大，泥底辟核上覆构造层被正断层强烈切割；核下构造层地震同相轴反射杂乱。综合解析表明，弧后坳陷底辟构造类型主要是“气烟囱”形泥底辟。

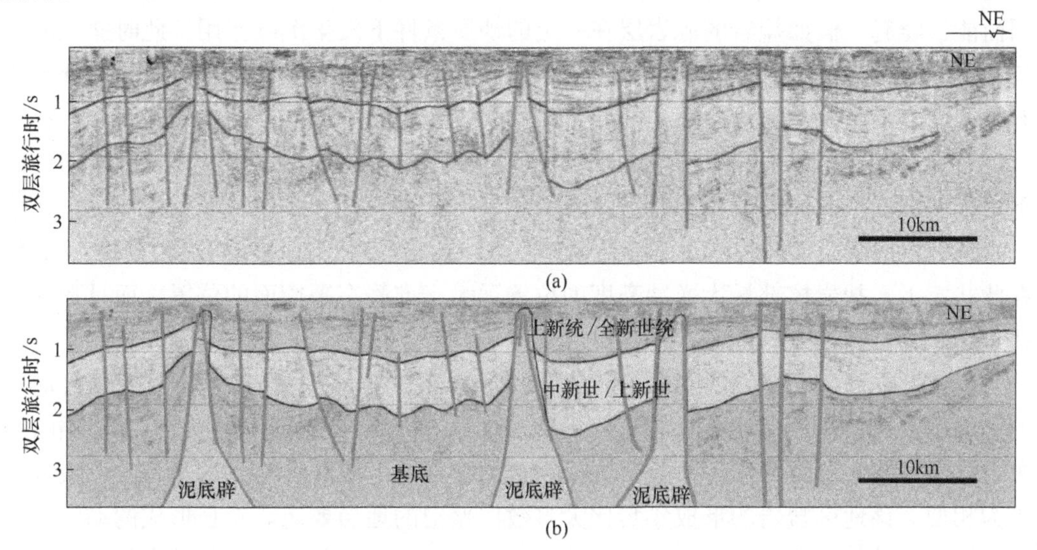

图 6-8　安达曼海域弧后盆地“气烟囱”形泥底辟构造地震剖面解释（位置见图 6-2 剖面 6）

（5）弧后泥底辟平面分布特征

安达曼海弧后坳陷北部、中部中央带泥底辟构造走向近南北，主要位于伊洛瓦底江和萨尔温江南部的马达班湾地区。安达曼海弧后盆地北部底辟构造分布最多，泥底辟构造幅度较小：规模最大的泥底辟东西宽达 5.7km，南北长达 125km；规模和幅度较小的泥底辟南北长达 13km，东西宽达 4km（图 6-2）。在纵向上，刺穿层位最大的是弧后盆地东部中央带泥底辟，底辟核刺穿了中新统、上新统及全新统等地层。总体特征表现为弧后坳陷向东和向北方向，泥底辟构造的幅度和刺穿强度增大，特别是在弧后盆地北部，泥底辟构造在平面上异常发育。

6.1.2　典型的盐底辟及沉积建造分析

Barton 早在 1933 年的美国石油地质协会关于得克萨斯州墨西哥湾和路易斯安那州

中的盐丘形成机制一文中，就从地层压力、温度和变形时间等方面详细地探讨了底辟的形成机制。该论文对底辟形成的机制研究比较全面和深入，至今国内外很多学者还在不断引用和学习。为此，本小节将其研究过程作为案例进行详解，以供读者参考。

某些地区的盐丘的盐岩物质由常见的沉积岩构成，这是毋庸置疑的，并已得到了地质学界的认可。有关盐丘的地质观察和实验室分析显示，盐岩的流动是在一定的地层差异压力作用下形成的。比较有名的德国盐丘的形成是因为 Zechstein 盐岩层系的塑性流动。无论何时，只要临界条件中的地层压力、温度和变形作用的时间超出了其极限值，此时任何一种差异压力作用都可能导致沉积层中的盐岩发生塑性流动。因此，差异压力的形成可能来自两个方面：一方面是上覆沉积岩层的自重静态压力；另一方面就是逆冲或水平挤压作用下产生的动态压力。在第一种压力形成条件下，逆冲作用导致盐丘生长仅仅是因为有更多的能量能够克服摩擦作用和使得盐岩核部克服重力作用而能够隆起。假如盐岩的源岩层在一定的地质条件下发生沉降作用，此时盐丘的生长通过沉积建造作用（downbuilding）来实现。盐丘的最大抬升高度位于盐岩核部准静态平衡面之下，并且通过一系列的变形作用，盐丘将发生进一步的扩展和演化。在第二种条件下，能干性强的岩石中，水平方向的挤压动力将间接地通过背斜和向斜的向下滑移来促进盐丘的形成。同时，盐岩的水平挤压会直接导致逆冲盐核的形成。在第一种情况中的静态逆冲将变得十分活跃，并且比盐岩的动态逆冲作用更为重要。同时，在此状态下，盐岩核部最大逆冲高度的位置远大于准静态平衡面的位置，而且形成的盐丘形态也具有较大的差异。

美国墨西哥湾地区的盐丘是由沉积岩中的塑性盐岩侵入到其上覆的沉积岩形成的。证据资料显示，形成盐丘的原始物质来自油气田钻井所揭示的构造带中，同时也来自盐岩中残余藻类物质，并且美国墨西哥湾盐丘的形成环境与德国盐丘的形成环境极为相似。该地区盐岩的形成年龄比大多数白垩纪的地层要老。盐丘形成的动力主要来自沉积岩的静态重力。在第三纪，盐丘发生生长作用，并且现今仍然有盐丘在生长和活动。在第三纪和第四纪，墨西哥湾地区没有发生水平挤压的动力作用。因此，形成盐丘的驱动力主要是来自沉积岩的静态应力的逆冲作用。而且在第三纪和第四纪期间，盐岩的源岩沉降作用是连续发生的。盐岩重力与沉积岩重力之间的差异较小，因此计算得出的逆冲挤压应力也很小，所以太小的差异应力无法克服摩擦作用和平衡盐岩核部的自身重力而抬升变形。因此，盐丘的生长机制主要归因于沉积建造作用（downbuilding），而只有少部分是由于盐丘自身的停止生长和邻区的区域性沉降作用。但是在墨西哥湾地区，实际上也存在一些逆冲构造发生，并会形成直径较大的盐丘构造。所有的盐丘并不是到现在一直在连续生长，而是不同的盐丘在不同的时间段会发生停止生长。有一个大致的规律是盐丘埋藏越深，停止生长的时间就越早。一般情况下，盐丘停止生长是由于源岩层中盐岩亏空作用，静态均衡的获得和沉积岩中盐岩的摩擦和挤压作用，以及沉降作用停止造成沉积建造（downbuilding）等原因。然而，也会有这样的情况出现，当盐丘停止生长会导致盐岩核部发生连续的后撤运动。周缘向斜的出现是因为扭动平衡，但是从地质数据上也很难识别。周缘向斜形成的具体原因是：a.盐岩的溶解作用；b.盐丘生长过程中推挤深部平顶的岩核部作用。悬挂式盐丘和具有盐帽的盐丘具有两种明显的形态：盐丘的垂直轴发生了偏斜；蘑菇状。第一种盐丘类型是由于深部的沉积物向海一侧流动，但对第二种盐丘类型的形成原因的解释还不能完全让人信服。

（1）盐丘形成的理论——沉积岩盐的塑性流动形成

盐丘形成的理论是：在差异压力下沉积岩的塑性流动所致。目前这一认识已被盐岩地质学家广泛接受。在过去，就有相关学者专门对此进行了研究，表明盐岩流动形成盐丘是完全有可能的。早期的研究认为，盐岩的埋深达到 12000ft（1ft=0.3048m）时，就有可能产生盐岩向上流动，并充填在上覆岩层的裂陷当中。假如在一定深度，单位面积上的地层压力增加（如沉积物的密度 2.3g/cm^3），地温梯度为每 100ft 增加 1℃。由于盐岩边界被地层水润滑，这样的叠加作用对于盐丘构造的产生显得十分重要。前人的研究也发现，高压对盐岩的流动十分必要。实际上，有关近地表盐丘的盐岩的流动，在波斯湾地区已经见到很多报道。该地区一些盐丘的盐核形成低缓的山丘，与其邻区地层相比，其最高海拔在 800m 左右。形成的大型盐岩山丘的基底盐岩已被报道向其相邻的峡谷地区流动，并且形成了冰。从波斯湾盐丘形成的数据，我们可以看出盐岩柱高 1100m 时，将会产生盐岩流动。有关波斯湾盐岩流动的观点并不能让部分研究者信服。但是盐丘形成的地质条件强烈揭示，实际上盐岩流动的深度比实验室计算的盐岩流动深度还要浅，这似乎是一个无法争辩的事实。通过对德国北部盐丘沉积盐岩的塑性流动研究，可以为盐丘形成机制解释提供原始的结论性证据。德国北部 Zechstein 盐岩是一套确定的地层。通过钻孔和探矿发现，盐丘和盐脊的构造及物质组成出露很好。这些构造带盐丘停止了活动。通过 Zechstein 盐岩的塑性流动形成了盐丘和盐脊的核部。美国墨西哥湾地区也具有类似的特征，它们的形成均是沉积盐岩的塑性流动所致。有关墨西哥湾盐丘形成的结论，在马卡姆盐丘钾盐的化石藻类发现中得到了进一步的证实。

（2）盐丘流动的驱动力

传统的理论认为，形成盐丘和盐脊塑性流动的动力来自两个方面：一个是水平挤压作用，即动力挤压作用是驱动力；另一个是盐岩中源岩的密度比起上覆的沉积岩的密度要小，上覆的逆冲作用在重力作用下向下滑动驱动塑性流动。虽然这一观点很多人并不乐意接受，但是也有相关的报道。尽管两种相反理论的论述都还不完善，但以上两种不同的观点都是可以考虑的。假如临界条件达到，沉积岩的塑性流动将会发生。临界点依赖地层中的一些复杂相互关系，如温度、压力、地层含水量及时间等。塑性沉积岩的差异压力在临界点以内就可以发生，即塑性沉积岩更容易发生流动。对压力状态是水平挤压逆冲作用还是沉积岩在重力作用向下发生的静态逆冲作用并没有特殊要求。

（3）沉积岩静态逆冲作用下形成盐丘

沉积岩的静态逆冲作用将导致塑性沉积岩向高点处流动，这样的现象主要发生在具有向下的压力作用和塑性沉积岩上升时受到的阻力较小位置。盐岩向上流动一直持续，直至沉积岩楔体向上的逆冲构造所产生的压力叠加到沉积岩自身的压力上形成与沉积岩正常的重力相等时才停止。平衡状态和均衡补偿可通过塑性层的逆冲作用获得，要求塑性沉积岩比正常沉积岩要重。但是，塑性沉积岩比正常沉积岩一般都要轻。所以，均衡补偿只有通过正常沉积岩顶部的塑性沉积岩的逆冲作用获得。塑性流体向上流动形成正向浮力，如盐岩，其密度比围岩的密度要低，将更容易向上逆冲。换句话说，逆冲楔的负向浮力将会使得向上的逆冲作用再次发生。

潜在的能量将会进一步影响盐岩的塑性流动，盐岩的逆冲作用将产生能量，由此均衡补偿作用很难获得。为了实现盐岩核部的逆冲作用，产生的能量需要满足：a.克服盐岩的内摩擦力；b.克服围岩和盐岩之间的摩擦力；c.克服沉积岩的重力而上升；d.克服沉积岩内部环带之间的摩擦力。从一个区域到另一个区域，能量的分布是发生变化的。假如正常的沉积岩石主要由灰岩组成，可利用的能量就比由中等胶结的石英砂岩、砂岩和页岩等正常沉积所提供的能量大，也比未胶结的石英砂岩、泥岩和页岩所提供的能量高。所获得能量主要体现在 3 个方面：a.克服摩擦力和流动时产生的重力；b.克服摩擦作用而不需做功的重力；c.不需要克服摩擦力而需要做功的重力。假如可利用的能量足以克服摩擦力和盐岩流动时的重力，盐核的逆冲作用在地质体一定的空间内是可以发生的。

假如可利用的能量不足以克服摩擦力和盐岩流动时的重力，盐核的逆冲作用在地质体一定的空间内是不可以发生的。假如盐岩的源岩层和盐岩之上的沉积岩是静态的或者都在不断爬升。盐岩的流动就不能发生，而且盐丘也不可能生长。例如，马刚好能够克服道路和所载货物之间的滚动摩擦力，即马能够驮着重物运动，但不能够向上拖起。也就是说，力量已经足够克服摩擦作用，但没有克服摩擦作用和所载的重力作用。相似的条件是，已有足够的能量来促进盐岩核部逆冲，并克服盐核逆冲和流体之间的摩擦力，但是不足以支撑盐岩被提升、盐岩环状结构和盐帽形成等沉积岩的重力。但是在地质体内，盐岩的源岩层和其上覆的沉积岩是会发生沉降的，岩核的生长是通过基底的沉积建造作用，而不需要盐岩发生抬升作用和克服重力作用。也不需要做任何功来克服重力，并且可利用的能量是可以用来克服摩擦力的。

（4）沉积建造作用

除了一些盐丘和地质体之间相对参考位置点以外，地质体浅表层盐丘的沉积建造大多数是向上逆冲作用。与在沉积建造和相对参考点位置这两个理论相似，盐岩的流动和盐丘几何特征的形成是非常必要的。但是盐岩的逆冲作用理论中，盐核基底被看作是静止的，微弱的起伏也被看成是抬升。而在沉积建造理论中，盐核起伏被看作是静态的，但盐岩基底被认为是向上下运动的。在力学上盐丘形成的两种方式也是根本不同的。

基底的顶部，盐岩沉积到新的位置，通过沉积物的连续沉积作用，盐岩的表面保持一定的位置。但是对于任意一层，由于基底的沉降作用，其也会发生沉降作用。当盐岩源岩沉降到一个新的位置时，假如盐岩的源岩是正常的沉积作用，盐核会跟盐岩的源岩一样以相同的速率下沉。但是，单位质量的盐岩比单位质量的围岩的质量要小，盐丘的盐核在围岩条件下并不发生下沉。在上覆沉积岩的压力作用下，盐岩的源岩塑性流动被挤压到盐核基底之下，并且在地质体和参考点处形成盐丘的根部。并不是所有盐岩的运动都是从盐岩的源岩向水平方向流动的。平顶的盐岩接受到挤压，并且盐岩向下塑性流动，约有向上抬升的趋势。随着基底的沉降，沉积建造发生，当基底沉降停止，沉积建造也就停止。盐岩流入盐丘根带的速率为 0 的条件是：a.盐岩的源岩厚度为 0；b.盐岩和沉积物达到准静态均衡；c.沉积速率增加率为 0。盐岩的连续性流动和沉积建造并不是相互独立的。尽管如此，沉积作用停止对盐岩的流动具有影响，但新增沉积物的沉积作用是连续的。

周围的沉积物与盐丘之间的相对上升是因为沉积建造作用，而沉积作用又由沉积物的巨大沉降作用远离盐丘并切割盐丘周缘而形成。沉积物之上或者盐丘周缘以及部分的盐岩和摩擦作用之间，有利于沉积建造的形成。在浮力作用下，尽管具有沉降作用发生，盐岩仍保持一定的空间位置。盐丘附近的沉积物和远端的沉积物均不能下沉，它们抬升到沉积物之上，并形成向上的逆冲（图 6-9）。

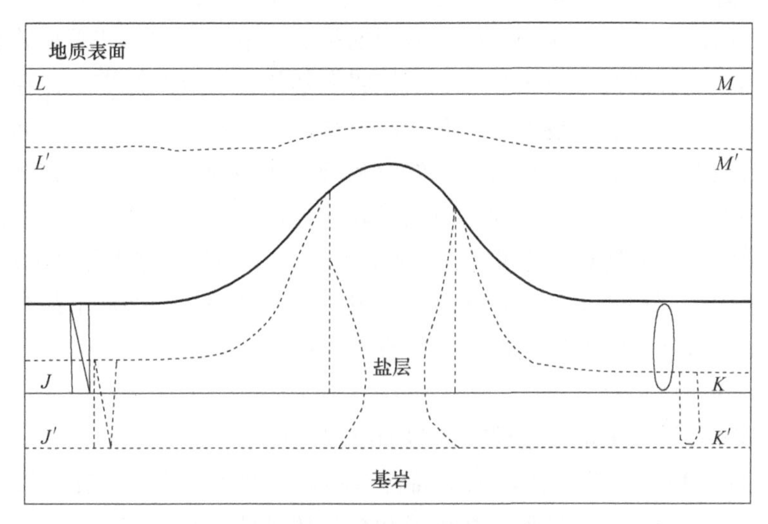

图 6-9　盐丘沉积建造示意

盐岩的向上逆冲和沉积建造并不是相互排斥的。假如可利用的能量能够满足克服摩擦力和使得环状及帽状的盐岩沉积物克服重力作用而爬升，或者盐岩的源岩的基底在某一地质位置发生沉降，岩核的向上逆冲和沉积建造将随机地发生。我们可以确信的是，一个地区细小的盐丘只有在沉积建造条件下才可以生长，而对于大型的盐丘，则在向上逆冲和沉积建造下均能够生长。对于沉积岩和盐岩之间的外部摩擦作用，在被抬升的盐岩单位体积条件下，大直径盐丘的外部摩擦比小直径盐丘的外部摩擦要小。因此，在大型的盐丘中，克服盐岩单位体积摩擦力所需的能量比小型的盐丘所需克服单位体积摩擦力所需的能量要小。这就意味着由于克服外部摩擦作用所需的力较小，盐岩在小直径的盐丘上容易受阻，并可以顺利运移到大直径的盐丘上。

假如可获得的能量不足以克服摩擦力，盐岩也就不能流动，整个系统也就是冻结的，沉积是相对固定不变的。假如盐丘部分形成，它将保持静止，相对于沉积岩，盐丘是固定的。沉积岩包围在盐丘周缘，这时盐丘参照沉积岩的位置，可以上升、原位固定、沉降等，而且沉积岩也可以上升、固定和发生沉降等。

（5）盐岩的初始形成

一般而言，盐丘形成之前需要一定的先决条件。首先，盐岩的源岩位于盐岩之下的最小临界深度，并且不会因为温度、压力、含水量和物质组成等合理的地质事件而流动；其次，盐岩源岩之上要有相对减小的压力，或者说沿着一定的位置或一定的构造带，阻力要小于盐岩上升的力。最后，假如沉积建造形成盐丘，盐岩的源岩基底和上覆的沉积岩在一定的地质空间上应该发生沉降。有一种特殊情况是盐岩的源岩层压力相对减小，或者盐岩上升的阻力减小，或者二者都存在，这只是一种推测。这样的推测只适用于上覆沉积岩的静态重力是唯一的驱动力的情况。挤压应力减小会发现这样的现象：褶皱的起伏将会影响盐岩或者上覆的沉积物；沿着断裂或裂缝区域向外扩展，而且这些裂缝和断裂扩展到了盐岩的顶部地层；在盐岩的顶部形成弧形弯曲构造，一些初始的张破裂，以及形成一些深峡谷，类似于科罗拉多大峡谷等。

根据前人的研究，沉积楔的张破裂展现的是实验室类似的测试板片破裂现象。假如板片被拉伸，它会缓慢形成破裂点，后续将在初始破裂点开始扩展，在局部会受到制约。约束条件是板的表面越低矮，其弯曲就越严重。同时，上部表面和下部区域都将发生向下弯曲变形。盐岩的源岩之上的沉积楔将作用到板片上。假如张力沿着板在垂向上发生初始破裂，源岩在平面上将出现较大的压力减小现象。前人的观点在逻辑上是可能实现的，但不是必需的可能，或者说盐丘的下冲作用进入盐岩的源岩层基底。假如盐岩的源岩层基底是平板，在张应力下发生初始破裂，那么向下的应力会减小，并且盐岩的塑性流动将向下进入基底顶部的受限制的区域。

（6）盐岩的地貌特征

盐丘的形成经过一个地质过程或者两个地质过程。

① 水平面作用。盐丘的初始水平面将影响盐丘开始发育时所在位置和构造薄弱带。但是，水平剖面显示，环形的盐核或盐柱形体外侧的摩擦作用减小，并且，随盐核侵入沉积物的距离增加，盐核在剖面上逐渐显示为环形结构特征。

② 剖面上垂直作用。垂直剖面上有两种序列：a.薄弱的区域或者位置，形成盐丘的起始点的压力减小，存在突变现象。假如薄弱带或多或少在盐岩层之上，具有一定的能干性，盐岩需要像挤牙膏一样以管道的形式排出，同时盐核将形成柱形。最终，流动的盐岩从母岩流到盐丘根带的运动将因为摩擦阻碍而停止，盐核的下部将出现尖灭现象。否则，盐岩从盐岩的源岩流动到盐丘的跟带时，盐核的下半部分将分离。b.盐岩的源岩层压力是变化的，盐岩上升时受到的阻力也是变化的，这样会导致最大压力和最小阻力都会逐渐变化。盐丘和盐脊形成的开始点是在压力较小和上升阻力也较小的区域，盐岩层进入平顶的盐丘和盐脊时发生增厚现象；紧接着也会在盐岩的源岩邻近区域发生减薄现象。所有盐核的形成，需要经过一系列的盐丘形态变化以及向上的逆冲形成盐丘理论。盐岩的源岩和盐丘基底之上的沉积岩重量，将在盐丘的中部和上部产生向上的逆冲作用。在沉积建造理论的指导下，盐丘中部的盐岩，盐丘上部侧翼，将形成相对静态的沉积区。下部盐岩的侧翼和盐岩的源岩层将

在应力作用下，向盐核基底下扩展，并形成相应的盐底辟沉积建造。

盐岩地貌特征的影响因素有以下几种。

① 形成的时代较老。盐丘形成的时代较老，将以鼻状形式的方式向上形成流线型柱形。同时盐丘被上覆地层中的周缘向斜围限着。在一定深度条件下的沉积物，必须考虑其塑性流动的程度。沿着裂缝和剪切带，更多的脆性层的屈服强度变得更加倾斜。因此，上覆沉积岩的静态逆冲将产生向下的分量和水平方向的分量以克服盐核的向上逆冲。逆冲倾斜和水平方向的分量将驱使盐核向内部或者向下运动。向下的运动形成圆柱形，其盐核与下部盐岩的源岩分离。由于盐核中发生了沉积岩的刺穿作用，流线型的圆柱形盐丘将产生最小的摩擦。

② 停止活动。相对运动停止和变得不活动将形成盐丘较老的年龄。沉积岩的水平压力需要克服年龄较老的流线型柱状盐核，这将使得盐核受挤压并拉长。在一定体积上，随着盐岩表面积的增加，盐岩和沉积物之间的相对运动形成的摩擦阻力也在增加。假如在没有体积增加的同时，盐核被拉长也会导致摩擦力阻力的增加。最终，相对运动所产生的摩擦阻力会大于向上作用的浮力。假如是静止的，盐核与沉积岩一样将变得不活跃，并且在一定的地质条件下保持相对静止。假如沉积岩沉降，盐核就会发生沉降。通过溶解作用，盐核的不活跃性将会更加严重。无论盐丘周缘的水是静止状与否，扩散溶解是一定会发生的。扩散溶解极其慢，但在整个地质历史时间里其又是相当广泛的。假如地层中的水具有循环作用，那么溶解作用变得很快。在溶解的影响下盐核最终会消失。

③ 盐核的周缘向斜。在盐丘形成最终的流线型柱状形式的演化过程中，上覆沉积岩的周缘将产生向斜。在平顶盐核的下一侧将被盐核推挤到盐核的下部，而且会进一步被沉积物所取代。沉积物的运动将向下，或者存在大量向下的分量，以及上部一侧形成最大的运动量。盐岩层深部将变得直立，拥有较大的倾角，并远离盐核。所以，在盐核周缘向斜不会产生沉降作用。埋藏较浅的盐岩层在开始的时候是水平的，或者说只有一定角度的倾斜。后来沉降作用才产生周缘向斜。假如大陆的表面形成的时代较老，而且又长期遭受侵蚀作用，上覆地层中的向斜将得到更好的发展。随着深度的增加，盐层的倾角增加，周缘向斜也会逐渐向下消失。

周缘向斜也存在不同的样式，并且由于溶解作用，沉积物的中部凹陷区域会形成周缘向斜。除了相对干燥的岩石或者不渗透的岩石如无水石膏外，在盐岩表面的一定角度范围内，周缘向斜将会产生。溶解作用在垂向一定范围内会非常大，也会超出盐岩的垂向分布范围，或者至少也超出在盐丘中心的范围。盐核的顶部和侧向溶解作用将产生以盐丘为中心的周缘向斜。在盐核边缘垂向最大的溶解范围内将产生周缘向斜槽，或者在盐岩边缘上侧形成周缘向斜。周缘向斜将以下一侧顶部为轴进一步扩展。同时，周缘向斜的溶解作用形成盐核上部垂直边界轴对称分布。随着盐核上部逐渐消失殆尽，周缘向斜发展成为中央向斜。

（7）向上逆冲构造的局限性

① 盐岩的静态均衡补偿。虽然摩擦会阻碍或者阻止获得静态均衡，达到盐岩的静

态均衡补偿需要限制盐核的最大逆冲高度，在很长的地质历史时间中，较小的压力也会产生较大的影响，但是摩擦作用也许形成逆冲构造，假如没有应力平衡摩擦作用，也会形成一定幅度的向上逆冲构造。摩擦作用的影响将是相当明显的。外部和内部的摩擦作用将不能完全克服。因此，完成静态均衡补偿是不能达到的。

② 盐丘的静态均衡补偿。必须区分单一盐核的静态均衡补偿和盐核的静态补偿与沉积逆冲的叠加。通过对沉积岩的摩擦作用，盐岩在一定程度上活跃或冻结。在一定程度上，沉积物将影响最大的向上逆冲和通过盐丘获得静态均衡。假如盐核被向上逆冲的沉积岩紧紧围限着，它也就不可能获得静态平衡。当盐核沉积物在正常沉积作用下达到静态均衡时，可以达到最大的向上逆冲。假如盐核没有受到摩擦作用约束，将不利于沉积物向上抬升，这时盐核将达到独立的静态均衡，但对于抬升的沉积岩不利于达到均衡状态，这样的假设是不可能的。现实情况是，盐岩的静态均衡将达不到。盐丘的向上逆冲作为一个整体将使得盐核和沉积岩的抬升所获得的静态均衡停止。在摩擦作用和沉积物的有利条件下，盐核的逆冲将会继续。但是在独立的静态均衡获得之前盐核将停止逆冲。

③ 盐丘尺寸大小的影响。通过大直径的盐丘而不是小直径的盐丘作用，较大的向上逆冲将变得很明显。其原因有两个：其一是抬升的沉积物环状宽度在大直径的盐丘中并不大于其在小直径的盐丘中的宽度，大直径盐丘和小直径盐丘相比，抬升的沉积物的体积与盐岩的体积之比并不一定很大，因此大型盐丘的浮力要比小型盐丘的浮力大；其二是大直径盐丘单位体积盐岩与小直径盐丘单位体积盐岩相比，其盐核与沉积物之间的外部摩擦力较小。因此，大直径的盐核比小直径的盐核更容易到达静态均衡。

④ 沉积物特征的影响。通过盐核实现向上的逆冲过程中，随着沉积物特征的变化，静态均衡的位置和最大的向上逆冲将是变化的。盐岩的浮力依赖于盐岩和沉积物之间各自具体的重力差。未胶结的石英砂岩和泥岩的具体的重力比胶结良好的石英砂岩和页岩的重力要小，而胶结良好的页岩和石英砂岩的重力又比灰岩的重力要小。一般情况下，古生代的沉积物比中生代的沉积物致密；中生代的沉积物又比第三纪的沉积物致密。上新世到现在的沉积物的重力比盐岩的重力要小。在以上条件下，盐岩进入沉积岩的浮力将是负值。盐丘将上升到沉积物的表面，或者到具有高重力刺穿型沉积岩的最上部。

⑤ 静态均衡补偿和沉积建造对比。盐核通过沉积建造生长并不能获得静态均衡补偿。有一种假设，导致盐岩逆冲作用的动力仅仅满足克服摩擦力，并不能在盐岩克服沉积物重力的过程中提供额外的能量。除了盐核核沉积物周缘隆起的位置发生了抬升作用，盐核的顶部在地质体中的位置是固定的。盐核能够保持抬升作用，也能够在造山带周缘获得隆起。但是可以假设，完全由于沉积建造作用导致盐丘产生的情况很少。假如完全由于沉积建造导致盐丘生长，这样将会有更多的盐丘靠近静态均衡位置。

（8）盐岩生长的驱动力变化

① 只有盐核。通过盐丘的发育，盐丘形成的驱动力强度将使得盐丘快速的扩展。驱动力的简单分析表明其存在一定的差异。正常沉积物的盐岩的源岩位于盐岩的源岩

之上；向下的逆冲作用位于盐岩的源岩之上，并且叠加盐核。盐核向上逆冲导致轻的盐岩取代沉积物。A（水平盐岩层上覆地层厚度）+B（盐丘上覆地层厚度）向下的逆冲随着导致盐核的向上逆冲 B+C（盐丘的降升高度）的增加和 A 的向下逆冲之间产生相对差。但是在一定的基准面上，盐岩浆比围岩要重。假如位于地表面，周围将是空气、软的流体或未固结并且较轻的沉积物质。楔形体 B+C 向下逆冲将增加盐核向上的逆冲作用。当盐丘开始形成的时候，B 的向下逆冲将耗散，同时也比 A 要轻。此时，C 接近 0 或者等于 0。产生盐丘的驱动力强度将稳定在一个最小值状态。当盐丘的顶部直立时，驱动力将逐渐增加到最大值，然后继续形成盐核向上逆冲。当静态均衡补偿达到的时候，驱动力将减小到 0。假如盐核的生长完全是由沉积建造控制，A 在垂向上的分布值和 C 的增加值相等。B 仍然保持一恒定值。随着盐核的生长，盐岩的源岩层不断增加，A 和 B+C 向下的逆冲之间存在一定的差异。一般情况下，沉积物重力会随着深度的增加而不断增加，而盐岩随深度的增加，其增加的幅度较小。随着盐核的向下生长，A 和 B+C 之间差异的增加率将会有一定的增大。

向上逆冲驱动的浮力能够满足盐核的生长，仅是由于盐丘形成的早期阶段存在沉积建造。但是，随着盐丘沉积建造的增加，它将产生向上逆冲的生长。因此，年轻的盐丘，也许是由于沉积建造使得其生长。但是，年龄较老或者过成熟的盐丘，它们通过向上逆冲生长。

② 盐核叠加沉积物。随着盐丘的生长，驱动力的变化规律会变得更加复杂。假如抬升的沉积物的环状结构是可以计算的，驱动力的差异存在于沉积物 A 向下的逆冲，盐核向下的逆冲叠加盐核之上沉积楔。抬升的沉积物环状结构增加了额外的重力，此时的重力比正常沉积的重力要大。B+C+D（盐丘降升对上覆地层产生的影响范围）向下的逆冲体系，随着 C 的增加而减小。当 B 减小的时候， D 增加，B+C+D 不变。C 和 D 都按一定比例增加，但不是均等变化。整个 B+C+D 系统的结果是变化的，这取决于 C 和 D 的相对变化。在不同条件下，变化也不同。这主要取决于以下因素：沉积物重力；随深度增加，重力的变化；盐丘的规模大小，盐丘两侧的形态，抬升的沉积物环带的逆冲程度和宽度；盐核与沉积物之间的摩擦作用等。对 C 和 D 影响的变化可以是相同的，也可以是不同的。在盐丘生长或减小过程中，或者是盐丘开始形成到获得静态均衡补偿增加，产生盐丘的驱动力强度将保持不变。盐丘演化的初始阶段，在抬升的沉积物的环带区，因素 D 的影响将从 0 开始；在盐丘达到成熟，影响因素将达到最大值。在紧接着的演化过程中，当盐核达到较老的阶段，即形成流线型柱状结构时，因素 D 值将减小或增大。

③ 盐丘形成的平面分布。盐丘的形成也许能够反映盐盆地或者盆地的平面分布特征，主要体现在：盆地的盐岩增厚现象，沿着盐丘开始发育带、盐丘生长及其形成的构造等线性薄弱带。断裂和裂缝带分布是最常见的平行线状或平行线组合。沿着单一断层或断裂带形成盐丘，外形是沿着断裂和裂缝分布的加长线状。盐丘的加长线状特征并不能指示盐丘在横向轴水平方向上逆冲的影响。不同的断裂组合交叉点，或者不同组合的断裂带，或者裂缝与断裂的组合都是构造上的薄弱带。因此，也许存在盐丘

跨越横剖面断裂这样的变形趋势。但是，对于单一的断层或者断裂带，由于具有较长的空间距离，它们很少是连续的。最常见的是，在某一段消失而在另一段又出现，形成雁列式的平面分布样式。在平面上，大部分的盐丘是不规则分布的。尽管也有在平面上具有连接的现象，但在厚的盐岩分布区域，盐丘也将或多或少具有一定的规则。在盐岩之上沉积物的静态向下的逆冲作用下，对于整个区域来说，形成盐丘的理论驱动力是必不可少的因素。

（9）水平挤压应力作用下盐丘的形成

造山带水平挤压运动将产生差应力，进而促使盐岩流动和盐丘的形成。但是沉积物静态条件下向下的逆冲将覆盖下侧盐岩的源岩，并且将促使形成总的压力，这些压力又将作用到盐岩层之上，并进一步形成盐丘。

水平挤压应力不是盐岩的源岩作简单的水平缩短，它可能对盐丘的形成具有明显的影响，也可能对盐丘的形成不具有明显的影响。通过塑性盐岩发生向上的逆冲运移并对沉积物向下的逆冲产生平衡作用。盐核楔形体向下的逆冲叠加到抬升的沉积岩环带上，将导致两个向下的逆冲之间产生的差异失去平衡。

通过生长褶皱，逆冲构造向前传播。能干岩层中，活动的生长褶皱将传播到水平的逆冲构造活跃带。形成向斜中向下的逆冲，背斜中向上的逆冲样式。假如能干性强的岩层位于盐岩的源岩之上，那么盐岩的源岩层将产生向下的差异应力。这一差异应力被认为是通过能干性岩层水平挤压逆冲传播而形成。通过覆盖沉积物的静态向下逆冲，将产生多余的差异应力。沉积物一部分向下的逆冲作用在背斜上，将通过能刚性岩层以弧形方式传播到向斜中。无论褶皱继续生长还是停止发育，其影响都是相同的。差异应力的影响将导致盐岩从向斜流动到背斜。没有动态差异应力的地区，也可能存在动态差异应力，但是没有静态差异应力的地区，是不可能有动态差异应力产生的。

盐核的影响。通过水平挤压作用，水平挤压应力将作用于盐核或者背斜的另一翼，同时水平逆冲将挤压盐核。随着盐核的一翼变陡和垂向上拉长，水平压力对盐核的影响将增加。对于弧形的盐丘或者盐背斜，水平方向压力的影响可以忽略。最大的影响将作用于底辟核纵向拉长范围内。水平压力将通过在盐岩内部的向上和向下的压力进行部分传播。在理论上，假如盐核顶部的地层与盐核紧密接触，并对向上的逆冲作用产生足够的阻力，或者盐核向下的水平应力分量足够克服摩擦作用和使得盐岩的源岩之上的沉积楔能够抬升，那么盐岩向下的流动是可能实现的。但是，一般情况下压力容易释放的方向将是形成向上的逆冲，并且总的趋势是挤压盐岩向上运动。对于水平挤压方向，盐核在水平方向的拉伸将与其形成一定的夹角。

盐核最大抬升的位置。盐核能够抬升的最大高度，对于盐核形成向上的逆冲并不是必要的。这一位置也是静态均衡的平衡位置，但是盐核的最大高度位置也许比静态均衡位置要高。假如盐核与盐岩的源岩在延伸方向上一致，或者不存在摩擦作用，那么盐核将上升到静态均衡的位置之上。但是假如摩擦作用和其他的阻力限制了盐岩和盐核向上逆冲，其阻力比盐核和盐岩向下的摩擦作用和其他阻力更小，那么盐核和盐丘将作为一个整体向上逆冲到静态均衡的平衡位置之上。对于盐核而言，这样的情况下形成了盐核与盐岩的源岩发生分离或错位现象。在偏移的情况下，盐核的上部分将在一定的地质空间内被围限，并相对于沉积岩发生水平运动或者发生向下的运动。在动力作用为主的水平方向的逆冲条件下，盐核将被向上挤压，形成一个类似紧密的果酱型或者远离静态均衡平衡点位置的向上逆冲。在较小的水平剖面和较大的垂直长度上，盐核将获得相同的影响。摩擦阻力和盐岩所产生的浮力向下运动，也许对盐核的下半部分产生挤压作用。而水平挤压作用将对盐核的上半部分进行挤压，并远远高于静态均衡的平衡点位置。在一些地区，水平挤压作用对盐丘的向上逆冲作用更为有效。盐核将上升到地表，如波斯湾地区。在这些地区，水平挤压并不看成是静态均衡的必要条件。没有进一步对水平挤压应力的影响进行分析，对于产生盐丘向上的逆冲，盐丘将不可以作为一个盐岩浮力的动力学证据。盐丘中，用静态均衡补偿消耗来计算盐核的垂向长度，进而得出盐核上升的幅度并不适用。当然，大量的灰岩和灰岩-无水石膏岩将产生足够的浮力，可以对波斯湾盐核之上地表发育大量的向上逆冲构造进行解释。换句话说，产生的盐丘位于逆冲构造的前缘。因此，对于任何有关盐丘形成的讨论或者计算，水平逆冲构造的影响和形成结果都需要仔细分析考虑。

形态学特征。以动力学形式产生的盐丘，其形态特征变化较大。水平方向垂直于单向水平挤压逆冲方向的线性加长作用是产生逆冲构造的特征，也是产生盐丘的动力学特征。在特殊的条件下，褶皱和逆冲构造的形成具有如下差异：a.沉积物的分布特征和地层的能干性；b.逆冲构造的密度和水平挤压应力；c.挤压作用的强度，褶皱作用和逆冲作用的强度；d.水平方向上逆冲构造的作用形式。例如，两能干性块体上的坚果果核压碎行为作用于非能干性的盆地，或者能干性的逆冲构造上，以进一步平衡沉积岩中非能干性的巨大块体。在动力学条件下产生的盐丘将显示差异的变形样式。假如形成的褶皱低缓，非能干性的沉积岩上部发生增厚现象，那么形成成熟和年龄较老的盐丘与通过沉积物重力作用下的静态逆冲所产生的盐丘，其形态相似。然而，盐核在水平逆冲方向具有轻微的拉平现象，尤其在盐核的根部，产生深埋背斜，并且很可能在深度上发生偏移，这样的现象比静态条件下产生盐丘的深度偏移更明显。假如形成的褶皱低缓，或者中等能干性的中等厚度沉积岩覆盖，或者脆性指数属于中等的沉积岩，极可能形成盐构造盐背斜。盐核形成弧形，但不会刺穿上覆沉积岩，或者对上覆沉积岩只有轻微的刺穿效应（图 6-10）。

假如褶皱作用强度很大，盐岩将向一定的位置和方向挤压。这体现在沿着断层面、裂缝带、背斜裂陷带、向上逆冲方向，最大压力的位置在两个块体之间进行相互平衡。但是，无论什么方向，都存在较小的压力，并且相邻块体之间的挤压并不是那么强烈。在盐丘的种类和个体特征上，盐体的形成也许被认为是不确定的。在复杂构造的地区，一些特殊的盐丘构造很可能被丢失。

在动力水平逆冲构造停止之后，盐丘进一步生长将按照盐丘上覆沉积物在重力条件下的静态逆冲规律进行。这样条件下形成的盐核和盐丘将变得更像静态条件下产生的盐丘。但是，它们继承了其过去的动力学形式，形成褶皱和逆冲构造，并将影响盐核

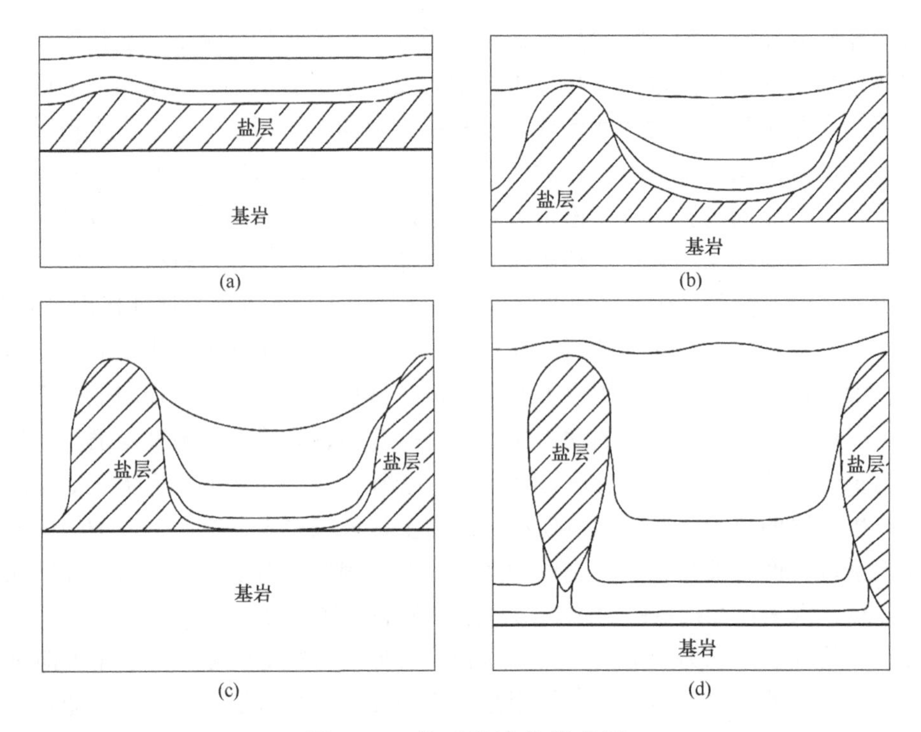

图 6-10　盐丘的演化模式图

和盐丘的形成。由于水平动力逆冲停止，沉积物接受新的沉积作用，盐核将被侵入并向上进入厚层的沉积岩中。在这一过程中，上覆没有发生褶皱变形，并且继续发生侵入作用，盐核和盐丘将越来越像静态条件下产生的盐丘，并失去其过去的动力学特征。

盐丘的平面分布。盐丘的平面分布反映了水平逆冲的形成条件。所有案例中，水平方向盐丘的连接和盐丘的拉长均垂直于水平挤压或逆冲构造的方向。假如水平挤压是通过能干性岩层的水平方向逆冲产生的，以平衡非能干性岩层，并在一定程度上平行于逆冲方向，那么逆冲将通过挤压、反向逆冲和沉积物的褶皱作用形成，而且在逆冲方向，能干性块体的前缘，水平挤压将向外快速减小。因此，在盐丘形成中逆冲构造的影响将减小，并远离能干性盐层的前缘。在古老的罗马尼亚，在逆冲带中发育很多盐丘的盐岩。例如，在一些特殊的地区，盐岩出露在地表。而有些地区，反转逆冲构造发育形成盐丘，盐岩几乎来自地表。而在另一些地区，盐丘来自较远的罗马尼亚平原，并且盐岩埋深比较大。假如在厚层中，具有相对较厚和中等能干性的岩层，而且沉积岩中具有中等非能干性的岩层，在逆冲块体的前缘，逆冲作用将以慢速减小强度的方式通过相对能干的岩层传播。盐丘所在地层中逆冲构造的影响强度在逆冲构造的前缘向外慢慢减小。假如窄的沉积盆地位于两个相对刚性的块体之间，或者是一个块体发生逆冲，而另一个块体未发生逆冲，此时逆冲作用将穿过盆地进行传播。形成盐丘的逆冲构造影响的强度也将穿越盆地。逆冲作用强度的变化将反映盐丘生长的变化。

动力学褶皱和动力学水平逆冲与沉积物静态向下运动的对比。盐岩的源岩之上的沉积物静态向下的逆冲构造，参照周围围岩的盐核浮力，被抬升的沉积物产生的负浮力对盐丘的形成均具有积极的影响，也有一定的负面影响。这样的情况对于动力水平挤压影响盐丘的形成，以及整个逆冲构造缺失均适用。整个系统受到水平动力逆冲，位于盐岩的源岩之上的岩层均拥有相同的重力，并且产生相同的向下逆冲。新的背斜起伏将构成上覆沉积岩最大的向下静态逆冲的位置和伴生向斜将构成上覆沉积岩最小的向下静态逆冲的位置，这一现象是不可能存在的。通过产生褶皱作用，动力学、水平逆冲等将逆时针或顺时针平衡沉积物向下静态压力差异。盐丘开始形成的位置需要一些简单的向下逆冲条件。这样也许会阻止盐丘在能够形成的地方形成。假如背斜的盐核上升到盐岩的源岩之上，或者在邻近向斜盐岩之上，位于源岩或者向斜中盐岩之上沉积物中的静态向下推力和盐核部上覆的上覆推力之间形成的差应力将导致背斜和向斜生长，这与水平动力推挤产生的影响效果是相同的。然而，假如背斜不存在，或者盐岩之上的层能干性极强，那么差异压力将不相同。背斜的弧形结构将承载盐核之上的沉积楔运动。背斜的弧形结构将传播到邻近向斜的区域，也将在盐核的顶部释放静态向下的压力。即使盐核之上的沉积层具有一定的能干性，背斜的弧形结构将从盐核顶部到向斜邻近区域或盐岩的源岩邻近区域释放部分静态向下逆冲。从盐核顶部到向斜邻近区域或者盐岩的源岩边缘，背斜弧形结构的改变将产生静态向下逆冲分配的改变。但是，在任何一种特殊的环境中，无论是背斜生长还是水平动力逆冲作用，差异的静态逆冲效果都相同。

盐核顶部向下逆冲，或者盐岩的源岩之上向下的逆冲与盐岩邻区向斜的逆冲之间总的差异应力将增大，以作为动力学逆冲和水平逆冲的影响。在特殊的情况下，向斜向下逆冲和背斜向上的逆冲之间差异的动力压力将会发生变化，并且对任意特殊情况的估计都将变得十分困难。在一般情况下，假设静态差应力变化比较小，除非是盐岩的源岩埋深比较浅，而且被能干性岩层覆盖，或者是褶皱作用比较强烈。除一些特殊情况以外，如盐岩之上沉积物静态向下逆冲作用变得非常重要，或者比盐丘形成受到影响的动力学逆冲还重要等情况。假如盐核与盐核之间已经发生夹断，盐岩的源岩层之上的覆盖沉积物的逆冲和盐核下部夹断部分盐岩的浮力不再成为盐核上半已夹断部分向上逆冲的一个因素，那么上半部分的浮力继续成为向上更远处逆冲的一个因素。但是，沉积物的重力常常是向上减小的，并且在上覆地层中会与盐岩的重力相等，或比盐岩的重力要小。盐核上覆夹断部分的浮力也许比较小，或为 0，或负值。某一段假如没有扩展到较大的深度或者沉积物的围岩没有很高的重力时，则在这一段向上逆冲的影响方面将变得并不重要。向上的夹断将以果酱形态紧密地位于楔形的某一个位置，并且这一段的更远处向上的逆冲将依赖水平动力逆冲作用。

（10）小结与认识

本小节讲述了盐丘的形成，对其简单概括如下：在某些地区，盐丘的盐岩以沉积岩的形式存在。众所周知，盐岩在不同的压力下会发生塑性流动。从实验室所做的实验和盐岩层系的地质观察中可以得到证实。如德国的盐丘是由 Zechstein 盐岩层系的塑性流动而形成的。因为与德国盐丘的相似，其他地区的盐丘可能是由于沉积盐系的塑性流动而形成。当达到或超过一定的临界条件，如压力、温度和含水量，以及盐岩成分等条件下，沉积岩系中的盐岩会在差异压力下产生塑性流动。压力的来源可能有两个：一是覆盖在盐岩层上的沉积物质量产生的静压力；另一个是切向推力所产生的动压力。在没有第二个条件时，第一个条件可能会能存在，但若只有第二个条件，这样的现象一般是不可能存在的。在一定的地层压力、温度和含水量等条件下，任何一方向对有效体积的盐岩施加一个不同的垂直压力时，在盐岩层的下方也可以形成盐丘。

① 在纯静压条件下，初始压差是由盐岩的源岩表面隆起、翘曲或者是上面的沉积物、断裂带、断层带，以及上覆棱柱体沉积物的拉伸带所产生的。在盐核部分向上突起之后，有效的差异压力是由正常沉积物对盐岩的向下压力和盐岩叠加抬升的沉积物，以及沉积物之上覆盖层所形成的楔形体向下的压力之间的差异所产生。如果通过压力获得的能量足以克服摩擦强度和平衡被抬升的盐岩沉积物所需重力，盐丘便会向上生长。如果有效能量足以克服摩擦作用，但不完全是为了克服摩擦力、提升盐岩和沉积物的重力，那么盐丘可能会通过区域的沉积建造而生长。如果有效能量不足以克服摩擦，盐丘的生长便不能发生。沉积建造（downbuilding）和向上的逆冲生长（upbuilding）在同一个盐丘中可以同时发生。摩擦阻力和已抬升沉积物的负浮力位于最大隆起位置，而又会低于均衡平衡位置。随着盐丘的生长，它的形成将通过一系列特征逐步演化。

② 在动态单向水平推力条件下，动态水平推力将通过两种方式作用于盐岩层：a.通过不断增长的向斜中的向下压力和不断增长的背斜中向上释放的压力；b.通过盐核的相对向上逆冲作用，形成盐岩直接的水平挤压。上覆沉积物质量的静态垂直推力将会出现，并且由于它在能干性强的弧形逆冲带中，其表现很可能比动力条件下的逆冲作用更为重要。由于水平推力对盐核上部的挤压作用，最大隆起位置很可能远高于均衡平衡位置。在这样的情况下，盐丘的形状应该有显著的变化，但是水平线性伸长的方向应与逆冲构造发育的方向垂直。

6.2 底辟构造模型设计

6.2.1 模型设计的思路

油气勘探表明，在很多重要的含油气构造带，底辟构造的分布与油气圈闭的分布极为密切。尤其是底辟构造中的盐底辟构造，引起了学者的极大关注。典型的盐底辟由上覆脆性层和基底软弱的盐岩层所构成。前期的研究表明，利用 Rayleigh-Taylor 不稳定原理可以对其形成机制进行合理解释。但是现代流变学研究表明，Rayleigh-Taylor 不稳定原理无法合理解释底辟的形成机制，因为上地壳的偏斜应力由于断层面摩擦滑动而逐渐释放，而且这一变形状态表现为脆性蠕滑行为。后来的物理模拟（基底韧性层，上覆脆性层的模型）有效地验证了底辟构造的形成。泥岩自身的变形有 4 种情况，脱水作用、流体压力增加、各向异性和变质作用。

盐岩的底辟分析表明，在盐岩驱动速率很快，能够在沉积的围岩附近快速上升时，底辟和盐构造则能够保持扩散或形成同沉积发育。底辟的形成模式有 4 种：a.被动底辟（沉积建造，downbuilding）；b.主动底辟（抬升建造，upbuilding）；c.重力扩展；d.区域性挤压缩短变形（图 6-11）。为此，前人针对不同的底辟构造带，开展了广泛的模拟工作。

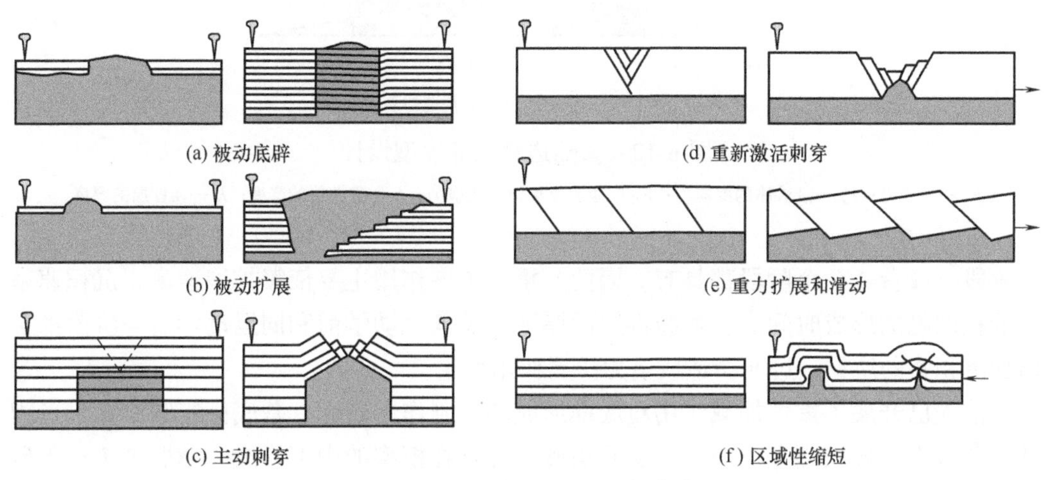

图 6-11　底辟类型及形成演化

6.2.2　模型构建

（1）模型设计

模型构建时需要考虑底辟发育带的几何特征和边界条件，并需进行数值分析。在大陆边缘，相似理论需要考虑大陆斜坡上的重力扩展，最典型的斜坡地貌倾角在 2 度以内。基底软弱层和所覆盖层之上的脆性层位于大陆斜坡上。模型的横向结构包括深海平原、大陆斜坡、大陆架和滨岸带（图 6-12）。基底软弱层之下的地层被看作是一常量，并且侧向沉积厚度的变化也忽略不计。同构造作用对斜坡角度的改变也忽略不计，但是盐岩和上覆沉积层的相对厚度是必须考虑的。重力扩展发生在同沉积阶段、沉积

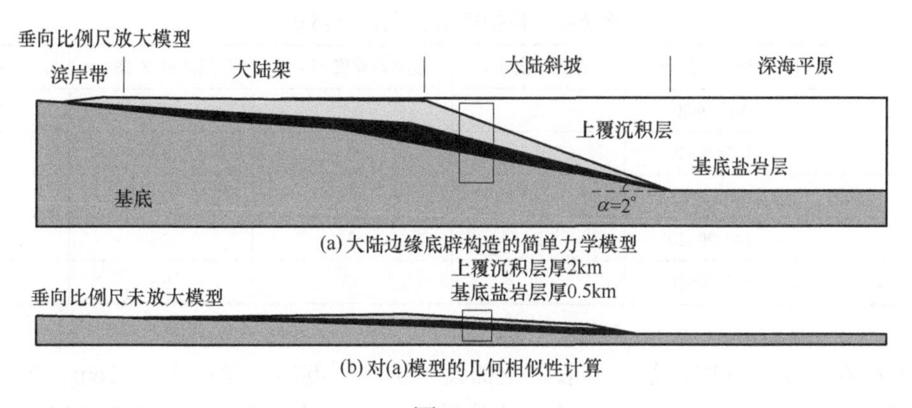

图 6-12

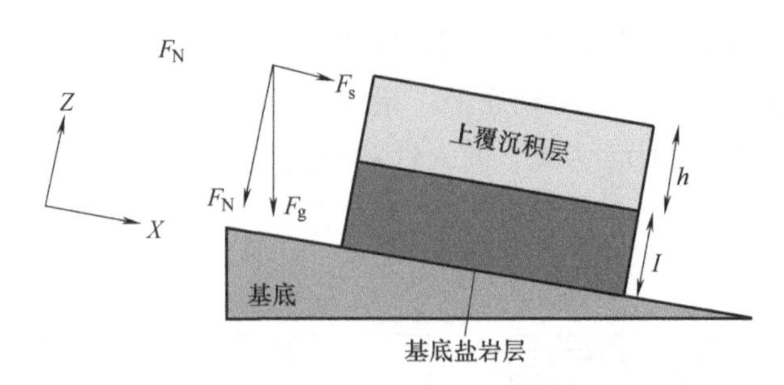

(c) 对大陆边缘底辟构造的受力分析

图 6-12　大陆边缘底辟模型设计

F_g —总压力；F_s —沿坡体的剪应力；F_N —垂直于坡体的正应力；h —脆性层的厚度；I_s —韧性层的厚度

后阶段，或者这两个阶段都具有。因此，重力扩展作用主要依赖扩展速率、沉积速率和沉积凹陷的形成时间。上覆脆性层的厚度以及其运动学前和同运动学后等阶段都会增加沉积物的质量，进而会造成重力扩展作用发生。

前人已开展了重力加载作用对底辟形成的控制作用研究。基底硅胶铺放在水平刚性的薄板上，硅胶之上再铺上一层石英砂，并且在模型的中部形成一薄弱带（石英砂薄或者硅胶剥露均可）。石英砂，密度为 1737g/cm^3，粒径为 0.02~0.63mm，内摩擦系数为 0.65~0.72，应变软化为 10%~20%，内聚力为 130Pa。把硅胶看作具有牛顿流体性质。在室温条件下，其黏度为 2×10^{4}Pa・s，密度为 0.97g/cm^3。应变速率为 10^{-5}~10^{-3}s^{-1}，其代表自然界的盐岩的应变速率（图 6-13 和表 6-2）。

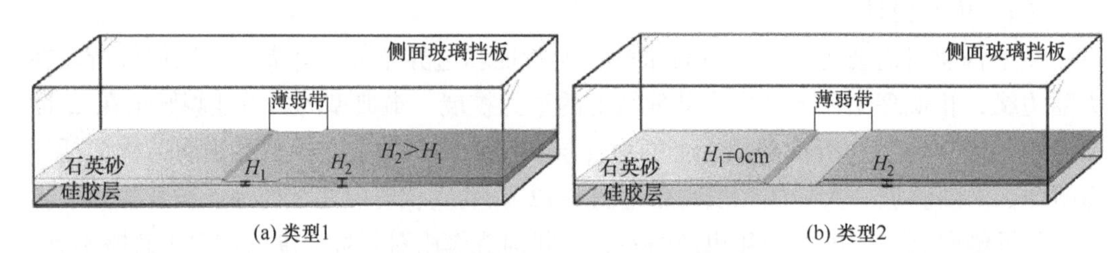

(a) 类型1　　(b) 类型2

图 6-13　底辟构造的初始模型

H_1—薄弱带的厚度；H_2—正常地层的厚度

表 6-2　模拟底辟使用的参数表

实验系列	模型尺寸/cm	硅胶厚度/cm	石英砂厚度 H_1/cm	石英砂厚度 H_2/cm	沉积间隔/h
1	50×20×20	2	0.5	0.6	2
2	100×20×20	1	0	0.3	2
3	90×10×20	2	0	0.3	2
4	100×20×20	2	0	0.3	2
5	100×20×20	2	0.3	0.3	1

实验在一矩形框中进行。硅胶之上铺设一层薄石英砂，厚度小于 1cm，用来模拟硅胶的变形。这主要是为了调查盐岩的差异加载作用对底辟的沉积建造的影响。当石

英砂下沉 1~2h 后，再次添加石英砂。间隔的变化是为了模拟差异的沉积加载作用。整个模型的演化可以看到底辟冲枕状形态发展为刺穿样式的一个过程。厚层的石英砂会阻止底辟的进一步发展。最后，加水，模型凝结，对其切片。

（2）分析方法

底辟构造物理模拟实验使用分析扫描仪、PIV 应变场分析、应力曲线与弛豫时间分析、水平切片分析、流线分析，最后与实际的构造特征进行对比。

6.3　底辟构造模拟结果

通过物理模拟对盐岩底辟、泥底辟及岩浆热液底辟等模拟，得出如下的研究认识：

① 物理模拟结果表明各种黏度材料的不同模型结构可以模拟自然界中一定黏度的底辟变形。相反，单一黏度材料的模型结构也可以模拟自然界中不同黏度的底辟变形。

② 大陆边缘含油气构造带的基底往往是由韧性层和上覆脆性层组成。这样的结构为底辟构造发育奠定了物质基础和形成条件。

③ 基底软弱层和上覆脆性层覆盖结构的演化和断裂作用，可以应用相似条件下的硅胶和石英砂进行模拟。

④ 模型的设计不能够仅仅考虑流变学结构的相似性，还需要仔细考虑模拟和实际变形特征的几何学特征和边界条件。

⑤ 底辟的形成机制有 4 种情况：a.沉积之前形成；b.沉积之后形成；c.同沉积作用；d.沉积之后又发生同沉积作用。

⑥ 沉积的差异加载作用可以导致底辟的形成。形成底辟无需构造应力，但需要沉积产生前积载作用。盐岩和周围围岩之间要产生压力差，以促进盐岩刺穿上覆地层（图 6-14~图 6-16）。

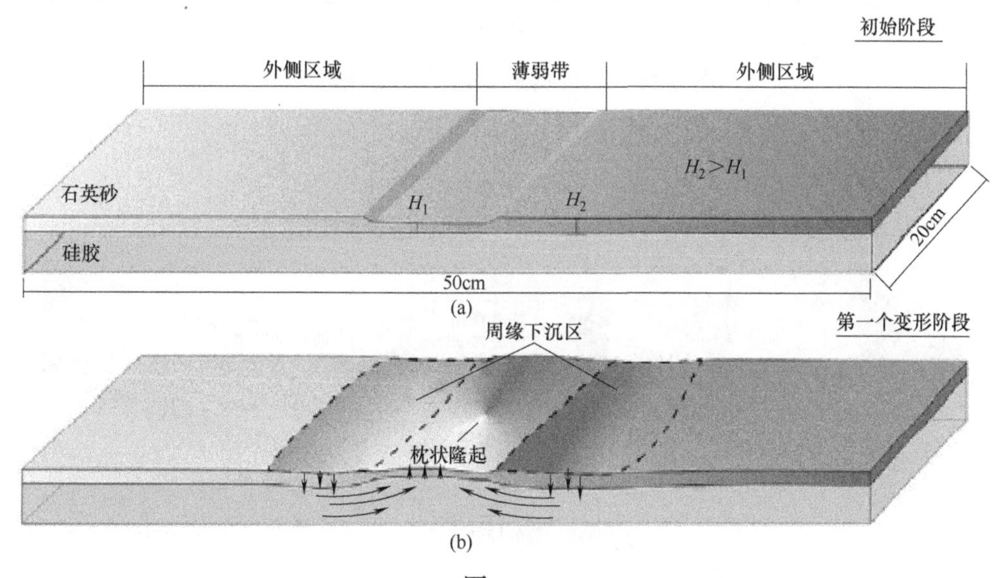

图 6-14

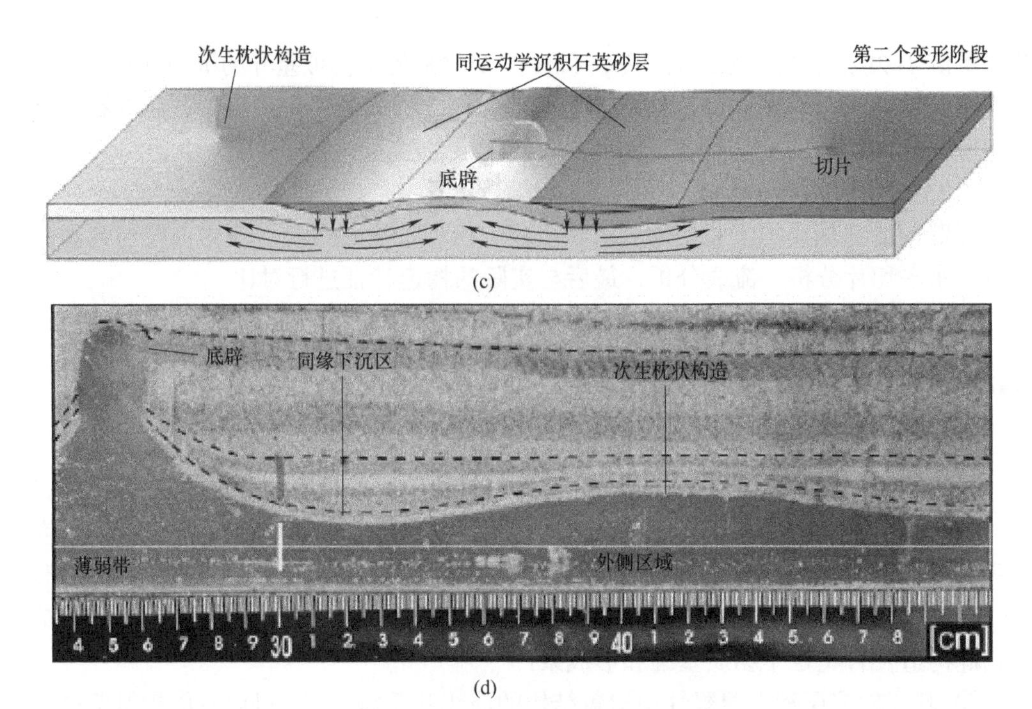

(c)

(d)

图 6-14　底辟构造物理模拟变形演化结果

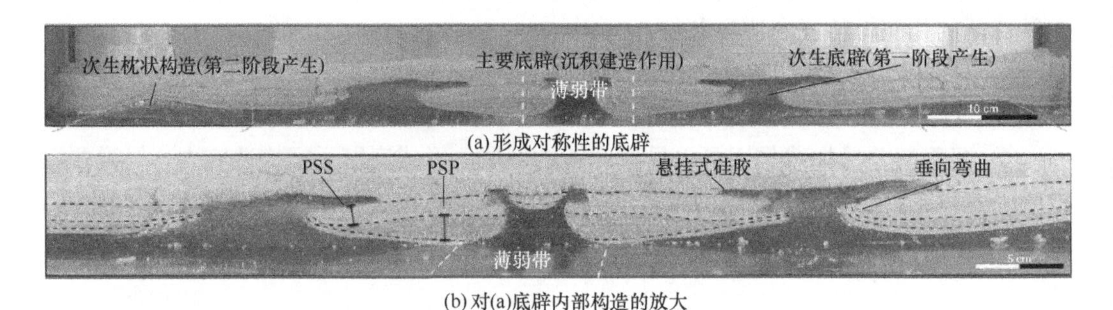

(a) 形成对称性的底辟

(b) 对(a)底辟内部构造的放大

图 6-15　底辟构造物理模拟结果切片

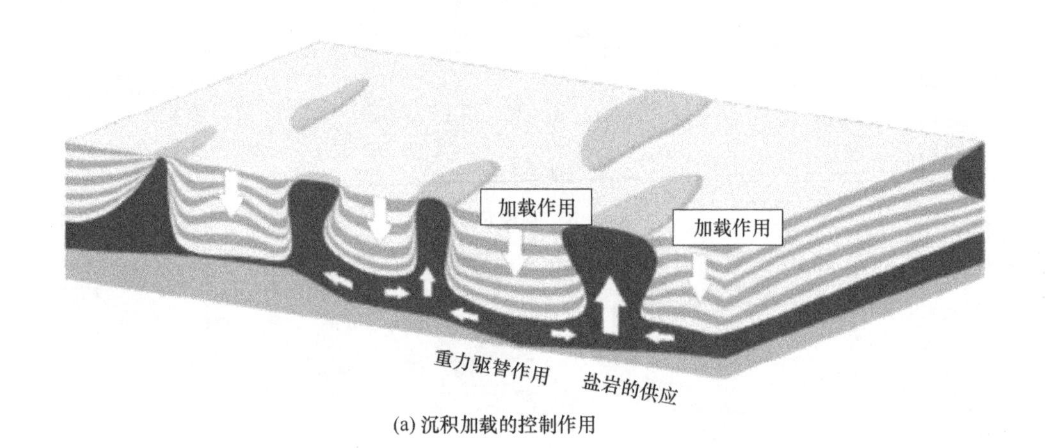

(a) 沉积加载的控制作用

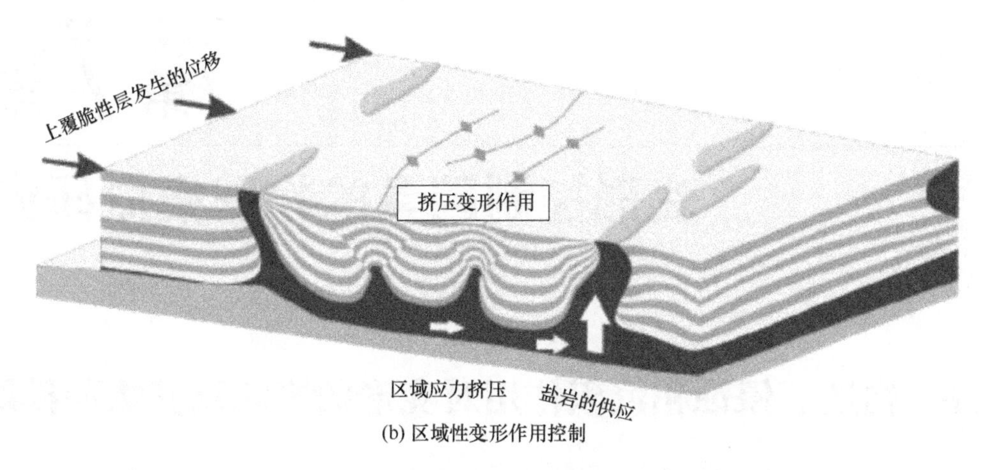

(b) 区域性变形作用控制

图 6-16　盐岩底辟的物质来源的基本控制模式

通过对底辟构造的几何学、运动学和动力学特征的分析，尤其是前人对泥底辟和盐底辟的形成机制的研究，可以更好地揭示底辟构造的形成。物理模拟的实例分析，加深了人们对底辟构造的几何特征和运动学过程的分析，尤其是物理模拟的设计和模拟结果，为后续开展更为深入的底辟研究打下了坚实的基础。

第7章

变形控制因素的物理模拟研究

7.1 构造、侵蚀和沉积作用对变形的影响及其物理模拟

7.1.1 构造、侵蚀和沉积作用对变形的影响

前人利用物理模拟和构造分析研究表明，构造、剥蚀和沉积作用及其相互作用对构造演化的形成具有明显控制作用。基于造山带和前陆盆地的地质剖面特征，可以开展相关的构造变形演化控制因素的物理模拟研究（图 7-1~图 7-3）。

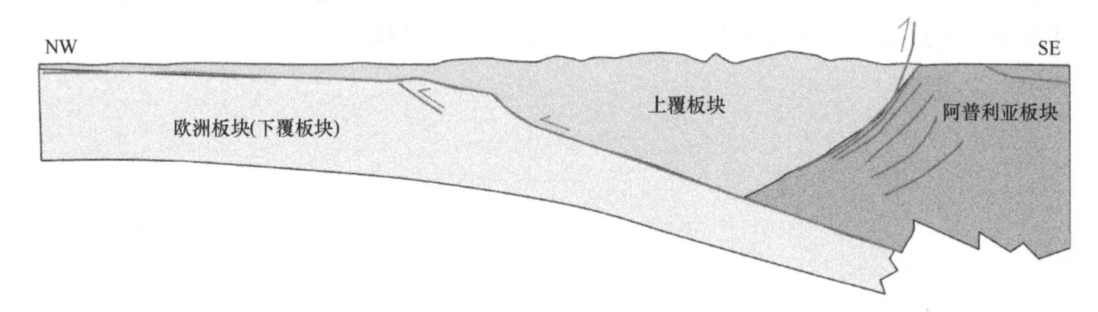

图 7-1 阿尔卑斯山造山带简化模式图

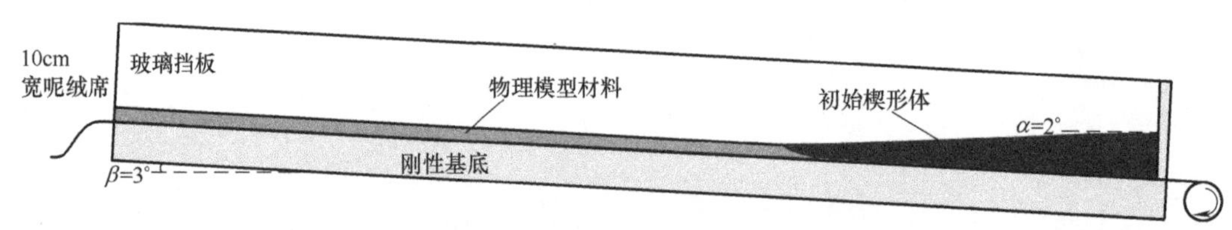

图 7-2 模拟阿尔卑斯山造山带变形的物理模型装置

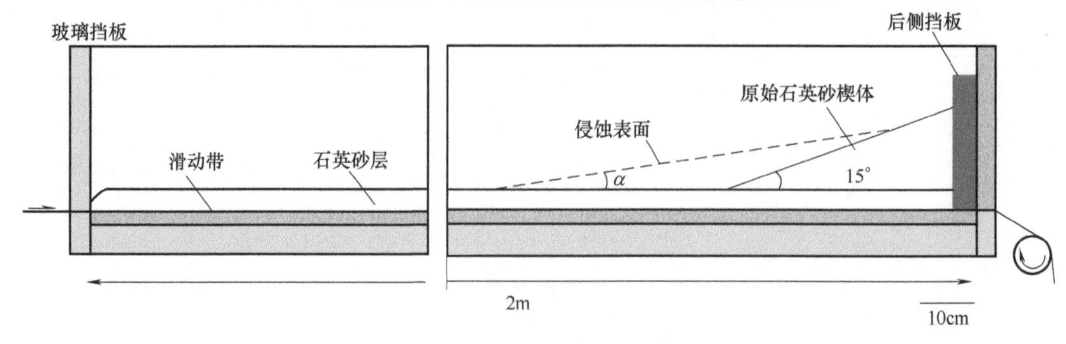

图 7-3 造山带普适模型

如根据构造剥蚀、沉积作用以及剥露范围、剥蚀速率等对变形演化进行分析探讨。造山带构造变形研究的理论基础是在变形缩短、剥蚀作用和沉积充填过程中，同一造山带始终保持一定的临界角，即临界楔理论。造山带前缘增生使得前陆盆地形成前陆逆冲构造；其板块的下插作用使得在造山带内部形成反向叠瓦式的逆冲构造（图 7-4 和图 7-5）。物理模拟研究表明，通过砂箱实验模型的剥蚀作用和变形物质体积守恒分析，造山带的长度和物质体积在过去的研究中也许被低估了，同时这一证据也在阿尔卑斯山造山带的物理模拟研究中得到了充分说明。总之，造山带构造的演化及其内部的变形受到构造变形力学机制的控制，而这一力学机制则与造山带表面的变化过程如剥蚀、沉积和剥露等紧密相关。

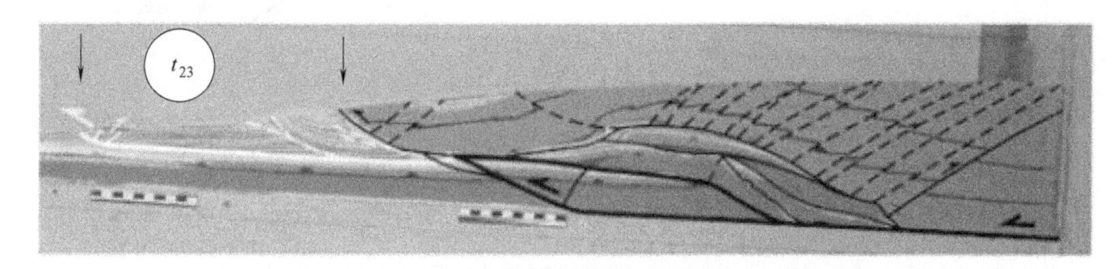

图 7-4　活动的前缘逆冲板片形成阶段（t_{23} 为变形的时间）

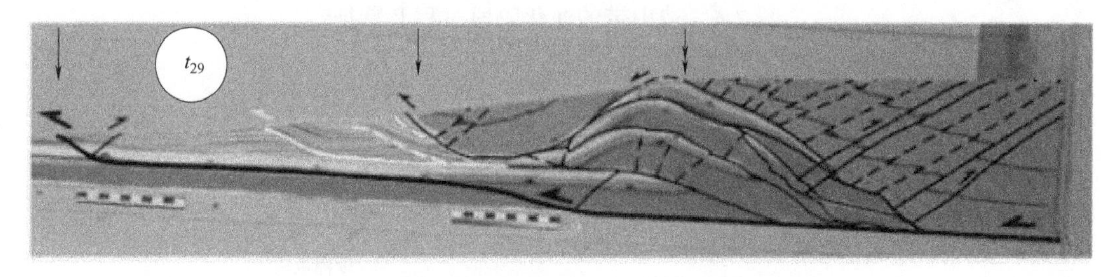

图 7-5　基底板块下插形成阶段（t_{29} 为变形的时间）

造山带侵蚀和沉积作用的物理模拟研究表明，其演化过程经历了基底板块下插作用，板块活动前缘形成逆冲板片；随着挤压缩短的进行，造山带基底再次发生下插作用；在造山带变形的后期，则发生侵蚀和沉积作用。表明基底的下插作用对造山带的整个演化过程具有明显的控制作用（图 7-6、图 7-7）。

7.1.2　构造、侵蚀和沉积作用的物理模拟

构造作用主要是考虑构造的初始几何形态对变形的影响。侵蚀作用需要考虑侵蚀角度、侵蚀速率，而沉积作用需要考虑沉积速率的影响。通常按表 7-1 进行模拟。侵蚀角度在 2°~4°之间取值，每一次实验时用的侵蚀角度一定。用铁板剥离石英砂，并用吸尘器把剥离的石英砂吸附掉。沉积作用时用松散石英砂充填，保持造山带模型的力学

平衡。

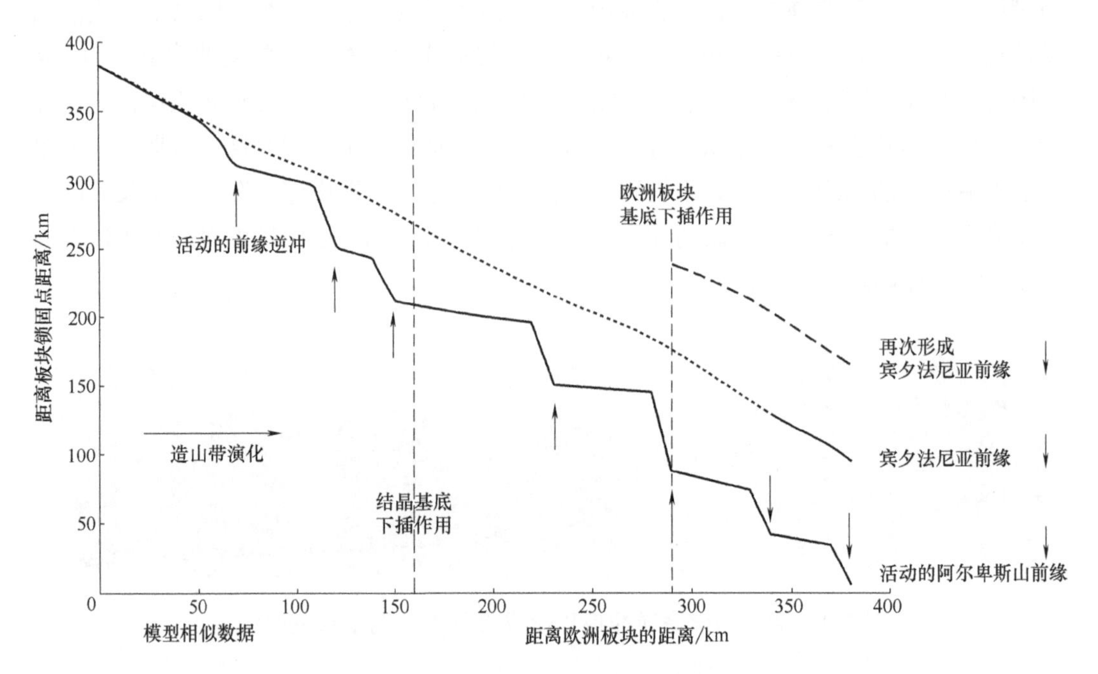

图 7-6　造山带的演化阶段过程及特征

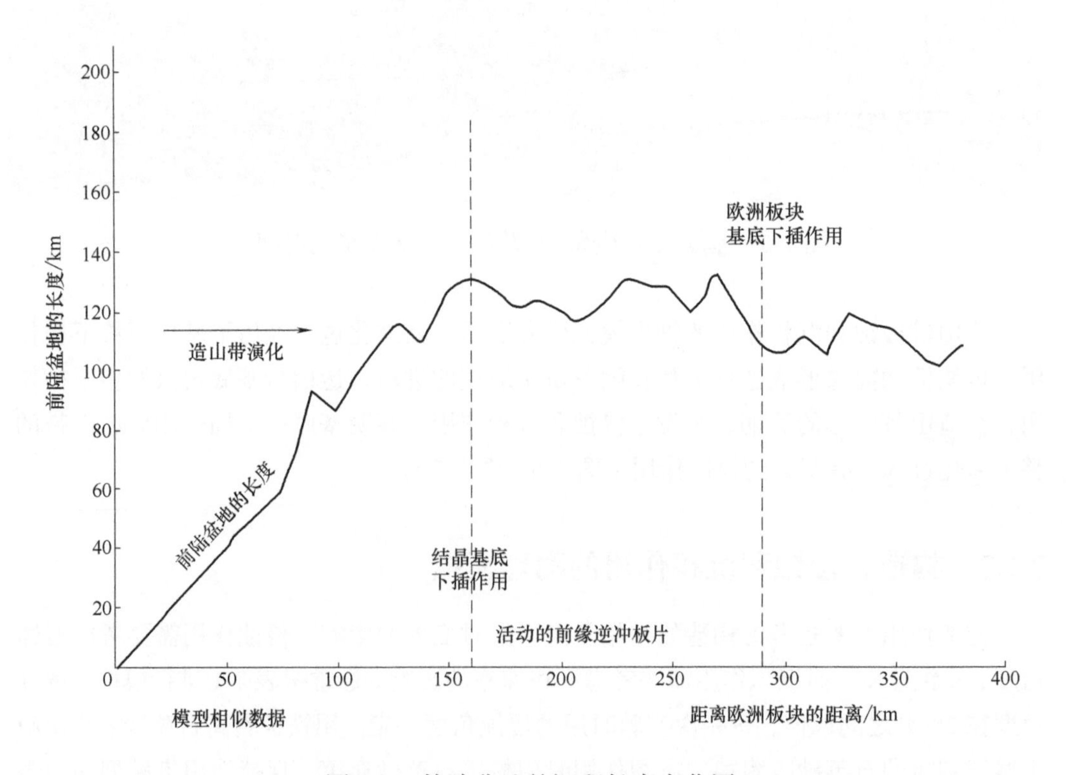

图 7-7　前陆盆地的沉积长度变化图

表 7-1　物理模拟中侵蚀和沉积速率控制参数表

实验系列	侵蚀速率	沉积速率
42	无	无
43	高	很低
44	很低	很高
45	低	高
46	低	低
47	高	高

根据造山带的变形缩短量，模拟实验可以分为 3 个或多个阶段。通常情况下分为活动的前缘逆冲阶段、结晶基底下插作用阶段和仰冲板块下插作用阶段（例如本实例的欧洲板块下插作用阶段）3 个变形阶段。应用模拟结果，进行阶段划分，然后分析内部的变形演化特征。

造山带的侵蚀作用最明显的分布区位于巴基斯坦、喜马拉雅山、阿拉斯加、新西兰和阿尔卑斯山。这些地区的侵蚀变形极为严重。侵蚀速率分布极不平衡的是阿拉斯加和新西兰，以及亚洲地区，侵蚀速率为 1~30km/Ma，而喜马拉雅山的前缘侵蚀较为集中，侵蚀速率为 100km/Ma（表 7-1）。侵蚀作用方式主要以河流和冰川为主，且部分地区对滑坡的形成及影响极为明显。

总之，造山带侵蚀和沉积对变形的影响，尤其是表面的力学特征对造山带的演化具有明显的控制作用。该研究思路和方法可以为进一步深入理解喜马拉雅山、台湾造山带、天山、阿尔卑斯山和奥林匹克山的形成演化过程提供构造物理学证据。

当然，以上这些地区也是侵蚀作用较严重的区域。南阿尔卑斯山和新西兰地区侵蚀速率达到 6~10mm/a。岩石圈的加载厚度达 10~20km。卸载时间达 2Ma（表 7-2 和表 7-3）。其他地区的剥蚀速率则较小。当然岩石圈的加载幅度越小，持续的时间越长，剥蚀速率也就越小。

表 7-2　造山带表面侵蚀速率参数表

侵蚀过程	分布区域	侵蚀速率/（km/Ma）
河流	巴基斯坦	5~10
河流	喜马拉雅前缘	10
冰川	帕尔巴特山	5~7
冰川	阿拉斯加、新西兰和亚洲	1~30
滑坡	南阿尔卑斯山、新西兰	5~15

表 7-3 造山带表面剥蚀速率参数表

区域	剥蚀速率/（mm/a）	岩石圈加载/km	卸载时间/Ma
南阿尔卑斯山，新西兰	6~10	10~20	2
巴基斯坦	5~7	15~20	3
尼泊尔	4~5	25	4~6
奥林匹克山	1.2	9	11

7.2 先存构造对变形的影响及其物理模拟

7.2.1 先存构造对变形的影响

先存的断层、古隆起等构造对变形具有重要的控制作用。特别是在转换型盆地中，盆地由伸展状态向挤压状态发生反转变形，此时先存的断层等薄弱带对盆地应力分布和断坡发育位置具有重要影响。利用先存断层可以有效识别反转构造，先存断裂对基底剪切应变进行调节，造成盆地中构造变形带的最大主应力方向发生变化。同时，先存断裂被激活，形成侧向转换逆断层，进而形成正花状构造。

先存隆起，尤其是古地貌对变形的影响比较显著。初始变形存在两种方式，褶皱和断层哪一项最先出现，这似乎与初始扰动有一定的关系。逆冲构造的产生与水平构造应力、重力和弹性应力有关。优先出现断层的逆冲扩展与楔形体的增厚和挠曲紧密相关。在构造应力条件下，褶皱的形成也许是由于受到断层切割作用。有时断层和褶皱也可能同时产生，但整个造山带的构造变形过程主要受应力分布控制。

造山带具有先存断裂构造分布的区域比较广泛，如加拿大落基山、阿巴拉契亚、巴基斯坦盐脊、阿尔卑斯、扎格罗斯、阿玛迪斯等褶皱-冲断带（图 7-8）。基底逆冲断裂是这些构造带的典型特征。基底古地貌隆起在局部构造带也特别明显，如扎格罗斯褶皱-冲断带的基底古隆起形成陡坎式的结构，在挤压变形中，对上覆地层的构造变形也具有明显的控制作用。总之，先存构造为变形提供了可容空间和应力调节区，对后期变形的发展具有重要影响，但具体的影响作用需要物理模拟进一步地深入探讨。

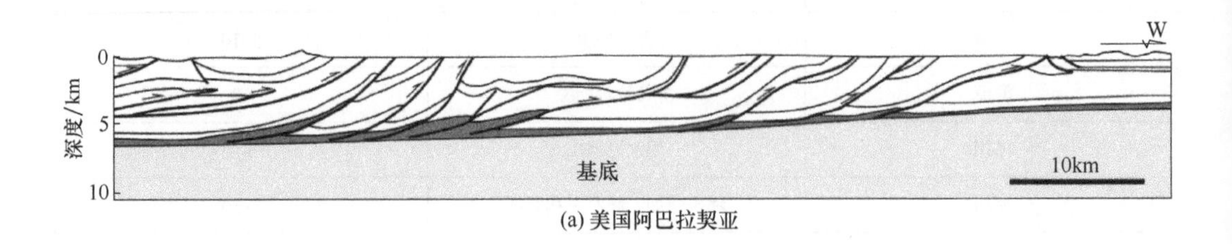

(a) 美国阿巴拉契亚

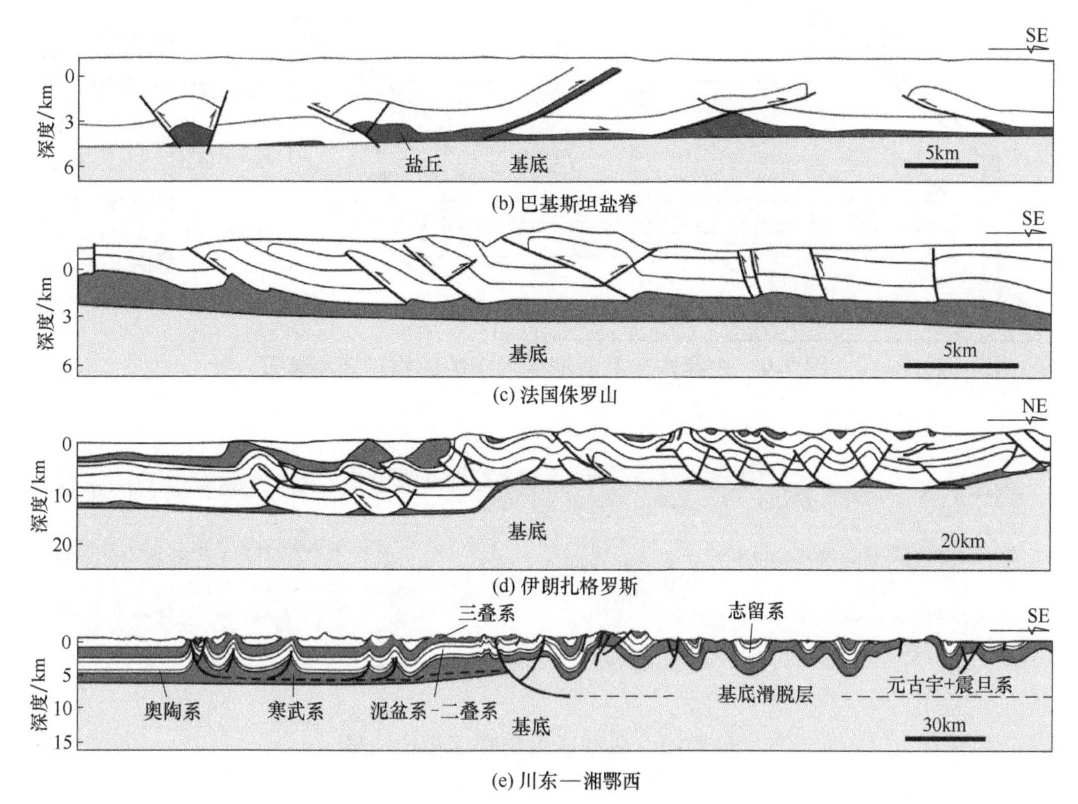

(b) 巴基斯坦盐脊

(c) 法国侏罗山

(d) 伊朗扎格罗斯

(e) 川东—湘鄂西

图 7-8　造山带及褶皱-冲断带构造特征

7.2.2　先存构造的物理模拟

（1）模型设计

过去的研究表明，断层固有的薄弱带仍然是该断层重新活跃的关键控制点。因此，模型设计中，硅胶层的分布范围、地层的摩擦力条件等需要按一定的比例设计，它们之间的端点则构成了先存构造的初始点（图 7-9，书后另见彩图）。

（2）模拟结果

形成继承性的逆冲断层，在冲断带一侧形成底辟构造，且底辟构造形成于继承性断裂变形的中后期。30°为挤压方向和断裂带轴之间的夹角（图 7-10）。模拟结果表明模型的变形主要通过脆性层的断裂作用和韧性层的减薄作用来调节区域的变形量。变形样式的差异与区域伸展或挤压的变形速率有关。在边界主断层的上盘出现硅胶明显减薄现象。其余构造带基底的硅胶层在侧向上较为一致。主要的构造样式变化是由于同沉积增厚和地层生长造成局部有一定的起伏。模拟结果还揭示另一个现象，按照摩尔-库伦破裂图解，模拟实验中脆性层的断裂倾角值与理论计算的脆性层断裂的倾角值之间存在一定的差异。在一般情况下的低角度断裂围限的半地堑结构中，模型测试的正

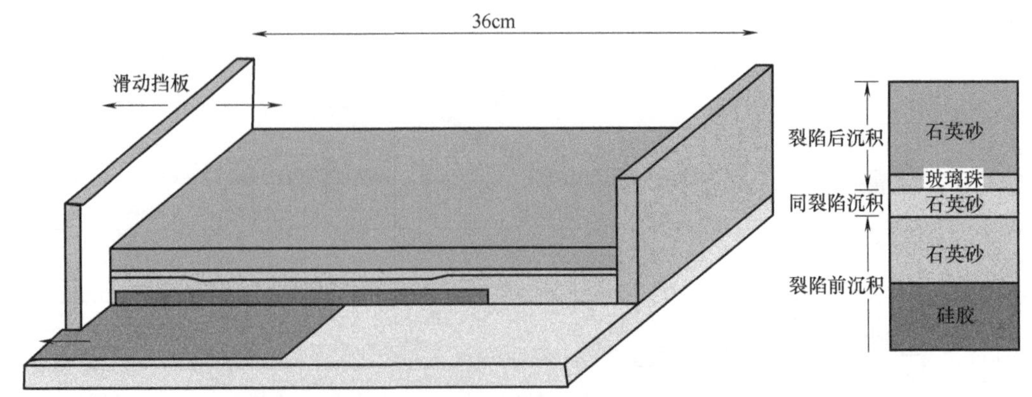

图 7-9　先存构造对后期变形影响的物理模型装置

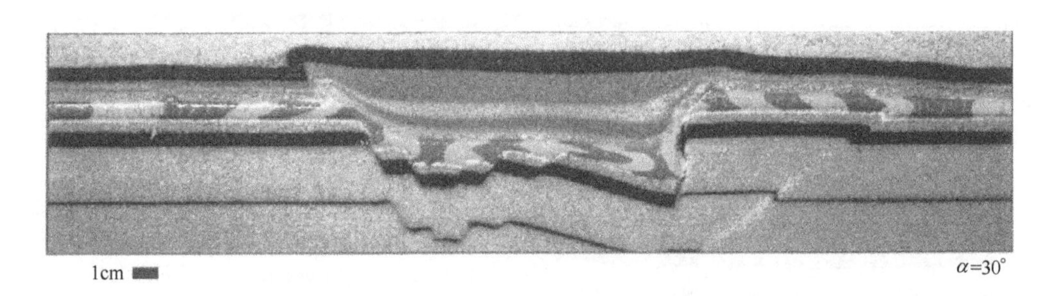

图 7-10　典型造山带物理模拟结果

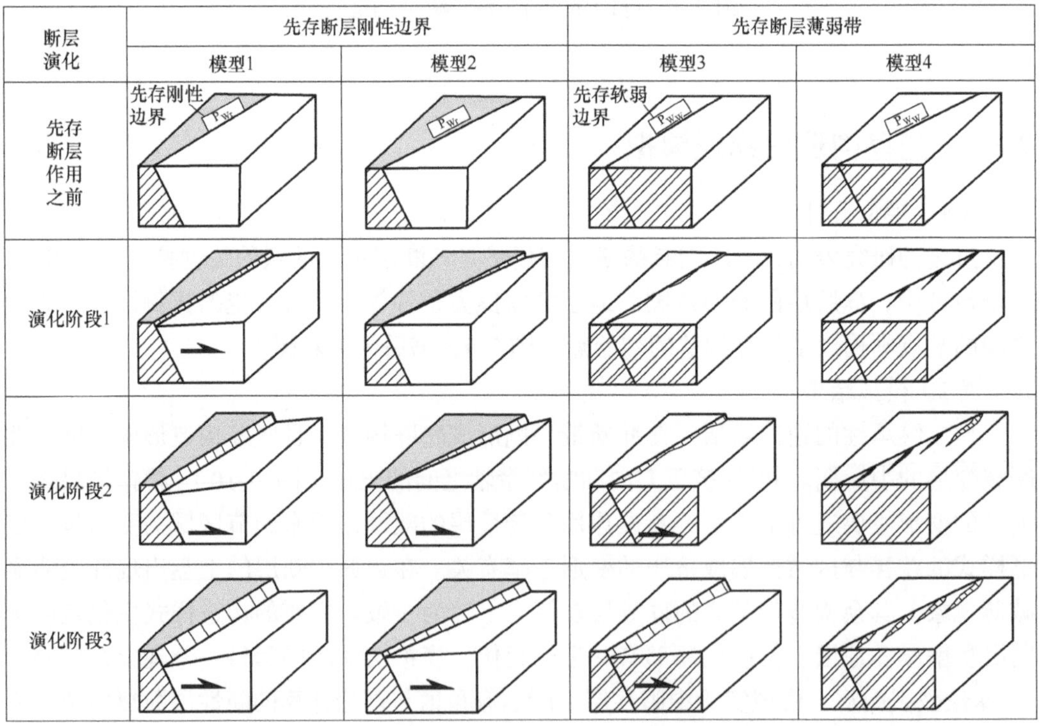

断层演化	先存断层刚性边界		先存断层薄弱带	
	模型1	模型2	模型3	模型4
先存断层作用之前	先存刚性边界 P_{Wr}	P_{Wr}	先存软弱边界 P_{Ww}	P_{Ww}
演化阶段1				
演化阶段2				
演化阶段3				

图 7-11　先存断裂的变形、扩展和演化图解

断层倾角值比理论计算值要偏小。这也就是过去论述中所揭示的，在基底韧性层作用下，主应力轴的旋转控制了断裂的倾向。事实上，在剪切带中应力轴更倾向于沿相同的方向发生变形。低角度断层的倾向与剪切带扩展方向相反。

前人对先存断裂及先存构造对变形的影响进行了系统深入的研究探讨（图 7-11）。归纳前人成果表明，先存断裂对裂陷盆地几何学特征的形成具有明显的控制作用。因先存断裂的作用形成了复杂的断裂系统。同时进一步揭示了复杂的断裂系统的形成未必是多期构造变形叠加的结果。多年的模拟分析支持了这一观点：包括挤压变形系统、复杂的变形系统未必一定是多期变形的结果，也许是同一构造变形在不同的运动学和流变学控制作用下形成的。

案例 7-1：先存隆起对变形影响的物理模拟

（1）模型设计

在构造叠加地区和弧形构造形成区域，先存的古隆起或古地貌对邻区的变形产生了重要影响。模型蜂蜜厚 60mm，中间硅胶层厚 8mm，顶部石英砂厚 8mm。运动挡板在中间硅胶层的底部移动。模拟在长、宽和高为 500mm×480mm×76mm 的矩形装置上进行（图 7-12）。对实验结果可以应用激光扫描成像、切片等方法进行比对分析。缩短量与侧向位移、缩短量与倾向滑动位移、侧向位移与远离挡板之间的位置关系，以及高程的起伏等参数是常用分析变量。

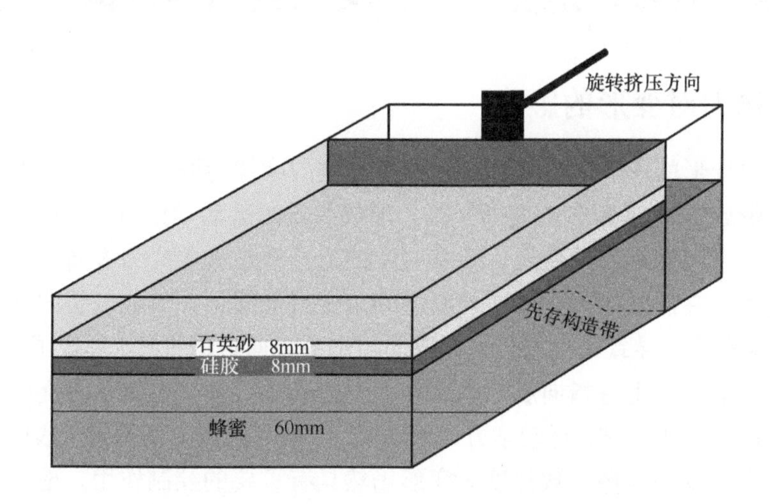

图 7-12　古地貌对变形影响的模型装置

（2）模拟结果

模拟结果表明，先存的隆起导致了挤压变形过程中改变了最大主应力方向，形成与古地貌斜交或者平行的弧形构造。在古隆起的外侧，则形成与主应力方向近似垂直的逆冲构造（图 7-13）。表明先存的古地貌对后期的构造变形产生了明显的扰动作用，或者形成了部分继承性的构造。

(a) 变形初始阶段

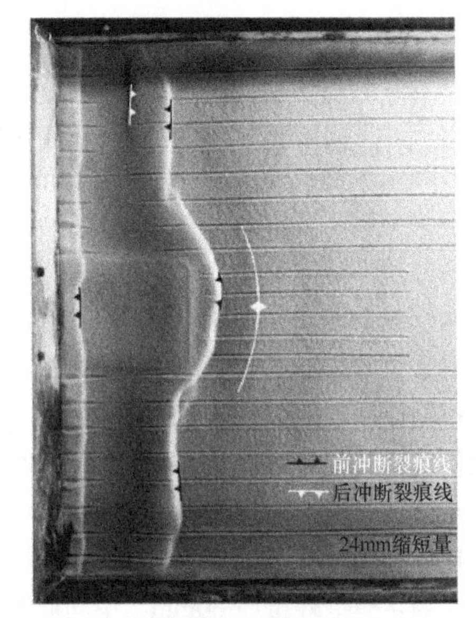

(b) 变形24mm时的结果

图 7-13 物理模拟结果

7.3 摩擦力对构造变形的影响及其物理模拟

7.3.1 摩擦力对变形的影响

摩擦力对变形的影响体现在基底摩擦力和侧向摩擦力两个方面。其中基底摩擦力影响了造山带或褶皱-冲断带的变形样式，形成差异的运动学指向。基底摩擦力可以控制前陆盆地和造山带根带的变形。高基底摩擦力导致最大主应力方向指向前陆。因基底摩擦力较大，在前陆区产生的逆冲断层倾角变得低缓，并形成低缓的共轭断层。低基底摩擦力条件下，导致最大主应力的方向与水平方向近似平行，形成了双向指向（既有指向前陆的运动，也有指向后陆的运动）的运动学特征。也有学者提出，在低摩擦力条件下会形成箱状褶皱，运动学方向不明显。Liu 等对造山楔的研究表明，在不同地貌倾角条件下，基底摩擦系数强度对变形仍然具有重要的控制作用。他开展了摩擦系数分别为 0.55、0.47、0.37 的 3 种条件下的模拟实验。

在自然界中，这样的现象体现在地层中具有软弱结构的韧性层，如膏盐岩、泥页岩、煤层和千枚岩等。这些物质改变地层的结构和流变学结构特征，进而导致造山带形成不同的变形样式。在中亚扎格罗斯、巴基斯坦和北美卡斯卡迪古陆等造山带尤为明显，存在较厚的韧性层或高压流体层。它们的存在改变造山带的力学特性，对此相关的物理实验进一步证实了基底摩擦力的差异对造山带的变形和影响探讨。

侧向摩擦力对造山带的变形仍具有非常重要的控制作用。侧向摩擦力可以改变造山带的运动学指向，特别是在侧向摩擦力与基底摩擦力之比较大时，该变形样式的影响尤为明显。

7.3.2　摩擦力的物理模拟

（1）模型装置

基底摩擦力的物理模拟探讨已有相当长的时间。应用基底韧性层作用可以把基底的剪切强度计算出来。通过不同结构的组合模型，可以得到基底摩擦力对变形的控制（图 7-14）。模型中，应用硅胶模拟软弱的基底，应用石英砂模拟脆性层。通过脆/韧性层厚度比例探讨基底摩擦力的强度，进而分析不同的造山带变形样式。

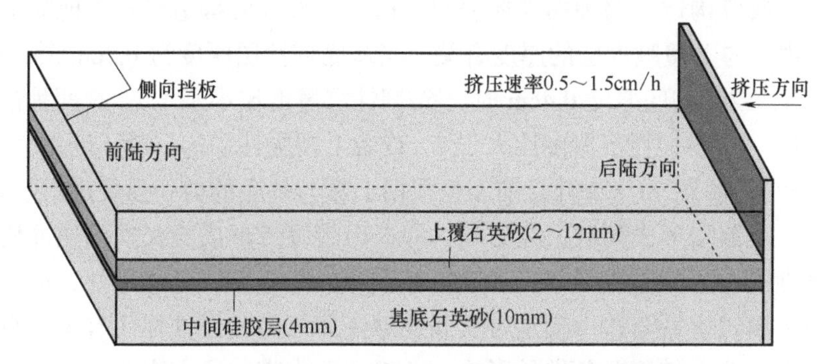

图 7-14　基底摩擦力影响物理模拟实验装置

专门针对侧向摩擦力对变形影响的研究相对较少。图 7-15 是 Zhou 等探讨卡斯卡迪古陆特殊的运动学指向（与挤压变形方向相反）时建立的。该模型在 90cm×20cm×4cm 的矩形框中进行。基底硅胶，上覆石英砂层。探讨侧向玻璃与箱体内部物质之间的侧

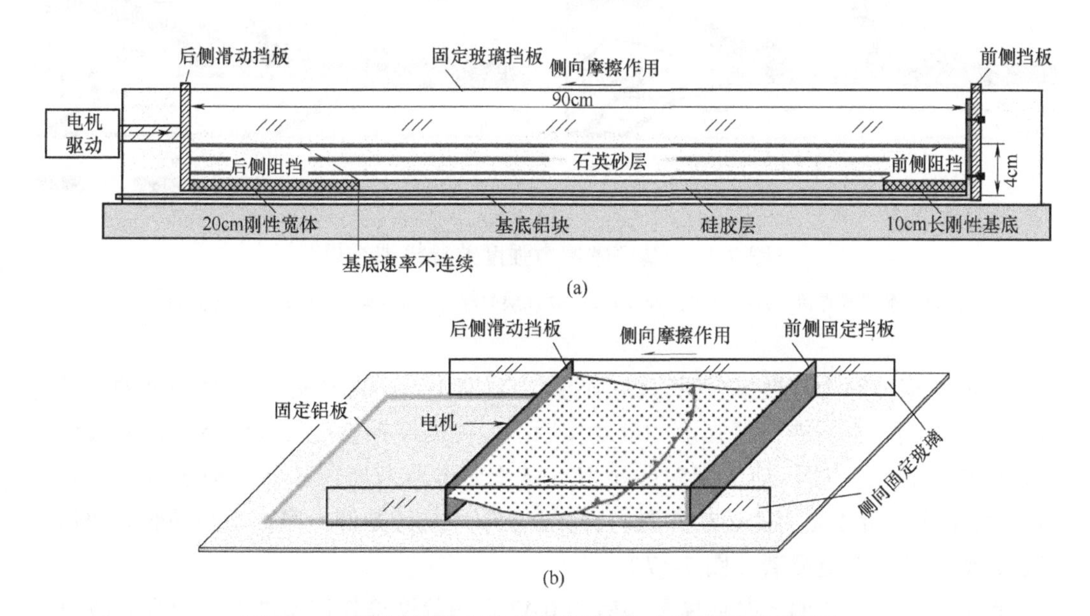

图 7-15　侧向摩擦力物理模拟装置（后侧推挤模型）

向摩擦作用。$\tau_s=\rho g\mu_b(H_b/2)$。侧向摩擦力（$\tau_s$）与实验材料的密度（$\rho$）、摩擦系数（$\mu$）和重力加速度（$g$）有关。

实验过程中，相关的模拟研究方法主要是：根据实验照片进行比对，对缩短量与侧向剪应力进行对比分析，以揭示距离挡板不同位移时的构造分布特征。基底剪应力与上覆脆性层剪应力乘积与比值的相关对比图、库伦莫尔圆等方法，以及模拟结果与实际构造特征对比分析等，均可以有效探讨摩擦力对构造变形的影响。

（2）模拟结果

基底摩擦力的大小与上覆脆性层的厚度、基底剪切强度和脆/韧性层厚度比等有关。高基底摩擦力，则形成前陆逆冲断层、逆冲推覆构造；而低基底摩擦强度，则形成前陆箱状褶皱、底辟构造。物理模拟还表明，造山带形成的构造样式为前陆形成冲断带还是褶皱，主要与上覆脆性层的厚度有关。当基底韧性层厚度为 0.2cm 时，脆/韧性层厚度比小于 3，或者基底厚度 0.4cm 时，脆/韧性层厚度比小于 1.5，这两种情况下均易形成前陆褶皱；而脆/韧性层厚度比大于 3，或者上覆脆性层的厚度不断增大 时，则易形成前陆逆冲断层（图 7-16），并且前人也根据上覆与基底的剪切强度进行了物理模拟。一般情况下，是前陆形成褶皱，在后陆，即造山带根带形成叠瓦式的逆冲构造，不同的脆韧性厚度组合，其基底的摩擦强度也存在明显的差异。除此之外，造山带是发育逆冲断层还是褶皱构造与造山带是否受到孔隙流体压力和侵蚀作用有关。在某种条件下，也可能受到造山带侧向条件的影响。总之，造山带的研究表明，低摩擦力是形成运动学指向造山带根带的关键控制因素，而指向前陆是由基底摩擦力不断上升所造成的。因此，基底摩擦作用对造山带的变形和演化具有非常重要的控制作用。

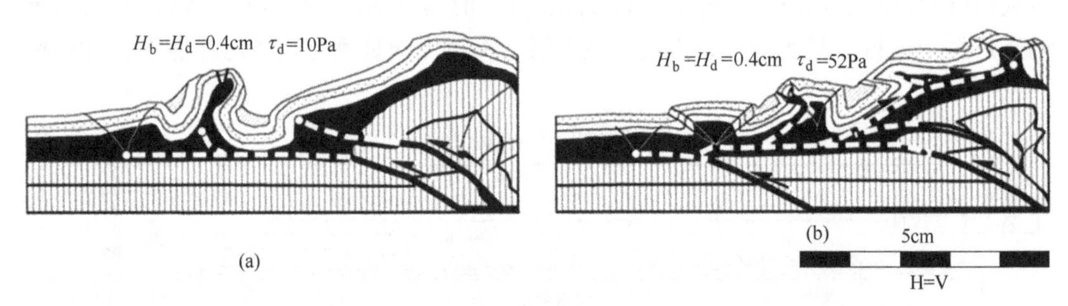

图 7-16　基底摩擦力强度差异模拟结果

H_b—脆性层厚度；H_d—韧性层厚度；τ_d—韧性层剪应力；H—水平方向；V—竖直方向

侧向摩擦力的物理模拟表明，侧向摩擦力对造山带，尤其是褶皱-冲断带的变形具有重要的影响。在弱或极低强度的基底作用下，侧向摩擦力能够控制造山带的演化，也能够使得造山带的运动学指向明显不一样（如卡斯卡迪古陆的运动学指向后陆一侧），即形成与挤压应力的运动方向相反。主要原因估计是侧向摩擦力与基底剪切强度相比，侧向的影响更显著（图 7-17）。

前人模拟研究表明，基底摩擦系数为 0.47 且中等摩擦作用条件下，形成的逆冲

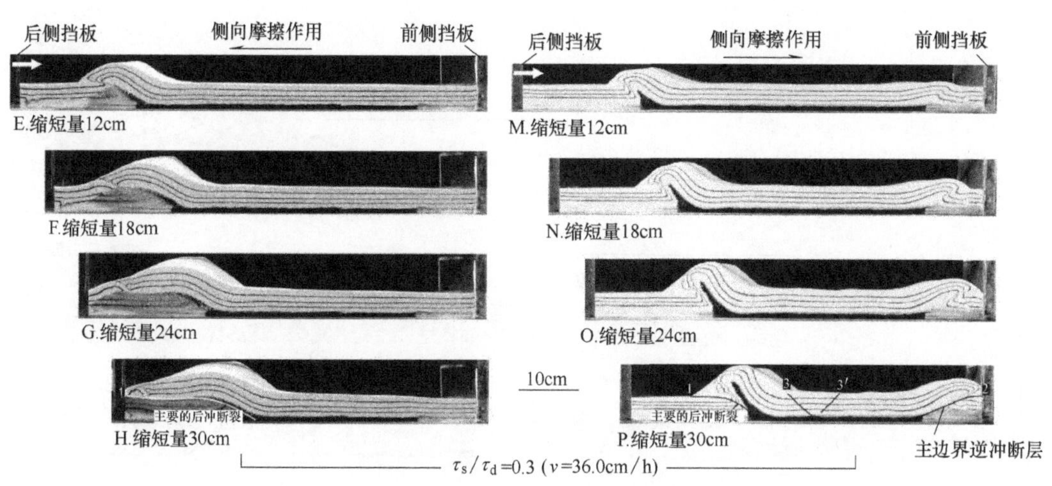

图 7-17　侧向摩擦力对造山带变形的影响模拟结果

τ_s—侧向剪应力；τ_d—基底剪应力；v—挤压速率

构造样式与临界楔理论预测的几何特征极为相似。而基底摩擦力过高和过低，形成的冲断楔的几何样式有差异。于是就对超临界楔的成因产生了新的思考：超临界楔的基底摩擦要大于或者等于楔体的内摩擦。随着基底摩擦的增加，逆冲断裂的前缘扩展空间逐渐增大。高基底摩擦和各向异性，导致了逆冲断裂向前陆方向扩展演化（图 7-18 和图 7-19）。

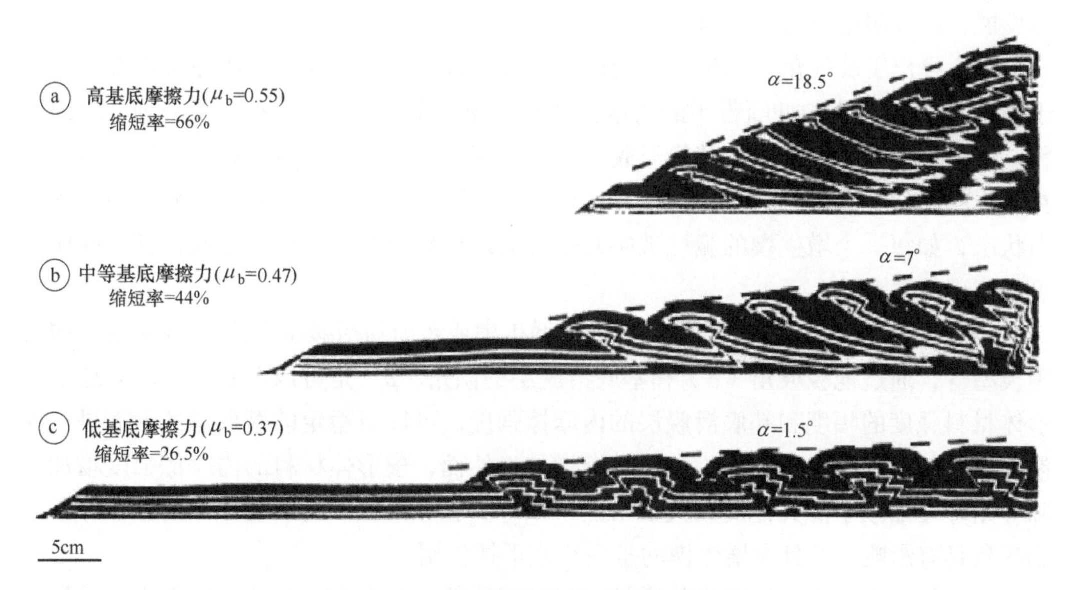

图 7-18　不同摩擦条件下的变形演化

μ_b—基底摩擦系数；α—地貌坡角

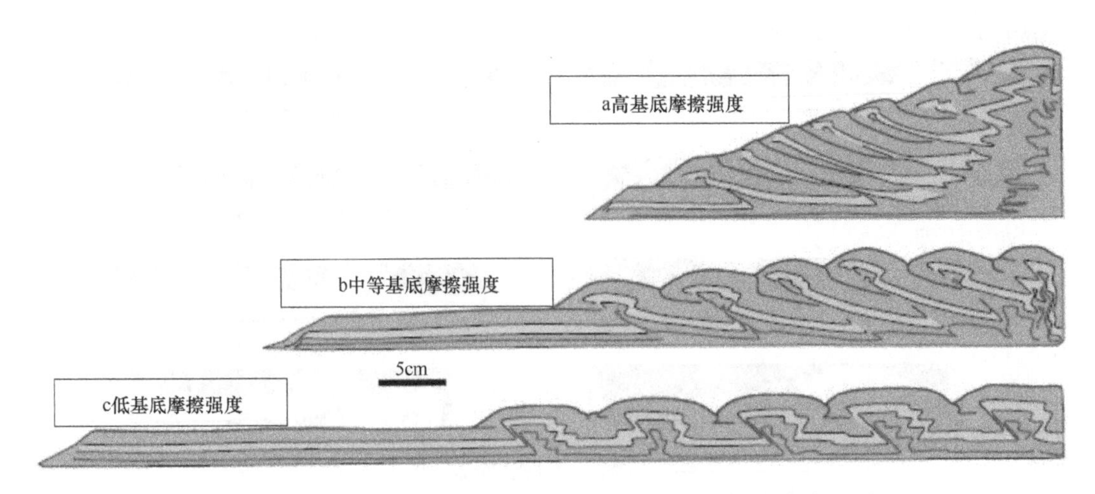

图 7-19　基底摩擦强度对造山楔变形演化的影响

案例 7-2：褶皱-冲断带物理模拟

（1）引言部分

逆冲构造的物理模拟可以追溯到很早以前。Cadell 应用泥材料构建的第一个砂箱模拟实验，用来模拟苏格兰高地发现的构造样式。这一个模拟实验与 Willis 对阿巴拉契亚构造特征的模拟极为相似。尽管物理模拟有它的局限性，物理模拟技术仍然可以较好地揭示逆冲构造的变形特征，该技术有利于对逆冲构造带的理解。应用常规重力条件下的物理模拟技术，近年来的逆冲构造带的物理模拟研究已经广泛关注到临界楔的发展，以及超重力条件下的离心机物理模拟。

前人提出了临界角、库伦楔理论模型，以及该理论在后来的修改完善和发展，对于增生楔和前陆褶皱-冲断带中的构造特征和逆冲板片的扩展序列提出了一种合理的解释。依据他们的模型，沿着基底滑脱层，增生楔的变形与该构造带物质的搬运有关，在这样的条件下，达到临界角的逆冲构造的扩展序列是可以获得的。临界楔内部的应力状态，如每一个增生楔的脆性破裂几乎遵循库伦破裂准则，沿着基底，其基底应力可以实现摩擦滑动。

稳定状态的地质楔形体的临界角，如增生楔或者前陆褶皱-冲断带，或者合适的物理模型等，通过地貌坡角（α）和基底滑脱层的倾角（β）是可以对其定义的。通过楔形体材料强度的幅度和基底滑脱层的内摩擦强度，可以对稳定的楔形体的形态进行控制。增加基底摩擦强度，临界角也逐渐增加。然而，楔形体材料的内摩擦强度增加，临界角却逐渐减小。其他的因素如增生楔顶部的孔隙流体压力、侵蚀和同沉积作用对临界角具有影响，并且在增生楔的基底形成下插作用。

在临界楔理论中，增生楔物质被看成是均质的，具有库伦属性。内聚力的差异、内摩擦系数、基底摩擦系数等参数没有得到考虑。同时，力学各向异性、能干性差异和局部应力场的变化也没有被考虑。在以前的模拟实验中，一些参数也没有得到系统的检查。本研究呈现了一些物理模拟研究的细节成果，并且实验研究了模型厚度、基底摩擦强度的变化、各向异性等对临界角库伦楔的影响。模拟实验解释了基底摩擦是怎样影响增生楔的几何特征的。提高力学强度是由于增加的厚度影响了逆冲楔最终的几何特征。同样地，逆冲楔的宽度和各向异性会改变临界角库伦楔的构造样式。

（2）物理模拟方法

本书中 4 组实验得到了详细描述。模型系列 Ⅰ~模型系列Ⅲ用均质的石英砂研究基底摩擦作用和初始模型厚度对构造几何特征及库伦楔运动学特征的各种影响。模型系列Ⅳ是初始恒定厚度 2.5cm 的石英砂和云母，调查基底摩擦作用发生变化对各向异性冲断楔的影响（表 7-4）。

表 7-4　模拟实验参数简表

实验系列		层厚度/cm	μ_b	$\alpha+\beta$/（°）	l/h	缩短率/%
Ⅰ:均质砂岩模型（塑性基底滑脱层）	C56	3.0	0.37	2	5.1	21.0
	C63	2.5	0.37	2	4.9	26.5
	C62	2.0	0.37	2	4.2	32.0
	C54	1.5	0.37	2.5~3.5	4.1	46.0
	C59	1.0	0.37	3~4	3.6	55.0
Ⅱ：基底薄膜拖拉	C102	3.0	0.47	3.5~4	5.1	37.5
	C103	2.5	0.47	4~5	4.7	44.0
	C104	2.0	0.47	5~6	4.6	51.5
	C105	1.5	0.47	6~8	4.3	58.0
	C106	1.0	0.47	8~10	3.8	70.0
Ⅲ：基底纸张滑脱层	C64	3.0	0.55	17~22	5.6	62.0
	C73	2.5	0.55	20~22	5.0	66.0
	C68	2.0	0.55	20~23	4.7	66.0
	C69	1.5	0.55	20~24	4.2	71.5
	C71	1.0	0.55	20~24	3.2	81.5
Ⅳ：各项异性砂岩模型（厚度不变）	C113	2.5	0.37	2~2.5	4.4	31.0
	C112	2.5	0.47	8~10	4.5	53.0
	C114	2.5	0.55	21~24	4.5	67.0

注：l 为逆冲楔所占据的宽度，h 为层厚度。

模拟实验的模型装置是在一个侧面是玻璃镶嵌的长条形矩形箱体中进行的。该实验与 Davis 等的实验装置相似。通过转动系统，电机以恒定的速率推动模型基底的滑脱层，由于刚性挡板垂直 90 度支撑力的作用，产生了模拟增生楔和褶皱-冲断带的库伦楔样式。装置的内部长、宽和高分别为 100~150cm、20cm、20cm。基底滑脱层的恒定滑移速率为 0.6cm/min。在本研究中，对所有实验都进行了描述。变形箱体的基底是水平的（β=0°），所有模型的初始长度为 100cm。

彩色的石英砂和白色的石英砂（各项同性）详细分类，并且石英砂放入变形箱体中需要减小局部非均质性，如层厚度和局部压实等进行构建模型。各项异性模型的构建是通过云母薄层（1mm）放入石英砂层之间。侧向的玻璃必须清洗干净，以减小侧向摩擦力的影响。以恒定的间隔时间进行拍照，一系列的照片反映连续的变形过程。每一个石英砂层模型都进行到稳定状态为止，如获得了整个临界楔，并且可见内部的变形停止。在这个变形阶段，整个楔形体沿着基底滑脱层（低摩擦实验）滑动，或者模型物质在基底发生连续的下插作用，并且楔形体继续以一定的表面倾角生长（基底高摩擦实验）。侧向摩擦作用将产生逆冲构造，在平面上逆冲构造发生弯曲，但是严重的弯曲变形被限制在玻璃挡板边缘 2cm 的位置。在变形箱体的中间位置，形成的构造在侧向上与模型保持一致。通过玻璃观察到的变形现象与模型内部的变形特征相似。一系列的照片来自模型中部，它们代表了整个模型的变形。每一组实验都进行了重复实验，并且实验结果是满足可重复性的。

① 摩擦材料的物理属性。干燥无内聚力的石英砂是物理模拟中常见的模拟材料，在实验室中，它满足模拟浅层地壳的库伦楔行为属性。干燥的石英砂具有库伦-纳维尔强度流变学特性，内摩擦角 30°，与很多沉积岩相似。在几何相似性上，模型与实际构造特征之间的相似系数在 10^{-5}~10^{-4} 之间，如模型 1cm 的石英砂代表实际 100m 到 1km 的沉积岩。尽管如此，模型材料的颗粒压实程度、分布特征和尺寸大小并不能精确模拟，并且最后模型的断裂特征不是离散型断裂，但是随着模型宽度的变化，存在膨胀剪切带。

干燥的石英砂［粒径 200~300μm，平均密度（1.58±0.1）g/cm^3］用来模拟各项同性沉积层的脆性变形（实验Ⅰ~实验Ⅲ），薄层的干燥云母（粒径长轴 500μm，平均密度 1.0g/cm^3）放入砂层之间，以提供力学各向异性，并通过层之间的相对滑动来模拟各项异性的变形。石英砂岩和云母的力学属性体现在具有较低的正应力，并且前人应用相似的实验装置对此进行了描述。对非断裂作用和断裂作用的材料进行了剪切强度的测量（断裂的位移 5mm）。通过线性的应力莫尔圆，对于所有材料，可以发现未断裂的断层，其内摩擦系数 μ=0.55；未断裂的云母，内摩擦系数 μ=0.55。对于低内聚力材料，强度分布范围为 τ=166~189.5Pa。有断裂发生的石英砂，强度减小 10%左右，而有断裂发生的云母，在相同 5mm 的位移后，其强度则减小 14%。后者的破裂可能是云母恢复变形所致，即在较低的位移作用下，阻止了滑动面形成。尽管如此，对于较大的位移，期望大量的云母颗粒进入剪切带，以减小断裂带的有效摩擦系数。

② 滑脱层的摩擦属性。滑脱层的组成：塑性席、拖拉的薄膜、砂纸片。基底滑脱层和砂层之间的摩擦特征在低正应力条件下可以测量。塑性楔拥有极低的摩擦滑动系数 μ=0.37；拖拉的薄膜拥有中等的摩擦系数 μ=0.47；而砂板片的基底拥有高的基底摩擦系数 μ=0.55，并且与石英砂岩的内摩擦系数相等。对于滑动的砂层，垂直支撑挡板

的滑动系数为 μ=0.55。

（3）模拟结果

4 个实验共计 18 组实验组数据如表 7-4 所列。模拟结果已进行了重复性验证。在模型中，通过一定厚度模型的摩擦强度的差异，以形成前陆褶皱-冲断带的扩展层序与库伦楔理论计算相似的几何特征。在所用模型中，垂直的刚性支撑挡板用来产生一定的变形特征，而且需要其与理论计算所产生的楔形体的变形特征相似。在当前，需要应用不同形态的支撑挡板针对实际变形特征开展进一步的深入研究。

① 逆冲扩展层序和逆冲断裂几何特征。在典型的库伦楔模型中，应用基底摩擦系数为 0.47，均质模型厚度 2.5cm，逆冲系统的扩展演化过程得到了很好的解释。在缩短率为 2.5%时，出现了第 1 条逆冲断层，并且紧接着出现较为陡立的后冲断裂。随着变形的继续，在第 1 条逆冲断裂的下盘形成指向前陆的运动学特征，并且在与第 1 条逆冲断裂相差 5cm 的位置产生指向前陆的第 2 条逆冲断裂。一旦在逆冲断裂的下盘形成新的前陆逆冲断层，早期形成的、高角度的逆冲断层就会开始变得不活跃起来，并且被动地发生旋转变形。对于大多数的前陆逆冲断层和造山带根带的向后旋转，它们的发育位置和产生的位移具有较大的相似性。变形从初始时的 15°减小到 7.8°时，即当获得了稳定的临界角之后，地貌坡角和形成的楔形体的角度都将发生减小。前陆指向的逆冲断层发生位置的角度在 20°~25°之间，也常常通过 35°~40°之间初始角的后冲断裂与其相伴生。最大的位移主要发生在前陆逆冲构造带。变形进行的时间越长，高角度的逆冲向前扩展并发生旋转就越大，当它处于造山带后冲断裂和挡板相邻的垂直隆升区域时，其倾角可以达到 45°。库伦楔的几何特征从一个向外突出的弧形特征演化为一个相对矩形的几何特征，但是仍然具有相对向外突出的弧形结构。楔形体的后缘末端几乎是水平的表面，由于大多数指向前陆的逆冲和与垂直支撑挡板相邻的后冲断裂的位移作用，水平表面仍然具有一定的抬升幅度。通过在一定规则空间内形成新的逆冲断层，变形前缘的位置逐渐扩展到前陆地区。在实验的后期阶段，一个稳定的楔形体形成，并且滑脱层之上的逆冲板片内部并没有发生进一步的缩短变形。

② 初始厚度的变化。论文中描述的实验是有一侧平行于沉积楔形体的，其目的就是调查地层厚度变化对逆冲断裂的空间分布和楔形体的几何特征的影响。基底摩擦系数为 μ=0.47，并且初始模型厚度在 1~3cm 之间。对于 μ=0.37、初始模型厚度为 3.5cm 的模型，其没有逆冲作用和库伦楔，但其沿基底滑脱层滑动而没有发生任何变形。对于初始厚度为 3.0cm，以及 3.0cm 以下厚度的模型，具有三个方面的明显影响：a.随着初始厚度的减小，在稳定的临界角达到之前，其缩短量在逐渐增加；b.随着模型厚度的减小，逆冲断裂之间的距离减小，到了变形最后阶段，逆冲断裂的数量相应地在增加；c.随着模型初始从厚度 1cm、倾角 9.5°到厚度 3cm、倾角 7°，楔形体的临界角有一定幅度的减小。在所有的实验中，在指向前陆逆冲构造带的末端形成常见的后冲构造。初始厚度薄的模型更容易形成前陆逆冲构造，此时造山带根带的逆冲旋转的角度更大。

③ 基底摩擦力的变化。基底摩擦力对增生楔的几何特征具有明显的影响。随着摩

擦力的增加，如临界角为 1.5°、基底摩擦力 μ=0.37 变化到临界角为 7.0°、基底摩擦力 μ=0.47，再到临界角为 18.5°、基底摩擦力 μ=0.55，其变形几何特征具有明显的差异。临界角的增加，对应着增生楔逆冲构造带长度增加。随着摩擦系数的增大，产生的逆冲断裂的数量与每一条指向前陆逆冲断裂减小有关。在低摩擦力条件下（μ=0.37），增生楔低临界角条件下，变形样式最明显的特征是形成非对称性的冲起构造。

④ 模型各项异性的影响。物理模型中的各项异性是通过薄的云母嵌入到石英砂层之间，以产生一定的临界角。当模型各向异性增大，临界角有所增加。除各向异性模型中的褶皱作用稍微强烈一点以外，各向异性模型中的变形样式与非均质性模型的变形样式极为相似。

（4）讨论

在增生楔和前陆褶皱-冲断带的库伦临界角模拟上，砂箱物理模拟实验已经得到成功应用。在所有的模型中，前陆核部和前陆逆冲运动学指向系统都具有不同倾角的后冲断裂发育。活动的指向前陆的逆冲变形主要集中分布在最后形成的前陆逆冲构造中，如在很多的逆冲构造带物理模拟中，可发现年龄偏老的和高角度的逆冲发生被动旋转变陡。在一些模型中，个别逆冲构造的末端发育较小的后冲构造，这样的后冲现象在褶皱-冲断带和增生楔中也是比较常见的。

依据库伦楔理论，松散干石英砂的临界角（$\alpha+\beta$）可以通过如下公式计算

$$\alpha+\beta \approx \left(\frac{1-\sin\phi}{1+\sin\phi}\right)(\beta+\mu_b) \tag{7-1}$$

式中，α 为增生楔地貌坡角；β 为基底滑脱面的倾角；μ_b 为基底摩擦系数；ϕ 为增生楔物质的内摩擦系数。

对于物理模拟实验，应用塑性席基底，其理论临界角为 7.4°，基底摩擦系数为 0.37；对于拖拉的薄膜材料，临界角为 9.4°时，基底摩擦系数为 0.47；石英砂基底，摩擦系数为 0.55，理论临界角为 11°。理论计算值与实际对比显示最好的结果是初始厚度比较薄（1.0~1.5cm）和中等基底摩擦系数 μ_b=0.47 的基底薄膜滑脱层结构模型。对于摩擦强度值低的低临界角模型（临界角比预测值要小），其形成是由前陆指向逆冲和后冲之间的应变分割所致，如减小增生楔的临界角，形成对称性的隆起构造一样。当楔形体基底滑脱层摩擦系数与模型材料所产生的实际临界角（18°~24°）相等时，即该值大于临界楔理论计算值 11°时，以及模型初始厚度不受影响时，则形成增生楔。只要新的物质不断搬运到变形带，并且增生楔临界角与模型材料产生的动力学角度很接近，且临界点没有达到时，增生楔将继续生长。存在一种假设就是当基底强度比材料的内摩擦强度还要小时，超临界楔和库伦楔理论将不再适用。基底摩擦系数为 0.37，且基底之上具有一定的沉积物厚度，则库伦楔不能形成，这就相当于位于基底滑脱层之上的模型在滑动过程中并不产生任何变形。模型具有超临界角，随着基底摩擦系数的增大，超临界厚度也在增加。在这种情况下的模型比基底滑脱层和没有发生任何变形的模型具有更明显的强度。

在物理模型中再现的叠瓦扇逆冲构造，可以在自然界中的增生楔和前陆褶皱-冲断带找到相似的特征。本研究描述的逆冲楔的间距和厚度比范围为3.2~5.7，并且基底摩擦系数有所增加，与Mulugeta发现的随着基底摩擦系数减小，模型的逆冲间距和厚度比增加相矛盾。随着模型的厚度增加，产生的逆冲板片的长度也逐渐增加。这样的现象在前陆褶皱-冲断带已发现相似的变形特征，如加拿大落基山剖面和穆瓦纳逆冲构造带。模型显示，基底摩擦系数减小，逆冲断裂的数量增加。在软弱的基底滑脱层条件下，形成对称性的冲起构造和低临界角的前陆褶皱-冲断带（如巴基斯坦）。在各向异性模型中，更多的缩短量需要稳定的增生楔系统，并且前陆逆冲构造之上的逆冲断层上盘发生变形，而且变形是通过后冲断裂的挤压形成褶皱进行应变调节。这就意味着各向异性模型的力学性质比各向同性模型的力学性质要弱。随着基底摩擦系数的变化，前陆指向的逆冲断层的初始断坡角（25°~30°）和后冲断裂的初始断坡角（35°~40°）没有明显的变化。因此，在逆冲断裂一定角度条件下，试图减小基底摩擦系数进行断坡角的测试时需要小心。

本研究对具有库伦楔模型的主要变形特征进行了归纳和解释。在临界后侧挡板的区域，具有最大的缩短量和增厚现象。前陆逆冲构造带发生了大量的被动旋转。在前陆指向滑脱层之上和后冲断裂邻近的支撑挡板附近上覆区域均形成同步运动。有的区域前陆指向的逆冲发生较大的位移，形成规则的逆冲断裂间距和指向前陆的叠瓦扇逆冲构造；在前陆的一些地区未发生变形，并且沉积物在滑脱层之上发生被动的迁移。增生楔形成向内部凹的弧形地貌，指示了在该系统的末端，形成了应变硬化过程。每一个来自逆冲板片前缘松散的物质都是后期超覆形成的，这样的过程是通过前陆指向的逆冲断层作用所致。此研究结果与侵蚀逆冲构造具有一定的相似性。物质的松散堆积作用在Mulugeta和Koyi的模拟实验中已报道过，并且这可以与Moore和Shipley研究中美洲海沟增生楔模拟实验进行对比。本研究中的模拟实验产生的库伦楔，显示与前陆褶皱带和逆冲带，以及增生楔构造样式相似。研究用的是干燥的松散石英砂，并且具有孔隙流体压力的情况没有进行模拟。孔隙流体压力在增生楔和褶皱-冲断带的变形中具非常重要的控制作用。

（5）结论

物理模拟技术已经成功应用于具有脆性结构的库伦楔的扩展变形。模型中产生的前陆指向的逆冲系统的叠瓦扇，已经在增生楔和前陆褶皱-冲断带中有所发现。对于基底摩擦系数为0.47中等值的模型，增生楔的临界角与理论预测值接近；对于低摩擦系数值的物理模型，增生楔形成的临界角比理论预测的临界角值还要小；当基底摩擦系数与楔形体的内摩擦系数相等，或者要大的情况下，则形成超临界楔。物理模型的临界楔，随着地层厚度的增加，指向前陆的逆冲构造的间距和地层厚度之比已逐渐增加。这一变形过程揭示了模型具有自相似性。实验数据揭示了随着摩擦系数增大，产生的逆冲断裂之间的间距也在逐渐增大。在模型系统中，高基底摩擦系数和强的各向异性，有利于沿着指向前陆逆冲和挤压型后冲断裂产生位移。在各向异性模型中，层之间的滑动由云母层在断层上盘产生褶皱进行应变调节所致。

7.4 地层力学特性对构造变形的影响及其物理模拟

7.4.1 地层力学特性对变形的影响

在造山带，尤其是走滑作用明显的造山带，地层的力学性质对构造转换带的影响比较明显。构造转换部位，因垂向和侧向结构的变化，导致力学性质的改变，使得该构造带的变形较为复杂。在挤压背景区域，形成弯曲的逆冲前缘、雁列式的背斜、网状断裂交织、撕裂断层和断坡等复杂的构造现象。这样的构造现象产生是由于在平行缩短过程中，需要断层和褶皱等调节应变，即出现地层在力学性质上有明显的差异。总之，地层力学性质也被认为是构造变形最为关键的控制因素，它可以解释一些复杂构造样式如断层、褶皱和断坡的产生。

地层力学性质的变化影响因素有初始地层的厚度变化、基底地层的垂向偏移、水平支撑挡板的偏移、基底摩擦条件、前陆的阻挡、滑脱层的叠置形态、同构造中的沉积和侵蚀，以及地层的非均质等。以上相关的地质现象均可通过物理模拟进行解释和探讨。

7.4.2 地层力学特性的物理模拟

（1）实验装置

通过设计砂体的不同组合，如横向和纵向的几何形态特征，构成均质和非均质的砂体结构，模拟相邻构造带的变形特征。实验中应用到了微玻璃珠、石英砂、边界条件、均质和非均质结构等（图 7-20）。

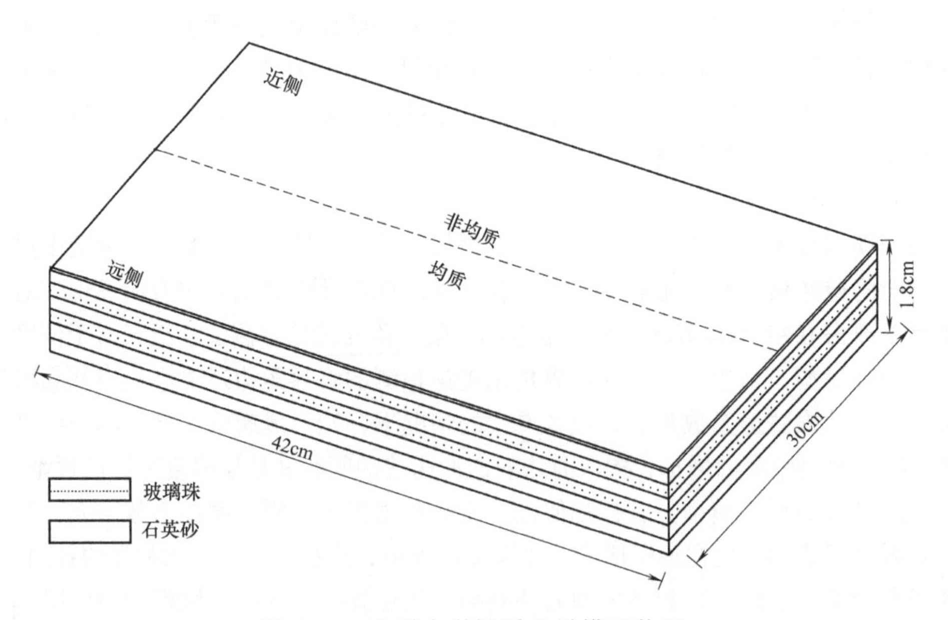

图 7-20 地质力学性质差异模型装置

通过改变地层的叠置关系，实现力学性质的差异，进而影响造山带的变形样式。通过相机、投影仪、平台和灯等设备。模型由中间滑脱层和基底滑脱层及不同颜色的硅胶层组成（图 7-21）。实验主要通过改变中间硅胶层和基底硅胶层之间的叠置（重叠、不重叠或者水平相距 5cm 等）来实现不同的模拟实验。

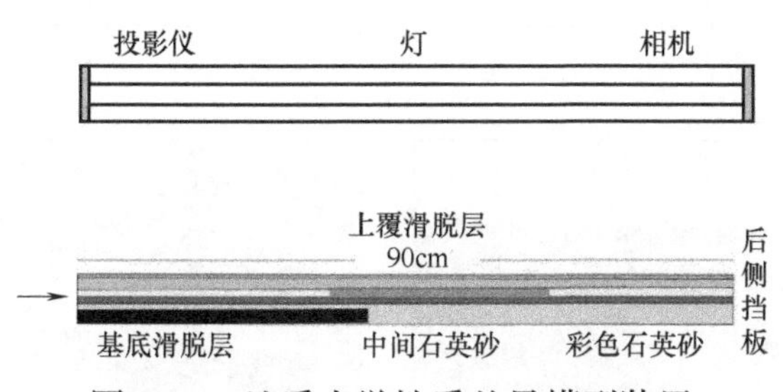

图 7-21　地质力学性质差异模型装置

模拟分析方法主要是图像对比分析、断层的表面形态、走滑量与切片、缩短量与位移、叠置偏移与缩短量、模拟结果切片、扫描高程，以及与实际的造山带进行对比。

（2）模拟结果

造山带走向上的力学差异影响了其几何学和运动学特征。具体体现在前缘形成不连续扩展。侧向各向异性形成倾斜断坡，逆冲楔的波长和终点不同。断层的位移量差异揭示了边界断裂两侧异常复杂。层长和断层的走向滑动量之间存在一定的线性关系（图 7-22 和图 7-23）。

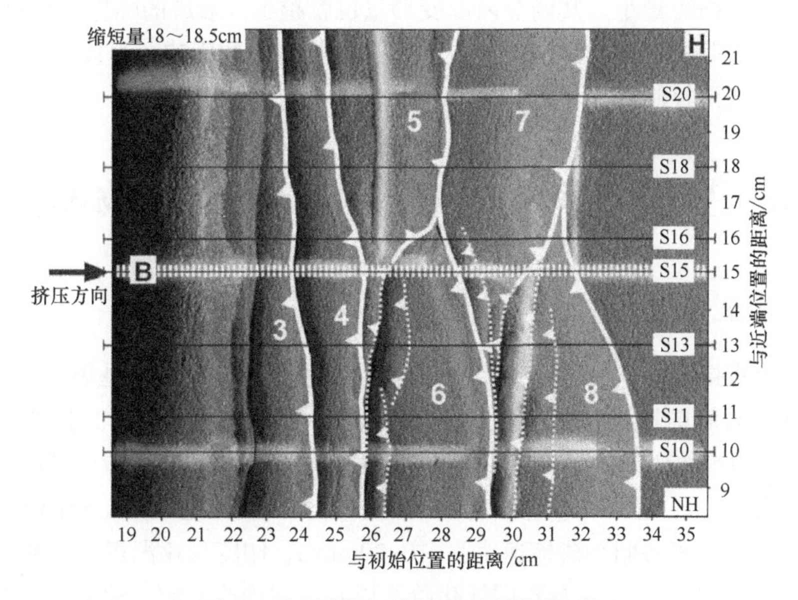

图 7-22　地质力学性质的模拟结果

S（10，11，13，15，16，18，20）—切片测线；B—边界线；H—均质分布区；

NH—非均质分布区；3~8—逆冲断裂形成的先后序号

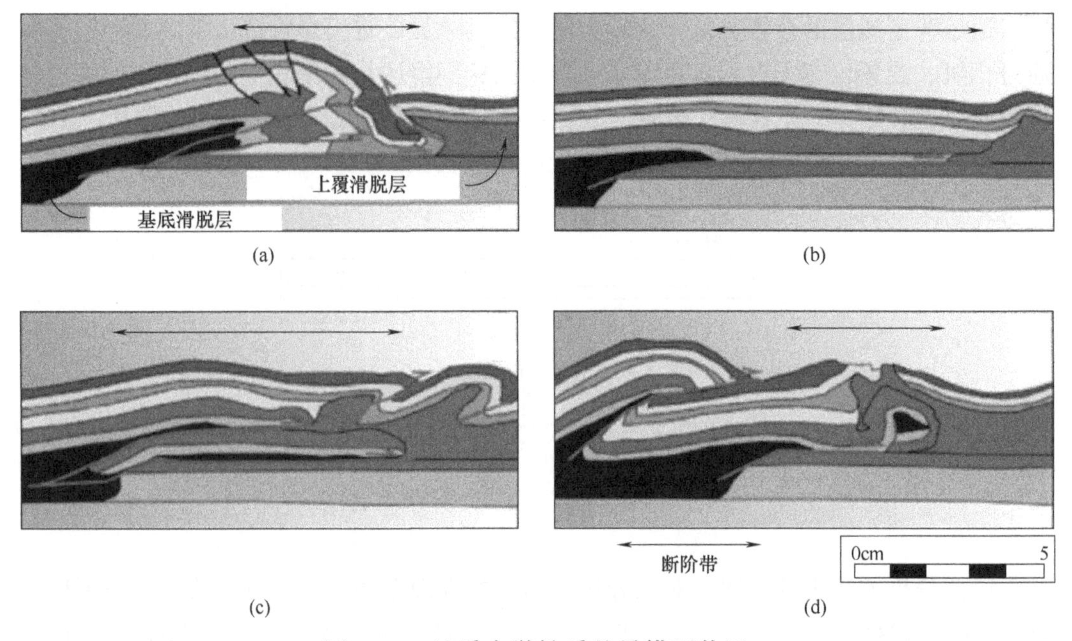

图 7-23　地质力学性质差异模型装置

由于硅胶与石英砂在力学上存在差异，加上硅胶层之间的叠置、偏移以及偏移量的大小，控制了造山带的几何学和运动学特征。造山带内部的变形主要通过基底滑脱层之上的前冲断裂调节，外侧的变形主要受上覆滑脱层约束，使得造山带的变形样式更加复杂。在运动学方面，当滑脱层的叠置量较大时外侧的缩短量也较大，变形扩展到前缘就更快；缩短量小，其调节内部变形量也就越小，形成的临界角也就更低缓。

总之，造山带的几何学和运动学受到地层力学性质的影响，可以应用物理模拟技术对造山带的变形控制进行分析和探讨。

7.5　挤压变形速率对构造变形的影响及其物理模拟

7.5.1　挤压变形速率对变形的影响

变形速率直接影响造山带的演化。变形速率越大，演化的时间越短，而变形速率越小，则演化的时间则越长。变形速率太快和太慢对造山带的构造样式同样具有重要影响。因此，造山带的变形速率直接影响其演化过程。据前人研究，造山带的挤压速率在不同区域具有明显的差异。例如伊比利亚与欧洲板块的汇聚速率为 1.5mm/a（图 7-24）；阿拉伯板块与欧亚板块俯冲碰撞速率为 10~20mm/a；印度与亚洲板块俯冲碰撞速率为 3~5mm/a；等等。同时，板块在不同演化阶段以及不同构造带的运动速率也有一定的差异。如何有效模拟板块的运动速率，对研究全球尺度和区域构造变形具有十分重要的意义。

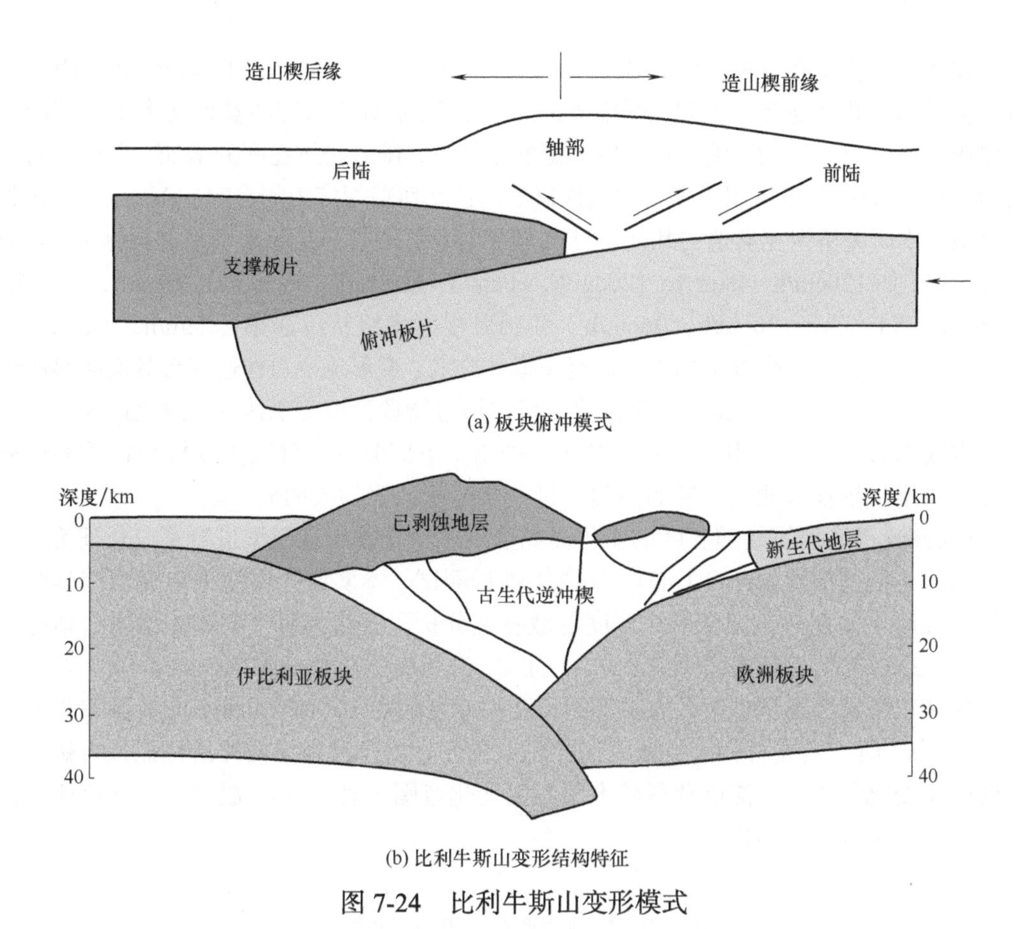

(a) 板块俯冲模式

(b) 比利牛斯山变形结构特征

图 7-24　比利牛斯山变形模式

7.5.2　挤压变形速率的物理模拟

（1）模拟实验装置

有关挤压速率对变形演化的模拟实验很多。如前人在蒙彼利埃大学构造物理模拟实验室完成了一系列不同速率测试。实验装置有基底平台、后侧挡板，用电机在基底拖拉。基底硅胶厚度为 1cm，且硅胶满足牛顿流体特性，模拟韧性层；上覆石英砂厚度为 2cm，模拟脆性变形（图 7-25）。实验过程中，应用一系列的变形速率，如速率小于 0.5cm/min、速率大于 0.5cm/min、速率大于 2.0cm/min 等多组。然后对不同速率条件下的实验结果进行对比分析。

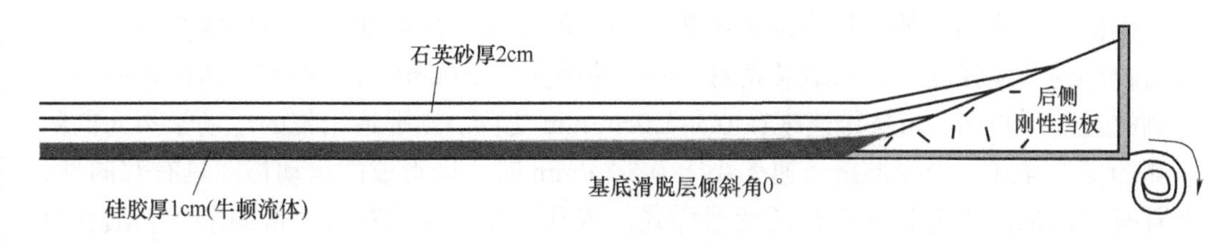

图 7-25　物理模型装置

在造山带构造样式模拟中，Bonini 应用了 1.5cm/h、0.6cm/h、0.3cm/h 共 3 组速率对不同结构的模型进行了测试。测试表明，变形速率对造山带和盆地变形中的剪应力和剪应变值具有一定的影响。在层厚一定的条件下，随着挤压速率的增加，剪应力有增大的趋势。Zhou 等也应用了多组测速探讨了因速率对剪切应力的影响。Reiter 等应用物理模拟技术研究塔吉克盆地的几何特征的形成时，也采用了变形速率差进行测试。相对快的速率（如 120cm/h，48cm/h；120cm/h，60cm/h；120cm/h，66cm/h；120cm/h，72cm/h；120cm/h，84cm/h；120cm/h，96cm/h）和相对慢的多组挤压速率（2cm/h，1.2cm/h；2cm/h，1.2cm/h 且前缘有阻挡）等进行模拟。总之，变形速率对构造变形具有明显的影响，它反映了造山带和盆地的变形过程，可以通过物理模拟实现其变形演化过程。

本模拟分析主要采用变形速率对比。采用了不同黏度的硅胶改变模型物质的流动速度。采用扫描仪检测变形带的高程，进一步分析地表物质的分布。

Rossetti 等利用石蜡随温度的变化而黏度发生变化的物理模型进行了分析研究。并且采用了不同的应变速率（1~5）$\times 10^{-5}s^{-1}$ 进行测试。本实验主要模拟地壳流变学结构在温度控制下的变形，即变形对温度的敏感性分析。石蜡具有牛顿流体性质，熔融温度 T_m=（53±1）℃。当温度 $T/T_m \geqslant 0.7$，且 $T \geqslant 37$℃时，应力指数 $1.0 \leqslant n \leqslant 1.4$。在牛顿流体场和正常重力场条件下，如实验的长度相似系数在 10^5~10^6 之间，应变速率相似系数在 $10^{-5}s^{-1}$ 时，实验材料满足地壳韧性相似条件。由于具有很高的活化能，石蜡在温度的较小变化范围内，能够获得较大的黏度变化范围（表 7-5）。温度是力学性质相似的一个重要条件（图 7-26）。

表 7-5　物理模型参数和相似系数表

实验参数	单位	自然界实际（N）	模型（M）	相似系数（N/M）
长度 l	m	3×10^4	5×10^{-2}	6×10^5
密度 ρ	kg/m^3	2500	850	2.9
重力加速度 g	m/s^2	9.8	9.8	1
应力（$\rho g l$）σ	Pa	7.5×10^8	4.2×10^2	1.8×10^6
热扩散系数 k	m^2/s	10^{-6}	8×10^{-8}	1.2×10^{-3}
参考时间（l^2/k）	s	9×10^{14}	3×10^4	3×10^{10}
黏度 η	Pa・s	10^{21}~10^{17}	10^7~10^5	10^{14}~10^{12}
活化能 E	kJ/mol	200	900	0.2

（2）模拟结果

模拟结果表明高的挤压变形速率表现为高的基底摩擦强度，低的挤压变形速率表现为较小的摩擦强度。研究结果表明，挤压速率大于 2.0cm/min，则形成造山带向后陆一侧的运动学指向，而挤压速率在 0.5~1.0cm/min 之间，则形造山带的运动学指向前陆一侧的变形样式。当变形挤压速率小于 0.5cm/min 时，则形成的运动指向具有双向性，即既有指向前陆也有指向后陆的变形样式。因此，变形速率对造山带的形成和演化具有重要影响。

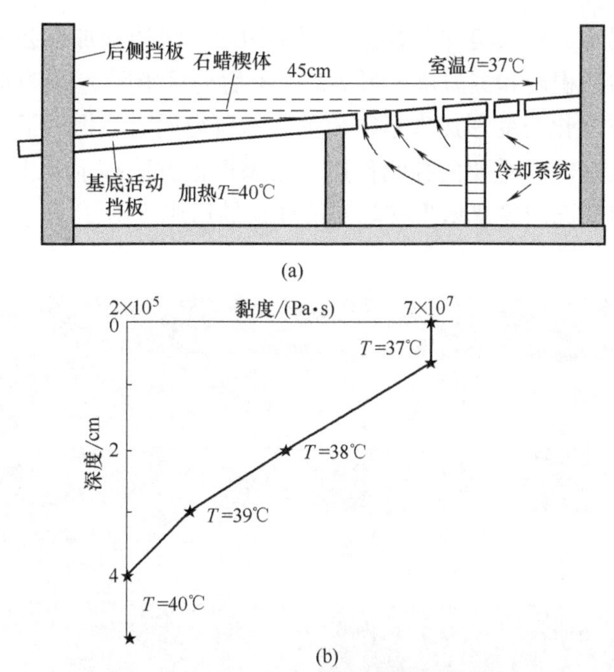

图 7-26　温度控制下的变形速率物理模型装置

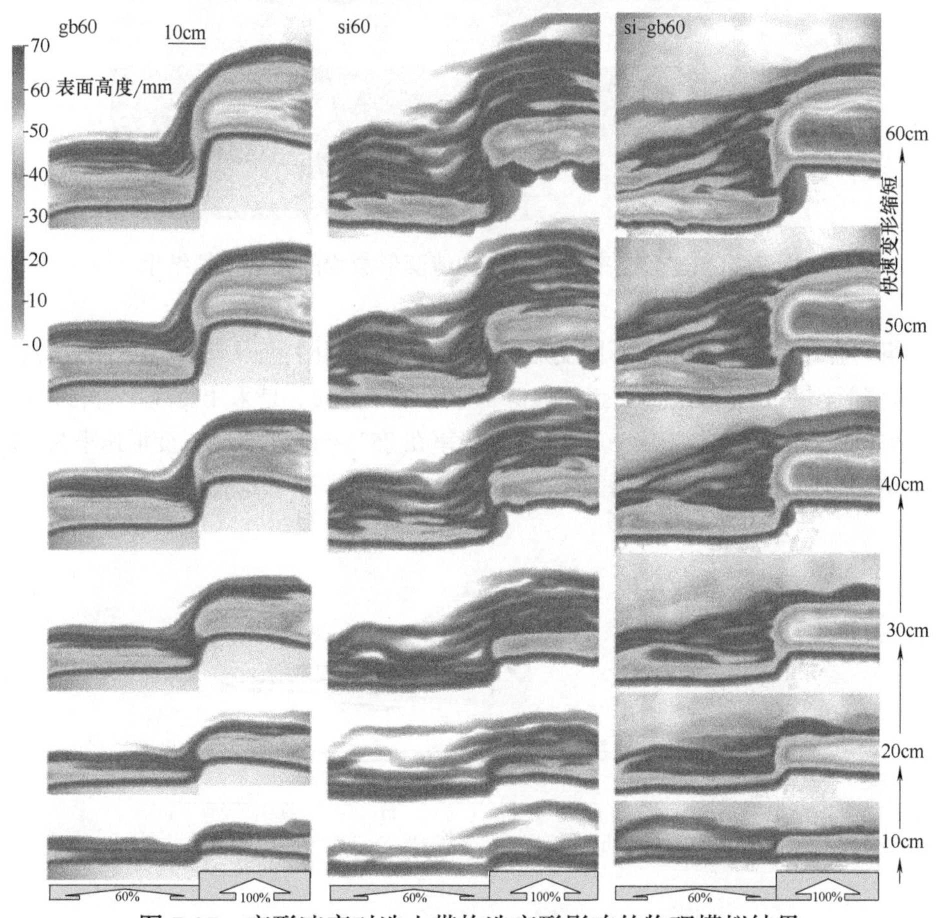

图 7-27　变形速率对造山带构造变形影响的物理模拟结果

同时本研究揭示，在具有黏弹性基底层结构中，快速地加载会导致造山带前缘形成富集高压流体的冲积扇和深海扇（图 7-27，书后另见彩图）。具有向陆一侧运动学指向的造山带的时空演化与变形速率紧密相关。本研究同时也揭示了，基底流变学结构对造山带的形成具有非常重要的控制作用。用该模拟方法揭示了北美卡斯卡迪古陆和俄勒冈、印度尼西亚苏门答腊增生楔等变形样式的形成（图 7-28）。

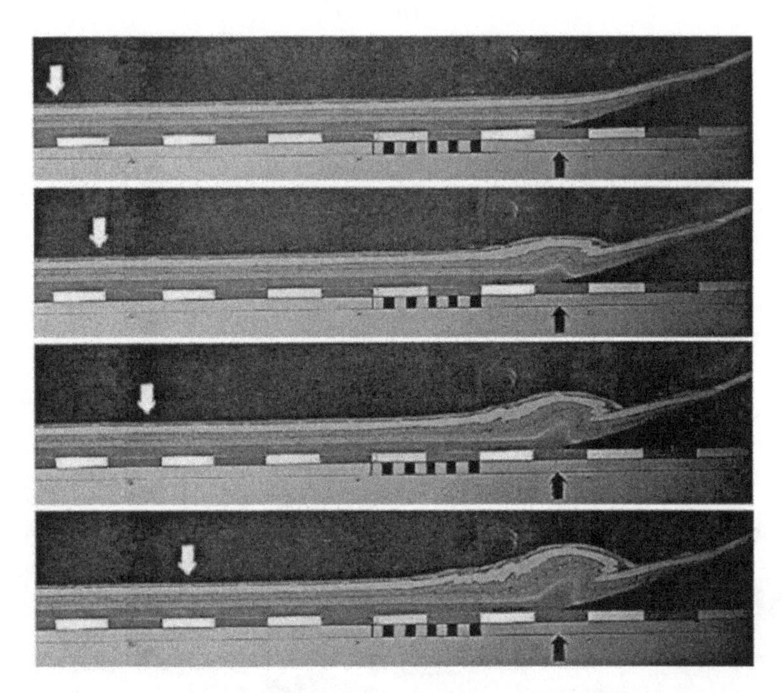

图 7-28　变形速率对造山带构造变形影响的物理模拟结果

三组实验显示了造山带在不同变形速率下的变形演化特征（图 7-29）。图 7-29（a）、（b）的变形速率分别为 $5\times10^{-6}s^{-1}$ 和 $10^{-6}s^{-1}$。图 7-29（c）是采用变速率进行模拟：缩短率 25%以前，其变形速率为 $5\times10^{-5}s^{-1}$；缩短率在 25%~50%之间时，变形速率为 $10^{-5}s^{-1}$。从模拟结果可以看出，变形速率对造山带的形成演化具有明显的控制作用。

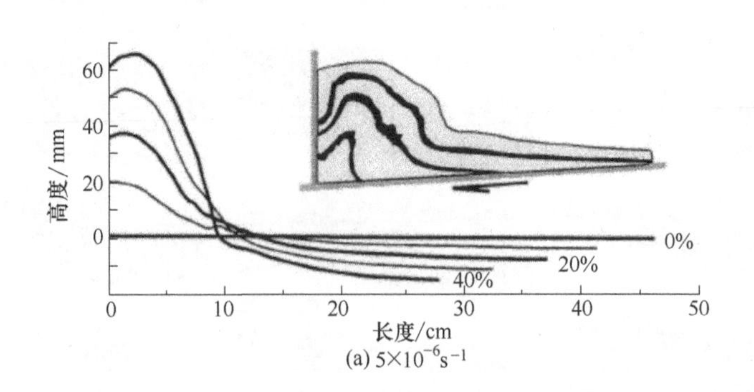

(a) $5\times10^{-6}s^{-1}$

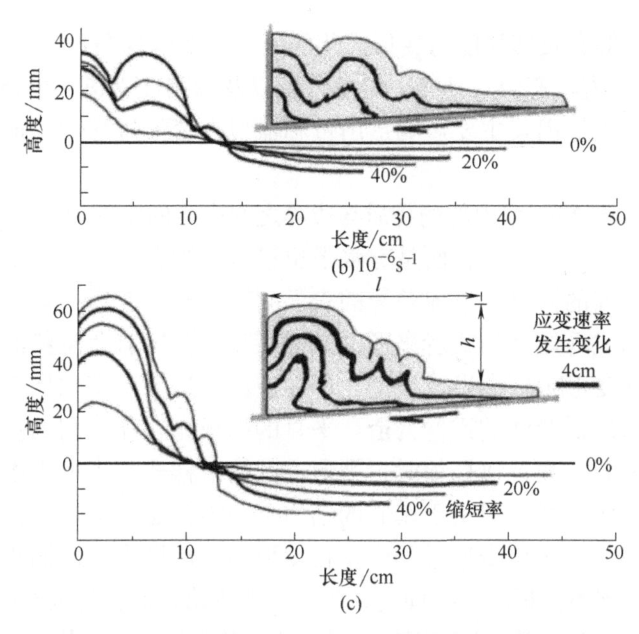

图 7-29　温度控制下的应变速率物理模拟结果

模拟结果揭示造山带的汇聚速率对变形演化具有重要影响。快速汇聚下形成的造山带地貌比较陡，挤压轴迹的顶部海拔较高，形成的造山带宽度也较窄。慢速汇聚下则形成相差宽的造山带，地貌的起伏也较平缓。同时，固定的汇聚速率形成自相似性的造山带生长，其模拟结果与摩尔-库伦破裂准则所揭示的薄皮构造变形相似。汇聚速率的逐渐减小将导致应变从集中分散，并重新改变造山带的形态。物理模拟研究还揭示，楔形体达到一种新的状态，在新的汇聚速率下，其内部的强度也会发生相应的变化，形成新的状态。一定汇聚速率条件下的脆性变形满足库伦破裂准则。

在快速汇聚条件下，物质被输送到楔形体的后缘，并且在其后侧发生增生作用，形成体积增厚现象。换句话说，慢速汇聚产生向前陆方向的递进变形扩展；基底的快速汇聚不能在楔形体生长过程中产生向外扩展变形。本研究表明，汇聚速率对造山带的变形及其演化具有重要的控制作用。

7.6　挡板的几何特征及其强度对变形的影响及其物理模拟

在造山带和盆地的物理模拟研究中，支撑挡板的几何特征及其性质、边界条件等是物理模拟研究中必须考虑和重视的。支撑挡板对变形的物理模拟研究，前人已开展了大量的研究工作。前人的研究表明，不同的边界几何形态，对造山带的形成和演化具有明显的控制作用。同时，支撑板的强度（刚性、塑性和脆韧性等）对变形也具有明显的控制作用，这一思路无疑是十分重要的，必须引起高度重视。

7.6.1 挡板的几何特征及其强度对变形的影响

支撑板的几何形态及其强度对变形演化的影响主要体现在：

① 支撑板的平直、弯曲、具有一定的角度以及用刚性支撑、半塑性支撑、韧性支撑、任何无支撑作用等因素主要影响造山带和盆地在变形过程中的最大主应力和最小主应力。

② 支撑板还会影响模型内部的物质与边界之间产生的摩擦力，如基底摩擦强度等。

支撑挡板不在同一水平面，而是有水平位移差，则会导致挤压变形的前缘产生的逆冲断层在平行排列的同时，形成差异的表面间隔距离。支撑一端固定，而另一端发生旋转挤压时，形成马尾状的或者扇形的逆冲断裂。基底有台阶状的，即支撑挡板的宽度不一样时，在变形带则会形成半漏斗形的逆冲构造带。支撑挡板两侧互成一定角度，则也会产生弧形低弯度的逆冲构造。平直的挡板，在靠近初始挤压位置则形成与挡板平行的逆冲断裂；在远离挡板时，则形成的构造样式与模型内部的物质组成关系较大。支撑挡板结构一样，但由于基底的结构不一样，也会形成差异的构造样式。钝角结构的支撑挡板，在挤压变形过程中，在变形体内部则形成凹面指向受力来源方向的逆冲弧形构造。支撑挡板的一半固定，而另一半活动，则形成边界走滑断裂和相应的平面雁列式断层。支撑挡板运动速度的差异也会导致差异的变形样式产生（图 7-30）。

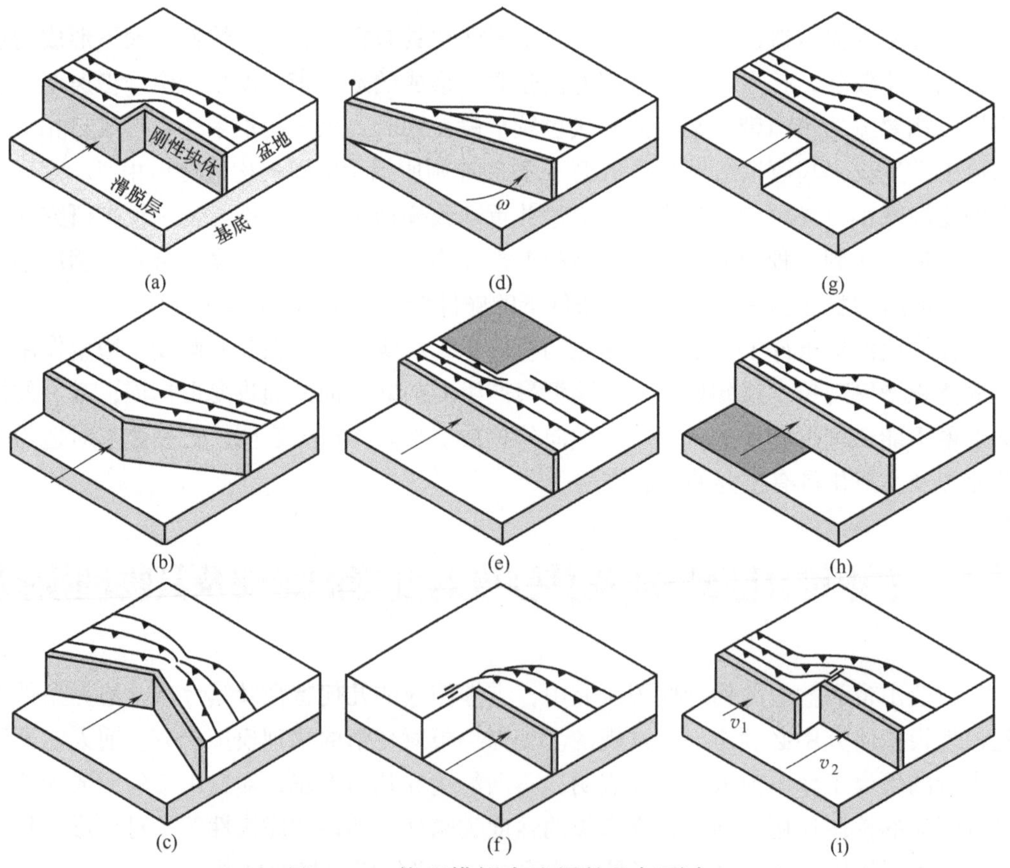

图 7-30 物理模拟中边界的几何形态

总之，支撑体的形态特征会对造山带和盆地内部的变形产生明显的影响。在模型设计中，需要结合实际的地质条件和边界几何特征，这样设计的模型也许才能有效地反映实际的地质结构。

7.6.2　挡板的几何特征及其强度的物理模拟

（1）模型设计

本实验在瑞典乌普萨拉大学构造物理模拟实验室完成，物理模型所需的实验及相关材料在希腊亚里士多德大学完成。模拟实验由 3 组模型组成（图 7-31）：模型 1 由纯摩擦滑动的上盘组成；模型 2 由基底石英砂和硅胶层组成，硅胶在下断坪之上，侧向无硅胶。模型 3 与模型 1 相似，只是在断坡上有一定厚度的硅胶层，即基底断坪和侧向断坡均具有一定厚度的硅胶层作为韧性层。

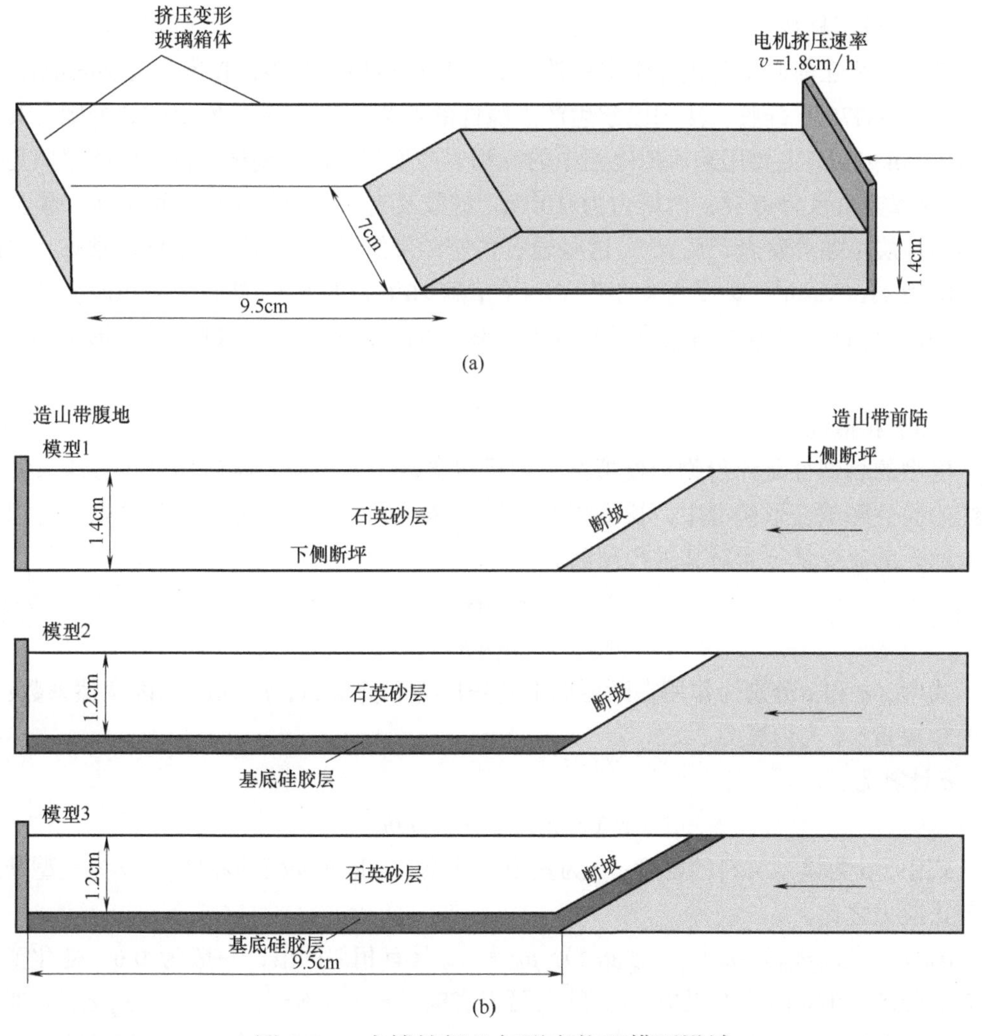

图 7-31　支撑挡板几何形态物理模型设计

所有模型在矩形的玻璃箱体中完成，箱体的尺寸为 9.5cm×7cm×1.4cm。用彩色的石英砂作为标志层，以便观察砂体内部的变形。砂体的厚度是根据模型的几何特征进行改变的。脆性层的最大砂层厚 1.4cm（模型 1）。基底硅胶层的厚度是恒定的，且厚度为 0.2cm。对硅胶层的厚度设置与模型本身没有很大的要求，主要是考虑到脆性层与韧性层的厚度比需要保持在 6 左右。基底和侧向与挡板接触处用硅油进行润滑，以减小基底和侧向产生的摩擦力影响。

模型的缩短变形是通过刚性的断坡，且前缘断坡倾角约为 15°，以 15°的增量从 15°增大到 60°。用电机对刚性的断坡进行驱动，挤压汇聚速率为 1.8cm/h。整个变形过程，模型的缩短率控制在 40%的体积缩短率。同时在模拟过程中，也进行了 20%到 80%缩短率的测试。尽管如此，本实验并没有探索同构造变形中的侵蚀和构造作用的影响。用相机对实验的全过程进行拍照，每隔一个固定的时间，就摄取一张变形照片。模拟结束之后，用干的石英砂覆盖模型表面，然后用水浸泡固结，并进行切片处理，以保证模型内部结构不被人为干扰。

（2）模型材料

模型材料在前面实验设计中有所涉及。脆性材料用石英砂，粒度为 0.246mm，黏性材料用 RG7009 硅胶，法国巴黎生产。脆性的石英砂满足摩尔-库伦破裂准则，其密度为 $1300kg/m^3$，主要用来模拟地壳中的沉积岩的变形。通过测试，石英砂的摩擦角为 30°，内摩擦系数为 0.58，内聚力为 10^5Pa。硅胶具有牛顿流体属性，可以用来模拟自然界韧性层（如蒸发岩、页岩），这些岩石在逆冲带能干性强的岩层中比较常见。硅胶的密度为 $1160kg/m^3$，黏度为 $4\times10^4Pa\cdot s$（室温 20℃条件下）。硅胶的体积应变速率为 $1.25\times10^{-4}s^{-1}$，这可以通过刚性挡板的挤压速率 1.8cm/h 和一定厚度硅胶的变形位移计算得出。

（3）相似性

模型的相似性是评价物理模拟结果的重要参数。通过应力相似性进行分析计算。在纯的脆性摩擦变形模型中，长度相似系数为 $h^*=h_m/h_n$，符合库伦破裂准则，可以应用上地壳的流变学行为对其进行预测。

$$\tau=\mu\sigma+c \tag{7-2}$$

$$\sigma=\rho gh$$

式中，σ 和 τ 分别为作用在断层面上的正应力和剪应力；$\mu=\tan\varphi$ 为内摩擦系数；φ 为内摩擦角；c 为内聚力。

σ 计算为：

$$\tau/(\rho gh)=\mu+c/(\rho gh)$$

式中，ρ 为模型材料的密度；g 为重力加速度；h 是逆冲楔的厚度；τ/σ 为模型剪应力与正应力之比。

$\mu_m+c_m/(\rho_m gh_m)=\mu_n+c_n/(\rho_n gh_n)$，$\mu_m$ 和 μ_n 具有相似的值，一般为 0.6，变化范围为 0.6~0.85。在前面的方程中，μ_m 和 μ_n 可以省略。$h^*=h_m/h_n=(\rho_n c_n)/(\rho_m c_m)$。通过以上的参数和公式，我们可以计算出 $h^*=h_m/h_n=4.8\times10^{-6}$，意味着 1.4cm 代表着实际的

造山带厚度 3km。相应地，模型和实际的正应力比为 $\sigma^*=\sigma_m/\sigma_n=\rho^*g^*h^*=2.6\times10^{-6}$。通过应变和长度可以把水平位移速率 v^*计算出来。$v^*=v_m/v_n=6\times10^4$。从以上的分析可以得出，挤压速率为 1.8cm/h，就相当于造山带实际逆冲构造的变形速率为 v_n=2.6mm/a。

（4）模拟结果

1）模型 1，上盘发生纯的摩擦作用。

通过一系列的逆冲断层实现对模型的缩短变形量进行调节。首先出现的构造是后冲断裂，主要分布在断坡的基底位置。后冲断裂的形成是因为上盘沿着基底所产生的运动轨迹方向与挤压模型的实际运动方向相反。随着变形的继续，早期形成的逆断层沿着断坡迁移，并在断坡的基底形成新的逆断层。相似的研究结果在前人的研究中也有所再现（图 7-32）。

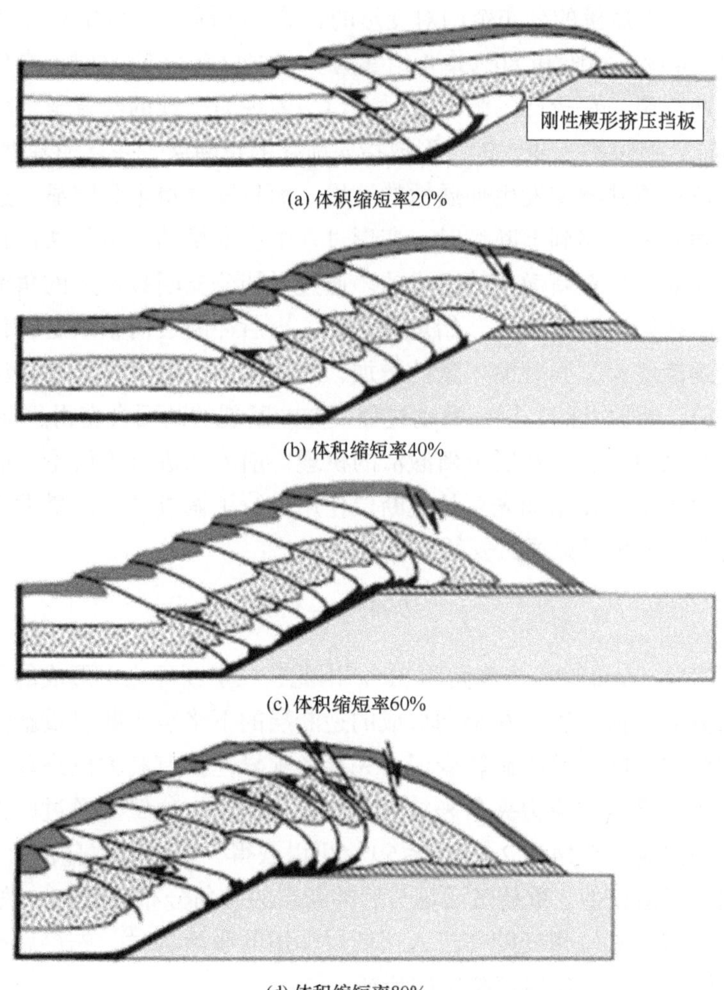

(a) 体积缩短率20%

(b) 体积缩短率40%

(c) 体积缩短率60%

(d) 体积缩短率80%

图 7-32　纯脆性层摩擦作用下的物理模拟结果

对模拟结果进行解释，其结果显示体积缩短 40%之后形成的后冲断裂，在滑动过程中，后冲断裂的倾角从 15°变化到 45°。在一定的角度条件下，两后冲断裂之间的间距比较规则。随着倾角的增加，后冲断裂的间距减小，但是逆断层的倾角增加，其滑移距则增大。当逆断层的倾角达到 60°时，在断坡的底部末端则形成一对前冲和后冲断裂，形成典型的冲起构造。冲起构造形成的过程就是因为模型材料沿着剪切带运动时向上逃逸的响应过程。前冲和后冲断裂显示了向上弧形扩展的几何特征。这就表明在某一个集中时间段内，变形系统通过石英砂楔形体的侧向扩展来对的模型的变形量进行调节。

这些实验中，活动的后冲断裂集中分布在断坡的基底位置，形成陡坎。随着剪切作用的增加，陡坎带的宽度减小。这一形成过程与沿着剪切带发生的剪切软化和剪切的集中度有关。当倾角达到 60°时，其影响程度最大，因为这个时候只有很少的后冲断裂（本实验只有 3 条后冲断裂）调节变形量。

为了调查体积缩短量的分布范围对变形的影响，进行了倾角为 30°，缩短量分别为总长度的 20%、40%、60%和 80%共 4 组实验。在缩短率为 3.1%时，在模型的表面形成了第一条后冲断裂。在较低的缩短量时，模型表现为平顶的断背斜，形成向上突出的弧形几何特征。缩短率为 40%时，形成指向前陆的正断层，并且随着缩短量的增加，在上断坪的上覆石英砂楔体发生伸展性的垮塌，而且发育得十分明显。这也就表明当早期形成的逆冲断裂迁移到上断坪时，变形过程中应变量的调节是通过正断层及部分早期形成的逆冲断裂的重新激活等完成的。通过增加分支断裂作用的角度，并形成一定的陡坎，此时初始后冲断裂又开始重新活动。当后冲断裂向正断层转化的时候，陡坎之间的夹角逐渐增大。同时缩短量的增加，断坡上砂层的下侧增厚并压实。在正断层重新激活之前，断坡上的砂层在滑动过程中逆冲断裂的断面会变得逐渐弯曲。

在过去的文献中，有关断层重新激活的机理，前人已进行了讨论。前人还从物理模型的细节上对正断层作用和先存的逆断层作用进行了调查分析。最大主应力及其断面与主应力之间的夹角可以通过安德森模式计算。

$$\theta=45°-\frac{1}{2}\tan^{-1}\mu \tag{7-3}$$

对于模型实验，μ=0.58，内部角为 30°。因此，在上断坪之上形成的正断层的倾角与最大主应力方向近似垂直。在早期形成的逆断层的下半段正断层重新激活，同时被激活的正断层倾角变陡并发生旋转变形。先存各项异性的有利方位是垂直于最大主应力轴，通过最大和最小主应力夹角来约束正向位移的发生位置。通过应力莫尔圆，最大主应力与最小主应力夹角为 2.5°≤θ≤59°，可以获得一定的受力分析值。本研究结果与前人的数值分析值相似。重新激活场与后冲断层的倾角分布范围相一致，在 50°~57°之间。当断层扩展，其倾角变陡并进入正断层作用的激活场时，先存后冲断裂从优势的扩展向逐渐激活，并表现出正断层的特征。

2）模型 2，断坡之上具有韧性层硅胶模型。

摩擦条件下逆冲席上具有韧性的滑脱层的模型结果显示对变形的影响（图 7-33）。刚性的断坡和具有基底韧性层的模型，当越过断坡以后，滑动就停止了。对于容易滑动的断坡，硅胶发生增厚现象。倾角 15°和 30°时，没有后冲断裂产生，并且逆冲席在韧性的断坡上滑动。当倾角 45°时，在变形的早期就形成了大量的后冲断裂。当韧性的断坡形成之后，形成的后冲断裂之间停止活动。当倾角为 60°时，以上 45°倾角时的分析结果仍然适用。此时唯一的差异是只形成了一条后冲断裂。而且，倾角 60°的断坡，因硅胶被挤压到变形的最中心位置，导致模型中形成了箱状褶皱。具有韧性层的所有模型，沿着下断坡的断坡背斜的几何学特征显示其严重的依赖于前断坡角的大小。当倾角从 15°逐渐增大到 60°时，剖面中断坡背斜的形态从平顶发展到向四周扩展。上断坪之上的断背斜生长并发生垮塌作用，于是沿着背斜的隆起部位产生伸展型构造。随着坡角的逐渐增加，断背斜的幅度逐渐增大，并导致了伸展型构造的形成。当坡角为 30°时，形成指向前陆构造带的高角度正断层。然而，当坡角为 45°时，伸展型构造导致了后冲断裂的重新激活，并且此时产生新的正断层。有关逆冲断裂的重新激活现象，在三个模型中具有相似的特征：即沿着断坡逆冲断裂向前扩展迁移、旋转并在上断坡转换成新的低角度的正断层。当断坡角为 60°时，低角度正断层的滑动量逐渐增大，并最终造成断坡前缘的断背斜发生垮塌作用。造成这一现象的原因是：在重新激活构造后没有后冲断裂产生来调节新增加的位移。

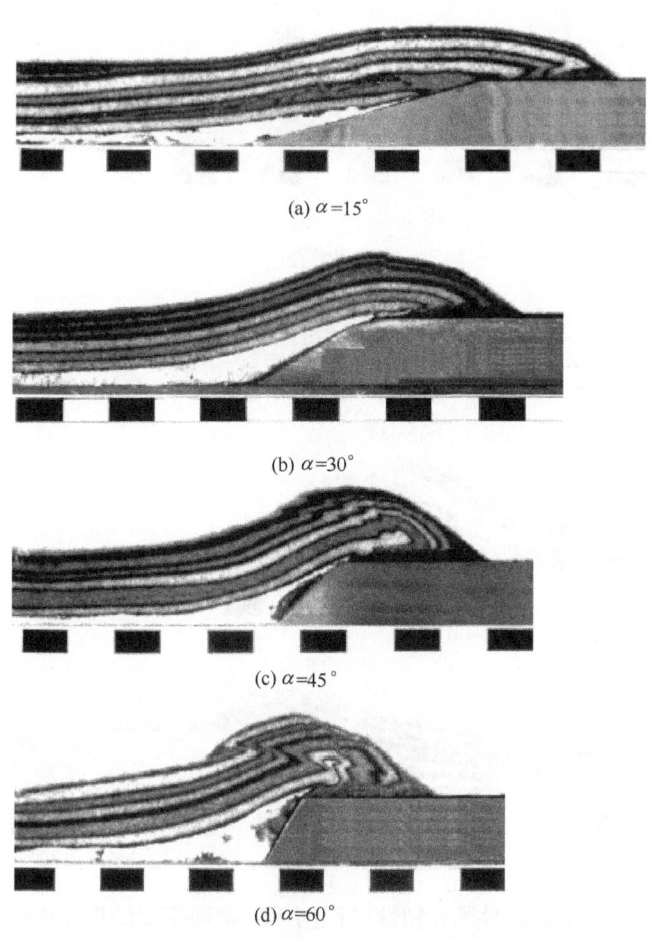

(a) α=15°

(b) α=30°

(c) α=45°

(d) α=60°

图 7-33　基底韧性层作用下的物理模拟结果

α—断坡与水平方向的夹角

3）模型 3，断坡和断坪同时具有滑脱层模拟结果（图 7-34）。

设计模型 3 的目的是研究上盘构造发育过程中，沿着断坡的摩擦力的控制作用，如后冲断裂的形成过程中摩擦力的控制作用。尽管与模型 2 后冲断裂存在一些不同，模型 3 产生的后冲断裂的内部变形与模型 2 仍然较为相似。后冲断裂和正断层在模型 3 没有在模型 2 发育。只有在断坡角为 60°时，发育后冲断裂，然而模型 2 在 45°时就发育后冲断裂，而且低角度正断层被重新激活。除了当断坡角为 15°时，在背斜的隆起一带形成较小的地堑以外。15°~45°的断坡角之间没有任何正断层和逆断层产生。在缩短变形的早期阶段，由于沿着断坡基底硅胶层的拖拉作用，阻止了基底逆冲席的摩擦滑动。尽管如此，断坡角为 60°时后冲断裂陡坎影响模型的脆性层发生变形。

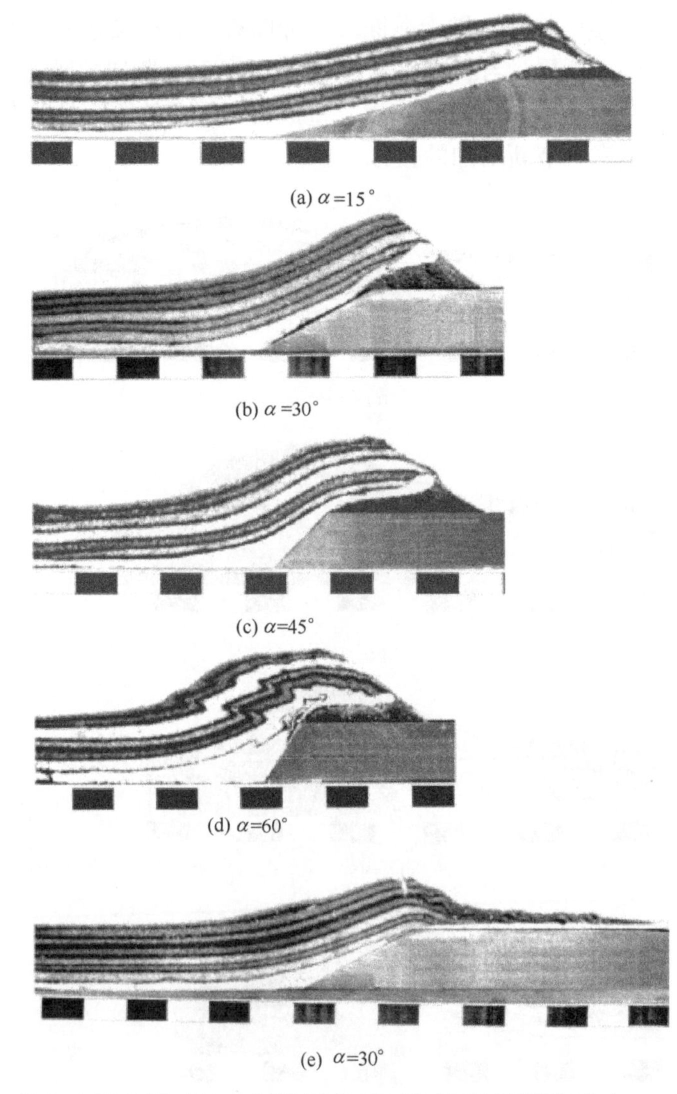

(a) α=15°

(b) α=30°

(c) α=45°

(d) α=60°

(e) α=30°

图 7-34　基底和断坡同时具有韧性层作用下的物理模拟结果（Bonini，2000）

α—断坡与水平方向的夹角

本实验只是探讨当断坡角为30°时，控制实验的具体变形特征。上断坪上0.5cm厚的硅胶，并且断坪基底添加硅油减小摩擦作用。其他的模型只是在基底铺设一层硅胶。由于后缘陡坎和断背斜发育良好，上盘产生的摩擦滑动没有受到影响。由于正断层及相关的重力垮塌作用和沿着水平基底滑脱层的逆冲席的滑动作用，使得背斜的前沿部分受到了一定影响。

模型3断背斜的几何特征主要受断坡角的大小和模型的外形特征所控制。模型断坡角为30°和45°时，由于模型中重力垮塌作用，断背斜的前支发生正向滑移。而且，当断坡角为15°和60°时，断背斜的形态特征比模型2的外形特征显得更加平滑。

案例7-3：支撑挡板的强度对变形的影响模拟实例

（1）相关的地质问题

岛弧带，即俯冲带火山岛弧指向海沟一侧板块体上部的一部分。典型物质由松散的石英砂、多孔隙的沉积岩、致密和分选磨圆较好的岩石所构成。岛弧支撑挡板的设计强度要比海沟的强度大。虽然它对上侧沉积物的运动学具有较大影响，并有向海沟指向的运动学特征，但几乎没什么变形。后冲挡板，实验没有考虑其物质组成和具体来源：它可能由火成岩和岛弧基底组成，也可能是早期沉积的物质在增生作用下形成的，增生地槽或者是其他相对较强的岩石。支撑挡板的属性很简单，只要它能够允许偏斜应力大于弧前并有指向海沟的运动学指向即可。

根据强烈的声波反射和高地震波速，发现大陆边缘存在支撑挡板效应。地震剖面的解释可得出三种类型的支撑挡板模式和相关的弧形构造。最常见的支撑挡板的几何特征可以由观察得到，并且很容易模拟其受到的影响，支撑挡板和增生楔的接触角是倾向海沟的支撑挡板的末端靠近海沟一侧的几何特征与俯冲板片相关。在支撑挡板的下侧没有沉积物发生逆冲变形，更多的沉积物则被刮落和增生在支撑挡板上。具有指向海沟运动学特征的支撑挡板实例如小安的列斯群岛弧前构造，希腊弧，智利南、哥伦比亚南和玛利亚拉海沟，等等。

另一种观点是支撑挡板末端向海的运动学特征在俯冲下插板块上显示得很好。用相对较弱的材料可以俯冲到支撑挡板的下侧。支撑挡板和弧前沉积物中，倾斜海沟的接触面倾角指向大陆一侧。一个实例就是温哥华岛汇聚大陆边缘具有这样的变形现象。在弧前构造带的一定深度，支撑挡板会占据一定的构造几何特征。

支撑挡板的力学性质：从变形前缘到随机发生变形的位置，通过仰冲板块应力的平衡作用，支撑挡板对弧前力学性质的影响可以再现。虽然在一些大型的造山带，浅部的伸展作用变得非常重要，尤其是具有下插作用发生的构造带。假设活动性的缩短变形楔会产生破裂是比较合理的。假如影响增生楔最明显的应力是沿着基底的阻力拖拉，那么上侧板块的垂向应力合成强度将会随前缘变形带的距离增大而增加。在增生楔，所需强度的增加是通过增加仰冲板块的厚度实现的。换句话说，它需要满足临界角和楔形的几何特征。

在一般情况下，随着埋藏深度和靠近支撑挡板的末端距离增大，增生楔的岩石会变得非常致密。沿着楔形体的后侧，岩石强度和体积密度逐渐增加。这一认识能够解释增生楔表面复杂的变形样式。然后，远离变形前缘的一些位置存在岩石强度和岩性突然变化的区域。这一现象可以解释大量沉积加载作用在支撑挡板发生。随着水平加载的增加，不需要地貌形成也可以促进应变得到调节。在支撑挡板末端海沟上侧的弧前，构造和地貌隆起点形成。在外弧的隆起区，在支撑挡板作用下形成了区域性水平挤压应力场。在挤压变形的次生区域，形成外弧隆起区指向弧内。此阶段形成的断层最明显的特征是具有反转性质，即从增生楔向海沟的搬运沉积作用转换为弧前隆起区后侧向岛弧的搬运沉积作用。

形成向陆一侧窄条带的力学性质与形成增生楔的力学性质在本质上不同。与增生楔不一样的是，沿着基底的狭窄区域没有大尺度的剪切带发生，它的生长是通过地貌的释放（扩展）来实现的。通过这个论述，Byrne 等应用倾向弧一侧来描述逆冲断裂的走向，以及增生楔海沟的指向等。相似的，用指向海沟来描述逆冲断裂向岛弧一侧倾斜（图 7-35）。

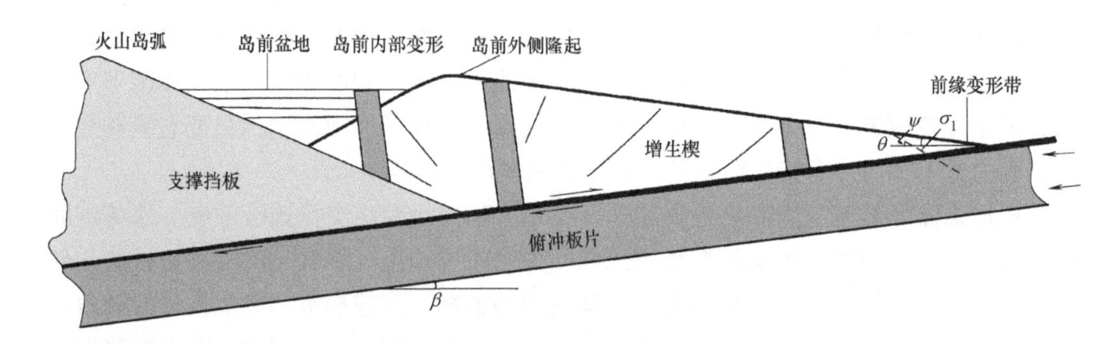

图 7-35　俯冲带从海沟到弧的剖面结构

（2）模型设计及模拟结果

物理模拟能够对支撑挡板的作用进行解释。在模拟实验中，模型材料用干燥的石英砂，初始层水平铺设，把其放到塑性席上，由呢绒席拖动其变形。从基底刮落下来增生到砂箱模型末端的上侧板片上，如图 7-36 所示。支撑挡板具有一定的倾角，在挤压变形中产生一组明显的构造。支撑挡板的右侧指向海沟，形成挤压区域。前人临界楔理论预测了临界角与石英砂的内摩擦角相关。高摩擦作用形成较小的临界角；韧性基底（高摩擦作用）也会导致增生楔形成高的临界角。

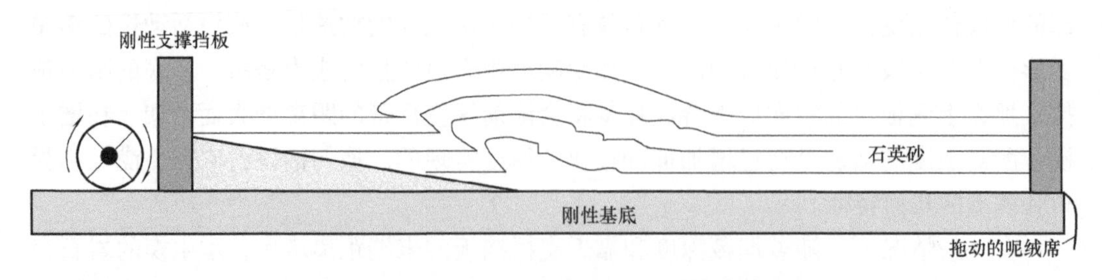

图 7-36　支撑挡板强度对变形影响的物理模拟装置

与那些造成增生楔应变集中的复杂控制因素相比，模型中走滑位移的集中分布很可能与石英砂的膨胀性有关。尽管如此，在物理模型和自然界中走向滑移的方向主要依赖于应力场的方向。在基底软弱滑脱层石墨的物理模拟实验中，也观察到了逆冲断裂的方向是不规则的。同样，在强度较低的蒸发岩逆冲褶皱中，逆冲断层的运动学指向也是无规律的。强烈的基底拖拉形成向海的运动学指向，并形成向弧形倾斜的逆冲断层。对于缺乏因具有高压流体压力而减小了基底拖拉作用这一前提条件，增生楔向海的逆冲断层是不可出现的。模型同时还描述了因侧向强度差异可能造成沉积层的运动学指向相反。

在支撑挡板末端上覆，增生作用产生的砂岩的临界角发生改变［图 7-37（a）］。模型表面的坡角减小到 0，并且倾角指向模型的后侧，并且在支撑挡板的末端上侧的外弧区产生地貌高点［图 7-37（b）］。在所有的物理模型中，在地貌高点之下的沉积物下插作用，形成外弧隆起向大陆一侧的倾斜，并形成一些对称性的冲起构造。模型中，外弧高点任意一侧的逆冲断层向高点相反方向收敛。地貌高点指向弧形一侧的逆冲断裂带，即可以观察到内部的构造变形带，沿着向陆一侧的逆冲断层形成了走向滑移，对应的外弧高点则生长。远离支撑挡板，靠近大陆一侧，砂体仍然没有发生变形。相似的研究结果在前人的实验中也有再现，其中用的是断坪式的支撑挡板。

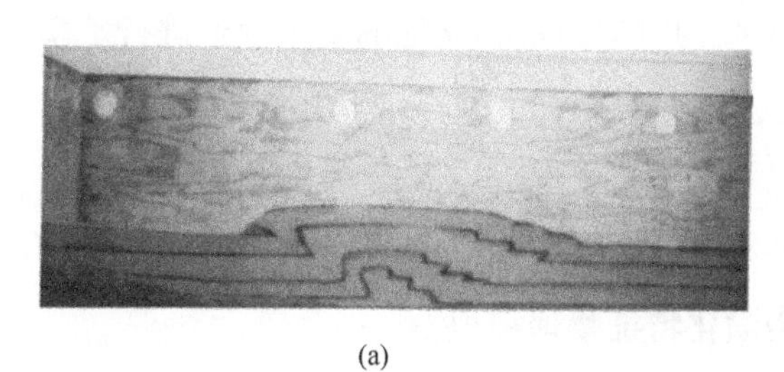
(a)

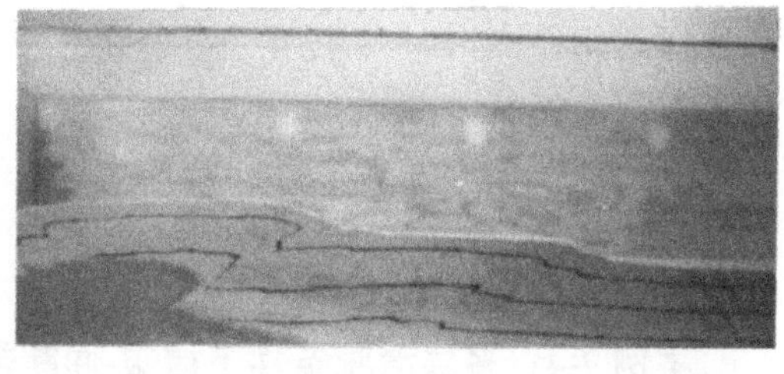
(b)

图 7-37　支撑挡板强度对变形影响的物理模拟结果

（3）总结

前人利用物理模拟和数值模型技术，分析了俯冲带上覆的仰冲板片支撑挡板的强度对变形的影响。本研究的支撑挡板被定义为弧前区域，它比远离海沟的沉积物具有更大的强度；同时它也可以被认为是模拟增生楔的推土机模式的后缘。笔者利用有限元方法对模拟弧前的各个模型的应力和位移场进行了计算，也用小比例尺的实验模型模拟了支撑挡板上侧的变形。以这样的方式，主要探讨了关于弧前构造带作用的支撑挡板的力学性质和几何特征对变形的影响。笔者发现弧形构造带的外侧高点处发生生长，而内部构造带的变形主要形成指向大陆一侧的构造样式。这样的现象对于没有发生变形的弧前盆地，似乎存在一定的矛盾。然而，与指向海沟的沉积物相比，通过假设支撑挡板的几何特征和合理的地层力学差异，可以对弧前盆地发生的强烈变形进行有效解释。在数值模拟实验中，产生的构造特征对流变学、边界条件和模型几何特征的网格划分等并不敏感。通常情况下，模型实验所观察到的构造特征主要是由于支撑挡板的强度比较低以及支撑挡板具有一定的几何特征。这些模拟结果揭示了下伏支撑挡板的微小特征并不能够仅仅通过表面的变形确定。与增生楔相比邻的支撑挡板倾向岛弧而不是海沟。尽管如此，所产生的构造与弧前构造特征也存在一定的差异，即弧前高地和内部构造变形带中形成具有指向大陆一侧的运行学特征并不多见。虽然实际构造变形中，岛弧的构造特征远比简单模型的变形特征要复杂得多，但模型和实际的构造均显示了相同的结构构造特征。同时，本研究也揭示了相对简单的支撑挡板的力学性质对整个岛弧带的生长具有非常重要的影响。

7.7 脆、韧性结构对变形的影响及其物理模拟

7.7.1 脆、韧性结构对变形的影响

有关脆、韧性变形的影响研究成果很多，而且很多复杂的构造样式均与地层的脆、韧性结构及其力学强度差异有关。由于地球的地壳和岩石圈结构及其物理属性的差异，即温度、压力、流体、重力、浮力及摩擦强度和能干性强度等一系列参数存在差异，从而导致了自然界存在众多复杂的构造样式。现今的物理模拟研究，很多构造地质学家在探讨构造变形时，采用了脆、韧的模型结构对造山带和盆地的复杂变形进行了模拟分析。

7.7.2 脆、韧性结构的物理模拟

案例 7-4：多层滑脱条件下褶皱-冲断带演化特征物理模拟

（1）引言

滑脱构造是指由变形引起的沿一个或几个地层层面的脱离，脱离面两侧地层的变形各自独立或部分独立。发生滑脱的地层往往是低强度和高应变的软弱层，滑脱断层常为一条断层或一个断层系统。由于滑脱层对褶皱-冲断带的构造样式、几何形态、演化过程及分布有着显著的控制作用，国内外学者对其进行了广泛的研究。

无滑脱层的褶皱-冲断带基底通常具有摩擦性质，其构造变形以发育前冲叠瓦扇为特征，变形集中于挤压端一侧，变形强度从挤压端向固定端迅速减弱，褶皱-冲断带狭窄并具有较高的锥度。

单层滑脱变形以基底滑脱研究较为深入，滑脱基底控制下的褶皱-冲断带较为宽缓，构造形态通常较为对称。黏度较大的滑脱基底产生类似摩擦基底的作用，褶皱-冲断带狭窄、具有较大锥度,且以前冲断层为主导变形。低倾角滑脱基底控制下形成的褶皱-冲断带较为宽阔且以前冲断层为主，反之则形成狭窄、前后冲断层同等发育的褶皱-冲断带。基底倾角增大可以使褶皱-冲断带锥度减小，前冲断层变陡，后冲断层变缓（相对于水平参照系）。滑脱层厚度的局部增加会导致与其展布方向相对应的变形带产生。

另外，侵蚀和沉积作用改变地貌，并通过不同的机理（如改变重力负荷、褶皱-冲断带锥度）对滑脱构造变形产生间接影响。

多层滑脱变形较为复杂。前人研究表明，滑脱层的强度影响主动（被动）顶板双重构造的演化，也影响各逆冲断块运动距离的大小及逆冲斜坡宽度；含有多层滑脱褶皱-冲断带的演化受控于深部拆离滑脱构造，符合库伦楔演化模型的准则；较高的挤压速率会降低软弱层的滑脱性能，使之难以发生有效的滑脱，并以对称的构造变形为主，同构造沉积对上、下变形系统中构造扩展方向产生影响，决定其前展还是后展式发育；指出侵蚀作用在无滑脱层或单层滑脱变形系统中可以促进后冲断层的形成，但在双滑脱层变形系统中无此现象发生；于福生等的研究表明，滑脱层材料、厚度、黏度，上覆砂层厚度，受力边界条件都对双层滑脱变形系统的演化产生影响。这些研究从不同方面研究了滑脱层对褶皱-冲断带构造变形的影响，但对于滑脱层之间的相互作用、不同流变性质滑脱层及滑脱层深度对构造变形的影响仍有待进一步讨论。

笔者设计了3组多层滑脱模型开展模拟实验，并结合川东—雪峰侏罗山式褶皱-冲断带地质特征对比分析，讨论滑脱层流变性质及深度差异对褶皱-冲断带构造变形的影响，以及控制川东—雪峰地区隔挡式、隔槽式褶皱形成的关键因素，为深入了解其形成机制提供实验依据。

（2）模型设计

各模型尺寸均相同，长140.0cm，宽20.0cm，总厚7.0cm。左侧为单滑脱层变形区，泡沫塑料块代表不发生变形的刚性地块，上覆0.8cm厚硅胶模拟滑脱层，其深度在各模型中保持不变；右侧为双滑脱层变形系统，底部滑脱层流变学性质及上部滑脱层深度各模型中发生变化。为研究滑脱层流变性质及其深度对构造变形的影响，实验设计了3组模型进行对比分析（图7-38），各模型间考察变量如表7-6所列。

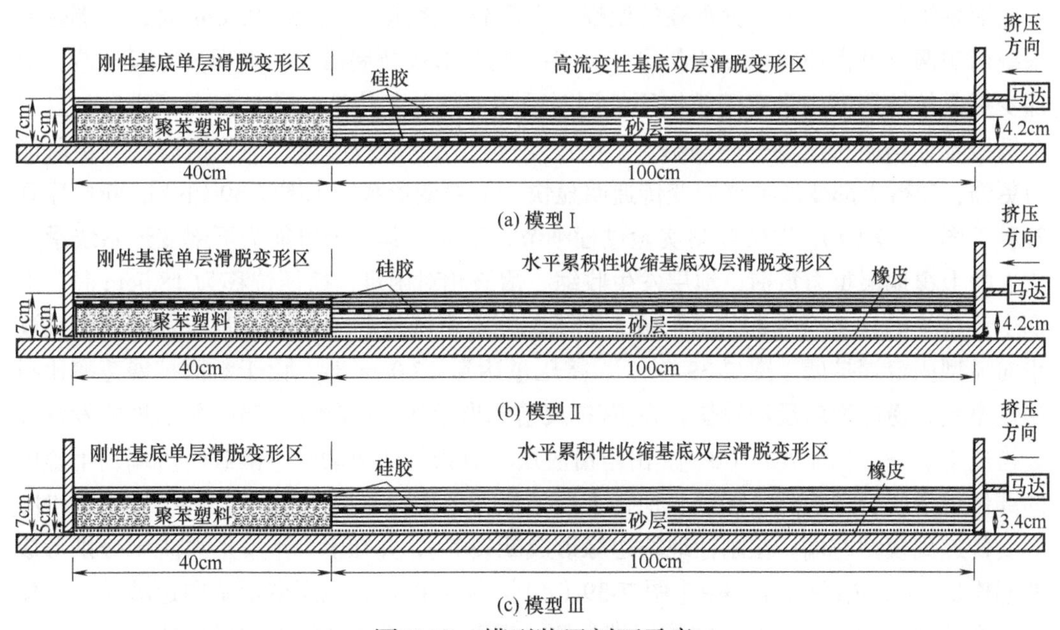

图7-38 模型装置剖面示意

表 7-6　模型变量参数表

模型	左侧基底	右侧底部滑脱层	右上滑脱层深度/cm
模型Ⅰ	刚性	硅胶	4.2
模型Ⅱ	刚性	橡皮	4.2
模型Ⅲ	刚性	橡皮	3.4

模型Ⅰ，单侧刚性地块高流变性滑脱基底挤压模型［图 7-38（a）］。左侧聚苯塑料块代表不发生变形的刚性地块，右侧底部硅胶（厚 1.0cm）模拟高流变性滑脱层，与盖层内滑脱层（厚 0.8cm）构成双层滑脱变形系统。石英砂模拟脆性变形岩层。模型Ⅱ，单侧刚性地块水平累积性收缩滑脱基底挤压模型［图 7-38（b）］。由预拉伸橡皮（厚 1.0mm，张力与预拉伸量正相关，随挤压的进行而减小）的收缩模拟水平累积性收缩基底的滑脱，与模型Ⅰ对比考察滑脱层不同流变性质对盖层构造变形的影响。模型Ⅲ，单侧刚性地块水平累积性收缩基底深盖层滑脱层挤压模型［图 7-38（c）］。双滑脱变形系统中的上滑脱层深度进一步增加 0.8cm，对比模型Ⅱ考察滑脱层深度对上覆地层构造变形的影响。

模拟实验在中国石油大学（北京）构造物理实验室进行。实验材料采用松散石英砂，粒径 0.25~0.38mm，内摩擦角 31°，其力学性质符合摩尔-库伦破裂准则，内聚力接近零，是模拟地壳浅层次构造变形的最佳材料。高流变性滑脱层用硅胶来模拟，黏度均为 1.2×10^4Pa·s。由软件控制的步进马达驱动活动挡板，以提供稳定 0.3mm/min 的挤压速率，实验过程由数码相机通过电脑控制自动等时间间隔拍照。

（3）实验结果

模型Ⅰ：实验初始，模型右端地层在活动挡板的挤压下发生纵弯褶皱作用，上、下变形系统各形成一个位置重叠的低幅平行褶皱。挤压位移达到 9.0cm 时，下部变形系统褶皱两翼发育冲向相反的断层 F_1、F_2，同时形成断展褶皱，表现为冲起构造；上部变形系统地层发生纵弯褶皱作用的同时受到下部冲起构造的顶托而大幅隆升，且 2 个褶皱轴面均向挤压端一侧倾斜。上滑脱层厚度比下滑脱层薄，但上滑脱层的滑脱能力更强，使得上部变形系统应变传递明显快于下部变形系统［图 7-39（b）］，断层序列解释于图 7-39（f），以便观察实验过程细节，下同，其原因可能为下部变形系统承受更大的上覆地层重力负荷，地层发生收缩、褶皱相对困难。挤压位移为 18.0cm 时，上部变形系统已有 3 个冲起构造形成，而下部变形系统只形成 2 个，都以前展的方式逐步向模型固定端扩展［图 7-39（c）］。挤压量达到 27.0cm 时，由于断面扩展速率比滑移速率慢，逆冲岩席运动较快，在 F_7 扩展前锋形成典型的断展褶皱，并前展式发育冲起构造 F_{11}、F_{12}［图 7-39（d）］。由于滑脱层具有很好的流动性，褶皱转折端发生虚脱的部位被滑脱岩层填充、加厚，使得上覆地层变形更为复杂。挤压量达到 36.0 cm 时，应变传递到模型左端，在刚性地块边缘形成断裂 F_{15}，并在上、下变形系统中分别形成冲起构造 F_{13}、F_{14} 和 F_{16}、F_{17}［图 7-39（e）］。总体而言，地层变形垂向运动显著，使得应变传递范围较小，集中在挤压端一侧，以断层传播褶皱的方式形成冲起构造，表现为变形复杂、具有较高锥度（7°）的褶皱-冲断带，其最高处高程达 15.7cm；下部变形系统由于前冲断层断距大，以不协调冲起构造为特征，其顶面起伏一定程度上因上滑脱层物质重新分配而变得平缓，上变形系统在此面上滑脱，以较为对称的箱状褶皱为主要构造样式。

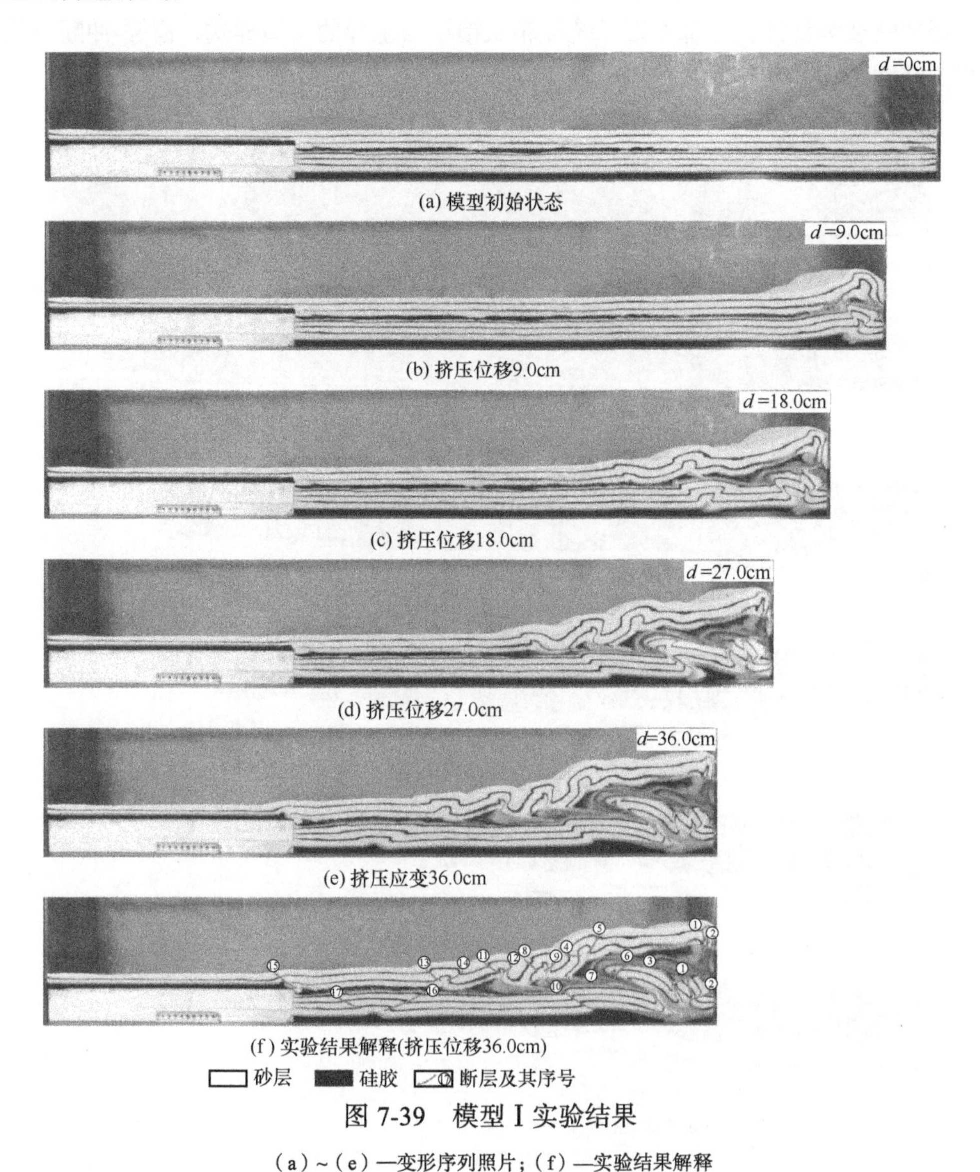

图 7-39　模型 I 实验结果

（a）~（e）—变形序列照片；（f）—实验结果解释

模型Ⅱ：与模型 I 变形不同的是，水平累积性滑脱使下部变形系统地层发生显著水平方向均匀收缩，因而挤压初期只有上部变形系统因应变集中而发育冲起构造［图 7-40（b）］。挤压位移达到 18.0cm 时，下部变形系统变形较弱，但应变传递较远，在左端刚性地块处形成断裂 F_5 及与之相关的断展褶皱，而上部变形系统已有 3 个冲起构造 F_1、F_3、F_6 形成［图 7-40（c）］。挤压位移达到 27.0cm 时，上部变形系统箱状褶皱形态紧闭，轴面向挤压端倾斜，下部变形系统后冲断层断距持续增大，模型左端刚性地块之上以前展方式发育冲起构造 F_8［图 7-40（d）］。缩短量至 36.0cm 时，上部变形系统在上滑脱层大距离滑脱，将起初位于刚性地块边缘处的褶皱-冲断带向左侧推覆 7.5cm，并形成冲起构造 F_{10} 及前冲断层 F_{11}［图 7-40（e）］。因此，该模型下部变形系统以反冲断裂为特征，上部变形系统以箱状褶皱为主导的构造样式，褶皱-冲断带较为宽缓（锥度 3°），隆起幅度较低（14.4cm）。

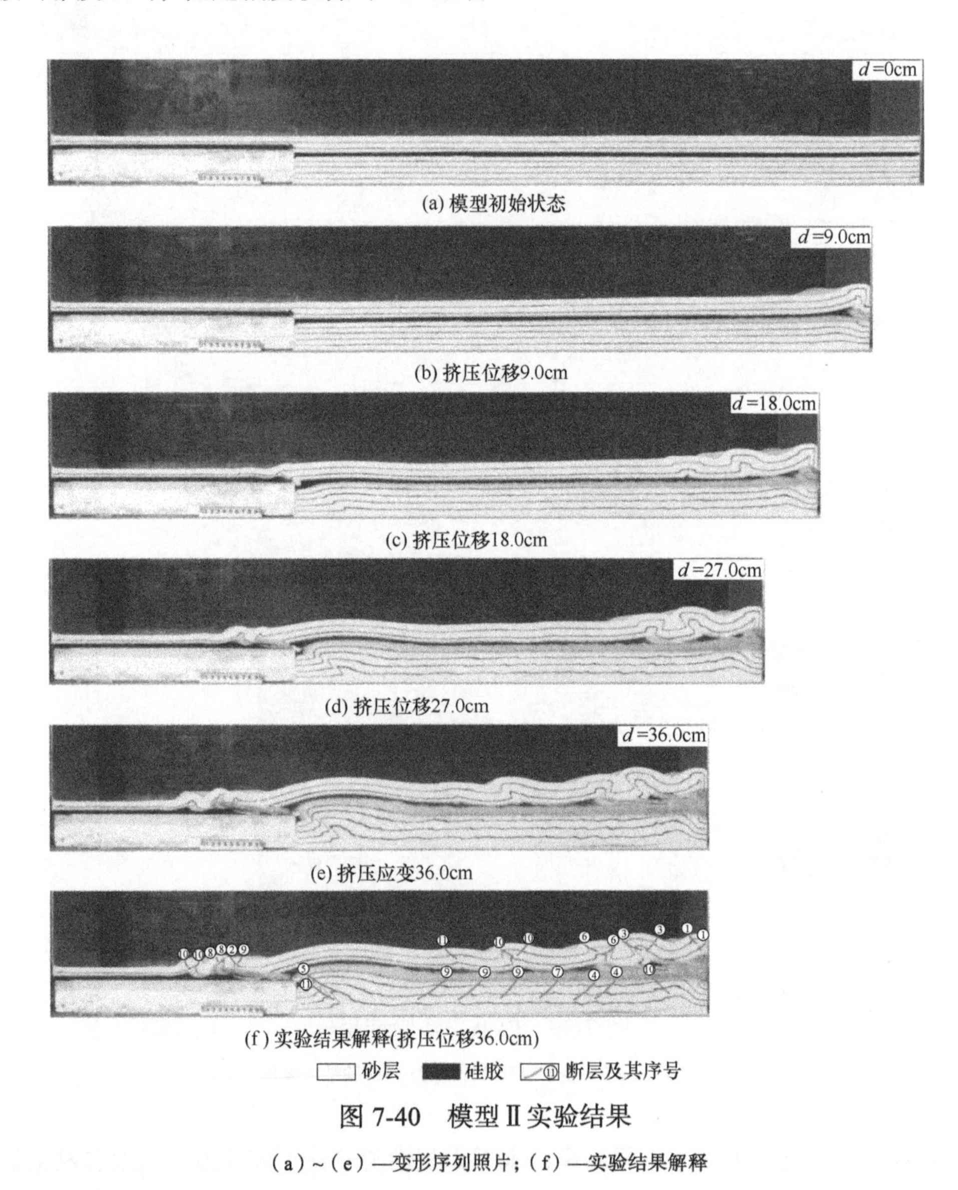

图 7-40　模型Ⅱ实验结果

（a）~（e）—变形序列照片；（f）—实验结果解释

模型Ⅲ：该模型的变形与模型Ⅱ相比，构造样式相同，演化过程相似，差异在于右上滑脱层深度增加使得箱状褶皱的波长明显增大，形态也更为对称［图 7-41（e）］，褶皱-冲断带锥度与模型Ⅱ一致，隆升幅度略高（14.8cm）。

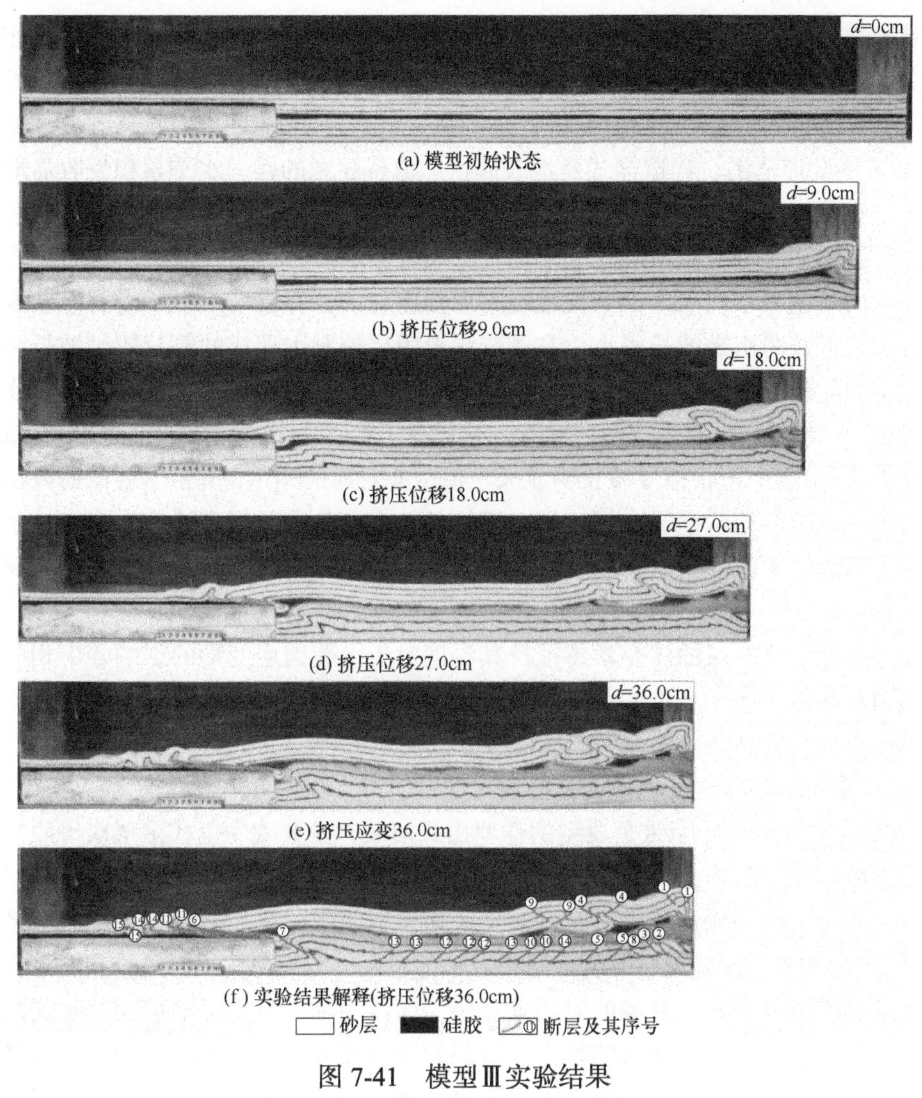

图 7-41　模型Ⅲ实验结果

（a）~（e）—变形序列照片；（f）—实验结果解释

（4）讨论

底部高流变性滑脱层控制下的变形表现出强烈的垂向运动，以大断距、大倾角的前冲断层为特征，后冲断裂发育较弱，表现为不协调的冲起构造。褶皱核部虚脱部位在弯滑作用下被高流变性软弱滑脱层填充、局部加厚，使得该处更易变形。在应力水平传递有限的情况下，应变通过大角度逆冲断裂调节［图 7-40（d），F_7］，进而托顶上部变形系统地层发生横弯褶皱作用而隆升，形成变形范围狭窄、具有较大锥度（7°）的褶皱-冲断带［图 7-40（e）］。模型Ⅱ以橡皮收缩模拟基底拆离滑脱，橡皮的水平累积性收缩发生在整个滑脱面上，下部变形系统的应变被许多低角度后冲断层调节，地层垂向运动有限。由于下部地层变形以水平运动为主，对上滑脱层产状的影响较小，上变形系统在平缓、连续的上滑脱层发生大距离的走滑推覆，将模型左端刚性地块之上的褶皱推覆远离其初始位置；右端地层收缩较为均匀，形变较为对称，形成箱状褶皱。最终变形表现为沉积盖层整体收缩隆升，褶皱-冲断带宽阔且平缓（锥度 3°）[图 7-41（e）]。由此可知，滑脱层的流变学性质控制上覆地层的应变调节方向，进而影响褶皱-冲断带的变形范围、构造样式及地表起伏。值得注意的是，水平累积性收缩滑脱层控制下，应变传递速度明显变快，沉积盖层各部位处于近同步变形状态。

滑脱层的深度对滑脱系统的变形也具有显著影响。各模型左滑脱层与右上滑脱层具有相同的厚度和不同深度，上覆地层变形相差较大。实验结果显示滑脱于左侧滑脱层上的地层形成的褶皱波长很小，右侧较深滑脱层控制下形成的箱状褶皱波长明显较大。为了消除地层流变学性质差异造成的影响，对比模型Ⅱ和模型Ⅲ的变形特征仍然可以得出上述结论。这两个模型参数唯一差异在于后者右上滑脱层比前者深 0.8cm，但模型Ⅲ第 2、第 3 个箱状褶皱波长明显大于模型Ⅱ对应的构造，其他学者的研究也得出相同的结论。这些箱状褶皱表现出同心褶皱的特点，从滑脱层到地表，褶皱从紧闭逐渐转变为宽缓，各层厚度不变，离滑脱层越远（滑脱层越深），箱状褶皱顶部越宽，褶皱波长越大。

综上所述，滑脱层的流变学特征及其深度对于上覆盖层变形的影响各不相同，前者制约滑脱层之上地层变形的优势方向是垂向还是水平方向，进而影响应变传递范围和地表坡度；后者决定上覆地层形成褶皱的波长。

（5）模拟结果与实际构造变形的对比

川东—雪峰褶皱-冲断带是典型的侏罗山式褶皱，发育晚中生代多层次滑脱构造，具有显著的南东变形强北西变形弱，南东变形早北西变形晚的递进变形特征。以齐岳山断裂为界分为西部隔挡式褶皱带和东部隔槽式褶皱带。隔挡式褶皱带前震旦系基底埋深 7000~9000m，仅有上、下组合海相层轻微卷入，属于薄皮式滑脱推覆变形区。背斜通常为轴部很窄、地层陡倾的紧闭式背斜，向斜为轴部宽大、地层相对平缓的屉状向斜，垂向上表现出同心褶皱的特点。背斜带深部发育铲式逆断层作为滑动前锋，断面向东倾斜，向西逆冲，其主要滑脱层为夹于强硬灰岩之间的一套志留系软弱泥岩；隔槽式褶皱-冲断带属于半厚皮式逆冲推覆变形带，上、下组合海相层与元古界基底在一定程度上卷入变形。背斜呈宽阔的箱状，向斜狭窄，呈线状，主要由上古生界及中、下三叠统组成的不对称至倒转向斜。滑脱面以上的岩层厚度比川东构造带大数倍，滑脱层也比川东隔挡式褶皱带的要深，主要位于寒武系底部，局部与震旦系底部的滑脱构造共同作用，控制其上盘下构造层下古生界隔槽式褶皱变形样式。

前人认为隔槽式、城垛式及隔挡式三种褶皱是统一的薄皮构造在外营力作用下遭受不同程度的破坏以后残留下的不同部位的显示；早期拉张形成的隔槽式褶皱在晚期受挤压形成隔挡式褶皱；早期先形成隔挡式褶皱，随着挤压推覆进行，最终演化成前端为隔挡式褶皱，后端为隔槽式褶皱，后端变形比前端强。然而，这些通过对现今构造变形的几何形态分析得出的认识缺乏实验依据。

研究中模型Ⅲ的参数设置相似于川东—雪峰侏罗山式褶皱-冲断带的地质条件。橡皮收缩模拟湘鄂西地区中下地壳拆离滑脱，右上滑脱层模拟寒武-震旦系滑脱层，左侧滑脱层代表川东地区志留系滑脱层，且左侧川东地区沉积盖层薄、右侧湘鄂西地区沉积盖层厚（图7-42）。实验结果与该区实际变形特征具有较好的相似性，具体表现为：a.变形强度具有从南东向北西逐渐减弱的递进变形特征，地表整体较为平缓；b.川东地区的沉积盖层在较浅滑脱层的控制下发育小波长的高陡背斜，形成隔挡式褶皱，背斜带深部发育铲式逆断层作为滑动前锋，断面向东倾斜，向西逆冲；c.湘鄂西地区的沉积盖层在较深滑脱层的控制下发育波长较大的箱状褶皱，形成隔槽式组合；d.湘鄂西地区下变形系统中的后冲断层与低角度拆离滑脱面上的后冲断层相似。表明侏罗山式褶皱形成在具有软硬岩性差异的岩层中，沿软弱层发育的平缓滑脱带是这类褶皱形成的必要条件，其在变形过程中通过枢纽迁移或翼部旋转机制形成箱状褶皱。滑脱层的深度控制上覆变形岩层褶皱波长，较深的滑脱层导致大波长褶皱，表现为箱状褶皱，背斜顶部平坦、宽阔，向斜紧闭、狭窄，形成隔槽式褶皱；较浅的滑脱层控制下的褶皱较为狭窄，背斜紧闭，形成高陡地貌，组合成隔挡式褶皱。数值模拟研究表明，层间黏聚力（岩层能干性）的差异和软弱层上覆压力（埋深）控制着侏罗山式褶皱最终成为隔挡式还是隔槽式，这与本物理模拟的研究结果相一致。因此，川东—雪峰地区已有的地层条件在受到南东—北西向挤压后可以直接形成隔槽、隔挡式褶皱分带的构造格局，无需剥蚀、挤压转化等后期地质过程的改造。

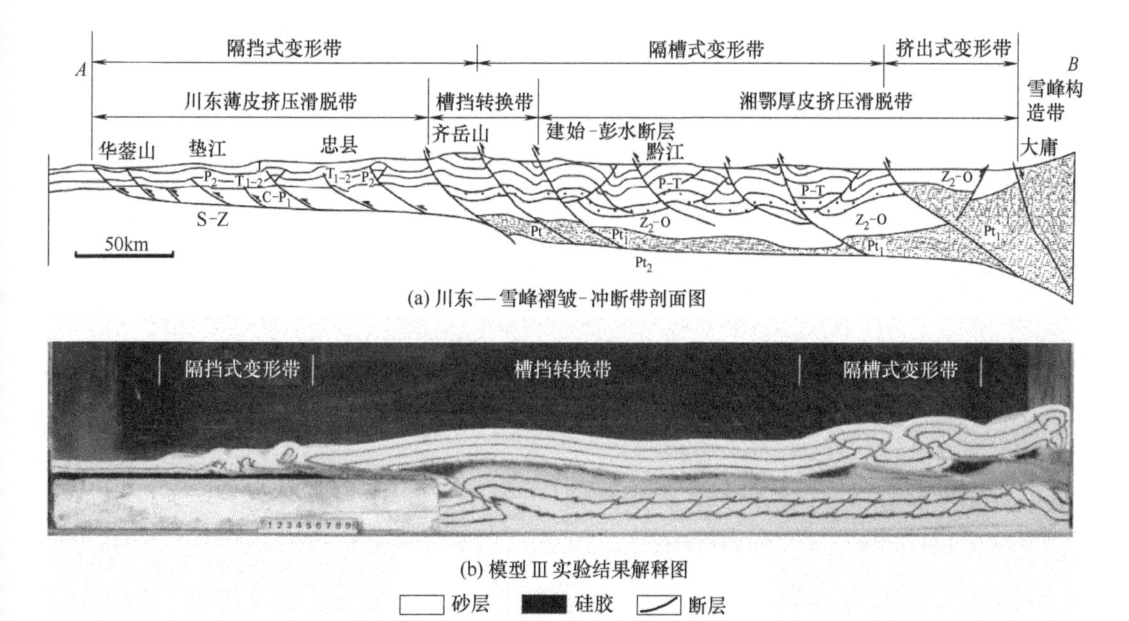

图7-42　川东—雪峰褶皱-冲断带剖面与模型Ⅲ实验结果对比

值得注意的是，该区前古生界纯后冲断层因其冲向与上部变形系统中以前冲为主的断层相反，被认为是在2期不同应力方向下形成的，但实验结果表明在基底水平累积性收缩滑脱条件下，同一期构造变形中也可以形成2组冲向相反的逆冲断层。

（6）结论

通过3组模型的对比研究，探讨了滑脱层流变学性质及其深度对构造变形的影响，并通过实验方法验证了川东—雪峰侏罗山式褶皱-冲断带形成机制的简单、有效解释，得出以下结论：

① 滑脱层流变性质控制上覆地层应变调节方向，水平累积性收缩滑脱条件下，地层水平收缩显著、垂向运动较弱，应变传递速度快、范围大，形成宽阔平缓的褶皱-冲断带；高流变性滑脱层控制下的变形垂向变形较强，应力传递范围小，形成狭窄、大锥度的褶皱-冲断带。

② 滑脱层之上的地层以断展褶皱的方式形成箱状褶皱，其波长受滑脱层深度控制。深层滑脱控制下形成的褶皱波长大，浅层滑脱控制下形成的褶皱波长小。

③ 川东—雪峰构造带不同区域沉积盖层厚度、滑脱层数量、滑脱深度的差异及南东-北西向挤压应力是形成该区侏罗山式褶皱-冲断带的主控因素，在其共同作用下可直接形成隔挡式、隔槽式褶皱，无需剥蚀、挤压转化等后期地质过程的改造。

第8章 离心机条件下的物理模拟研究

8.1 离心机的发展历史

Hall 应用比较重的门来模拟了重力作用，但其实验未实现，这是因为他所研究的构造很可能不具有真实的高幅度值。Willis 利用铅珠铺设在模型的顶部，对重力作用进行了模拟，其研究目的与 Hall 早期的研究目的相同。Bucky 在离心机中利用转轴对重力的相似度进行了模拟，这也是离心机模拟技术的开拓性应用。离心机中的模拟相似原则与常规重力场条件下的相似原则，它们对模型的约束具有相同的作用。在离心机中，其重力加速度值也许是正常重力条件下重力加速度值的数千倍。在这样的条件下，可以应用强度更大的材料进行模拟（如模型中的泥岩、硅胶棒、石英砂和油的混合）。相比石蜡、重质油和湿黏土等应用在 1 个重力加速度 g 下的模型而言，这些重密度的材料可以应用到离心机模型中。

通过离心机装置构建一个物理模型，Hans Ramberg 对此进行了系统深入的研究。他在离心机条件下，开展了重力驱动和构造相关的变形物理模拟分析。Hans Ramberg 利用离心机装置对盐丘、褶皱、重力滑动、岩浆喷出进行了模拟。在模型中，他应用了石蜡、泥岩、硅胶棒和一些其他相似材料。自从那时候起，离心机技术在塑性材料变形研究中就得到了广泛应用。通过这几十年的物理模拟的发展，离心机技术可以在常规重力场条件下，应用强度弱的、松散的石英砂代替其变形研究。

8.2 离心机的应用现状

超重力物理模拟实验方法作为地质构造物理模拟实验方法的一个发展方向，是将离心机技术应用于地质构造物理模拟实验中而诞生的一种新的研究地质构造的实验方法。超重力物理模拟实验方法发端于 20 世纪 60~70 年代，起初是为了解决软弱的韧性实验材料不易获得的问题。这是因为在常重力场下，高强度韧性材料无法较好地模拟地质原型中的韧性形变，而采用离心机技术产生的超重力场，可以使高强度的韧性材料在实验中也可呈现出较好的韧性形变特征。

20 世纪 60~70 年代，Ramberg 在 Uppsala 大学建设了大型离心机设备（图 8-1）并开展了一系列超重力构造物理模拟实验，他通过这一模拟方法为穹窿与褶皱等构造的形成问题提供了一定启示，同时对于洋中脊形成、岩浆侵入以及底辟形成等构造过程进行的超重力物理模拟奠定了利用离心机所形成的超重力场开展地质构造物理模拟实验的技术基础，针对适用于超重力环境下的构造物理模拟实验原理与方法做了探索与实践。相较于常重力物理模拟实验，对于受自重力控制作用较强的地质构造，超重力物理模拟实验有着较大优势。另外，超重力物理模拟实验还有着拓宽实验材料选取范围、进一步压缩模型尺寸和实验时长以及压制非实验干扰因素对实验结果的影响等诸多优点。

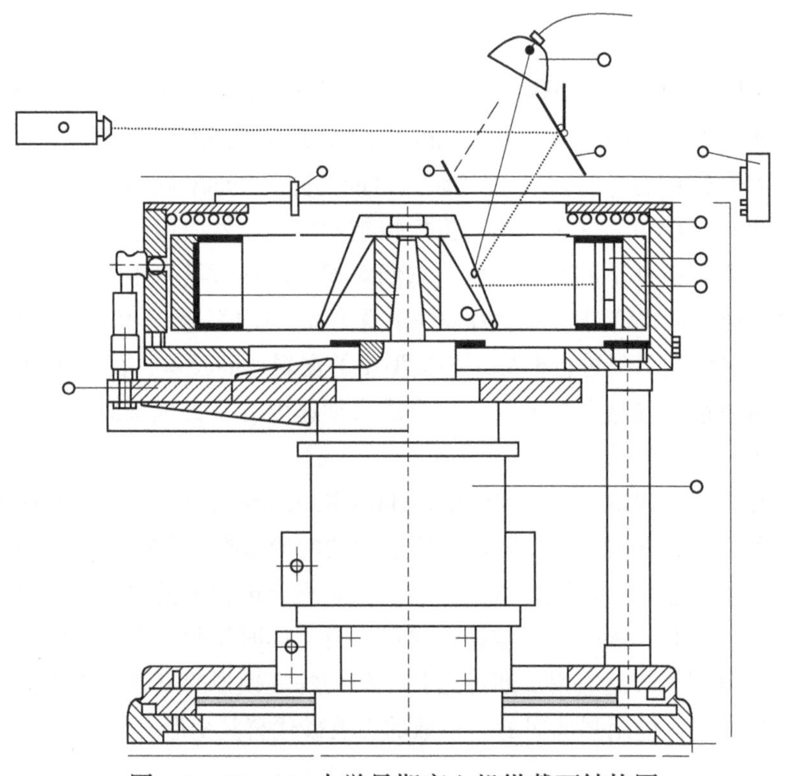

图 8-1　Uppsala 大学早期离心机纵截面结构图

自 20 世纪 80 年代至今，超重力物理模拟技术已被诸多构造地质学者应用于构造物理模拟实验实践中，开展了关于裂谷及拉分盆地、拆离断层及大陆岩石圈减薄作用、逆冲断层及褶皱-冲断带、岩浆作用及底辟构造等相关地质构造及动力学成因机制的研究。关于适用于超重力物理模拟实验的实验材料，Waffle 等围绕适用于构建地壳尺度超重力物理模型的实验材料问题展开尝试与探索，获得了在超重力物理建模中可与自上地壳至下地幔所有圈层相匹配的物理材料。然而，以上这些研究绝大多数都是在传统的鼓式离心机中开展的，这类离心机的建设及运营费用相对便宜，同时离心机体积较小，占地面积也小。尽管鼓式离心机可以营造重力加速度高达 20000g 的超重力场，但受限于鼓式离心机狭小的内部空间，物理模型尺寸最大只能做到 25cm 长、16cm 宽和 7cm 高。同时，狭小的空间无法容纳高精度控制的步进电机用于驱动模型变形，这类超重力物理模型的变形驱动力只能依靠模型自身的自重体力的增加或附加与模型具有的重力势能差异的推挤物来驱动。具体而言，对于拉张作用，一般采用基底黏性材料层自身流动对上覆脆性层产生拉张变形作用［图 8-2（a）］；对于挤压作用，一般利用实验材料自身不同位置的重力势能差异［图 8-2（b）］；对于底辟作用，一般利用不同密度的实验材料所具有的重力势能差异［图 8-2（c）］。此外，Mulugeta 发明了利用超重力产生的液压驱动活塞进而对模型产生侧向推挤的装置［图 8-2（d）］，但这一装置较难实现重力加速度与模型变形所需推挤力之间的均衡匹配，所以并未得到广泛应用。

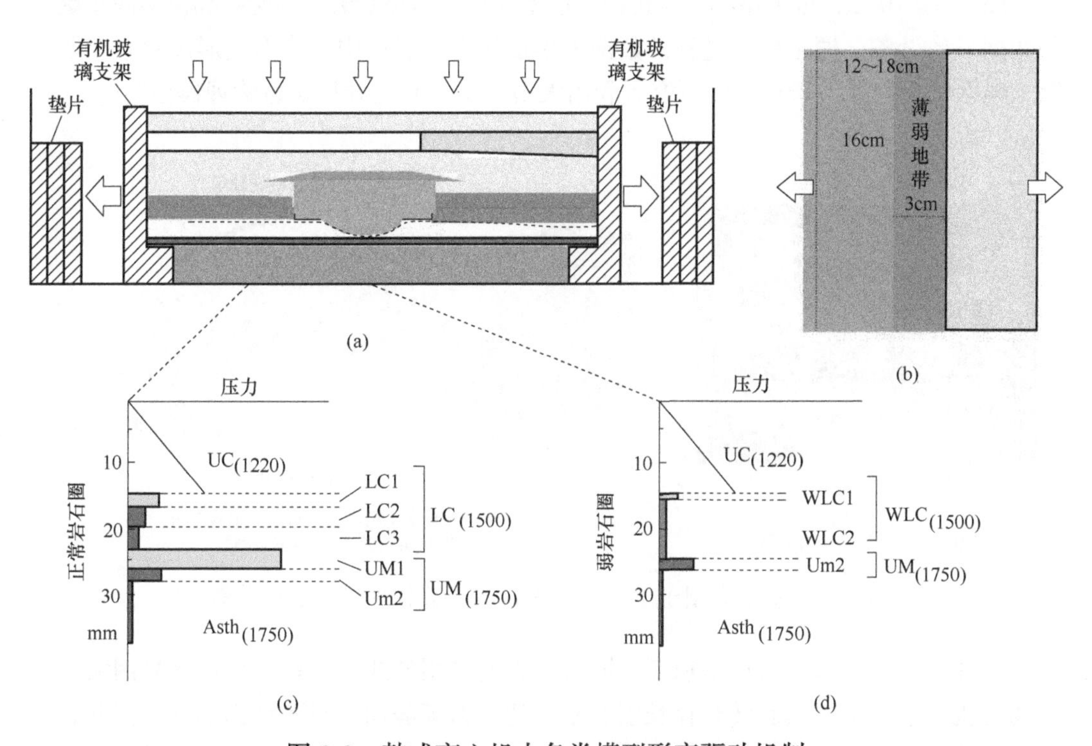

图 8-2　鼓式离心机中各类模型形变驱动机制

UC—上地壳；Asth—软流圈；UM—上地幔；LC1—下地壳 1；LC2—下地壳 2；LC3—下地壳 3（人为分布 3 层，变模型设计）；UM1—上地幔 1；UM2—上地幔 2（也是人为分布 2 层，变模型设计）；WLC1—湿的下地壳 1；WLC2—湿的下地壳 2

在传统的鼓式离心机中，内部空间狭小除了导致无法高精度控制模型变形之外，还限制了对模型变形过程中高质量实验数据获取装置的安装。模型变形过程的记录只能借助离心机外部配置的电视摄像机，并结合镜面反射装置来实现，这种方式难以获取高质量的实验模型实时变形数据。尽管许多研究者通过将模型变形过程分阶段开展，在阶段之间采取停机并取出模型获取数据的方式，但这种方式增加了实验的繁复程度，同时变形过程的多次中止很可能影响模型本身的变形过程。因此，基于鼓式离心机平台的超重力物理模拟实验在不停机不中断模型变形过程的前提下，无法实时获取模型变形过程的高质量实验数据。

尽管采用大型土工离心机可以克服上述不足，但目前仅有少数学者进行过这方面的尝试。例如，Peltzer 利用大型土工离心机平台构建印-亚碰撞三维模型，模型尺寸达到与常重力实验可以比拟的长 90cm、宽 80cm、高 9cm。同时，Peltzer 利用电机控制模型变形和利用常规相机实时记录模型的变形过程。但这套设备的缺陷在于装置设计并未考虑离心机重力等势面为曲面的实际情况，导致模型以平面形态建设并在实验之初发生自发形变，对模型后续的变形过程造成了初始影响（图 8-3）。Noble 和 Dixon 采用大型土工离心机平台开展挤压构造的二维模型的实验，模型尺寸达到长 100cm、宽 10cm、高 10cm，也采用步进电机控制模型变形。但该套装置未配备和模型同步旋转的数据采集设备，模型变形过程的数据采集依然需要多次中断模型变形过程来获取。除上述两例报道外，未见其他研究者利用大型土工离心机开展构造物理模拟实验。

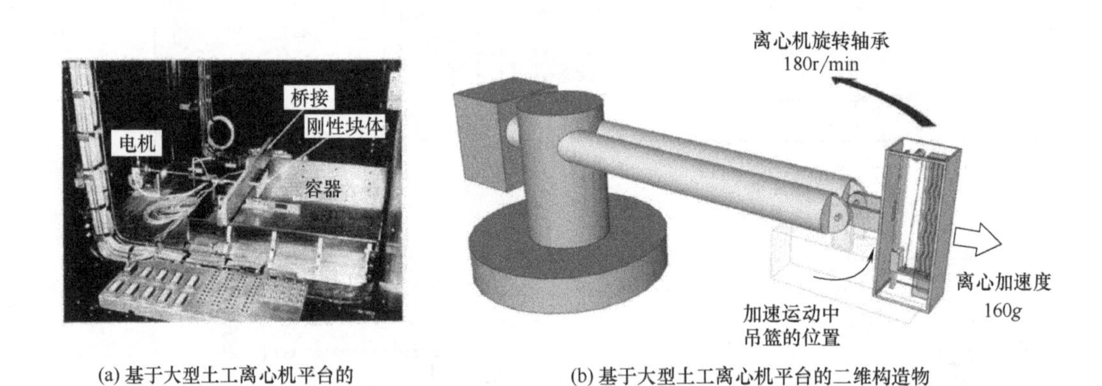

(a) 基于大型土工离心机平台的三维构造物理模拟实验装置

(b) 基于大型土工离心机平台的二维构造物理模拟实验装置及离心机示意

图 8-3 基于大型土工离心机平台的构造物理模拟实验装置

此外，对于超重力物理模拟实验而言，无论采用鼓式离心机平台还是采用大型土工离心机平台，由于其旋转半径长度有限，超重力等势面呈显著柱面形态。因此，为确保所建立的物理模型的层状结构与超重力等势面保持平行，超重力物理模型必须同样呈现显著的柱面形态，这一建模特点在已有的超重力物理模拟实验中非常常见。但拥有显著柱面形态的物理模型与层状结构为近水平面的自然原型存在几何学的巨大差异，故由柱面形态的物理模型直接获取的原始图像和原始高程数据存在系统误差而无法直接用于后续速度场、应变场和形貌变化定量分析。超重力模型的原始实验数据需经过特定的校正处理才可消除柱面形态带来的结果误差，才可与用于后续定量分析和与自然原型的对比研究。然而，目前超重力物理模拟实验结果主要以精度较低的定性分析为主，围绕超重力物理模拟实验原始数据校正处理的研究工作亦未见任何报道。

案例 8-1：离心机条件下的挤压变形

在离心机中构建了一个挤压变形物理模拟箱体。在离心机装置中，模拟了自然界常规重力作用和在相同的时间内，水力压力对侧向摩擦力产生的影响。通过对水力压力加载的变化，对侧向缩短速率进行控制研究。在离心机中，挤压箱体的应用可以有效提高相似系数和模型材料的使用范围，并且不会违背所需的相似条件。在传统的常规重力条件下的挤压变形箱体中，由于相似条件的限制，在材料的选择上受到了很大的限制。作为模型装置的测试，在离心机中开展了一些缩短变形的简单实验，并与正常重力条件下的缩短变形实验进行对比。本研究选择一些实际的滑脱变形构造，如褶皱、断层、底辟等，并且离心机中的缩短变形测试与前人相关的模拟测试结构相似。由此揭示了离心机技术在地球动力学研究方面具有潜在的应用价值，可以研究重力作用下的变形演化影响，而且离心机装置还可以应用于一些简单的剪切实验等。

（1）引言

在区域研究上，过去 100 年的地质和地球物理探索已引起地质学家的关注，并为造山带大陆边缘的侧向位移及缩短变形提供了可信的证据。

Cadell 在早期经典的挤压箱体的研究中，为苏格兰逆冲构造的形成机制提供了一种新的观点。Willis 应用相似的挤压应力箱体，对阿巴拉契亚造山带的构造特征进行了模拟研究。尽管如此，Hubbert 以及 Ramberg 和 Sjostrom 的研究表明，早期的研究对大尺度构造变形的应力边界条件研究缺乏相似比例。然而，通过重力达到较高的精度，现代离心机地球动力学模型得以快速发展。通过模型末端的推挤和重力作用，实现地球动力学系统的动力学模型。例如，逆冲楔的现代模型是通过推挤末端约束黏性和无黏性石英砂来模拟逆冲的变形实现的。为此，假如离心机模型设计得好，收获还是很多的，这样可以应用更多的模型材料开展相关的模拟实验。本研究主要介绍离心机装置下的相关物理模拟。

（2）模拟技术

模型装置在长宽高分别为 18cm、20cm 和 10cm 的箱体上进行（图 8-4~图 8-6）。在大型离心机条件下，最大的加速度可达 5000*g*。通过离心力作用，水力压力在模型末端提供推力作用。在离心机装置里面的杯子中产生挤压位移。在运行期间，通过另一

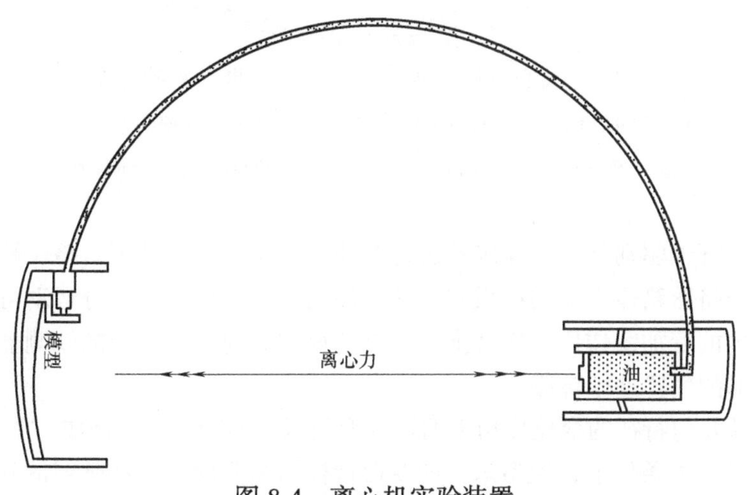

图 8-4　离心机实验装置

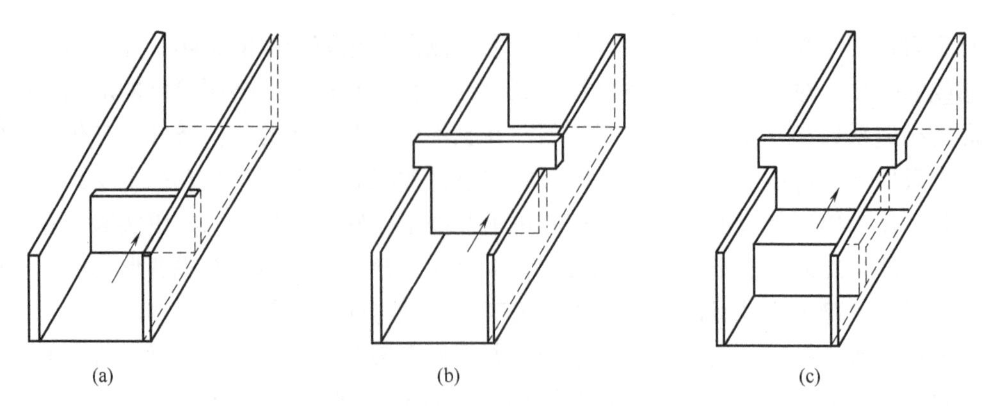

图 8-5　离心机装置下不同的箱体几何特征

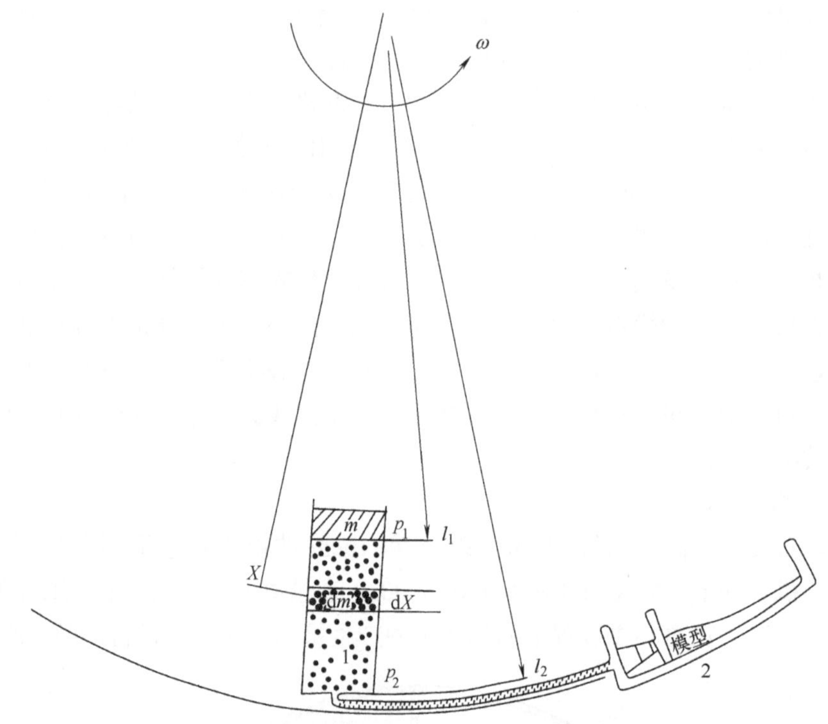

图 8-6　离心机挤压实验中，不同物理参数的应用

d*m*—质量增量；*m*—质量；*X*—位移；d*X*—位移增量；l_1—内侧离心半径；l_2—外侧离心半径；*ω*—角速度；p_1、p_2—离心机旋转产生的径向压力

端杯子连接的管子驱动挤压箱体末端进行抽油。在这样的设计下，挤压箱体实现部分平衡。通过与挤压箱体末端的挡板柱运动，侧向和中心位置的部分运动可以完成。通过对水力压力的变加载作用，实现推挤速率的控制。通过带频散的观测器可以对模型顶部发生变形的位置进行解释。

挤压末端几何特征的变化依赖于缩短变形测试的实际特征。例如，在一些测试中，为了获得强离心力条件下，模型末端的变形特征，需要应用一些软弱的基底滑脱层材料，在侧向许可的条件下实现前展变形。在其他的一些测试中，在挤压末端挡板处形成 Z 字形的剖面结构，以确保离心机模型的侧向空间是安全的。从离心机主体装置上，水力压力挤压箱体很容易去掉，因此揭开它可以进行其他的测试。挤压箱体末端的挡板所需的压力是离心力的 2 倍。离心力与质量以及离心加速度之间具有如下关系：

$$\mathrm{d}F=a\mathrm{d}m \tag{8-1}$$

$a=\omega^2x$，ω 为角速度，x 为水平方向上与转轴之间的半径。对于较小的质量单元，有 $\Delta m=\rho A\mathrm{d}x$。$\rho$ 为水力压力流体的密度，A 为横剖面的面积，$\mathrm{d}x$ 为流体单元的埋深。上面的方程可以表示为：

$$\mathrm{d}F=\rho A\omega^2x\,\mathrm{d}x \quad 或者 \quad \mathrm{d}P=\rho\omega^2x\,\mathrm{d}x \tag{8-2}$$

$\mathrm{d}P$ 为最小流体单元压力。上述方程可以按如下方程表示：

$$\int_{P_1}^{P_2}\mathrm{d}P=\int_{l_1}^{l_2}\omega^2\rho x\mathrm{d}x \tag{8-3}$$

$$P_2=P_1+\frac{\omega^2\rho}{2}(l_1^2-l_2^2) \tag{8-4}$$

式中，P_2 是 l_2 时的压力，或者是主柱形体外侧的压力；P_1 是柱形体内部末端 l_1 时的压力。因此，不同的压力会导致挤压应力发生变化。

根据式（8-4）可以得出 l_2 时的初始挤压力，角速度为 ω，加载质量为 m。

$$P_1=\frac{m}{A}\omega^2l_1 \tag{8-5}$$

$$P_2=\omega^2l_1\left[\frac{m}{A}+\frac{\rho}{2l_1}(l_2^2-l_2^1)\right] \tag{8-6}$$

公式中，所有的影响因素为常量，在挤压实验中，离心机中的角速度以 5 的倍数增加，由此产生 25 倍的压力增量。对流体产生 5 倍的质量增量，离心机恒定的角速度产生的推挤压力为 4 倍左右。

在柱形体中，加载向外扩展的位移，其推挤压力的变化会产生一定的影响。离心机中，推挤压力是可以控制的。尽管如此，本研究中，相关的讨论已忽略了摩擦力的影响。在流体流动和柱形体侵位过程中，呈现较小的挤压应力（图 8-7）。

（3）测试的应用

为了测试新技术的应用，进行了常规重力条件和离心机超重力条件的模拟实验对比。图 8-8 是均质的潮湿砂岩模拟结果的对比。缩短量是通过正常重力条件下亚克力板之上的变形量和离心机条件下变形层的缩短量相等进行控制。

图 8-8（a）和图 8-8（b）显示了差异的楔形体几何特征和滑脱层构造样式。在正常重力条件下，从模型末端进行挤压，结果显示在高倾斜角的表面，形成背驮式的后冲叠瓦扇构造。换句话说，离心机模型中，从末端的推挤在楔形体的低地貌倾角处产生一系列滑脱背斜。这些构造变形后来都沿着其楔形体前侧形成了非对称和剪切的变形带。而且，在平顶背斜核部具有明显的增厚现象，但在其顶部则具有减薄现象。因此，在体积发生缩短的同时，纵向上也发生叠加效应。所以，在离心机测试中，物质的重新分布和流动是滑脱层力学性质的一个重要的特征。与此同时，在正常重力条件

下的缩短变形，其模型层的增厚仍然保持是一个常量。图 8-8（c）和图 8-9 显示了离心机条件下的模拟结果。

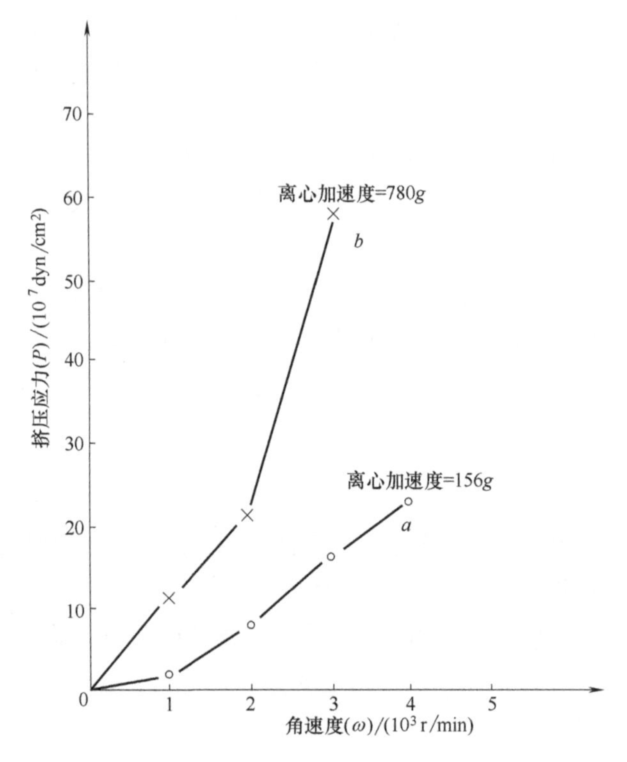

图 8-7　离心机挤压实验中，挤压应力与角速度之间的变化关系（1dyn=10^{-5}N）

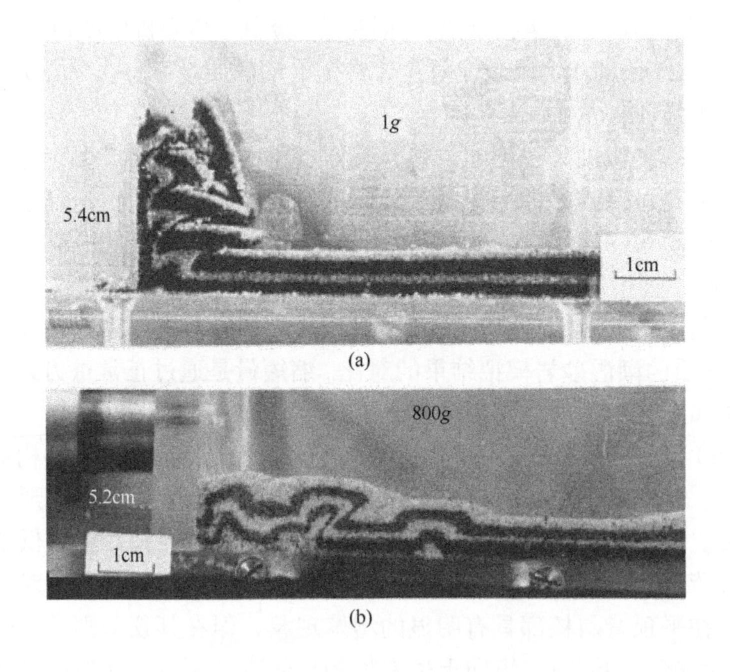

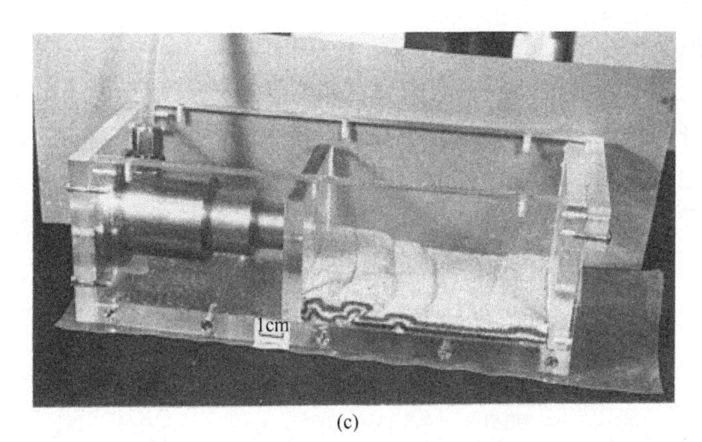

(c)

图 8-8　湿石英砂位于基底亚克力板之上产生的构造几何特征及其流变学特征相似性

图 8-9（a）和图 8-9（b）是正常重力条件和超大重力离心机条件下，湿砂岩在基底硅胶层之上的缩短变形模拟对比。由于在正常重力条件下，石英砂加载到基底硅胶层之上时，忽略了加载效应的影响，基底硅胶层表现为高的基底摩擦，而不是刺穿型的流动。在楔形体坡角 36°时，这样的现象特别明显。换句话说，在离心机条件下的缩短模拟测试，基底韧性层的流动是以刺穿为主。即基底韧性层在扩展型箱状背斜的核部发生增厚和刺穿作用。通过驱动和末端的推挤，沿着变形体的前侧形成非对称和剪切的变形，并表现为不稳定的重力场特征。在离心机条件下，形成的地貌倾角较小，约 3°［图 8-9（b）］。把模型旋转 180°后，可以获得另一新的认识［图 8-9（a）和图 8-9（b）］。在图 8-9（b）中，当测试的物质密度和能干性与自然界的物质密度和能干性具有相似性时，在边界和重力控制条件下，可以应用较低密度和韧性基底刺穿上覆地层

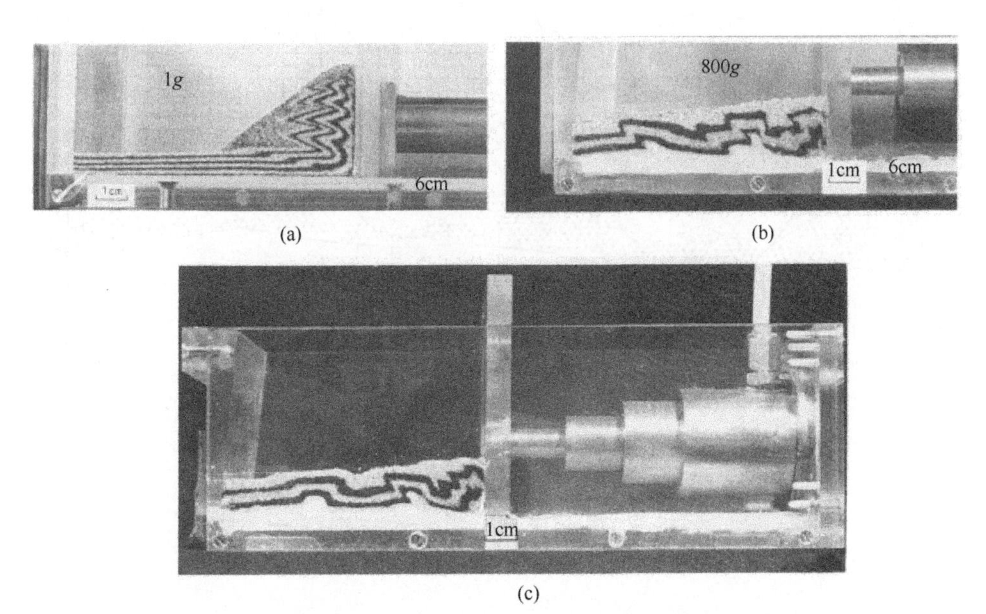

(a)　　(b)

(c)

图 8-9　湿石英砂位于基底软弱硅胶层之上产生的构造几何特征及其流变学特征相似性

进行动力学模拟。

任意基底韧性层和上覆地层之间的韧性及密度差对褶皱-冲断带构造样式的控制并不能够得到很好的约束。问题是是否存在基底或任意韧性基底产生浮力作用，而且浮力作用与上覆地层相关，或者仅仅通过模型末端推挤而不需要任何浮力也能够在基底产生背斜，或者是重力作用和模型末端的挤压共同作用所致。在逆冲或褶皱带，盐岩

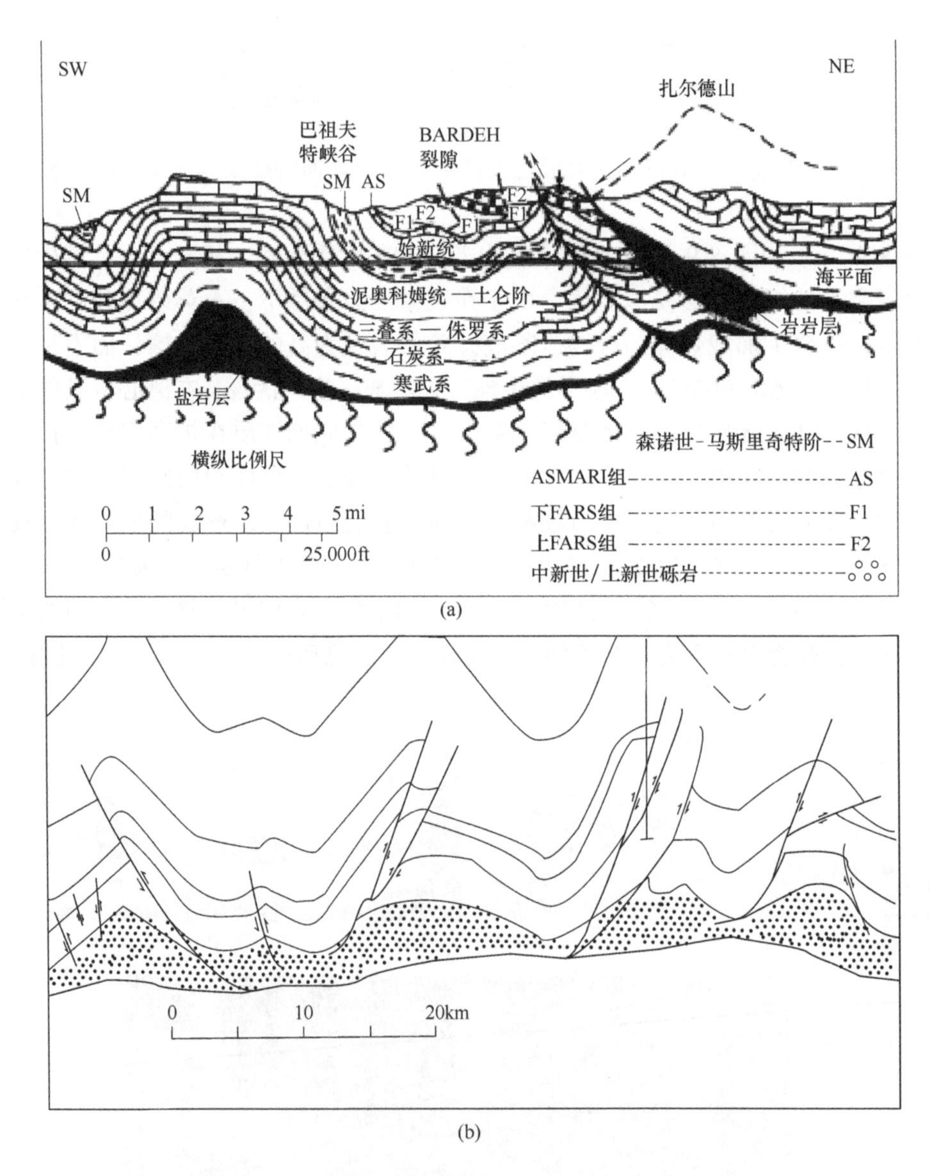

图 8-10 扎格罗斯褶皱-冲断带产生的滑脱层构造

（1mi=1.609344km，1ft=3.048×10^{-1}m）

和泥页岩提供了重要的滑脱层。例如，在侏罗山构造带，三叠纪的蒸发岩就是最重要的基底滑脱层。在阿巴拉契亚构造带，盐岩是最重要的滑脱层。即使在较低的温度和压力条件下，盐岩也很容易流动，并能够提供合适的局部滑脱变形。在地壳深度 1~10km 的范围内，岩石的地质应变率一般为 $10^{-14}s^{-1}$，盐岩的屈服强度为 0.1~1MPa。因此，在滑脱层控制变形的条件下，盐岩比相邻的其他岩石的强度幅度要低 1~2 个数量级。所以在常规重力条件下的模拟实验中，应用硅胶很容易流动的特性来代替韧性地层探讨构造带的滑脱变形（图 8-10）。

（4）地球动力学指示

上述已经概括了正常重力条件和离心机条件下的缩短模拟实验测试对比。通过构建初始结构、材料属性和边界条件等模型相似程序开展对比分析，但是在不同比例的体应力推挤下的缩短变形，形成不同比例的逆冲构造带。图 8-8（b）和图 8-9（b）所显示的是基底刚性之上软弱滑脱层条件下形成的褶皱、逆冲构造几何特征，用以模拟自然界实际的褶皱和逆冲断裂。实际和模型中所观察到的变形特征是在压力和体应力条件下，构造楔末端生长形成的构造。楔形体的几何特征主要受重力加载、基底摩擦或者是基底滑脱层产生的黏性阻力和地层的流变学控制。在离心机条件下，模型的相似比为模型 1cm，对应实际 14km。假如模型是在正常重力条件下的缩短变形模拟，离心机条件下的相似系数比正常重力条件下的相似系数要大 3 个数量级。基于相似系数，前陆褶皱和逆冲构造或者增生楔的形成是能够得到模拟的。

在模型测试中，流动的硅胶用来模拟韧性地层，如褶皱-冲断带的盐岩，韧性地层容易流动到背斜的核部，进而促进了褶皱的生长。这样的现象早期是在阿巴拉契亚高原和扎格罗斯褶皱-冲断带被发现的。假如弱的黏性材料或者塑性材料的密度较小，其重力的不稳定将有利于背斜形成。其变形结果是通过韧性物质形成背斜核部，也就是在模型末端的推挤和重力不稳定条件下也能够形成背斜构造样式。

（5）在克服基底摩擦阻力方面，推挤应力与重力加载的相对影响强度

比较让人感兴趣的是在离心机装置条件下，推挤应力和体应力场共同影响，可以克服对楔形体起平衡作用的基底剪切阻力。

$$F_o - F_l = \int_0^l \tau \mathrm{d}x \tag{8-7}$$

式中，F_o 为楔形体末端推挤压力；F_l 为楔形体右侧水平应力；τ 为剪应力；l 为楔形体的宽度。

在一级层次上，作用于末端基底的水平挤压应力可以表示为：

$$F_o = F_p + \rho\bar{a}\int_0^{h_o} h\mathrm{d}h = F_p + \frac{1}{2}\rho\bar{a}h_o^2 \tag{8-8}$$

式中，F_p 为推力；ρ 为密度；h 为厚度；$\bar{a}$ 为单位质量和楔形体末端厚度为 h_o 条件下的单位体力。

同样，楔形体右侧的水平应力可以表示为：

$$F_l=\rho\bar{a}\int_0^{h_o-l\tan\alpha}h\mathrm{d}h \\ =\frac{1}{2}\rho\bar{a}(h_o^{\ 2}+l^2\tan\alpha^2-2h_o l\tan\alpha) \tag{8-9}$$

式中，α 为楔形体的坡角。

结果，推动楔形体前进的动力可以表示为：

$$\Delta F=F_o-F_l=F_p-\frac{1}{2}\rho\bar{a}(l^2\tan\alpha^2-2h_o l\tan\alpha) \tag{8-10}$$

$$\Delta F=F_s \tag{8-11}$$

但是，$F_p=P_2A$，P_2 是水力压力，A 是离心机柱形体的测量面积。在重力加速度为 800g 时，F_p=1200N。当 h_o=1.5cm，α 为 5°，l=5.5 cm，ρ=1.3g/cm³ 时，ΔF 为 12100N。在式（8-10）中，第一项为模型末端的推挤力，第二项为体应力的贡献。显示了楔形体中，来自模型末端推挤产生的基底剪应力比正常重力大 2 倍（图 8-11）。

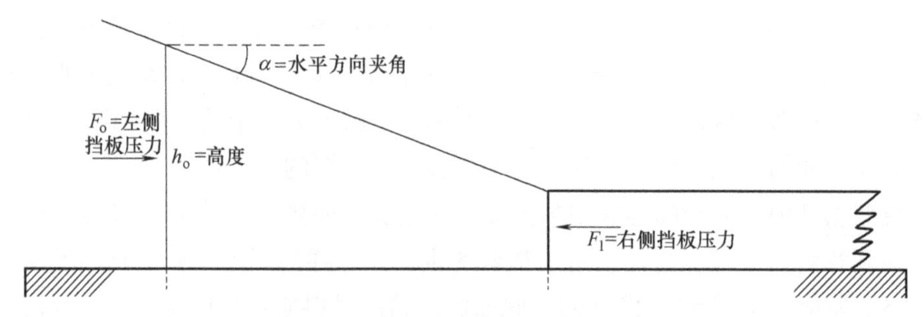

图 8-11　楔形体的受力平衡特征

褶皱-冲断带浅层的半脆性区域，以层状结构组成。岩石类型和热力学性质发生变化，控制了岩石偏斜应力的响应。例如，力学性质较弱的盐岩，白垩土和泥页岩，其初始水平地层提供了关键的滑脱变形的应变集中现象。而且，对于大陆地壳，地质和地球物理数据显示地层之间具有解耦特性，层状地壳应力得到强化。变形过程沿着滑脱层发生，而且随着重力和推挤力、边界摩擦力、材料的流变学特性、温度及压力梯度等变化，研究人员对以上这些参数对变形的影响进行了相关的模拟研究。

褶皱或逆冲构造带、增生楔的库伦楔力学特性，导致在水平挤压作用下形成破裂，这样的现象至少在岩石全的脆性与韧性转换带发生。决定楔形体几何特征的临界参数是坡角和基底摩擦系数、流体压力和楔形体物质的内摩擦系数。尽管如此，前陆褶皱-冲断带生长和增厚，其基底滑脱层对库伦楔的解释无效，是因为热作用严重影响了增生楔的变形过程。由此，即使在地壳浅层，假如有滑脱层参与，如扎格罗斯褶皱-冲断带，库伦楔脆性滑动也会减弱。

（6）小结

本研究介绍了离心机物理模拟技术及其在地球动力学方面的潜在应用价值。通过一些简单的实验条件对具有滑脱层的构造进行了模拟测试。研究揭示，物质的流变学、边界条件、重力与边界受力比等对滑脱层的力学性质具有重要的影响。尽管如此，应该清晰地认识到地质构造的定量化模型需要地层分布和岩石流变学的相关知识。然而，随着岩石流变学知识的积累，结合逆冲构造的受力分析，定量化的动力学模型也会很快实现。离心机挤压箱体实验是模拟技术的一大补充。水力压力箱体已经应用两年，并得到了不断的改善和提高（图 8-12）。

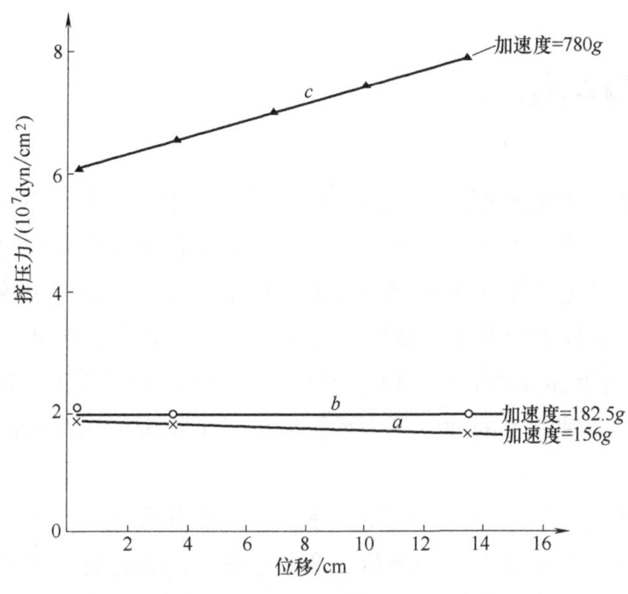

图 8-12　随着侧向加载的位移增加，推挤压力的变化图解（$1\text{dyn}=10^{-5}\text{N}$）

第9章 结论与认识及趋势分析

9.1 结论与认识

通过对造山带和盆地演化的构造物理模拟文献、资料的阅读，并结合工作8年来的模拟实验和经验，完成了本书的编著工作。本书是站在前人大量研究工作基础上的归纳总结与提升，也是笔者工作中对物理模拟的反思和提炼。通过系统地梳理、分析和探讨，使笔者获得了较大的收获和认识，具体体现在以下几个方面：

① 本书从造山带和盆地的基本概念出发，从科学问题的提出，模型的设计、模拟结果的分析和变形物理参数的理解等，系统地探讨了物理模拟在解决构造变形中的具体应用。

② 盆地物理模拟是一个重要的手段，在伸展、挤压和走滑断裂系统都可以得到较好应用，利用它可以模拟盆地的伸展量、变形速率、演化过程，及其运动学和动力学特征。

③ 在造山带和增生楔的变形演化过程研究中，物理模拟技术得到了广泛的应用，并得到了地质学家的重视，直到今天物理模拟技术仍然是一重要的分析技术。

④ 通过物理模拟技术，可以提高人们对沉积建造过程中的热流体作用、盐岩底辟、泥岩盐底辟等变形演化过程的理解。本研究中，从主动和被动大陆边缘的地质背景出发，根据底辟的隆起、盐丘的发育、生长和成熟，以及底辟的构造样式等开展了底辟形成机制的归纳和总结。

⑤ 最后，通过本书的综合分析研究，系统地总结了物理模拟技术在盆地和造山带研究中的具体应用，为相关的研究人员从事该项研究工作提供了重要的借鉴。

9.2 技术发展及优势分析

在撰写过程中，查阅了文献300余篇，专著9本。涉及的研究内容从物理模拟的发展历史，到模拟技术的力学条件、相似理论建立、模拟设备及实验材料、实际应用等。物理模拟的发展史归纳为3个主要阶段：

① 1937年以前，早期的装置模拟简易，实验材料用帆布和橡皮，其代表人物如Hall、Daubree等，他们做出了杰出的研究工作，为后人研究造山带和盆地的形成指明了方向。该阶段最明显的特点是模拟冲断楔的形成样式，以揭示造山带和褶皱的形成。

② 1937~1990年，是相似理论建立后的快速发展到成熟应用阶段。此阶段的早期，建立了完整的相似理论，即几何学、运动学和动力学相似理论，而且对地壳变形中的脆性层和韧性层的模拟，找到了合适的模拟材料，如一定粒度的石英砂可以模拟地壳的脆性变形，一定黏度的硅胶则可以模拟地壳中的软弱层；此阶段的后期，对大量的造山带构造的形成模式进行了物理模拟研究，解释了构造挤压和伸展的变形力学性质和流变学特性。

③ 由于大量油气及矿产资源的开发利用、加之地壳表层复杂的构造很难应用地震资料进行分辨识别，而且地震活动、火山活动和地质灾害以及地球系统科学发展的需要，从1991年至今，物理模拟技术得到了快速发展和广泛应用。这一阶段在讨论几何学相似性、运动学相似性和动力学相似基础上，考虑挤压变形速率、地层的结构、力学性质、边界几何形态、先存构造、初始地貌、温度和降雨、剥蚀和沉积等一系列对变形影响的控制因素，并对典型的造山带和盆地的形成演化的解释提供了物理模拟的新视角。总之，地质体的力学条件和相似理论是物理模拟的核心，是指引模拟技术发展和广泛应用的关键支撑。

本书对造山带和盆地变形演化的典型影响因素进行了详细的物理模拟介绍，并对物理模拟的一些关键技术进行了详细分析。从造山带的影响因素到模型设计、关键技术的应用再到模拟结果展示等。研究表明，不同的造山带，其形成的影响因素具有一定的特殊性。这就要求，在建立物理模型时需要认真分析区域地质问题，找到恰当的科学问题，方能应用物理模拟解决。如巴基斯坦的盐脊和扎格罗斯的褶皱-冲断带的变形，这些地区的地层膏盐岩极为发育，基底韧性层的厚度和分布对变形的影响是需要认真分析判断的。除此之外，有关侵蚀和同构造沉积作用、地层力学性质等也不容忽视。

开展了造山带和盆地物理模拟实例编译说明。实例包括阿尔卑斯山、扎格罗斯山、喜马拉雅山、台湾造山带、川东—湘鄂西褶皱-冲断带、南美安第斯山、北美卡斯卡迪古陆的洋陆俯冲等造山带和前陆盆地、弧后盆地的研究成果。从地质条件出发到科学问题的提出、模型设计到模拟结果和结论。前人的这些研究成果的归纳和总结，对开展新的构造带的物理模拟和数值模拟研究，具有非常重要的借鉴意义，同时也为理解造山带和盆地的演化过程提供了非常重要的帮助。

本书还对地壳表层的动力学过程与深部构造样式之间的关系进行了分析探讨。尤其是崩塌和滑坡地质灾害，它是地壳表层剥蚀、侵蚀的一种重要的外动力地质过程，对地貌形态具有重要的改造作用。而且，近年来，地质灾害的研究也是国际社会关注的焦点，每年都有成千上万起的地质灾害发生，尤其是因内外动力地质作用所形成的滑坡，在地质灾害中占了极大比例。因此，本书对认识地表地貌演化具有重要的指导意义，同时对工程地质分析和防灾减灾及治理具有十分重要的参考作用。

最后，本书对物理模拟技术的发展现状、交叉学科的应用和未来大发展趋势进行了大胆的预测。发展 200 多年的技术，在今天仍然具有强劲的使用动力，源于该技术可以有效再现造山带和盆地的演化过程。因为地质体的变形演化十分复杂，利用相似理论，可以进一步探讨相似的几何学、运动学和动力学过程。在复杂构造十分发育的地区，可以应用物理模拟技术进行模拟研究。但随着现代计算机技术的发展，大型计算量的地质过程在一定程度上可以应用计算机进行分析计算，为物理模拟提供了很多重要的分析手段，如 PIV 速度场，应变场，还有其他的一些应力场分析等。同时，还可以应用扫描技术对造山带和盆地内部的构造变形进行透视分析。总之，技术的快速问世对物理模拟具有较大的补充，促进了物理模拟技术的快速发展。未来，随着计算能力的提高，数值模拟技术会掀起一场新的革命，但是物理模拟的优势仍然会持续一段时间。或者说，物理模拟技术和数值模拟技术的相互印证，是未来造山带和盆地变形演化研究的前沿方向，值得关注和重视。

作为一名物理模拟工程师或者从事物理模拟的研究人员，应该对物理模拟技术具有清晰的认识：模型材料是一种可能满足自然界岩体或块体流变学性质的材料。模型边界条件是自然界实际边界的简化。模型结果只是反映自然界可能的变形演化过程。因此，必须要与实际观察得到的构造变形现象相结合，避免臆造一些不必要的变形结果。长期的模拟经验和技术积累表明模拟结果很难精确复制，因为造山带和盆地从一个阶段到另一个阶段的变形会受到多种因素的影响。

总之，本书编者的主要的目的是让读者了解造山带和盆地变形演化可用物理模拟方法来研究，而且这个方法具有非常强大的实用性。这样，从事物理模拟研究的工作人员，在实际应用中，可以选择对科学问题有极大帮助的模型进行设计分析。同时，也希望从事物理模拟的读者，通过对本书的阅读，能够对造山带和盆地的形成演化过程有比较清晰的理解，知道构造变形和构造演化的科学问题的关键所在。最后，衷心希望各位同行和热爱物理模拟的专家们，提出宝贵建议和意见，对物理模拟这一 200 多年的传统而又富有生命力的科学技术继续的弘扬和发展，对理解和完善构造地质学理论做出我们应有的贡献。

9.3 趋势分析

9.3.1 模拟方法的应用趋势

近几十年来，由于新技术、新方法的引入，物理模拟实验研究取得了许多重要的新进展。尤其在造山带和盆地研究方面取得了十分显著的成效。特别是石油公司通过物理模拟实验，解决了复杂构造区因地震分辨率不清、地震资料品质较差造成的油气勘探难的问题。物理模拟是一种研究构造变形和构造演化较为有效的手段。该技术得到了英国、法国、美国、瑞典等西方各国的重视。如英国伦敦大学和曼彻斯特大学、瑞典乌普萨拉大学、葡萄牙里斯本大学、美国麻省理工学院和得克萨斯大学，法国里尔大学和雷恩大学等。国内中国石油大学（北京）、中国地质大学、南京大学、浙江大学、中山大学、东北石油大学、中国石化石油勘探开发研究院、成都理工大学、遵义师范学院、河海大学等已先后开展了专门的研究。但与国际发展趋势相比，我国在这一领域的研究还比较薄弱，如怎样有效利用相似理论建立完善的物理模型，而且特别是在盆地和造山带的构造变形模拟应用研究方面还有一定的差距。

模拟研究表明，在复杂构造区的变形和演化方面，它仍然是一种重要的手段。如增生楔、复杂的地貌区、地震资料品质较差的地区，很难根据地震数据进行层位和构造识别，为此，利用物理模拟，可以建立有效的力学模型进行分析判断，该技术已得到构造地质学家和各大石油公司的青睐。随着人们对构造物理模拟技术的深入理解，该技术手段已取得广泛应用。

物理模拟未来面临的挑战主要是需要结合最新的实验装置、新的模型材料、模型三维可视化技术和三维应变分析技术开展综合研究。到目前为止，物理模拟已经可以应用于伸展型断裂、挤压型断裂和走滑断裂的变形几何特征，以及一系列的变形控制因素的研究和探讨。但是，在走滑断裂的模拟实验中，来自温度场相关的流变学、重力均衡、孔隙流体压力仍然需要进一步的探索。此外，发展新的颗粒材料对逆冲构造带的地貌进行模拟，还有待于进一步深入研究。

物理模拟实验是帮助岩土工程师和地质学家认识自然变形过程、研究构造形成机制的重要方法，具有广泛的应用。可以应用到溃坝、滑坡、泥石流等地质灾害预测和防治，地震作用下的城市工程破坏，深海、深地工程引发的岩土灾害，等等。可以应用到含油气及页岩气富集区盆地的构造成因机制分析。因此，它在土木工程、水利工程、环境工程、采矿工程、石油工程以及地球科学研究等领域得到广泛应用，因此其可以满足多学科建设的需求。

9.3.2 模拟技术的发展趋势

除了应用领域有较大的发展以外，物理模拟材料和先进技术的引入，也在不断进步。早期的材料，主要是利用帆布和一些刚性的铁板，模型笨重、操作困难，而且未考虑变形的相似性。如今模型材料已广泛应用蔗糖、石英砂、玻璃珠、硅胶等。能够满足地壳及岩石圈变形行为的相似性。技术装置除必要的马达和固定的试验操作台外，扫描仪、三维成像、构造数值软件、ENVI 遥感分析软件、高精度旋转黏度计、三维光学扫描仪和 PIV 速度场、大型离心机构造物理模拟装置等也得到了广泛应用，这些设备的应用对进一步探索地壳及岩石圈的变形演化具有非常重要的意义。

总之，与其他模拟技术相比，物理模拟技术应用的优势体现在：a.模拟结果真实可见、具有较强的指导意义，可进行地质体表面过程的模拟和 2D/3D 可视化；b.模拟结果拥有较高的分辨率；c.可以开展沉积与剥蚀过程的模拟、构造与同沉积作用模拟、先存构造及断裂控制模拟、不同变形速率的模拟、古地貌及几何边界条件控制下的模拟等；d.实验过程对数学经验要求不高，除了深部构造研究以外，地表动力学的模拟，特别是地表外动力地质作用与内地质过程之间的相互作用的影响，也可以应用物理模拟进行小尺度探索，即近年来的岩土工程物理模拟。岩土工程物理模拟的发展趋势体现在巨型超重力离心机的应用，极端气候和环境模拟机载设备，机载多自由度和多向复合加载设备，并逐渐迈向数值模拟、物理模拟和数值分析综合应用的新时代，为岩土工程和地质体变形研究提供重要支撑。

在地貌动力学上，我们可以探索地貌的变化与物质迁移和内部结构特征之间的关系［图 9-1 和图 9-2（书后另见彩图）］。降雨、河流、冰川和风的侵蚀等外地质作用是控制地貌变形的一些重要的因素，而且这些因素又涉及大气科学和环境科学等，需要多学科交叉进行研究。在工程领域，物理模拟也是一个比较活跃的研究领域［图 9-3~图 9-5（书后另见彩图）］。如高速铁路、边坡工程、隧道和桥梁等。这些领域一定是计算机技术、构造地质学、岩石力学、土力学、材料力学等多科学交叉应用和协调发展的结果。

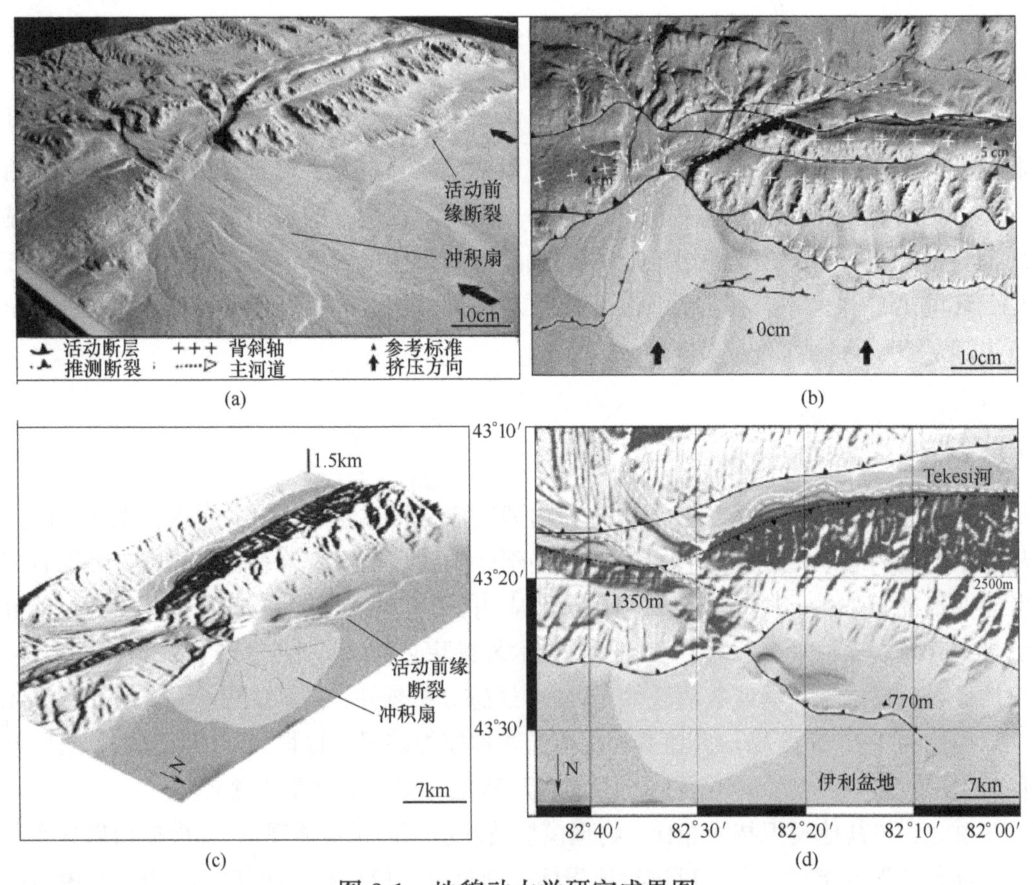

图 9-1　地貌动力学研究成果图

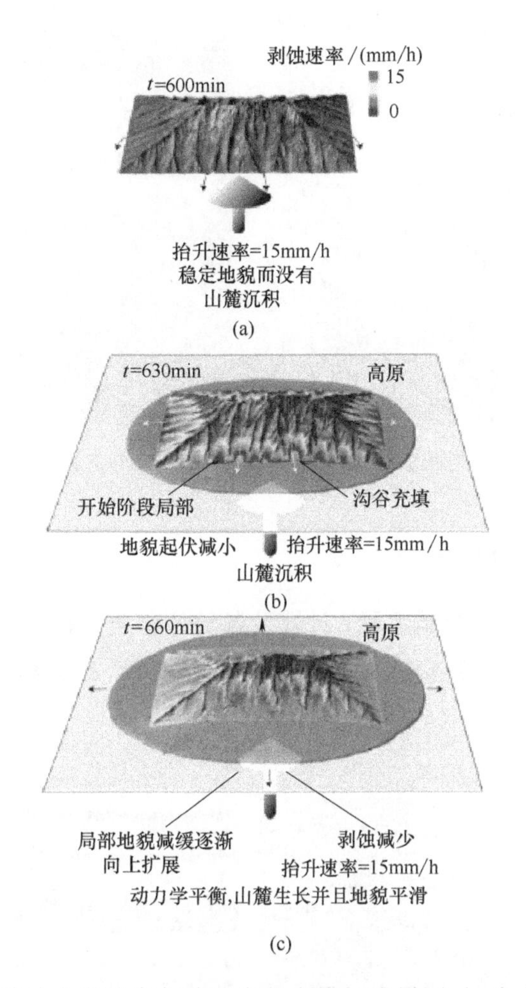

图 9-2　地貌动力学稳定与非稳定状态模拟成果图（t 为变形时间）

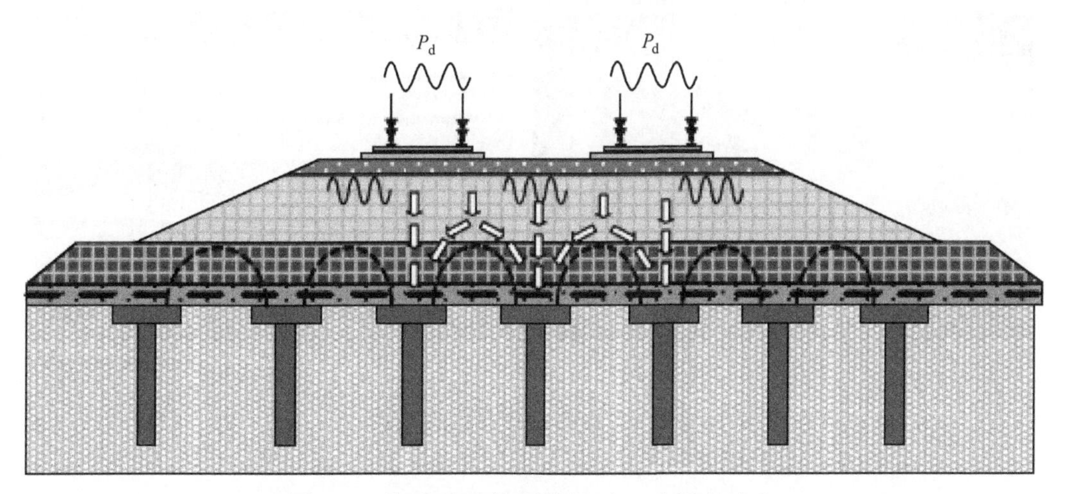

图 9-3　桩式路基物理模拟（P_d 为承载力）

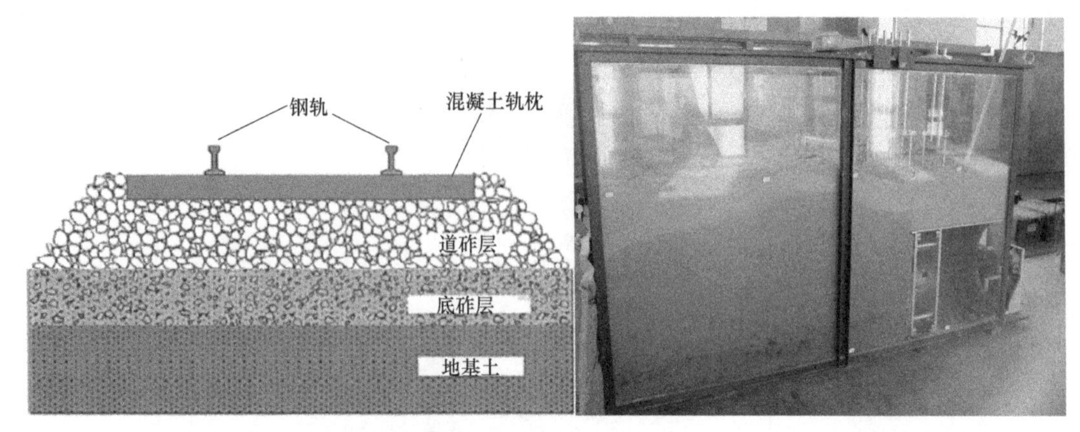

图 9-4　高速铁路铁轨模拟

图 9-5　盾构边坡失稳模拟

9.3.3　未来的发展趋势

在充分利用现代分析测试手段、计算及各种位移场分析软件等基础上，开展数值模拟、数值分析和物理模拟综合应用研究是未来发展的重要趋势（图 9-6，书后另见彩图）。

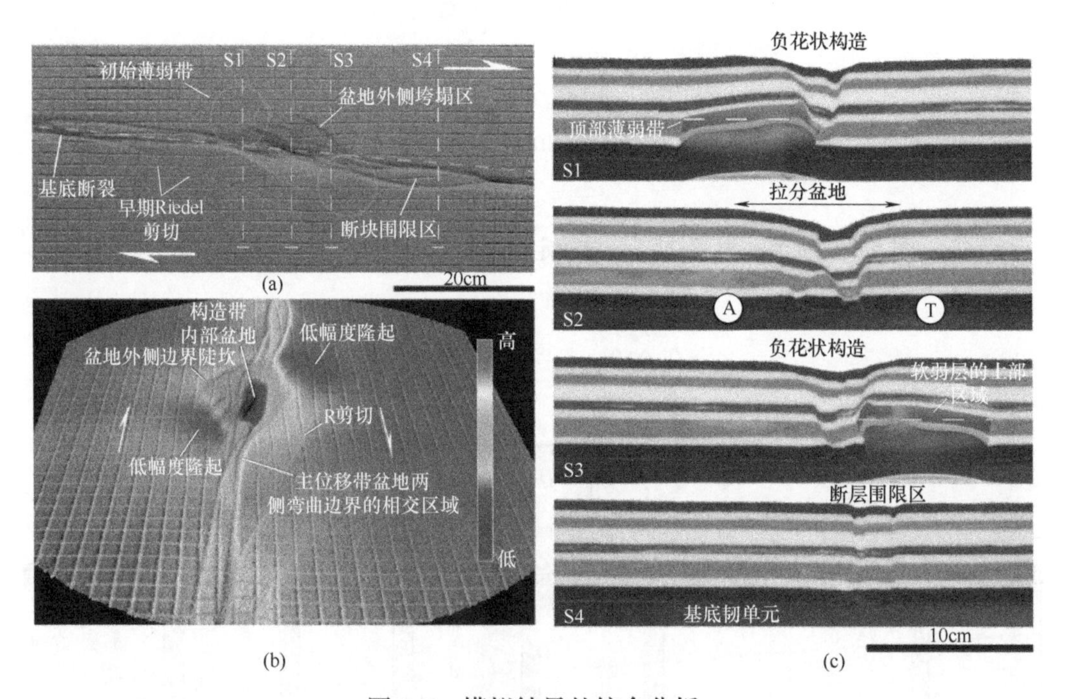

图 9-6　模拟结果的综合分析

物理模拟未来面临的挑战主要是需要结合最新的实验装置、新的模型材料、模型三维可视化技术和三维应变分析技术开展综合研究。尽管如此，要想把以上这些技术全部结合到一个地质模型中进行综合研究是极其困难的，并且还需要权衡技术、分析和模拟实验是否可行。到目前为止，物理模拟已经可以应用于伸展型断裂、挤压型断裂和走滑断裂的变形几何特征，以及一系列的变形控制因素的研究和探讨。尽管前人对此开展了大量的研究工作，但是各种模型参数在细节上的表征还远远不够，这主要是受实际条件所限或者是由于缺乏合适的模拟材料。例如在走滑断裂的模拟实验中，来自温度场相关的流变学、重力均衡、孔隙流体压力仍然需要进一步的探索。同时，虽然前人应用一些简单模型对侵蚀和沉积速率对负花状构造、正花状构造以及扭动构造等的形成进行了讨论，但在伸展、挤压和走滑构造的物理模拟中，构造作用、侵蚀作用和沉积作用之间的相互作用在细节上并没有得到很好的调查研究。Graveleau 和 Dominguez 及 Graveleau 等发展了一种新的颗粒材料对逆冲构造带的形成地貌进行了研究。该材料是一种水饱和合成材料，能够发生脆性变形，而且满足摩尔-库伦破裂准则。在逆冲构造实验期间，表面过程的变形是通过洒水到模型的表面实现的。通过管流作用（近似于河流下切作用）和山坡的形成（即滑坡作用）对模型材料进行侵蚀作用。最终，在物质的搬运和沉积作用下形成了冲积扇。

应用现代医学 X 射线计算地貌，进行全三维物理模拟可视化分析是可行的。这对于断层在一定深度上的响应、连接作用和演化均具有特别重要的意义。尽管如此，物理模拟内部构造的 X 射线三维可视化的详细表征不仅取决于模型的厚度和宽度，而且与所使用的材料都具有紧密的关系。例如，干的颗粒材料在三维可视化应用上比湿的泥岩应用效果要好。在大尺度模型上，相邻较近的系列切片转换成三维空间需要通过标准的地震解释结果进行插值计算。数据的反演结果可以更好地理解断层的三维空间几何学特征。尽管如此，该技术也存在一定的问题，为了构建四维构造模型，在获取连续性应变的时候需要耗费大量的时间。

应用高分辨率的激光技术可以对模型的地貌表面进行监测。激光干涉仪对于模型沉积区域和抬升区域的详细监测非常有用。尽管如此，非干扰性的应变光学检测仪的应用，尤其在通过数码相机对三维物理模拟变形表面拍照和通过数码相机在二维模型侧面拍照来计算模型的表面变形均是一大进步。通过模型应变分析，可以获得数字成像相关分析数据。虽然这些数据来自数字成像，并且局限于二维平面分析，但他们在模型剪切应变的变形演化解释中，图像显示特别美观可用。下一步将应用光学应变检测技术对连续的 X 射线成像三维可视化研究，并测量累积应变量的时空分布特征。在实际的区域构造研究和数值模拟研究中，模型的应变测量都显得非常重要。

在断裂和盆地的系统的三维几何特征研究中，物理模拟具有非常重要的应用价值。尽管已经开展了很多的研究，仍然有很多工作需要做。未来的工作需要探索断裂带和盆地的每一部分的形成原因和变形演化。而且，地层力学性质的分析应用需要对盆地和造山带的断裂及褶皱相关的次生构造进行全面的了解。

参考文献

[1] SCHELLART W P, STRAK V. A review of analogue modelling of geodynamic processes: Approaches, scaling, materials and quantification, with an application to subduction experiments [J]. Journal of Geodynamics, 2016, 100: 7-32.

[2] CHAPPLE M. Mechanics of thin-skinned fold-and-thrust belts [J]. Geological Society of America Bulletin, 1978, 89: 1189-1198.

[3] DAHLEN F A, SUPPE J. Noncohesive critical Coulomb wedges: An exact solution [J]. Journal of Geophysical Research, 1984, 89 (B12): 10087-10101.

[4] DAHLEN F. Critical taper model of fold-and-thrust belts and accretionary wedges [J]. Annual Review of Earth and Planetary Sciences, 1990, 18: 55-99.

[5] SCREATON E J, WUTHRICH D R, DREISS S J. Permeabilities, fluid pressures, and flow rates in the Barbados Ridge complex [J]. Journal of Geophys Research, 1991, 28 (2-3): 8997-9007.

[6] FLETCHER R C, HUDEC M R, WATSON I A. Salt glacier and composite sediment-salt glacier models for the emplacement and early burial of allochthonous salt sheets [J]. AAPG Memoir, 1995, 65: 77-108.

[7] WEIJERMARS R, HUDEC M R, DOOLEY T P, et al. Downbuilding salt stocks and sheets quantified in 3D analytical models [J]. Journal of Geophysicas Research Solid Earth, 2015, 120: 4616-4644.

[8] PEEL F J, HUDEC M R, WEIJERMARS R. Salt diapir downbuilding: Fast analytical models based on rates of salt suply and sedimentation [J]. Journal of Structural Geology, 2020, 141: 104202.

[9] DAVIS D SUPPE J, DAHLEN F. Mechanics of fold-and-thrust belts and accretionary wedges [J]. Journal of Geophysical Research, 1983, 88: 1153-1172.

[10] SMIT J, BRUN J, SOKOUTIS D. Deformation of brittle-ductile thrust wedges in experiments and nature [J]. Journal of Geophysical Research, 2003, 108 (B10), 2480 (9): 1-18.

[11] JAEGER J C. Extension failures in rocks subject to fluid pressure [J]. Journal of Geophysicas Research, 1963, 68: 6066-6067.

[12] GRAVELEAU F, MALAVIEILLE J, DOMINGUEZ S. Experimental modelling of orogenic wedges: A review [J]. Tectonophysics, 2012, 538-540: 1-66.

[13] HUBBERT M K. Theory of scale models as applied to the study of geologic structures [J]. Bulletin of the Geological Society of America, 1937, 48 (10): 1459-1519.

[14] HALL J. Ⅱ. On the vertical position and convolutions of certain strata and their relation with granite. [J]. Transactions of the Royal Society of Edinburgh, 1815, 7 (1): 79-108.

[15] CADELL H M. Experimental researches in mountain building [J]. Transactions of the Royal Society of Edinburgh, 1888, 35: 337-357.

[16] TAPPONNIER P, PELTZER G, DAIN A L, et al. Propagating extrusion tectonics in Asia: New insights from simple experiments with plasticine [J]. Geology, 1982, 10: 611-616.

[17] BONINI M, SANI F, ANTONIELLI B. Basin inversion and contractional reactivation of inherited normal fault: A review based on previous and new experimental models [J]. Tectonophysics, 2012, 522-523: 55-88.

[18] DOOLEY T P，SCHREURS G. Analogue modelling of intraplate strike-slip tectonics：A review and new experimental results [J]. Tectonophysics，2012，574-575：1-71.

[19] BRAUN J. Three-dimensional numerical modeling of compressional orogenies：Thrust geometry and oblique convergence [J]. Geology，1993，21（2）：153-156.

[20] TIKOFF B，WOJTAL S. Displacement control of geologic structures [J]. Journal of Structural Geology，1999，21：959-967.

[21] GHOSH S，Bose S，MANDAL N，et al. Mid-crustal ramping of the main Himalayan thrust in Nepal to Bhutan Himalaya：New insights from analogue and numerical experiments [J]. Tectonophysics，2020，782-783：228425.

[22] MARQUES F O，MANDAL N，GHOSH S，et al. Channel flow，tectonic overpressure，and exhumation of high-pressure rocks in the Greater Himalayas [J]. Solid Earth，2018，9（5）：1061-1078.

[23] Powell J W. Thirteenth annual report of the United States Geological Survey to the secretary of the interior [R]. USGS，1893：211-282.

[24] HUBBERT M K. Mechanical basis for certain familiar geologic structures [J]. Bulletin of the Geological Society of America，1951，62 （4）：355-372.

[25] DOOLEY T，MCCLAY K R. Analog modeling of pull-apart basins [J]. AAPG Bulletin，1997，81（11）：1804-1826.

[26] YAN D，ZHOU M，SONG H，et al. Origin and structural significance of a Mesozoic multi-layer over-thrust system within the Yangtze Block（South China）[J]. Tectonophysics，2003，361：239-254.

[27] LI C，HE D，SUN Y，et al. Structural characteristic and origin of intra-continental fold belt in the eastern Sichuan basin，South China Block [J]. Journal of Asian Earth Sciences，2015，111：206-221.

[28] WEIJERMARS R，JACKSON M P A，VENDEVILLE B C. Rheological and tectonic modeling of salt provinces [J]. Tectonophysics，1993，217（1-2）：143-174.

[29] GUTSCHER M，KLAESCHEN D，FLUEH E，et al. Non-Coulomb wedges，wrong-way thrusting，and natural hazards in Cascadia [J]. Geology，2001，29：379-382.

[30] 何文刚. 川东—湘鄂西褶皱-冲断带形成过程及其控制因素物理模拟研究 [D]. 北京：中国石油大学，2018.

[31] NILFOROUSHAN F，KOYI H，SWANTESSON J O H，et al. Effect of basal friction on surface and volumetric strain in models of convergent settings measured by laser scanner[J]. Journal of Structural Geology，2008，30（3）：366-379.

[32] ROSSETTI F，FACCENNA C，RANALLI G，et al. Convergence rate-dependent growth of experimental viscous orogenic wedges [J]. Earth and Planetary Science Letters，2000，178（3-4）：367-372.

[33] ROSSETTI F，FACCENNA C，RANALLI G. The influence of backstop dip and convergence velocity in the growth of viscous doubly-vergent orogenic wedges：Insights from thermomechanical laboratory experiments [J]. Journal of Structural Geology，2002，24：953-962.

[34] WILLINGSHOFER E，SOKOUTIS D. Decoupling along plate boundaries：Key variable controlling the mode of deformation and the geometry of collisional mountain belts [J]. Geology，2009，37（1）：39-42.

[35] MCKENZIE D. Some remarks on the development of sedimentary basins [J]. Earth Planet Science Letter，1978，40：25-32.

[36] 李思田，解谢，王华，等. 沉积盆地分析基础与应用 [M]. 北京：高等教育出版社，2004.

[37] WERNICKE B. Low-angle normal faults in the Basin and Range Province：Nappe tectonics in an expanding orogeny

[J]. Nature，1981，291：645-647.

[38] WERNICKE，BRIAN.Uniform-sense normal simple shear of the continental lithosphere [J]. Canadian Journal of Earth Sciences，1985，22（1）：108-125.

[39] BARBIER E，TAKAHASHI P K. Geothermal energy in Hawaii [R]. General，1987.

[40] KUSZNIR N J. Theoretical studies of the geodynamics of accretion boundaries in plate tectonics [D]. Durham：Durham University，1991.

[41] CORTI G. Control of rift obliquity on the evolution and segmentation of the main Ethiopian rift [J]. Nature Geoscience，2008，1（4）：258-262.

[42] TONG H，CAI D，WU，Y，et al. Activity criterion of pre-existing fabrics in non-homogeneous deformation domain [J]. Science China（Earth Sci.），2010，53：1-11.

[43] TONG H M，KOYI H，HUANG C，et al. The effect of multiple pre-existing weaknesses on formation and evolution of faults in extended sandbox models [J]. Tectonophysics，2014，626：197-212.

[44] 周建勋，周建生. 渤海湾盆地新生代构造变形机制：物理模拟和讨论 [J]. 中国科学，2006，36（6）：507-519.

[45] 周建勋，徐凤银，曹爱锋，等. 柴达木盆地北缘反 S 形褶皱冲断带变形机制的物理模拟研究 [J]. 地质科学，2006，41（2）：202-207.

[46] LI Z，LI X. Formation of the 1300-km-wide intracontinental orogen and postorogenic magmatic province in Mesozoic South China：A flat-slab subduction model [J]. Geological Society of America Bulletin，2007，35：179-182.

[47] 马杏垣，刘和甫，王维襄，等. 中国东部中、新生代裂陷作用和伸展构造 [J]. 地质学报，1983，57（1）：22-32.

[48] 漆家福，张一伟，陆克政，等. 渤海湾新生代裂陷盆地的伸展模式及其动力学过程 [J]. 石油实验地质，1995，17（4）：316-332.

[49] 许浚远，张凌云，杨东胜，等. 歧口凹陷构造演化 [J]. 石油实验地质，1996，18（4）：348-355.

[50] 邓起东，阂伟，晁洪太，等. 渤海地区新生代构造与地震活动 [M]//卢演侍，高维明，陈国星，等. 新构造与环境. 北京：地震出版社，2001.

[51] REN J，TAMAKI K，LI S，et al. Late Mesozoic and Cenozoic rifting and its dynamic setting of marginal basin [J]. Earth Planet Science Letter，2002，344（3-4）：175-205.

[52] 孙家振，李兰斌，杨士恭，等. 转换-伸展盆地——莺歌海的演化 [J]. 地球科学，1995，20（3）：245-249.

[53] 郝芳，李思田，龚再升，等. 莺歌海盆地底辟发育机理与流体模式充注 [J]. 中国科学（D 辑），2001，31（6）：471-476.

[54] 孙珍，周蒂，钟志洪，等. 南海莺歌海盆地形成机制的物理模拟 [J]. 热带海洋学报，2001，20（2）：35-40.

[55] CLIFT P，LEE G H，DUC N A，et al. Seismic reflection evidence for a dangerous grounds miniplate：No extrusion origin for the South China Sea [J]. Tectonophysics，2008，27：TC3008.

[56] HALL R，VAN HUTTUM M，SPAKMAN W. Impact of India-Asia collision on SE Asia：The record in Borneo [J]. Tectonphysics，2008，451：366-369.

[57] 吕宝凤，殷征欣，蔡周荣，等. 南海北部新生代构造演化序列及其油气成藏意义 [J]. 地质学报，2012，86（8）：1249-1261.

[58] 张功成，谢晓军，王万银，等. 中国南海含油气盆地构造类型及勘探潜力 [J]. 石油学报，2013，34（4）：611-627.

[59] 解习农，任建业，王振峰，等. 南海大陆边缘盆地构造演化差异性及其与南海扩张耦合关系 [J]. 地学前缘，2015，

22（1）：77-87.

［60］ DING W，LI J. Propagated rifting in the Southwest Sub-basin，South China Sea：Insights from analogue modelling［J］. Journal of Geodynamics，2016，100：71-86.

［61］ SUN Z，ZHOU D，ZHONG Z，et al. Experimental evidence for the dynamics of the formation of the Yinggehai basin，NW South China Sea［J］. Tectonophysics，2003，372：41-58.

［62］ SUN Z，ZhONG Z H，et al. 3D analogue modeling of the South China Sea：A discussion on breakup pattern［J］. Journal of Asian Earth Science，2009，34：544-556.

［63］ SUN Z，ZHOU D. ZHONG Z，et al. Research on the dynamics of the South China Sea opening：Evidence from analogue modeling［J］. Science China Ser. D：Earth Sci. 2006，49（10）：1053-1069.

［64］ TAPPONNIER P，PELTZER G，ARMIJO R. On the mechanics of the collision between India and Asia［J］. Geological Society，London，Special Publications，1986，19：115-157.

［65］ LELOUP P H，ARNAUD N，LACASSIN R，et al. New constraints on the structure，thermochronology，and timing of the Ailao Shan-Red River shear zone［J］. SE Asia. Journal of Geophysical Research，2001，106：6683-6732.

［66］ MORLEY C K. A tectonic model for the Tertiary evolution of strike-slip faults and rift basins in SE Asia［J］. Tectonophysics，2002，347：189-215.

［67］ WANG E，BURCHFIEL B C. Late Cenozoic to Holocene deformation in southwestern Sichuan and adjacent Yunnan，China，and its role in formation of the southeastern part of the Tibetan Plateau［J］. Geological Sociate American Bulletin，2000，112（3）：413-423.

［68］ 李思田，林畅松，张启明，等. 南海北部大陆边缘盆地幕式裂陷的动力过程及 10Ma 以来的构造事件［J］. 科学通报，1998，8：797-810.

［69］ BRIAIS A，PATRIAT P，TAPPONNIER P. Updated interpretation of magnetic anomalies and seafloor spreading stages in the South China Sea：Implications for the tertiary tectonics of Southeast Asia［J］. Journal of Geophysicas Research，1993，98（B4）：6299-6328.

［70］ LELOUP P H，LACASSIN R，TAPPONNIER P，et al. The Ailao Shan-Red River shear zone（Yunnan，China），tertiary transform boundary of Indochina［J］. Tectonophysics，1995，251：3-84.

［71］ HALL R. Cenozoic geological and plate tectonic evolution of SE Asia and the SW Pacific：Computer-based reconstructions，model and animations［J］. Journal of Asian Earth Sciences，2002，20：353-434.

［72］ 任建业，李思田. 西太平洋边缘海盆地的扩张过程和动力学背景［J］. 地学前缘，2000，7（3）：203-213.

［73］ ZHOU J，ZHANG B，XU Q. Effects of lateral friction on the structural evolution of fold-and-thrust belts：Insights from sandbox experiments with implications for the origin of landward-vergent thrust wedges in Cascadia［J］. Geological Society of America Bulletin，2016，128：669-683.

［74］ 姚伯初，曾维军，HAYES D E，等. 中美合作南海调研报告［M］. 武汉：中国地质大学出版社，1993.

［75］ 谢锦龙，黄冲，向峰云. 南海西部海域新生代构造古地理演化及其对油气勘探的意义［J］. 地质科学，2008，11：133-153.

［76］ 孙晓猛，张旭庆，张功成，等. 南海北部新生代盆地基底结构及构造属性［J］. 中国科学，2014，44（6）：1312-1323.

［77］ 刘绍文，施小斌，王良书，等. 南海成因机制及北部岩石圈热-流变结构研究进展［J］. 海洋地质与第四纪地质，2006，26（4）：117-124.

[78] 何家雄，李福元，王后金，等. 南海北部大陆边缘深水盆地成因机制与油气资源效应［J］. 海洋地质前沿，2020，36（3）：1-11.

[79] CLIFT P D，LAYNE G D，BLUSZTAJN J. Marine sedimentary evidence for monsoon strengthening，Tibetan uplift and drainage evolution in East Asia［M］//CLIFT P，WANG P，KUHNT W，et al. Continent–Ocean Interactions within the East Asian Marginal Seas. Washington：AGU，2004，149：255-282.

[80] 董冬冬，王大伟，张功成，等。珠江口盆地深水区新生代构造沉积演化［J］. 中国石油大学学报（自然科学版），2009，33（5）：17-22.

[81] 米立军，张向涛，庞雄，等. 珠江口盆地形成机制与油气地质［J］. 石油学报，2019，40（增1）：1-10.

[82] 丁巍伟，李家彪. 南海南部陆缘构造变形特征及伸展作用：来自两条973多道地震测线的证据［J］. 中国科学，2011，54（12）：3038-3056.

[83] 鲁宝亮，王璞珺，张功成，等. 南海北部陆缘盆地基底结构及其油气勘探意义［J］. 石油学报，2011，32（4）：580-587.

[84] 程子华，丁巍伟，董崇志，等. 南海南部地壳结构的重力模拟及伸展模式探讨［J］. 高校地质学报，2014，20（2）：239-248.

[85] 任建业，庞雄，于鹏，等. 南海北部陆缘深水-超深水盆地成因机制分析［J］. 地球物理学报，2018，61（12）：4901-4920.

[86] MCCLAY K R，ELLIS P G. Geometries of extensional fault systems developed inmodels experiments［J］. Geology，1988，15（4）：341-344.

[87] KEEP M. Physical modelling of deformation in the Tasman orogenic zone［J］. Tectonophysics，2003，375（1-4）：37-47.

[88] BONINI M. Deformation patterns and structural vergence in brittle-ductile thrust wedges：An additional analogue modelling perspective［J］. Journal of Structural Geology，2007，29：141-158.

[89] WU Z Y，YIN H W，WANG X，et al. Characteristics and deformation mechanism of salt-related structures in the western Kuqa depression，Tarim basin：Insights from scaled sandbox modeling［J］. Tectonophysics，2014，612-613：81-96.

[90] 刘重庆. 下地壳流动对青藏高原新生代构造演化影响的物理模拟研究［D］. 北京：中国石油大学，2013.

[91] HE W G，ZHOU J X，YUAN K. Deformation evolution of eastern Sichuan-Xuefeng fold- thrust belt in South China：Insights from analogue modelling［J］. Journal of Strucutral Geology，2018，109：74-85.

[92] CLOOS H. Experimente zur inneren Tektonik［J］. Centralblatt für Mineralogie，1928，12：609-621.

[93] RIEDEL W. Zur mechanik geologischer brucherscheinungen［J］. Centralblatt Mineralogie，Abteilung B，1929：354-368.

[94] HARDING T P. Petroleum traps associated with wrench faults［J］. American Association of Petroleum Geologists Bulletin，1974，58（7）：1290-1304.

[95] SHEDLOCK K M，BROCHER T M，HARDING S T. Shallow structure and deformation along the San Andreas fault in Cholame Valley，California，based on highresolution reflection profiling［J］. Journal of Geophysical Research，1990，95：5003-5020.

[96] SYLVESTER A G. Strike-slip faults［J］. Geological Society of America Bulletin，1988，84：1293-1309.

[97] MANN P，HEMPTON M R，BRADLEY D C，et al. Development of pull-apart basins［J］. Journal of Geology，1983，

91：529-554.

[98] BURCHFIEL D C，STEWART J H. Pull-apart origin of the central segment of Death Valley，California [J]. Geological Society of America Bulletin，1966，77：431-442.

[99] CROWELL J C. Origin of late Cenozoic basins of southern California [M]//DICKINSON W R.Tectonics and sedimentation. Tulsa：SEPM Special Publications，1974，22：190-204.

[100] CHRISTIE-BLICK N，BIDDLE K T. Deformation and basin formation along strike-slip faults [M] //BIDDLE K T，CHRISTIE-BLICK N. Strike-slip deformation，basin formation，and sedimentation. Tulsa：Society of Economic Paleontologists and Mineralogists Special Publication，1985，37：1-35.

[101] WOODCOCK N H，FISCHER M. Strike-slip duplexes [J]. Journal of Structural Geology，1986，8：725-735.

[102] VENDEVILLE B C，COBBOLD P R. Glissements gravitaires synsédimentaires et failles normales listriques：Modèles expérimentaux [J]. Comptes rendus de l'Académie des sciences. Série 2，Mécanique，Physique，Chimie，Sciences de l'univers，Sciences dela Terre，1987，305 (16)：1313-1320.

[103] MCCLAY，K R. Extensional fault systems in sedimentary basins：A review of analogue model studies [J]. Marine Petroleum Geology，1990，7：206-233.

[104] WITHJACK M O，SCHLISCHE R，HENZA A A. Scaled experimental models of extension：Dry sand vs wet clay [J]. Houston Geological Society Bulletin，2007，49 (8)：31-49.

[105] WU J E，MCCLAY K，WHITRHOUSE P，et al. 4D analogue modelling of transtensional pull-apart basins [J]. Marine and Petroleum Geology，2009，26：1608-1623.

[106] KATZMAN R，TEN BRINK U，LIN J. Three-dimensional modeling of pull-apart basins：Implications for the tectonics of the Dead Sea Basin [J]. Journal of Geophysical Research，1995，100 (B4)：6295-6312.

[107] BASILE C，BRUN J P. Transtensional faulting patterns ranging from pull-apart basins to transform continental margins：An experimental investigation [J]. Journal of Structural Geology，1999，21：23-37.

[108] Smit J P，Brun S，Cloetingh Z，et al. Pull-apart basin formation and development in narrow transform zones with application to the Dead Sea basin [J]. Tectonic，2008，27：1-17.

[109] KOYI H A，VENDEVILLE B C. The effect of décollement dip on geometry and kinematics of model accretionay wedges [J]. Journal of Structural Geology，2003，25 (9)：1445-1450.

[110] MARQUES F，COBBOLD P. Topography as a major factor in the development of arcuate thrust belts：Insights from sandbox experiments [J]. Tectonophysics，2002，348 (4)：247-268.

[111] BONINI M. Passive roof thrusting and forelandward fold propagation in scaled brittle-ductile physical models of thrust wedges [J]. Journal of Geophysical Research，2001，106：2291-2311.

[112] GUTSCHER M，KLAESCHEN D，FLUEH E，et al. Non-Coulomb wedges，wrong-way thrusting，and natural hazard in Cascadia [J]. Geology，2001，29 (5)：379-382.

[113] TIKOFF B，PETERSON K. Physical experiments of transpressional folding [J]. Journal of Structural Geology，1998，20：661-672.

[114] BIGI S，DI PAOLO L，VADACCA L，et al. Load and unload as interference factors on cyclical behavior and kinematics of Coulomb wedges：Insights from sandbox experiments [J]. Journal of Structural Geology，2010，32 (2)：28-44.

[115] BAHROUDI A，KOYI H A. The effect of spatial distribution of Hormuz salt on deformation style in the Zagros fold and thrust belt：An analogue modeling approach [J]. Journal of the Geological Society of London，2003，160 (5)：719-733.

[116] SHERKATI S，LETOUZEY J，FRIZON D，et al. Central Zagros thrust-and-fold belt (Iran)：New insights from seismic data，field observation，and sandbox modeling [J]. Tectonics，2006，25：1-27.

[117] ALLEN. Late Cenozoic reorganization of the Arabia-Eurasia collision and the comparison of short-term and long-term deformation rates [J]. Tectonic，2004，23：1-16.

[118] BUITER S. A review of brittle compressional wedge models [J]. Tectonophysics，2012，530-531：1-17.

[119] FAGHIH A，EZATI-ASLA M，MUKHERJEEB S，et al. Characterizing halokinesis and timing of salt movement in the Abu Musa salt diapir，Persian Gulf，offshore Iran [J]. Marine and Petroleum Geology，2019，105：338-352.

[120] BURCHFIEL B，ROYDEN L，VAN DER HILST R，et al. A geological and geophysical context for the Wenchuan earthquake of 12 May 2008，Sichuan，People's Republic of China[J]. Geological Society of America Bulletin，2008，18：4-11.

[121] Ding H，Zhang Z，Dong X，et al. Early Eocene (50 Ma) collision of the Indian and Asian continents：Constraints from the North Himalayan metamorphic rocks，southeastern Tibet[J]. Earth Planet Science Letter，2016，435：64-73.

[122] ZHOU J X，SU H. Site and timing of substantial India-Asia collision inferred from crustal volume budget [J]. Tectonics，2020，38：1-16.

[123] TAPPONNIER P，XU Z Q，ROGER F，et al. Oblique stepwise rise and growth of the Tibet plateau [J]. Science，2001，294 (5547)：1671-1677.

[124] TAPPONNIER P，MOLNAR P. Slip line field theory and large-scalc continental tectonics [J]. Nature，1976，264：319-324.

[125] 刘重庆，周建勋，张博. 柴达木盆地西北部新生代褶皱-冲断带形成机制的物理模拟[J]. 中国石油大学学报（自然科学版），2013，37 (4)：15-29.

[126] MARQUES F，COBBOLD P. Effects of topography on the curvature of fold-and-thrust belts during shortening of a 2-layer model of continental lithosphere [J]. Tectonophysics，2006，415 (1-4)：65-80.

[127] SOBEL E R，HILLEY G E，Strecker M R. Formation of internally drained contractional basins by aridity-limited bedrock incision [J]. Journal of Geophyscas Research，2003，108 (B7)：2344.

[128] BUITER S J H. A review of brittle compressional wedge models [J]. Tectonophysics，2012，530-531：1-17.

[129] COOPER M. Structural style and hydrocarbon prospectivity in fold and thrust belts：A global review. [M]//RIES A C，BUTLER R W H，GRAHAM R H. Deformation of the continental crust：The legacy of Mike Coward. Lodon：The Geological Society，2007，272：447-472.

[130] SCHUELLER S. Localisation de la dé formation et fracturation associée. Etude Expérimentale et numérique sur des analogues de la lithosphère continentale [J]. In Mem Geosci Rennes，2005，11：350.

[131] HEURE A，FUNICIELLO F，FACCENNA C，et al. Plate kinematics，slab shape and back-arc stress： A comparison between laboratory models and current subduction zones [J]. Earth and Planetary Science Letters，2007，256 (3-4)：473-483.

[132] HAGER B H. Subducted slabs and the geoid：Constraints on mantle rheology and flow [J]. Journal of Geophysical

Research，1984，89：6003-6015.

[133] ZHONG S，DAVIES G. Effects of plate and slab viscosities on the geoid [J]. Earth and Planetary Science Letters，1999，170：487-496.

[134] BILLEN M I，GURNIS M，SIMONS M. Multiscale dynamics of the Tonga-Kermadec subduction zone [J]. Geophysical Journal International，2003，153：359-388.

[135] MARTINOD J，FUNICIELLO F，FACCENNA C，et al. Dynamical effects of subducting ridges：Insights from 3-D laboratory models [J]. Geophysical Journal International，2005，163：1137-1150.

[136] BUFFETT B A，ROWLEY D B. Plate bending at subduction zones：Consequences for the direction of plate motions [J]. Earth and Planetary Science Letters，2006，245 (1-2)：359-364.

[137] GUILLAUME B，MARTINOD J，ESPURT N. Variations of slab dip and overriding plate tectonics during subduction：Insights from analogue modelling [J]. Tectonophysics，2009，463 (1-4)：167-174.

[138] BYRNE D，WANG W，DAVIS D. Mechanical role of backstops in the growth of forearcs [J]. Tectonics，1993，12：123-144.

[139] MACKAY M. Structural variation and landward vergence at the toe of the Oregon accretionary prism [J]. Tectonics，1995，14：1309-1320.

[140] ZHOU J，XU F，WEI C，et al. Shortening of analogue models with contractive substrata： Insights into the origin of purely landward vergent thrusting wedge along the Cascadia subduction zone and the deformation evolution of Himalayan-Tibetan orogen [J]. Earth and Planetary Science Letters，2007，260 (1-2)：313-327.

[141] SUPPE J. Mechanics of mountain building and metamorphism in Taiwan [J]. Memoir of the Geological Society of China，1981，4：67-89.

[142] SENO. The instantaneourso tationv ectoro f the Philippine Sea plate relative to the Eurasian plate [J]. Tectonophysics，1977，4：2209-2226.

[143] MALAVIEILLE J，TRULLENQUE G. Consequences of continental subduction on forearc basin and accretionary wedge deformation in SE Taiwan：Insights from analogue modeling [J]. Tectonophysics，2009，466 (3-4)：377-394.

[144] LU C Y，MALAVIEILLE J. Oblique convergence，indentation and rotation tectonics in the Taiwan mountain belt：Insights from experimental modelling [J]. Earth Planet Science Letter，1994：477-494.

[145] CRUZ L，TEYSSIER C，PERG L，et al. Deformation，exhumation，and topography of experimental doubly-vergent orogenic wedges subjected to asymmetric erosion [J]. Journal of Structural Geology，2008，30 (1)：98-115.

[146] 李忠权，冉隆辉，陈更生，等. 川东高陡构造成因地质模式与含气性分析 [J]. 成都理工学院学报，2002，29 (6)：605-609.

[147] 颜丹平，汪新文，刘友元. 川鄂湘边区褶皱构造样式及其成因机制分析 [J]. 现代地质，2000，14 (1)：37-43.

[148] 许靖华. 华南大地构造及其与日本的联系 [J]. 地球科学进展，1989 (1)：22-27.

[149] 张国伟，郭安林，王岳军，等. 中国华南大陆构造与问题 [J]. 中国科学：地球科学，2013，43 (10)：1553-1582.

[150] 倪新锋，陈洪德，韦东晓，等. 中上扬子盆地叠加、改造类型及油气勘探前景 [J]. 地质学，2009，83 (4)：468-477.

[151] 邹才能，杜金虎，徐春春，等. 四川盆地震旦系—寒武系特大型气田形成分布、资源潜力及勘探发现 [J]. 石油勘探与开发，2014，41 (3)：278-293.

[152] 刘树根，邓宾，李智武，等. 盆山结构与油气分布——以四川盆地为例[J]. 岩石学报，2011，27(3)：621-635.

[153] 郭彤楼，张汉荣. 四川盆地焦石坝页岩气田形成与富集高产模式[J]. 石油勘探与开发，2014，41(1)：28-36.

[154] 贾小乐，何登发. 川东南褶皱带西山背斜构造解析与运动学模拟[J]. 新疆石油地质，2014，35(6)：652-658.

[155] 王平，刘少峰，部珺珺. 川东弧形带三维构造扩展的 AFT 记录[J]. 地球物理学报，2012，55(5)：1662-1673.

[156] 冯常茂，刘进，宋立军. 中上扬子地区构造变形带成因机制及有利油气勘探区域预测[J]. 地球学报，2008(2)：199-204.

[157] 汤良杰，郭彤楼，余一欣，等. 四川盆地东北部前陆褶皱-冲断带盐相关构造[J]. 地质学报，2007，81(8)：1048-1056.

[158] 颜丹平，金哲龙，张维宸，等. 川渝湘鄂薄皮构造带多层拆离滑脱系的岩石力学性质及其对构造变形样式的控制[J]. 地质通报，2008，27(10)：1687-1697.

[159] 梅廉夫，刘昭茜，汤济广，等. 湘鄂西—川东中生代陆内递进扩展变形：来自裂变径迹和平衡剖面的证据[J]. 地球科学(中国地质大学学报)，2010，35(2)：161-174.

[160] 刘尚忠. 川东薄皮构造模式之我见[J]. 四川地质学报，1995(4)：264-267.

[161] 董云鹏，查显峰，付明庆，等. 秦岭南缘大巴山褶皱-冲断推覆构造的特征[J]. 地质通报，2008，27(9)：1493-1508.

[162] CALASSOU S，LARROQUE C，MALAVIEILLE J. Transfer zones of deformation in thrust wedges：An experimental study [J]. Tectonophysics，1993，221(3-4)：325-344.

[163] RAVAGLIA A，TURRINI C，SENO S. Mechanical stratigraphy as a factor controlling the development of a sandbox transfer zone：A three-dimensional analysis [J]. Journal of Structural Geology，2004，26(12)：2269-2283.

[164] HARRIS L D. Details of thin-skinned tectonics in parts of valley and ridge and Cumberland plateau provinces of southern Appalachians [M] //FISCHER G，PETITJOHN F J，REED J C，et al. Studies in Appalachian geology：Central and southern. New York：Interscience，1970：61-173.

[165] GIBBS A D. Structural evolution of extensional basin margins [J]. Journal of Geological Society，1984，141：609-620.

[166] HARDING T. Structural styles，plate tectonic settings，and hydrocarbon traps of divergent (transtensional) wrench faults [M] // BIDDLE K T，CHRISTIE-B&k N. Strike slip defomation，basin formation，and sediientation. Tulsa：Society of Economic Paleontologists and Mineralogists，1985，37：51-77.

[167] COTTON J，KOYI H. Modeling of thrust fronts above ductile and frictional detachments：Application to structures in the Salt Range and Potwar Plateau，Pakistan [J]. Geological Society of America Bulletin，2000，112(3)：351-363.

[168] COWARD M P，DEWEY J F，HANCOCK P L. Continental extensional tectonics [M]. Geological Society London Special Publications，1983.

[169] TURRINI C，RAVAGLIA A S，PEROTT C R. Compressional structures in a multilayered mechanical stratigraphy：Insights from sandbox modelling with three-dimensional variations in basal geometry and friction [M] //KOYI H A，MANCKTELOW N S. Tectonic modeling：A volume in honor of Hans Ramberg. Colorado：Geological Society of America Memoirs，2001：153-178.

[170] SANTOLARIA P，VENDEVILLE B，GRAVELEAU F，et al. Double evaporitic décollements：Influence of pinch-out overlapping in experimental thrust wedges [J]. Journal of Structural Geology，2015，76：35-51.

[171] ROSSETTI F，RANALLI G，FACCENNA C. Rheological properties of paraffin as an analogue material for viscous

crustal deformation [J]. Journal of Structural Geology, 1999, 21: 413-417.

[172] ROYDEN L H, BURCHFIEL B C, VANDER HILST R D. The geological evolution of the Tibetan Plateau [J]. Science, 2008, 321 (5892): 1054-1058.

[173] REITER K, KUKOWSKI N, RATSCHBACHER L. The interaction of two indenters in analogue experiments and implications for curved fold-and-thrust belts [J]. Earth and Planetary Science Letters, 2011, 302 (1-2): 132-146.

[174] MACEDO J, MARSHAK S. Controls on the geometry of fold-thrust belt salient [J]. Geological Society of America Bulletin, 1999, 111: 1808-1822.

[175] MARSHAK S, WILKERSON M S. Effect of overburden thickness on thrust-belt geom-etry and development [J]. Tectonics, 1992, 11: 560-566.

[176] WILKERSON M S, APOTRIA T, FARID T. Interpreting the geologic map expression of contractional fault-related fold terminations: Lateral/oblique ramps versus displacement gradients [J]. Journal of Structural Geology, 2002, 24 (4): 593-607.

[177] SCHREURS G, HÄNNI R, VOCK P. 4D analysis of analog models: Experiments on transfer zones in fold and thrust belts [M] //KOYI M A, MANCKTELOW N S. Tectonic modeling: A volume in honor of Hans Ramberg. Colorado: Geological Society of America Memoirs, 2001: 179-190.

[178] ZWEIGEL P. Arcuate accretionary wedge formation at convex plate margin corners: Results of sandbox analogue experiments [J]. Journal of Structural Geology, 1998, 20: 1597-1609.

[179] 马永生，蔡勋育，李国雄，等. 四川盆地普光大型气藏基本特征及成藏富集规律 [J]. 地质学报，2005，79 (6): 858-865.

[180] 金之钧，龙胜祥，周雁，等. 中国南方膏盐岩分布特征 [J]. 石油与天然气地质，2006 (5): 571-583.

[181] 胡召齐，朱光，刘国生，等. 川东“侏罗山式”褶皱带形成时代：不整合面的证据 [J]. 地质论评，2009，55 (1): 32-42.

[182] GAO R, CHEN C, WANG H, et al. SINOPROBE deep reflection profile reveals a Neo-Proterozoic subduction zone beneath Sichuan Basin [J]. Earth and Planetary Science Letters, 2016, 454: 86-91.

[183] 丘元禧，张渝昌，马文璞. 雪峰山陆内造山带的构造特征与演化 [J]. 高校地质学报，1998，4 (4): 73-84.

[184] Robert A, Zhu J, Vergne J, et al. Crustal structures in the area of the 2008 Sichuan earthquake from seismologic and gravimetric data [J]. Tectonophysics, 2009, 491 (1-4): 205-210.

[185] 刘绍文，王良书，贾承造，等. 中国中西部盆地区岩石圈热-流变学结构及其对前陆盆地成因演化的意义 [J]. 地学前缘，2008，15 (3): 113-122.

[186] LU G, ZHAO L, ZHENG T. Strong intracontinental lithospheric deformation in south China: Implications from seismic observations and geodynamic modeling [J]. Journal of Asian Earth Sciences, 2014, 86: 106-116.

[187] ROSAS F, DUARTE J, SCHELLART W, et al. Analogue modelling of different angle thrust-wrench fault interference in a bri- ttle medium [J]. Journal of Structural Geology, 2015, 74: 81-104.

[188] SCHELLART W P. Shear test results for cohesion and friction coeffificients for different granular materials: Scaling implications for their usage in analogue modelling [J]. Tectonophysics, 2000, 324 (1-2): 1-16.

[189] BONINI M. Detachment folding, fold amplification, and diapirism in thrust wedge experiments [J]. Tectonics, 2003, 22 (6): 1065.

[190] LETURMY P，MUGNIER J，VINOUR P，et al. Piggyback basin development above a thin-skinned thrust belt with two detachment levels as a function of interactions between structural and superficial mass transfer：The case of the Subandean Zone（Bolivia）[J]. Tectonophysics，2000，320：45-67.

[191] 张小琼，单业华，聂冠军，等. 中生代川东褶皱带的数值模拟：滑脱带深度对地台盖层褶皱形式的影响 [J]. 大地构造与成矿学，2013，37（4）：622-632.

[192] CORRADO S，DI BUCCI D，NASO G，et al. Influence of palaeogeography on thrust system geometries：An analogue modelling approach for the Abruzzi-Molise （Italy）case history[J]. Tectonophysics，1998，296(3-4)：437-453.

[193] TIKOFF B，PETERSON K. Physical experiments of transprssional folding [J]. Journal of Structural Geology，1998，20（6）：661-672.

[194] DIRAISON M，COBBOLD P，GAPAIS D，et al. Cenozoic crustal thickening，wrenching and rifting in the foothills of the southernmost Andes [J]. Tectonophysics，2000，316：91-119.

[195] LIU H，MCCLAY K R，POWELL D. Physical models of thrust wedges [M]//MCCLAYKR. Thrust Tectonics London：Chapman and Hall，1992：71-81.

[196] ERICKSON S G. Influence of mechanical stratigraphy on folding vs faulting [J]. Journal of Structural Geology，1996，18（4）：443-450.

[197] TEIXELL A，KOYI H A. Experimental and fifield study of the effects of lithological contrasts on thrust-related deformation [J]. Tectonics，2003，22（5）：1054.

[198] 解国爱，贾东，张庆龙，等. 川东侏罗山式褶皱构造带的物理模拟研究 [J]. 地质学报，2013，87（6）：773-788.

[199] DAVIS D M，ENGELDER T. The role of salt in fold-and-thrust belts [J]. Tectonophysics，1985，119（1-4）：67-88.

[200] COSTA E，VENDEVILLE B. Experimental insights on the geometry and kinematics of fold-and-thrust belts above weak，viscous evaporitic décollement [J]. Journal of Structural Geology，2002，24：1729-1739.

[201] 刘少峰，王平，胡明卿，等. 中、上扬子北部盆-山系统演化与动力学机制 [J]. 地学前缘，2010，17（3）：14-26.

[202] LI S，SANTOSH M，ZHAO G，et al. Intracontinental deformation in a frontier of super-convergence：A perspective on the tectonic milieu of the South China Block [J]. Journal of Asian Earth Sciences，2012，49：313-329.

[203] JAUMÉS C，LILLIE R J. Mechanics of the Salt Range-Potwar Plateau，Pakistan： A fold-and-thrust belt underlain by evaporates [J]. Tectonics，1988，7：57-71.

[204] BURBANK D W，BECK B A. Early Pliocene uplift of the Salt Range; temporal constraints on thrust wedge development，Northwest Himalaya，Pakistan，in tectonics of the Western Himalayas [J]. Special Paper Geological Sociate America，1989，232：113-128.

[205] DAVIS D M，SUPPE J. Critical taper in mechanics of fold-and-thrust belts [J]. Geological Society of America Abstracts，with Programs，1980，12：410.

[206] GRAVELEAU F. Interactions tectonique，erosion，sédimentation dans les avantpays de chaînes： Modélisation analogique et étude des piémonts de l'est du Tian Shan，Asie Centrale [J]. Université Montpellier Ⅱ，Montpellier，2008，487.

[207] KOONS P O. Two-sided orogen：Collisional and erosion from the sandbox to the southern Alps，New Zealand [J]. Geology，1990，18：679-682.

[208] WILLETT S D，BEAUMONT C，FULLSACK P. Mechanical model for the tectonics of doubly vergent compressional

orogens [J]. Geology，1993，21（4）：371-374.

[209] HASBARGEN L E，PAOLA C. Landscape instability in an experimental drainage basin [J]. Geology，2000，28（12）：1067-1070.

[210] TUROWSKI J M，LAGUE D，CRAVE A，et al. Experimental channel response to tectonic uplift [J]. Journal of Geophyscis Research，2006，111（F03008）.

[211] VAN DER BEEK P A，CHAMPEL B，MUGNIER J L. Control of detachment dip on drainage development in regions of active fault propagation folding [J]. Geology，2002，30：471-474.

[212] NETTLETON L L. Fluid mechanics of salt domes [J]. Butti America Associate Peroleum Geology Bulletin，1934，18：1175-1204.

[213] ISMAIL-ZADEH A T，TALBOT C J，VOLOZH Y A. Dynamic restoration of profiles across diapiric salt structures：Numerical approach and applications [J]. Tectonophysics，2001，337：23-38.

[214] 于建国，李三忠，王金铎，等. 东营凹陷盐底辟作用与中央隆起带断裂构造成因 [J]. 地质科学，2005，40（1）：55-68.

[215] NIELSEN C，CHAMOT-ROOKE N，RANGIN C. From partial to full strain partitioning along the Indo-Burmese hyper-oblique subduction [J]. Marine Geology，2004，209：303-327.

[216] ADAM J，GE Z，SANCHEZ M. Post-rift salt tectonic evolution and key control factors of the Jequitinhonha deepwater fold belt，central Brazil passive margin：Insights from scaled physical experiments [J]. Marine and Petroleum Geology，2012，37：70-100.

[217] 汤良杰，贾承造，金之钧，等. 库车前陆褶皱冲断带中段第三系盐枕构造 [J]. 地质科学，2003（3）：281-290.

[218] 汤良杰，贾承造，皮学军，等. 库车前陆褶皱带盐相关构造样式 [J]. 中国科学（D辑），2003，33（1）：38-46.

[219] 漆家福，夏义平，杨桥. 油区构造解析 [M]. 石油工业出版社，2005：1-161.

[220] 费琪，王燮培. 初论中国东部含油气盆地的底辟构造 [J]. 石油与天然气地质，1982，3（2）：113-123.

[221] 龚再升. 对中国近海油气勘探观念变化的回顾 [J]. 中国海上油气地质，2002，16（2）：73-80.

[222] 张树林，黄耀琴，黄雄伟. 流体底辟构造及其成因探讨 [J]. 地质科技情报，1999，18（2）：19-22.

[223] 解习农，李思田，董伟良，等. 热流体活动示踪标志及其地质意义 [J]. 地球科学（中国地质大学学报），1999，24（2）：183-188.

[224] 张敏强. 莺歌海盆地底辟构造带天然气运聚特征 [J]. 石油大学学报，2000，24（4）：39-44.

[225] CARTWRIGHT J. Episodic basin-wide hydrofracturing of overpressured Early Cenozoic mudrock sequences in the North Sea Basin [J]. Marine and Petroleum Geology，1994，11（5）：587-607.

[226] WANG C Y，XIE X. Hydrofracturing and episodic fluid flow in shale-rich basins—A numerical study [J]. American Association of Petroleum Geologists Bulletin，1998，82：1857-1869.

[227] GE H，JACKSON M P A，VENDEVILLE B C. Kinematics and dynamics of salt tectonics driven by progradation [J]. American Association of Petroleum Geologist Bulletin，1997，81：398-423.

[228] HUDEC M，JACKSON M. Terra infirma：Understanding salt tectonics [J]. Earth-Science Reviews，2007，82（1-2）：1-28.

[229] JACKSON M P A，TALBOT C J. External shapes，strain rates，and dynamics of salt structures [J]. Geological Society of America Bulletin，1986，97：305-323.

[230] JACKSON M P A，TALBOT C J. A glossary of salt tectonics，Austin，Texas：The University of Texas at Austin [J]. Bureau of Economic Geology Geological Circular，1991，91：3-42.

[231] NIKOLINAKOU M，HUDEC M，FLEMINGS P. Comparison of evolutionary and static modeling of stresses around a salt diaper [J]. Marine and Petroleum Geology，2014，57：537-545.

[232] WARSITZKA M，KLEY J，KUKOWSKI N. Salt diapirism driven by differential loading—Some insights from analogue modeling [J]. Tectonophysics，2013，591：83-97.

[233] SAMUEL H. A re-evaluation of metal diapir breakup and equilibration in terrestrial magma oceans [J] . Earth and Planetary Science Letters，2012，313：105-114.

[234] WACHEUL J，LE BARS M，MONTEUX J，et al. Laboratory experiments on the breakup of liquid metal diapirs [J]. Earth and Planetary Science Letters，2014，403：236-245.

[235] BRUN J，FORT X. Salt tectonics at passive margins：Geology versus models [J]. Marine & Petroleum Geology，2012，28：1123-1145.

[236] ROWAN M G，PEEL F G，VENDEVILLE B C，et al. Salt tectonics at passive margins：Geology versus models discussion [J]. Marine and Petroleum Geology，2012，37：184-194.

[237] 何家雄，祝有海，翁荣南，等. 南海北部边缘盆地泥底辟及泥火山特征及其与油气运聚关系 [J]. 地球科学（中国地质大学学报），2010，35（1）：75-86.

[238] 费琪，王燮培. 初论中国东部含油气盆地的底辟构造 [J]. 石油与天然气地质，1982，3（2）：113-123.

[239] 何家雄，夏斌，张树林，等. 莺歌海盆地泥底辟成因、展布特征及其与天然气运聚成藏关系 [J]. 中国地质，2006，33（6）：1136-1344.

[240] 王家豪，庞雄，王存武，等. 珠江口盆地白云凹陷中央底辟带的发现及识别 [J]. 地球科学（中国地质大学学报），2006，31（2）：209-213.

[241] VENDEVILLE B C，JACKSON M P A. Numerical models of salt diapir formation by down-building：The role of sedimentation rate，viscosity contrast，initial amplitude and wavelength [J]. Marine and Petroleum Geology，1992，186：390-400.

[242] CHEN S，HSU S，WANG Y，et al. Distribution and characters of the mud diapirs and mud volcanoes off Southwest Taiwan [J] . Journal of Asian Earth Sciences，2014，92：201-214.

[243] WU S，BALLY A W. Slope tectonics-Comparisons and contrasts of structural styles of salt and shale tectonics of the northern Gulf of Mexico with shale tectonics of offshore Nigeria in Gulf of Guinea，in W Mohriak and M Talwani，eds，Atlantic rifts and Continental margins [J]. AGU，Geophysical Monograph，2000，115：151-172.

[244] ALBERTZ M，BEAUMONT C，INGS S. Geodynamic modeling of sedimentation-induced overpressure，gravitational spreading，and deformation of passive margin mobile Shale Basins. [J]. American Association of Petroleum Geologists，Memoir，2010，93：29-62.

[245] PENNOCK E S，LILLIE R J，ZAMAN，et al. Structural interpretation of seismic reflection data from eastern Salt Range and Potwar Plateau，Pakistan [J] . AAPG Bulletin，1989，73：841-857.

[246] 徐思煌，郑丹，朱光辉，等. 缅甸安达曼海弧后坳陷天然气成藏要素及成藏模式 [J]，地球科学与环境学报，2012，34（1）：29-34.

[247] KHAN P K，HAKRABORTY P P. Two-phase opening of Andaman Sea：A new seismotectonic insight [J]. Earth and

Planetary Science Letters，2005，229：259-271.

［248］ RAJU K，RAY D，MUDHOLKAR A，et al. Tectonic and volcanic implications of a cratered seamount off Nicobar Island，Andaman Sea［J］. Journal of Asian Earth Sciences，2012，56：42-53.

［249］ CURRAY J R. Tectonics and history of the Andaman Sea region［J］. Journal of Asian Earth Sciences，2005，25：187-232.

［250］ 何文刚，梅廉夫，朱光辉，等. 安达曼海海域盆地构造及其演化特征研究［J］. 断块油气田，2011，18（2）：178-182.

［251］ HE W G，ZHOU J X. Structural features and formation conditions of mud diapirs in the Andaman Sea Basin［J］. Geological Magazine，2018，156（4）：1-10.

［252］ MORLEY C. Late Cretaceous-Early Paleogene tectonic development of SE Asia［J］. Earth Science Reviews，2012，115：37-75.

［253］ BROWN K M. The nature and hydrogeologic significance of mud diapirs and diatremes for accretionary systems［J］. Journal of Geophysical Research，1990，95：8969-8982.

［254］ MILKOV A. Worldwide distribution of submarine mud volcanoes and associated gas hydrates［J］. Marine Geology，2000，167：29-42.

［255］ TALUKDER A，BIALAS J，KLAESCHEN D，et al. High-resolution，deep tow，multichannel seismic and side scan sonar survey of the submarine mounds and associated BSR off Nicaragua pacific margin［J］. Marine Geology，2007，241：33-43.

［256］ UDDIN A，LUNDBERG N. Miocene sedimentation and subsidence during continent-continent collision，Bengal Basin，Bangladesh［J］. Sedimentary Geology，2004，164：131-146.

［257］ RAO D G，BHATTACHARYA G C，RAMANA M V，et al. Analysis of multi-channel seismic reflection and magnetic data along 13°N latitude across the Bay of Bengal［J］. Marine Geophysical Research，1994，16：225-236.

［258］ ALAM M，ALAM M M，CURRAY J R，et al. An overview of the sedimentary geology of the Bengal Basin in relation to the regional tectonic framework and basin-fill history［J］. Sediment Geol，2003，155：179-208.

［259］ MORLEY C K，ALVEY A. Is spreading prolonged，episodic or incipient in the Andaman Sea? Evidence from deepwater sedimentation［J］. Journal of Asian Earth Sciences，2015，98：446-456.

［260］ VAN RENSBERGEN P，HILHS R R，MALTMAN A J，et al. Subsurface sediment mobilization［J］. Geological Society Special Publications，2003，216：1-8.

［261］ VAN RENSBERGEN P，MORLEY C K，ANG D W，et al. Structural evolution of shale diapirs from reactive rise to mud volcanism：3D seismic data from the Baram delta，offshore Brunei Darussalam［J］. Journal of the Geological Society，1999，156：633-650.

［262］ BARTON D C. Mechanics of formation of salt domes，and Louisiana［J］. Am Assoc Pet Geol Bull，1933，17：1025-1083.

［263］ WEIJERMARS R，JACKSON M P A，VENDEVILLE B. Rheological and tectonic modeling of salt provinces［J］. Tectonophysics，1993，217（1-2）：143-174.

［264］ KONSTANTINOVVSKAYA E，MALAVIEILLE J. Accretionary orogens：Erosion and exhumation［J］. Geotectonic，2005，39（1）：78-98.

[265] BONNET C, MALAVIEILLE J, MOSAR J. Interaction between tectonic erosion, and sedimentation during the recent evolution of Apline Orogen: Analogue modeling insights [J]. Tectonic, 2007, 26: 1-15.

[266] BONNET C, MALAVIEILLE J, MOSAR J. Surface processes versus kinematics of thrust belts: Impact on rates of erosion, sedimentation, and exhumation—Insights from analogue models [J]. Bulletin Society Geology France, 2008, 179 (13): 179-192.

[267] FACCENNA C, NALPAS T, BRUN J P, et al. The influence of pre-existing thrust faults on normal fault geometry in nature and in experiments [J]. Journal of Structural Geology, 1995, 17 (8): 1139-1149.

[268] DENG H, KOYI H, NILFOUROUSHAN F. Superimposed folding and thrusting by two phases of mutually orthogonal or oblique shortening in analogue models [J]. Journal of Structural Geology, 2016, 83: 28-45.

[269] GARTRELL A P. Crustal rheology and its effect on rift basin styles [M]//KOYI H A, MANCKTELOW N S. Tectonics modeling: A volume in honor of Hans Ramberg. Colorado: Geological Society of America Memoir, 2001, 193: 221-233.

[270] WESTAWAY R. The mechanical feasibility of low-angle normal faulting [J]. Tectonophysics, 1999, 308: 407-443.

[271] HAFNER W. Stress distributions and faulting [J]. Bulletin of the American Geological Society of America, 1951, 62 (4): 373-398.

[272] HE W G. Influence of mechanical stratigraphy on the deformation evolution of fold-thrust belts: Insights from the physical modeling of eastern Sichuan–western Hunan and Hubei, South China [J]. Journal of Earth Science, 2020, 31 (4): 795-807.

[273] MULUGETA G, KOYI H. Three-dimensional geometry and kinematics of experimental piggyback thrusting [J]. Geology, 1987, 15: 1052-1056.

[274] MULUGETA G. Modelling the geometry of Coulomb thrust wedges [J]. Journal of Structural Geology, 1988, 10: 847-859.

[275] MALAVIEILLE, J. Modélisation expérimentale des chevauchements imbriqués: Application aux chaînes de montagnes [J]. Bulletin de la Societe Geologique de France, 1984, 7 (1): 129-138.

[276] DAHLEN F A, SUPPE J. Mechanics, growth, and erosion of mountain belts [J]. Geological Society of America, Special Paper, 1988, 218: 161-178.

[277] ROURE F, HOWEL D G, MULLER C, et al. Late Cenozoic subduction complex of Sicily [J]. Journal of Structural Geology, 1990, 12 (2): 259-266.

[278] MCCLAY K R, ELLIS P G. Analogue models of extensional fault geometries [M] //COWARD M P, DEWEY J F, HANCOCK P L. Continental extensional tectonics. London: Geological Society, Special Publications, 1987: 109-125.

[279] RAMBERG H. Gravity, deformation and the earth's crust [M]. London: Academic Press, 1967.

[280] HORSFIELD W. An experimental approach to basement-controlled faulting [J]. Geologie en Mijnbouw, 1977, 56 (4): 363-370.

[281] KRANTZ R W. Measurements of friction coefficients and cohesion for faulting and fault reactivation in laboratory models using sand and sand mixtures [J]. Tectonophysics, 1991, 188 (1-2): 203-207.

[282] BALLY A W, GORDY P L, STEWART G A. Structure, seismic data and orogenic evolution of southern Canadian Rocky Mountains [J]. Bulletin Canadian Petroleum Geology, 1966, 14: 337-81.

[283] DAHLSTROM C D A. Structural geology in the eastern margin of the canadian Rocky Mountains [J]. Bulletin of Canadian Petroleum Geology，1970，18 (3)：332-406.

[284] BOYER S E. ELLIOTT D. Thrust systems[J]. American Association of Petroleum Geologists Bulletin，1982，66(9)：1196-1230.

[285] ALONSO J L，TEIXELL A. Forelimb deformation in some natural examples of fault-propagation folds[M]//MCCLAY K R. Thrust tectonics. London：Chapman and Hall，1992，175-180.

[286] LEWIS S D，LADD J W，BRUNS T R. Structural development of an accretionary prism by thrust and strikeslip faulting：Shumagin region，Aleutian trench [J]. Geological Sociation of America Bulletin，1988，100：767-782.

[287] SEELY D. The significance of landward vergence and oblique structural trends on trench inner slopes[M]//Talwani M，Pitman Ⅲ W. Island arcs，deep sea trenches and back-arc basins. Washington：American Geophysical Union，1977：187-198.

[288] WESTBROOK G K. The Barbados ridge complex：Tectonics of a mature forearc system [J]. The forearc geological society of London special publication，1982，10：275-290.

[289] WESTBROOK G K，SMITH M J. Long decollements and mud volcanoes：Evidence from the Barbados Ridge complex for the role of high pore-fluid pressure in the development of an accretionary complex[J]. Geology，1983，11：279-283

[290] BALLY A W，GODY P L，STEWAN G A. Structure，seismic data and orogenic evolution of southern Canadian Rocky Mountains [J]. Bulletin of Canadian Petroleum Geology，1966，14：337-381.

[291] LILLIE R J，JOHNSON G D，YOUSUF M，et al. Structural development within the Himalayan foreland fold-and- thrust belts of Pakista [J]. Canadian Society of Petroleum Geologists Memoir，1987，12：337-381.

[292] STANLEY R S. The evolution of mesoscopic imbricate thrust faults—An example from the Vermont foreland，USA [J]. Journal of Structural Geology，1990，12：227-241.

[293] PRICE R A. The Cordilleran foreland thrust and fold belt in the southern Canadian Rocky Mountains [J]. Geological Society London Special Publications，1981：427-448.

[294] ELLIOTT D，JOHNSON M R W. Structural evolution in the northern part of Moine thrust belt，NW Scotland [J]. Transaction of Royal of Society of Edinburgh，1980，71：69-96.

[295] JADOON I A K，LAWRENCE R D，LILLIE R J. Balanced and retrodeformaed geological cross-section from the frontal Sulaunam Lobe，Pakistan：Duplex development in thick strata along the western margin of the Indian plate [J]. Springer Netherlands，1992.

[296] ZHAO W L，DAVIS D M，DAHLEN F A，et al. Origin of convex accretionary wedges：Evidence from Barbados [J]. Journal Geophyscis Research，1986，91：10246-10258.

[297] MOORE G F，SHIPLEY T H. Mechanics of sediment accretion on the Middle AmericaTrench off Mexico [J]. Journal of Geophysical Research，1988：8911-8927.

[298] HUBBERT M K，RUBEY W W. Role of fluid pressure in mechanics of overthrust faulting：Mechanics of fluid-filled porous solids and its application to overthrust faulting [J]. Bulletin of the Geological Society of America，1959，70 (2)：115-166.

[299] 何文刚，罗伟，冯伟平，等. 特提斯构造域典型构造特征及其控制因素探讨——以物理模拟研究成果为例 [J]. 科学技术与工程，2021，21 (1)：68-76.

[300] SOTO R, STORTI F, CASAS-SAINZ A M. Impact of backstop thickness lateral variations on the tectonic architecture of orogens: Insights from sandbox analogue modeling and application to the Pyrenees[J]. Tectonics, 2006, 25(2): 1-19.

[301] ROSSETTI F, FACCENNA C, RANALLI G, et al. Modeling of temperaturedependent strength in orogenic wedges: First results from a new thermomechanical apparatus[J] Geological Society of America Memoirs, 2001, 193:253-259.

[302] LALLEMAND S, SCHNURLE P, MALAVIEILLE J. Coulomb theory applied to accretionary and nonaccretionary wedges: Possible causes for tectonic erosion and/or frontal accretion [J]. Journal of Geophysical Research, 1994, 99 (B6): 12033-12055.

[303] BONINI M, SOKOUTIS D, MULUGETA G, et al. Modelling hanging wall accomodation above rigid thrust ramps [J]. Journal of Structural Geology, 2000, 22 (8): 1165-1179.

[304] BYERLEE J. Friction of rocks [J]. Pure Application of Geophysicas, 1978, 116: 615-626.

[305] ALLMENDINGER R W. Inverse and forward numerical modeling of trishear fault propagation folds [J]. Tectonics, 1998, 17: 640-656.

[306] MERLE O, ABIDI N. Approche experimentale du functionnement des rampes emergentes [J]. Bulletin de la Societe Geologique de France, 1995, 166: 439-450.

[307] MULUGETA G, KOYI H. Episodic accretion and strain partitioning in a model sand wedge[J]. Tectonophysics, 1992, 202 (2-4): 319-333.

[308] SIBSON R H. Frictional constraints on thrust, wrench and nor-mal faults [J]. Nature, 1974, 249: 542-544.

[309] RANALLI G, YIN Z M. Critical stress dierence and orientation of faults rocks with strength anisotropies: The two-dimensional case [J]. Journal of Structural Geology, 1990, 12: 1067-1071.

[310] WESTBROOK G K. The structure of the crust and upper mantle in the region of Barbadosa nd the Lesser Antilles [J]. Geophysical Journal International, 1975, 43 (1): 201-242.

[311] LE PICHON X L, LYBERIS N, ANGELIER J, et al. Strain distribution over the East Mediterranean ridge: A synthesis incorporation new sea-beam data [J]. Tectonophysics, 1982, 86 (1-3): 243-274.

[312] DAVIS E E, HYNDMAN R D. Accretion and recent deformation of sediments along the northern Cascadia subduction zone [J]. Geological Sociate America Bulletin, 1989, 101: 1465-1480.

[313] PLATT J P. Dynamics of orogenic wedges and the uplift of high-pressure metamorphic rocks [J]. Geological sociate American Bulletin, 1986, 97: 1037-1053.

[314] MOUSSOURIS G. Numerical and scale modeling of fold and thrust belts over salt [D]. New York: State University of New York, Stony Brook, 1990.

[315] BUCKY P B. The use of models for the study of mining problems [J]. Tech Publs Am Inst Min metall Engrs, 1931: 425.

[316] RAMBERG H. Model experimentation of the effect of gravity on tectonic processes [J]. Geophysical Journal of the Royal Astronomical Society, 1967, 14 (1-4): 307-329.

[317] DIXON J M. A new method of determining finite strain in models of geological structures [J]. Tectonophysics, 1974, 24 (1-2): 99-114.

[318] DIXON J M. Finite strain and progressive deformation in models of diapiric structures [J]. Tectonophysics, 1975,

28（1-2）：89-124.

［319］DIXON J M，SUMMERS J M. Recent developments in centrifuge modelling of tectonic processes：Equipment，model construction techniques and rheology of model materials［J］. Journal of Structural Geology，1985，7（1）：83-102.

［320］DIXON J M，LIU S. Centrifuge modelling of the propagation of thrust faults［M］//MCCLAY K R. Thrust tectonics. London：Chapman and Hall，1992：53-70.

［321］KOYI H，JENYON M K，PETERSEN K. The effect of basement faulting on the diapirsm［J］. Journal of Petroleum Geology，1993，16（3）：285-312.

［322］KOYI H. Analogue modelling：From qualitative to quantitative technique—A historical outline［J］. Journal of Petroleum Geology，1997，20 （2）：223-238.

［323］WAFFLE L，GODIN L，HARRIS L B，et al. Rheological and physical characteristics of crustal-scaled materials for centrifuge analogue modelling［J］. Journal of Structural Geology，2016，86：181-199.

［324］CORTI G，RANALLI G，MULUGETA G. Control of the rheological structure of the lithosphere on the inward migration of tectonic activity during continental rifting［J］. Tectonophysics，2010，490：165-172.

［325］DIETL C，KOYI H. Sheets within diapirs—Results of a centrifuge experiment［J］. Journal of Structural Geology，2011，33（1）：32-37.

［326］PELTZER G. Centrifuged experiments of continental scale tectonics in Asia［J］. Bulletin of the Geological Institutions of Uppsala，New Series，1988，14：115-128.

［327］NOBLE T E，DIXON J M. Structural evolution of fold-thrust structures in analog models deformed in a large geotechnical centrifuge［J］. Journal of Structural Geology，2011，33（2）：62-77.

［328］GEIKIE A. The crystalline rocks of the Scottish Highlands［J］. Nature，1884，30：29-31.

［329］TORNEBOHM A E. Om fjallproblemet Geol Foren［J］. Stockholm F&h，1888，10：328-336.

［330］PEACH B N，HOME J，GUM W，et al. Report on the recent work of the geological survey in the north-west Highlands of Scotland［R］. Q J Geol Sot London，1888，64：378-441.

［331］RAMBERG H，SJOSTROM H. Experimental geodynamic models relating to continental drift and orogenesis［J］. Tectonophysics，1973，19：105-132.

［332］GUTERMAN V G. Model studies of gravitational gliding tectonics［J］. Tectonophysics，1980，65：111-126.

［333］FOX P J，GALLO D G. A tectonic model for ridge-transform-ridge plate boundaries：Implications for the structure of oceanic lithosphere［J］. Tectonophysics，1984，104：205-242.

［334］WILTSCHKO D V. Mechanical model for thrust sheet deformation at a ramp［J］. Journal of Geophysical Research，1979，84：1091-1104.

［335］FALCON N. Problems of the relationship between surface structure and deep displacements illustrated by Zagros range［J］. Geological Society London Special Publication，1969，3：9-22.

［336］BRACE W F，KOHLSTEDT D L，Limits on lithospheric stress imposed by laboratory experiments［J］. Journal of Geophysics Research，1980，85：6248-252.

［337］STOCKLIN J. Structural history and tectonics of Iran：A review［J］. American Associate Petroleum Geological Bulletin，1968，52：1229-258.

［338］DAUBRÉE G A. Expériences tendant à imiter des formes diverses de ploiements，contournements et ruptures que présente l'écorce terrestre [J]. Comptes Rendus Hebdomadaires des Séances de l'Académie des Sciences，1878，86（12）：733-31.

[339] DAUBRÉE G A. Etudes synthétiques de Géologie Expérimentale [J]. Dunot，Paris，1879，350（1）：472-78.

[340] 陈云敏，边学成. 高速铁路路基动力学模拟 [J]. 木工程学报，2018，56（6）：1-3.

[341] LE GUERROUÉ E，COBBOLD P R. Influence of erosion and sedimentation on strike-slip fault systems：Insights from analogue models [J]. Journal of Structural Geology，2006，28（3）：421-30.

[342] GRAVELEAUF，HURTREZ J E，DOMINGUEZ S，et al. A new experimental material for modeling interactions between tectonics and surface processes [J]. Tectonophysics，2011，513（1-4）：68-87.

[343] DOOLEY T，MONASTERO F C，MCCLAY K R. Effects of a weak crustal layer in a transtensional pull-apart basin：Results from a scaled physical modeling study [J]. Agu Fall Meeting Abstracts，2007，88（Abstract V53F-04）.

[344] DOOLEY T P，JACKSON M，HUDEC M R. Inflation and deflation of deeply buried salt stocks during lateral shortening [J]. Journal of Structural Geology，2009，31（6）：582-600.

[345] ADAM J，URAI J，WIENEKE B，et al. Shear localisation and strain distribution during tectonic faulting-new insights from granular-flow experiments and high-resolution optical image correlation techniques [J]. Journal of Structural Geology，2005，27：283-301.

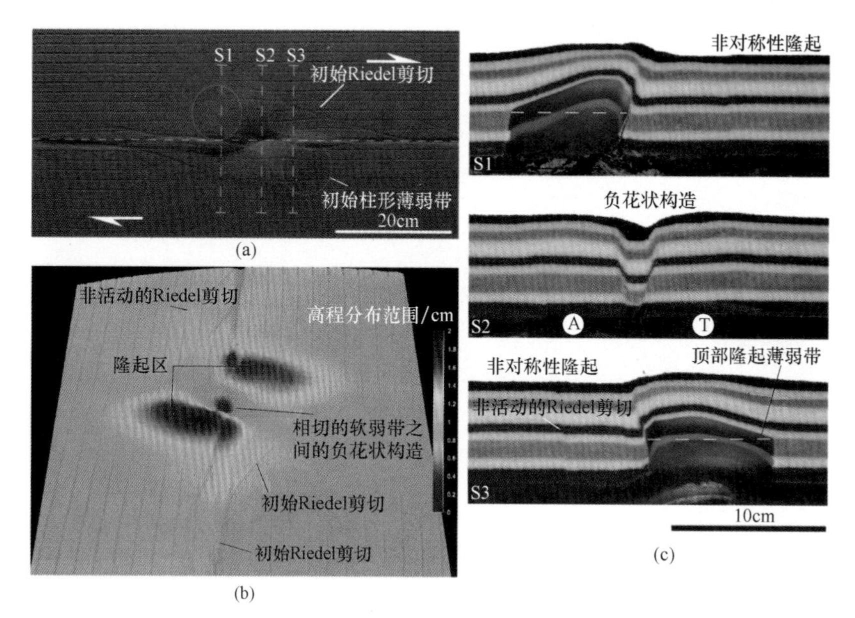

图 1-6　扭动构造中的物理模拟结果综合分析

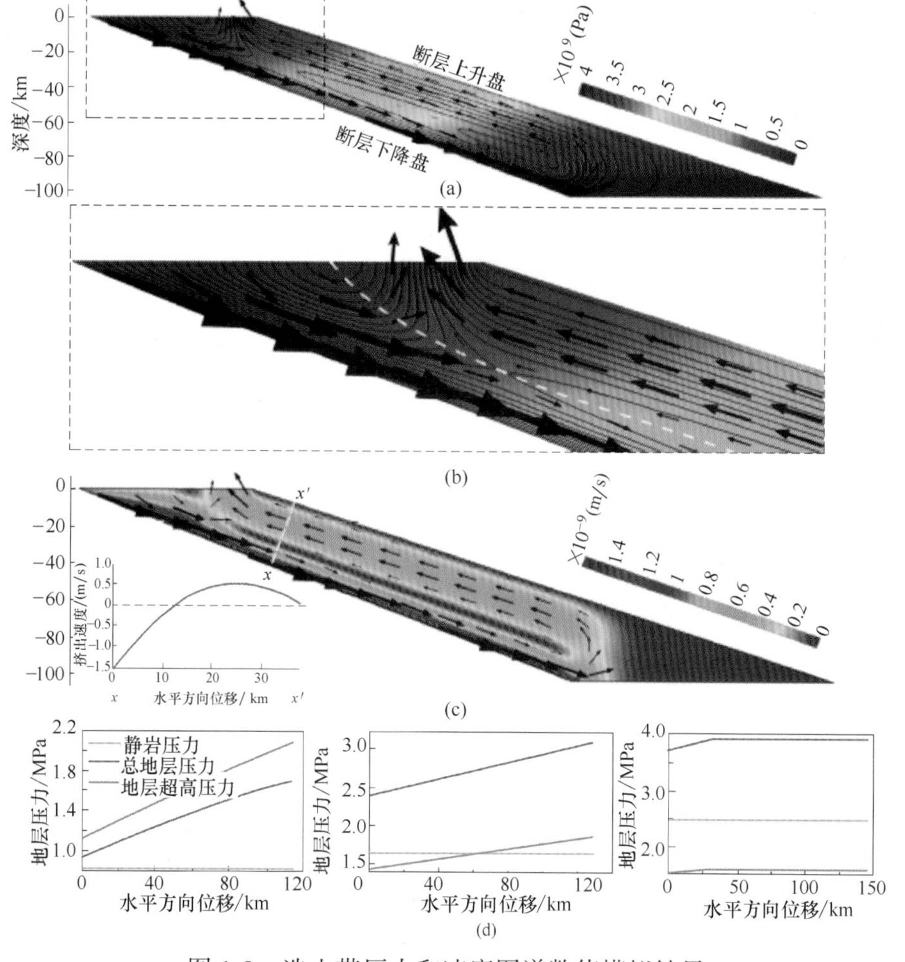

图 1-8　造山带压力和速度图谱数值模拟结果

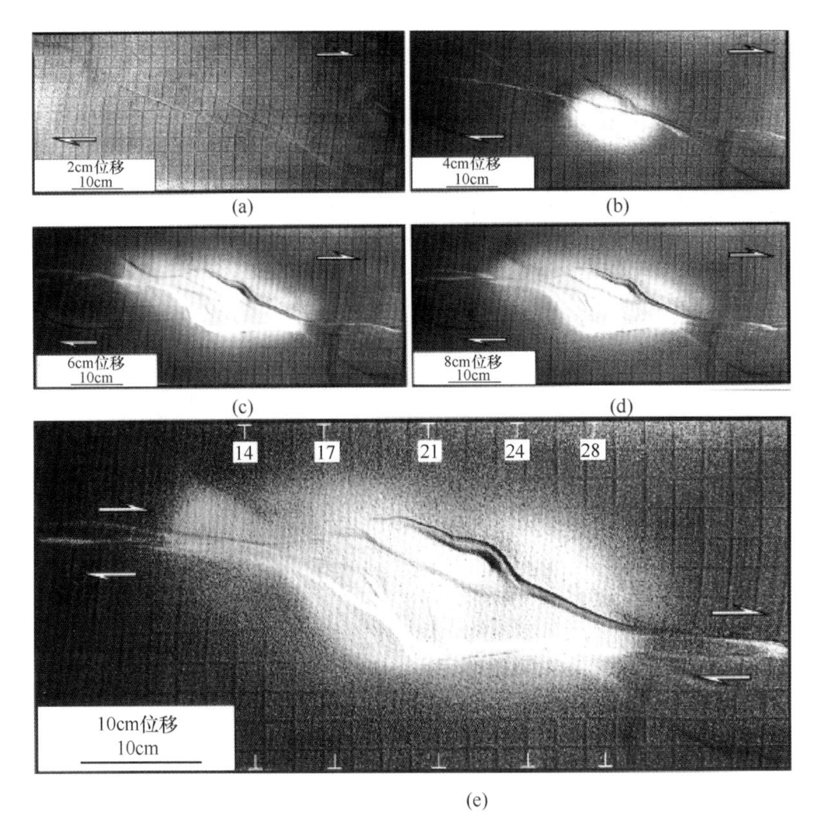

(a) (b) (c) (d) (e)

图 2-7　拉分盆地的变形样式和演化的物理模拟

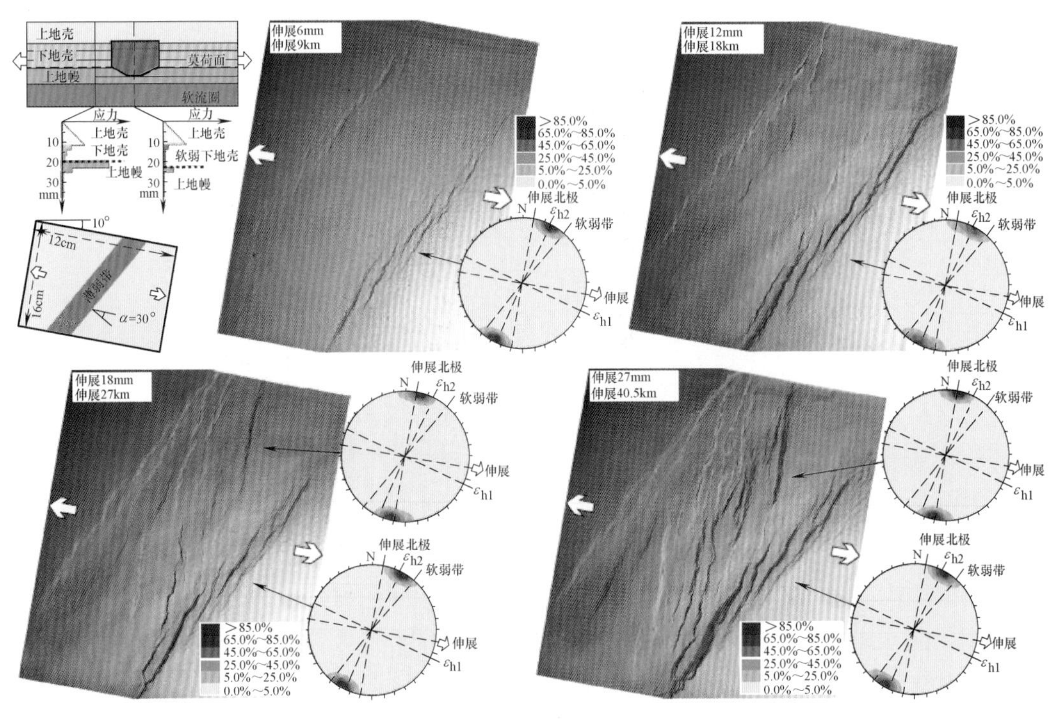

图 3-2　东非裂谷带斜向伸展 30°模拟结果

ε_{h1}—水平方向的最大伸展应变；ε_{h2}—水平方向的次级伸展应变

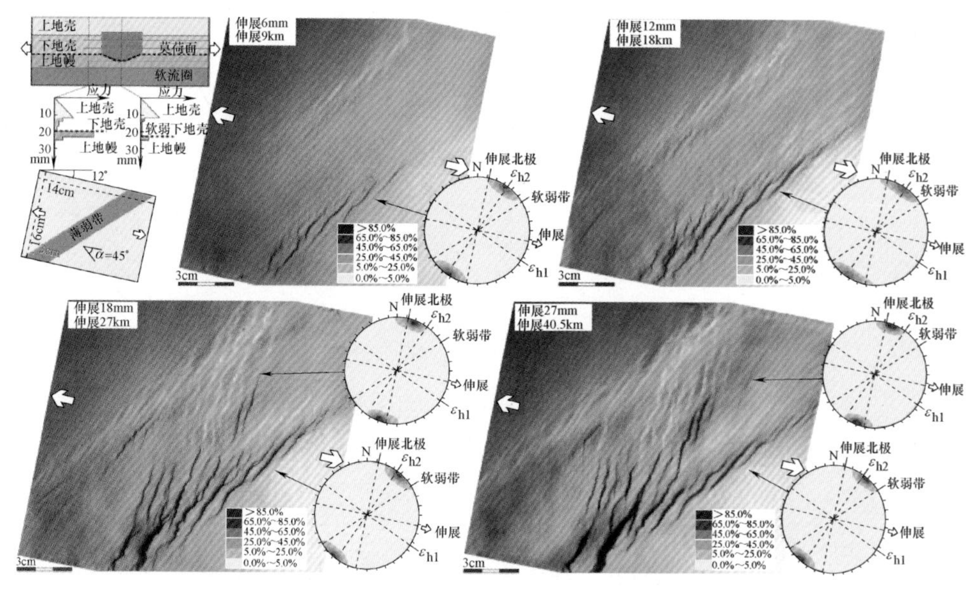

图 3-3 东非裂谷带斜向伸展 45°模拟结果

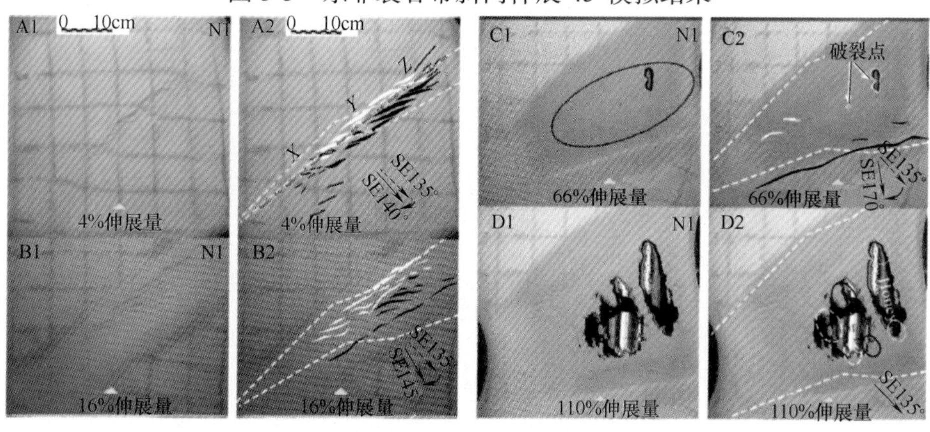

图 3-10 南海破裂形成常规地壳结构模拟结果

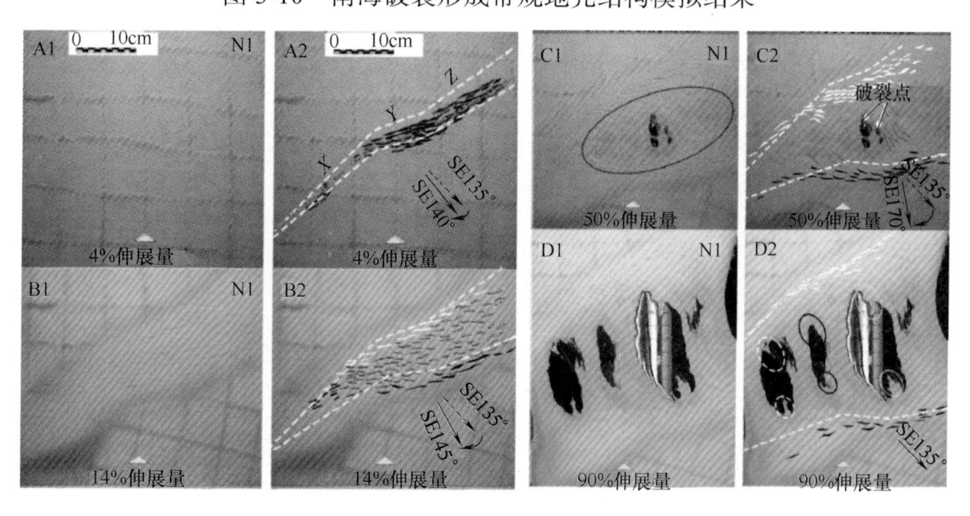

图 3-11 南海破裂形成减薄地壳结构模拟结果

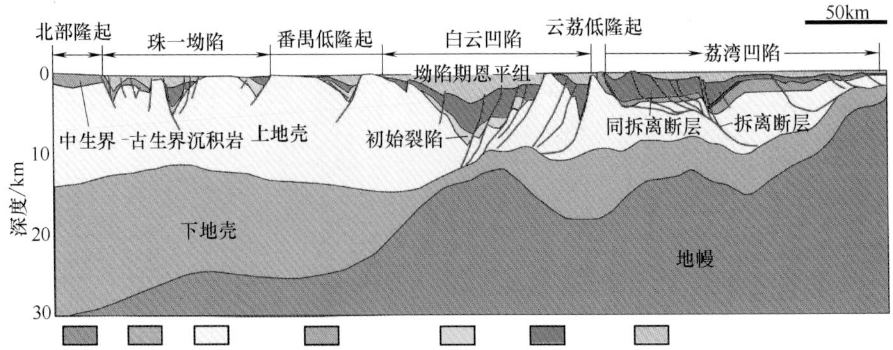

图 3-14　南海北部地壳岩石圈结构与地壳浅表层盆地分布关系

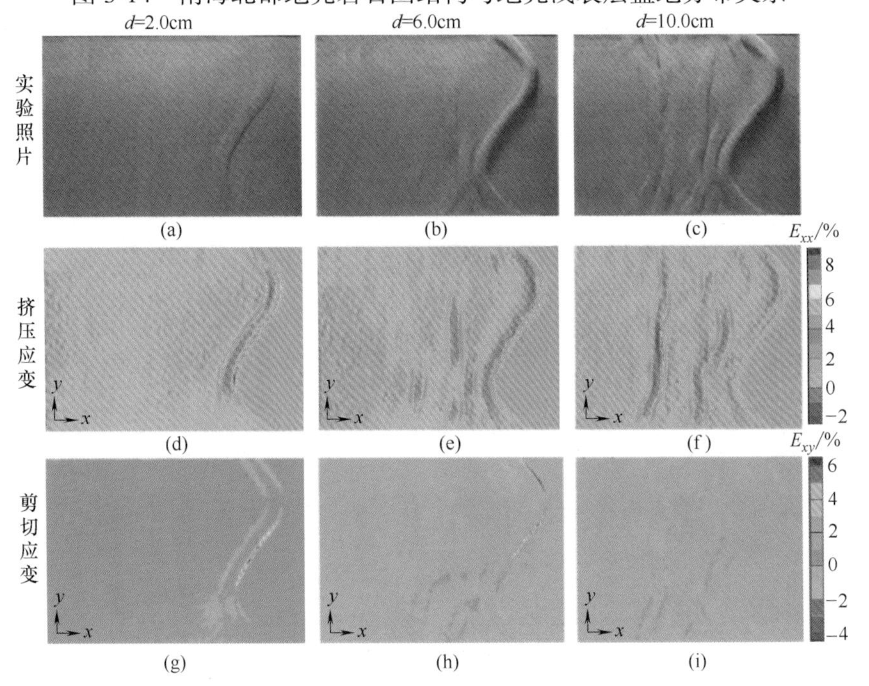

图 3-25　柴达木盆地物理模拟应变场分析

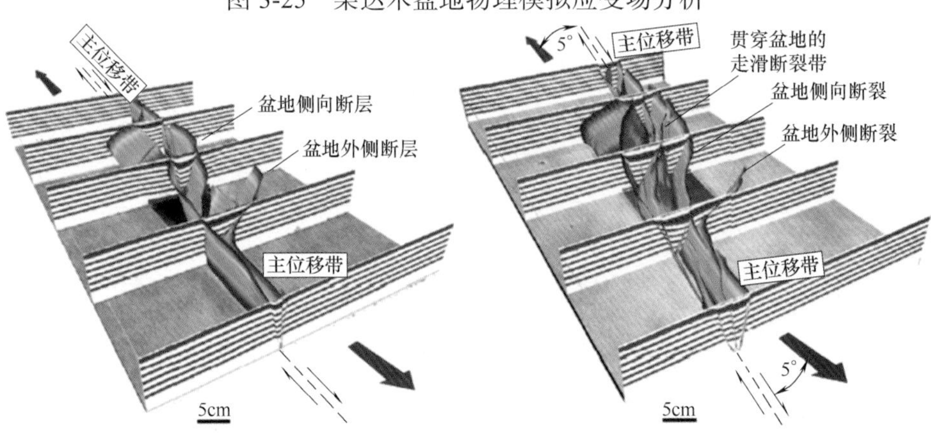

图 3-28　纯剪型模型三维物理模拟可视化结果

图 3-29　转换伸展型模型三维物理模拟可视化结果

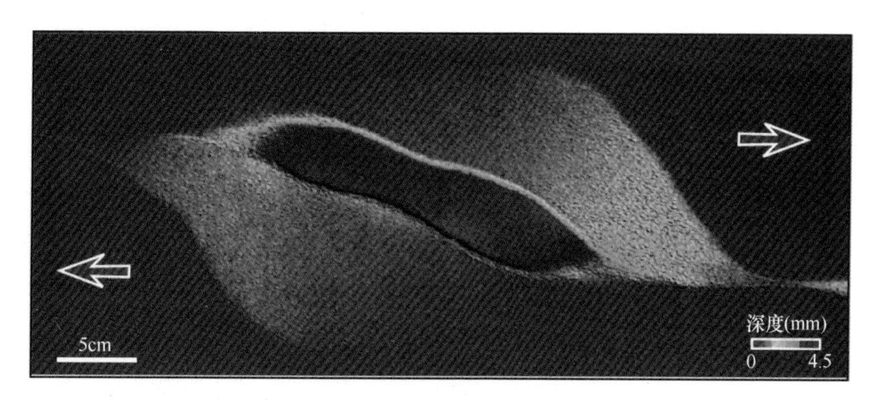

图 3-30　拉分型盆地物理模拟

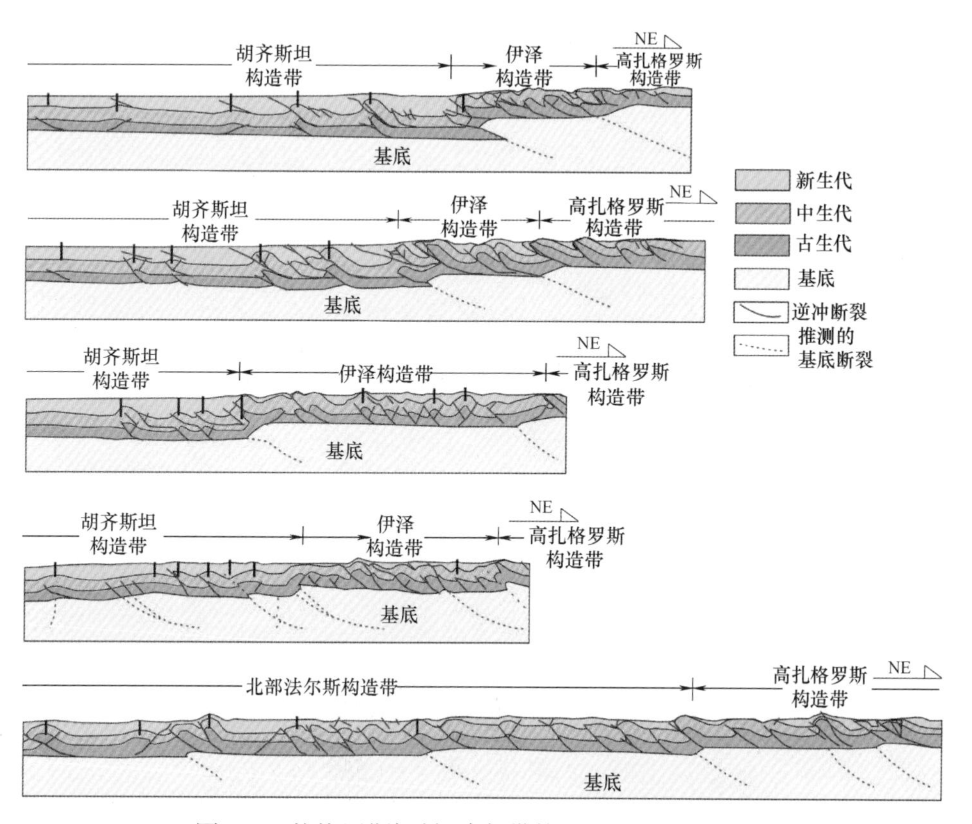

图 4-8　扎格罗斯褶皱-冲断带构造变形特征剖面图

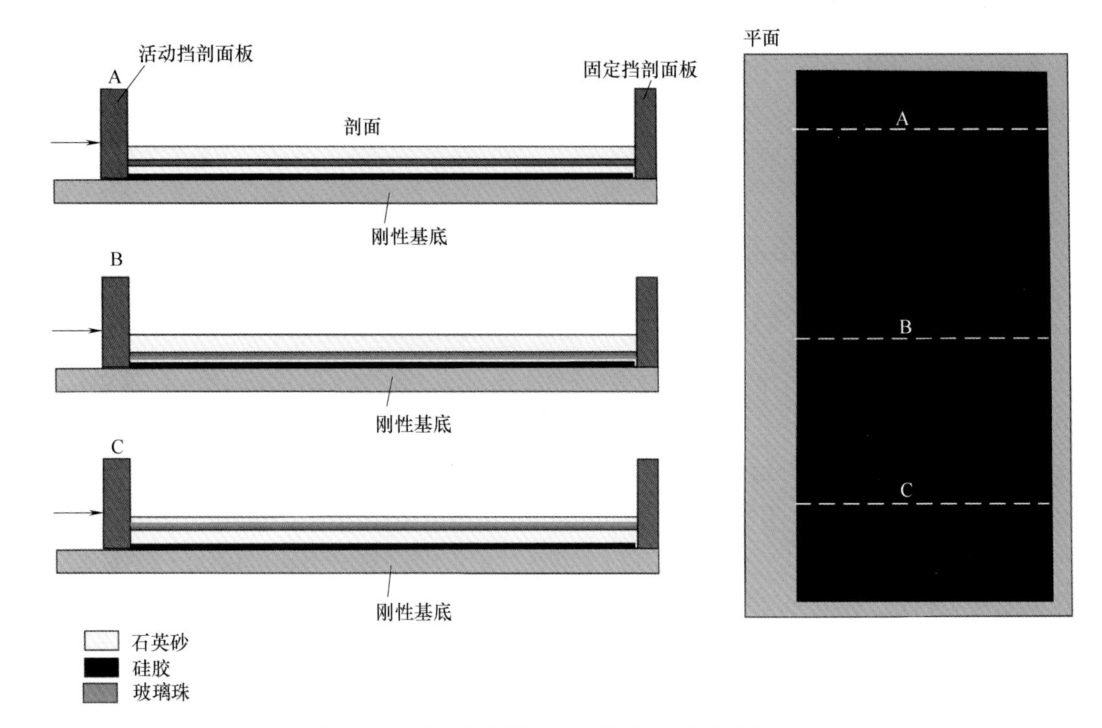

图 4-9　扎格罗斯褶皱-冲断带物理模拟设计

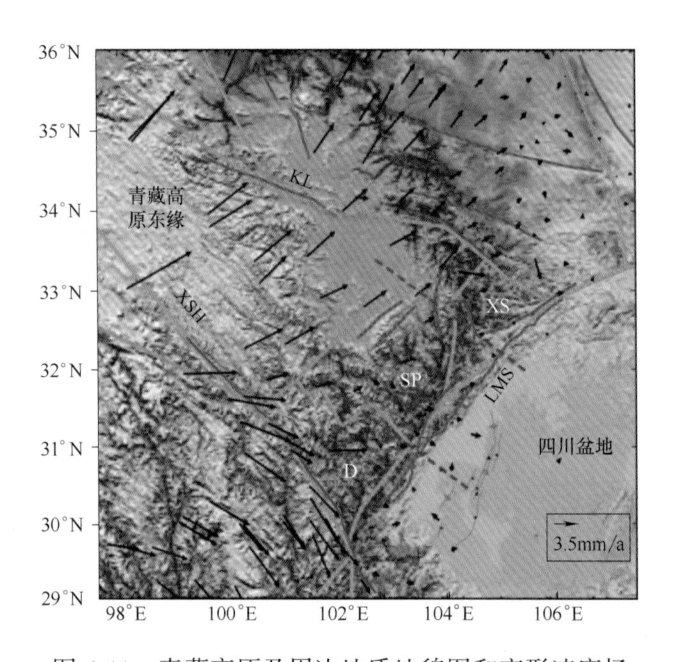

图 4-11　青藏高原及周边地质地貌图和变形速度场

D—大巴；SP—松潘；XS—雪山；XSH—鲜水河断裂；KL—昆仑山断裂；LMS—龙门山断裂

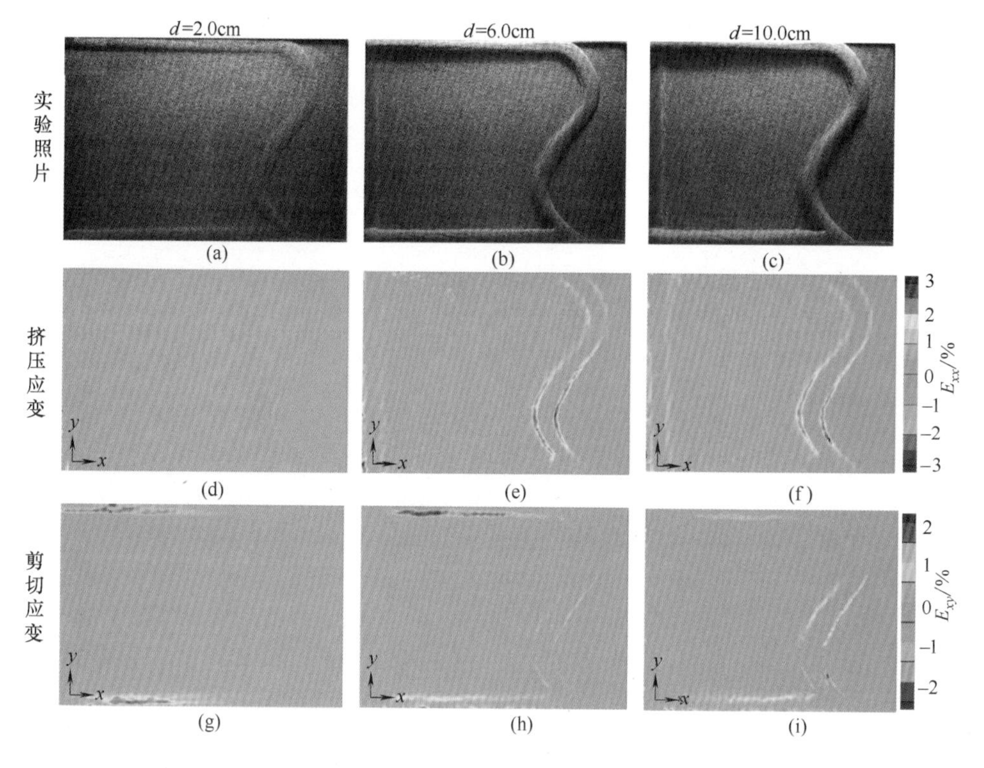

图 4-21　模型Ⅰ不同实验阶段照片及应变场

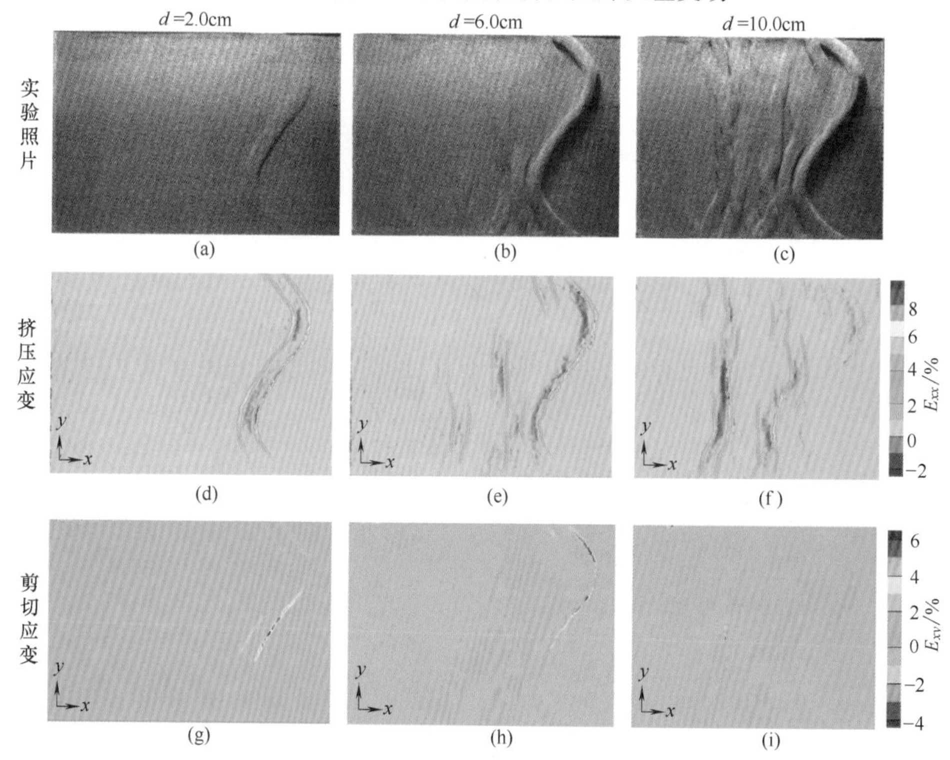

图 4-22　模型Ⅱ不同实验阶段照片及应变场

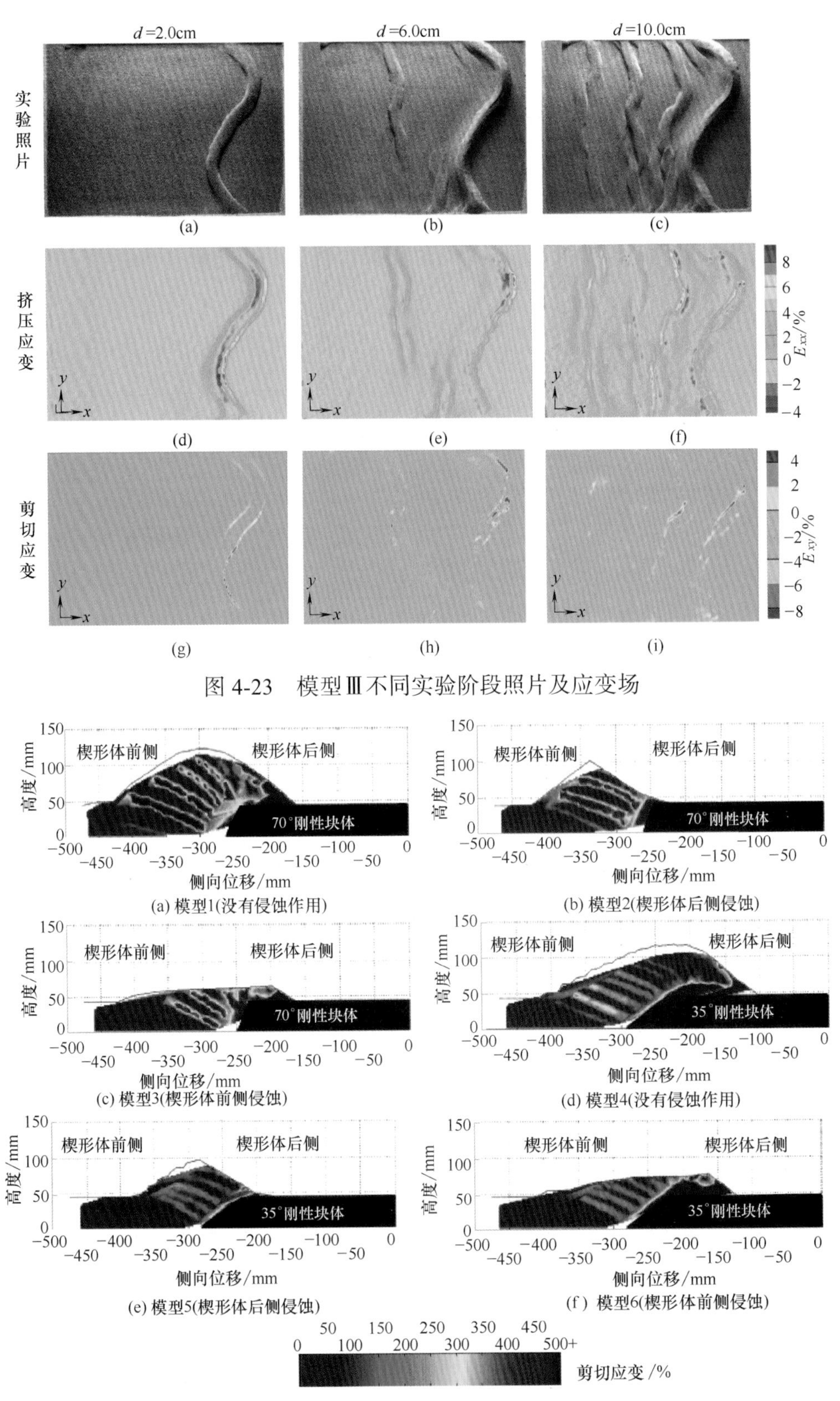

图 4-23　模型Ⅲ不同实验阶段照片及应变场

图 4-33　台湾造山带侵蚀作用的物理模拟剪切应变场分析

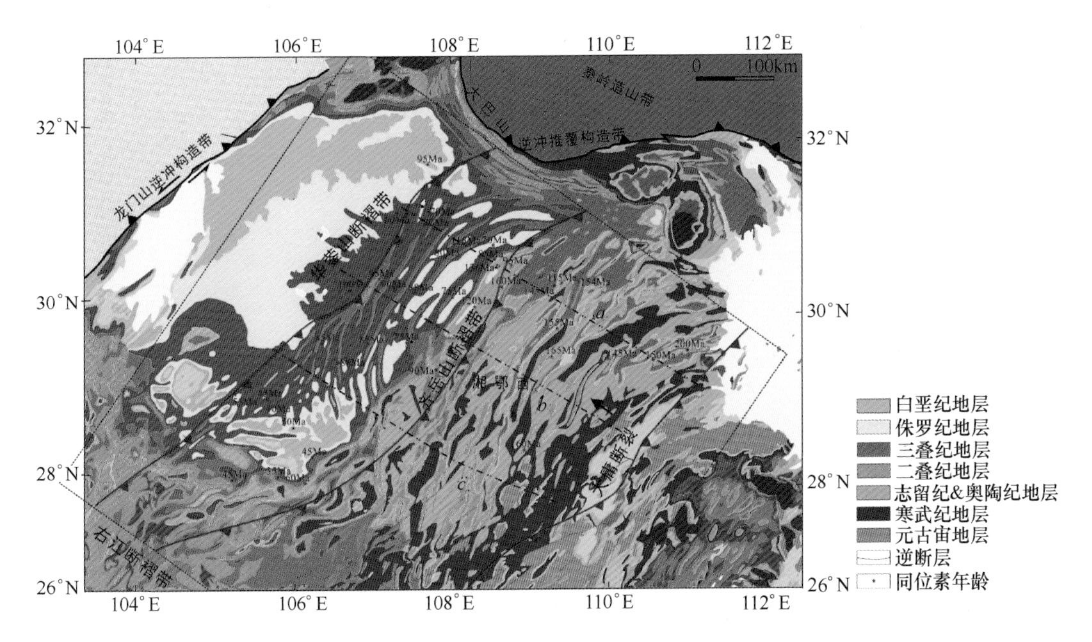

图 4-34 华南大陆岩石圈结构剖面图（一）

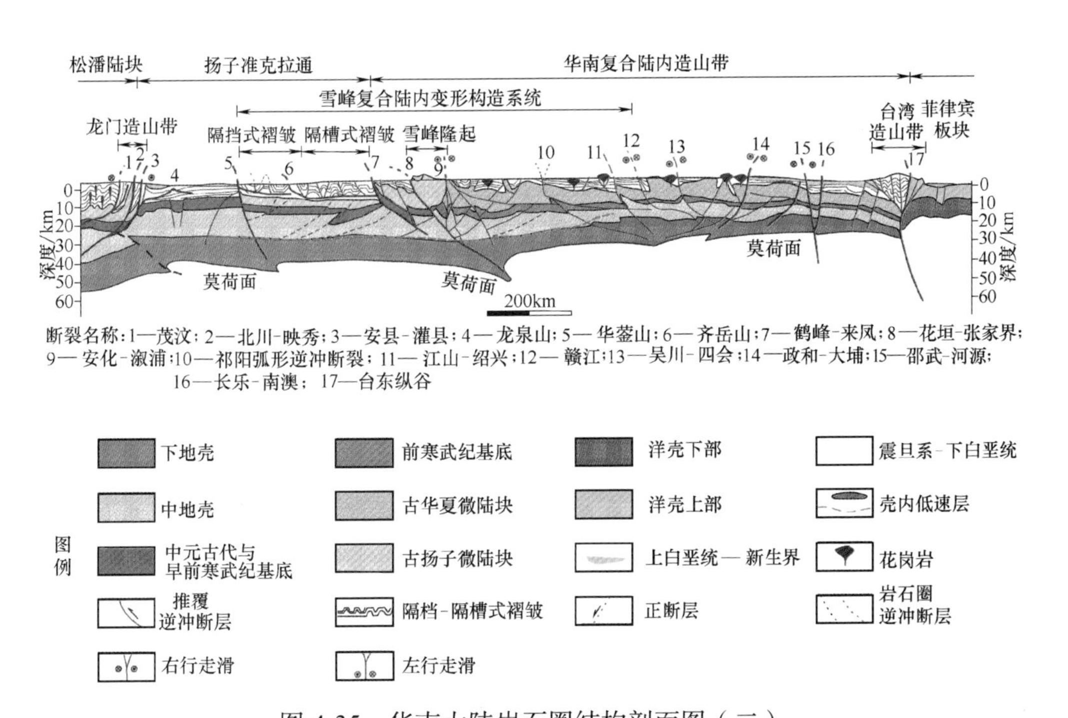

图 4-35 华南大陆岩石圈结构剖面图（二）

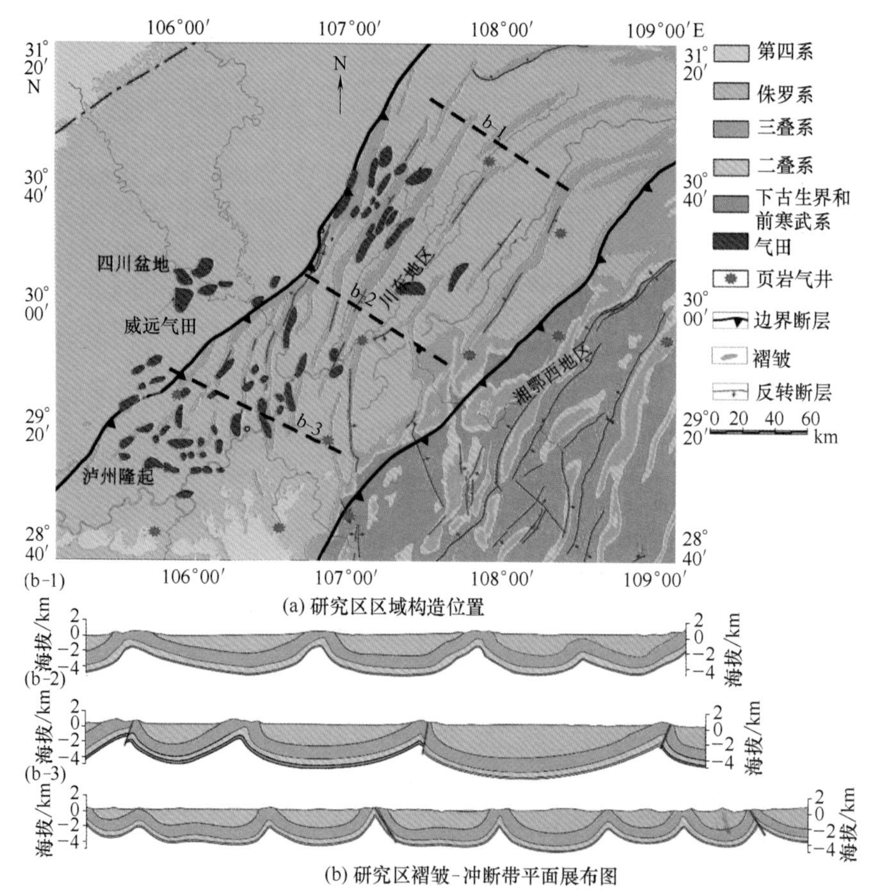

图 4-43　研究区构造格架及剖面结构图

b-1—褶皱带北东段地质剖面，构造指向南东，断层不发育；b-2—褶皱带中段地质剖面，构造指向南东，伴生逆断层；b-3—褶皱带南段地质剖面，褶皱轴迹近直立，伴生断层

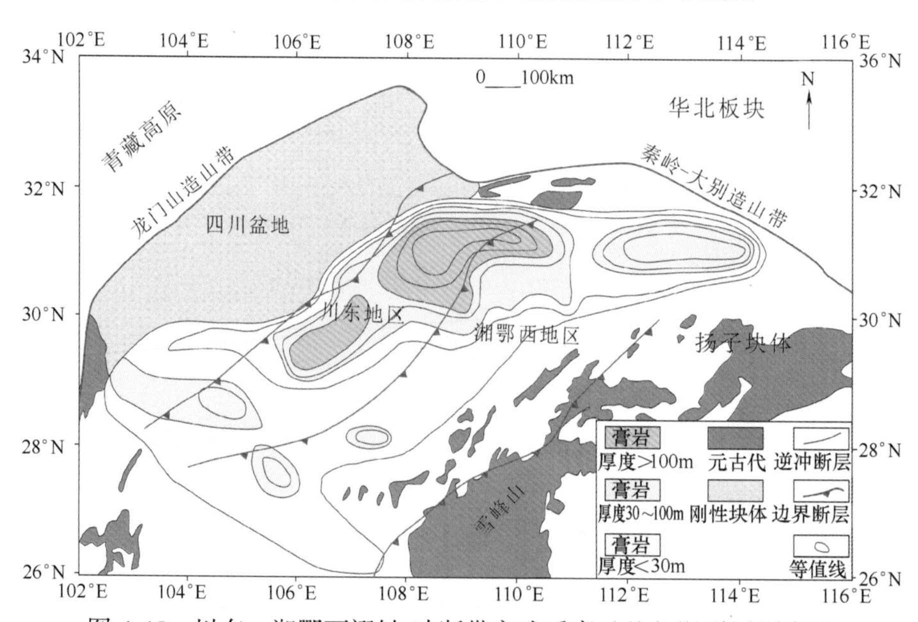

图 4-45　川东—湘鄂西褶皱-冲断带寒武系膏（盐）滑脱层厚度图

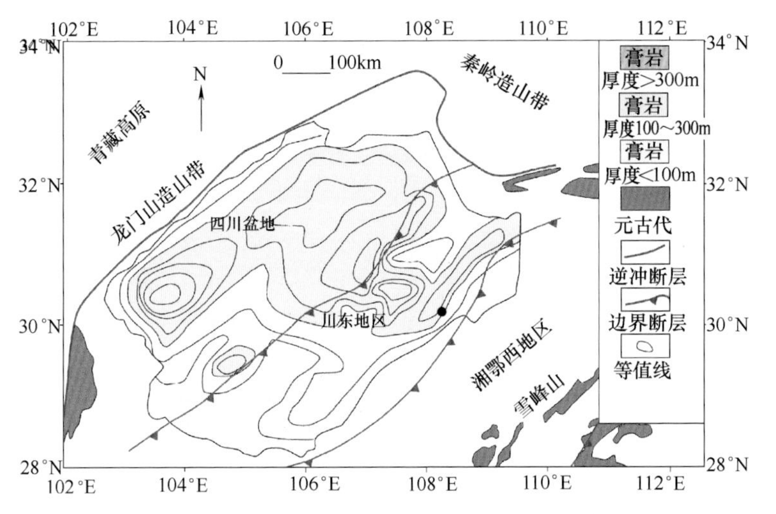

图 4-46　四川盆地及川东三叠纪膏（盐）滑脱层厚度图

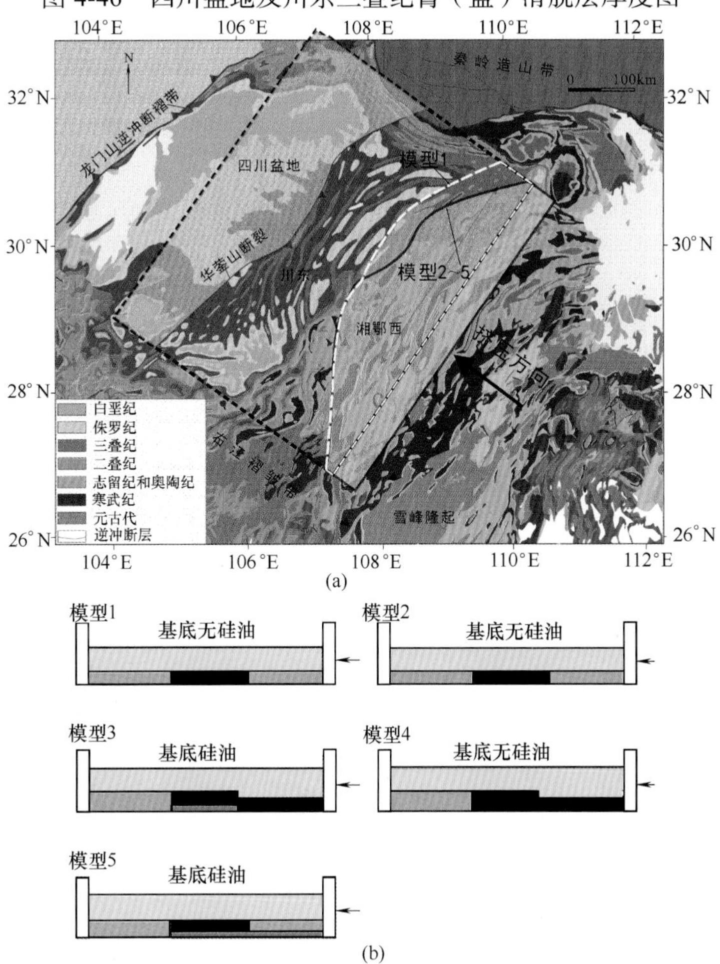

图 4-48　模型范围及剖面装置示意

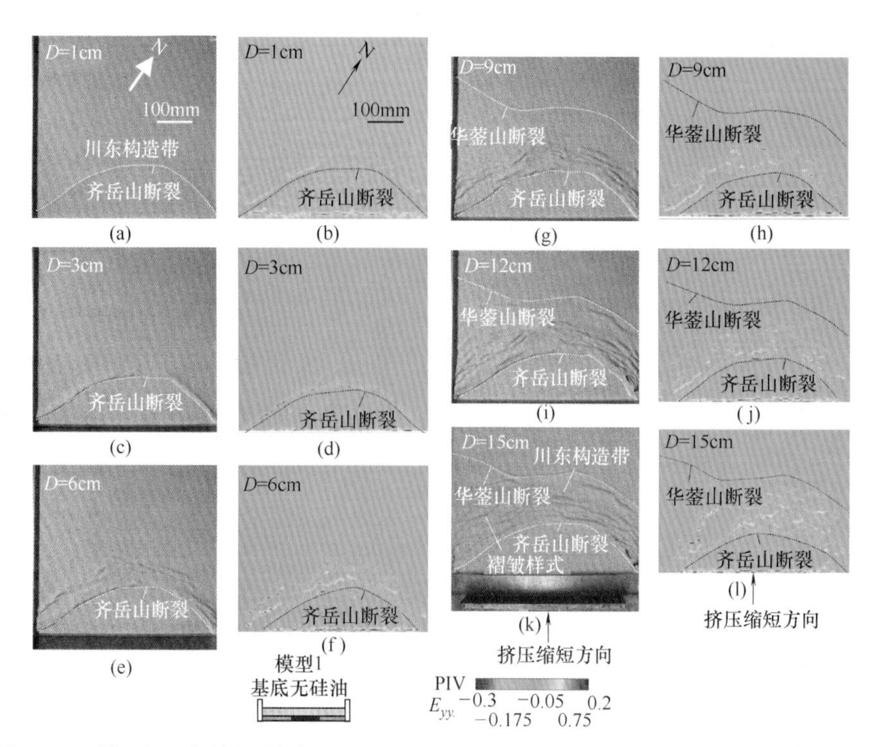

图 4-49　模型 1 在缩短量为 1cm、3cm、6cm、9cm、12cm、15cm 的模拟结果
（左侧为变形照片，右侧为沿挤压方向的 PIV 应变场处理结果）

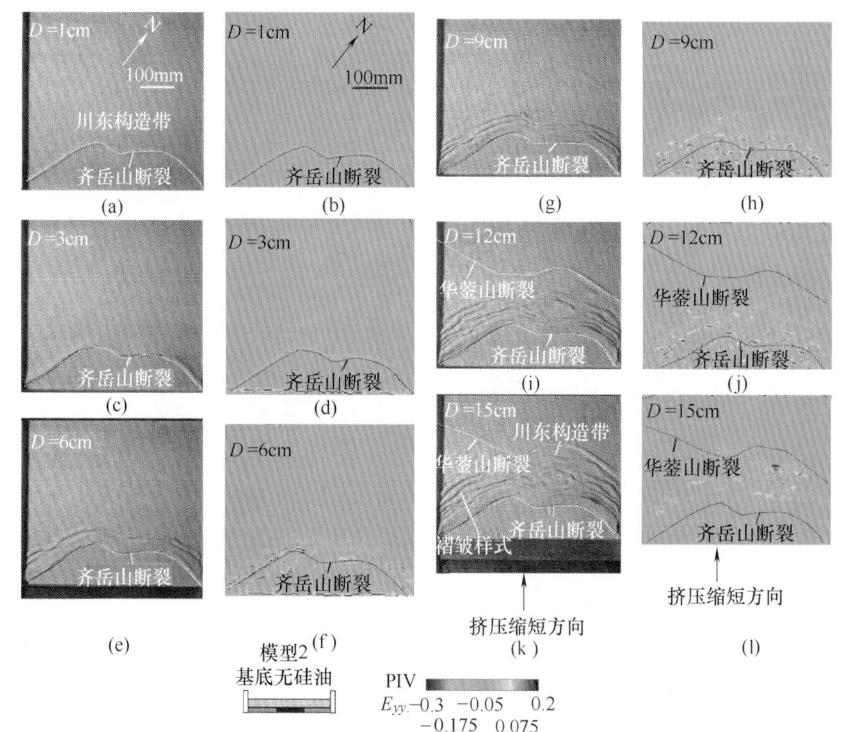

图 4-50　模型 2 在缩短量为 1cm、3cm、6cm、9cm、12cm、15cm 的模拟结果
（左侧为变形照片，右侧为沿挤压方向的 PIV 应变场处理结果）

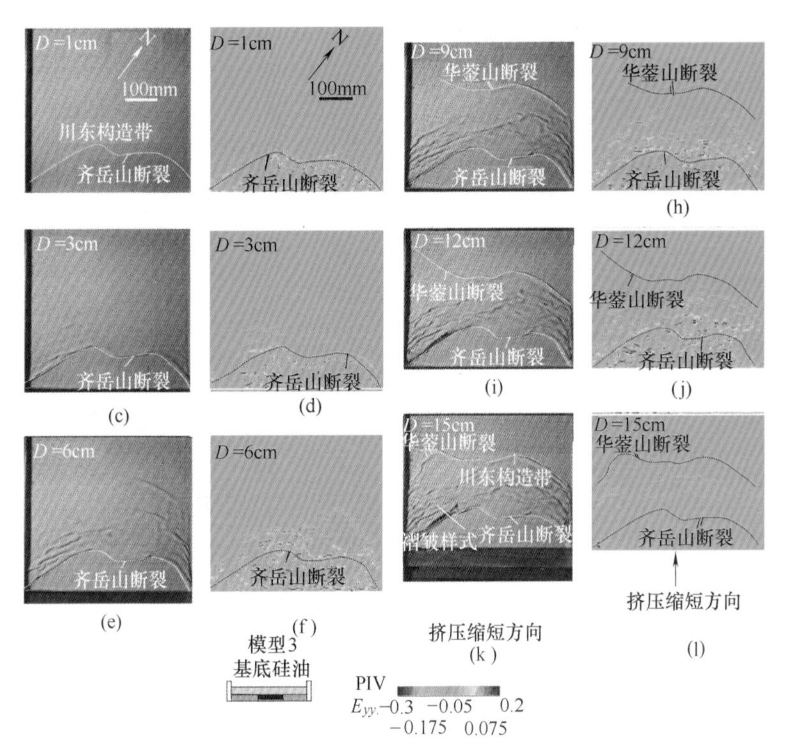

图 4-51　模型 3 在缩短量为 1cm、3cm、6cm、9cm、12cm、15cm 的模拟结果
（左侧为变形照片，右侧为沿挤压方向的 PIV 应变场处理结果）

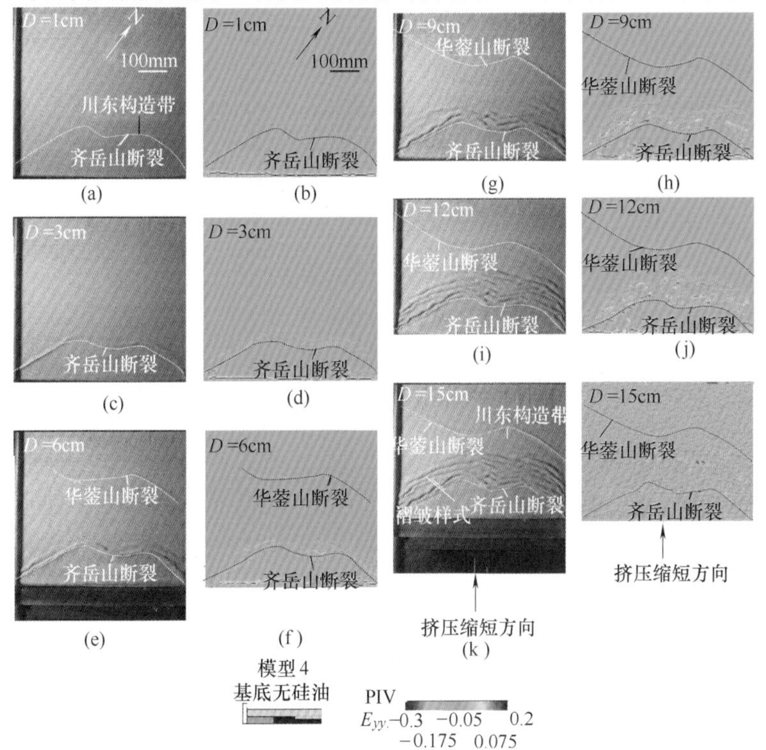

图 4-52　模型 4 在缩短量为 1cm、3cm、6cm、9cm、12cm、15cm 的模拟结果
（左侧为变形照片，右侧为沿挤压方向的 PIV 应变场处理结果）

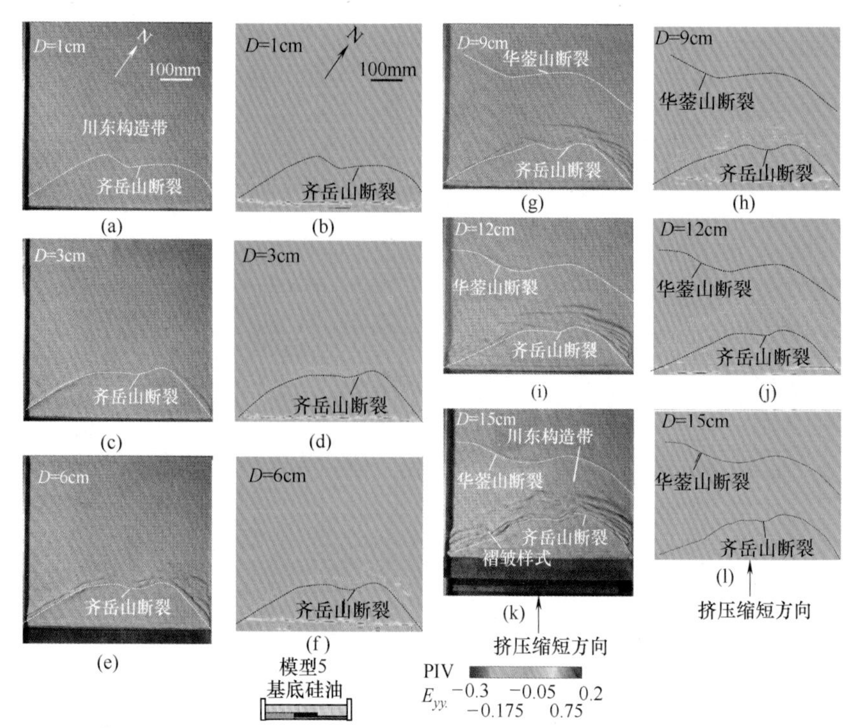

图 4-53 模型 5 在缩短量为 1cm、3cm、6cm、9cm、12cm、15cm 的模拟结果（左侧为变形照片，右侧为沿挤压方向的 PIV 应变场处理结果）

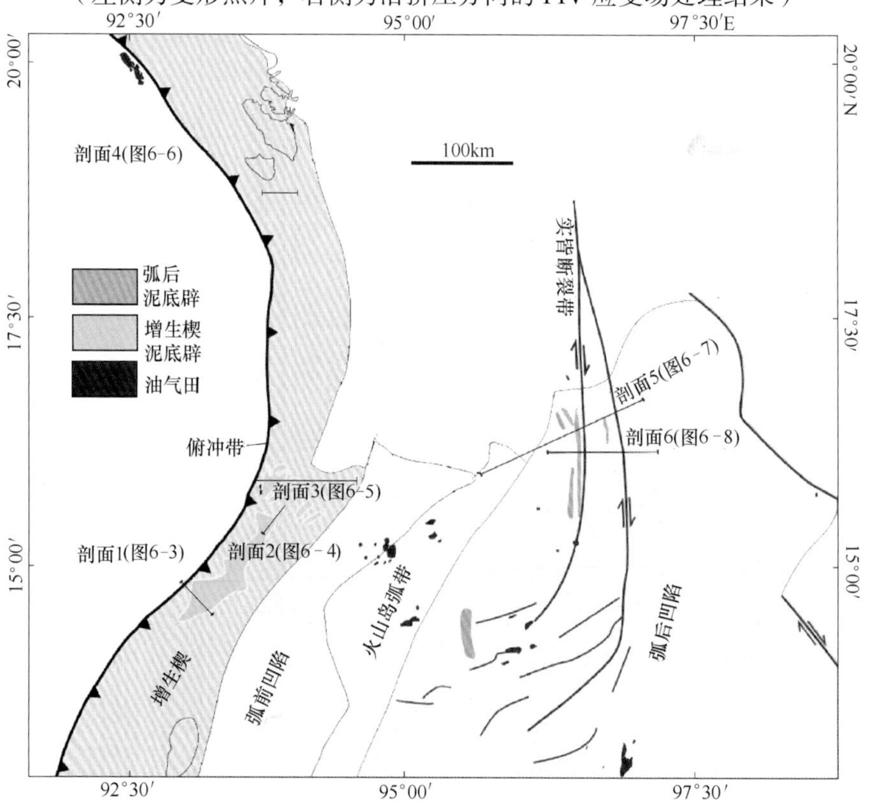

图 6-2 安达曼海域构造格架及泥底辟分布图

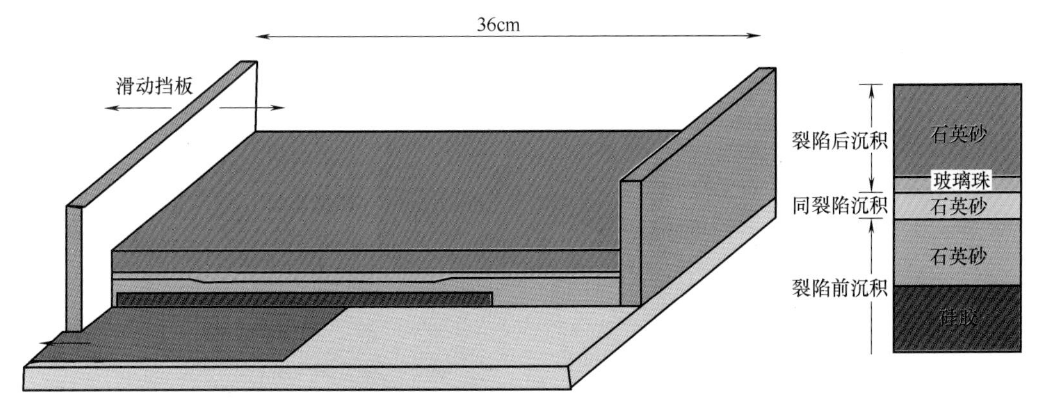

图 7-9　先存构造对后期变形影响的物理模型装置

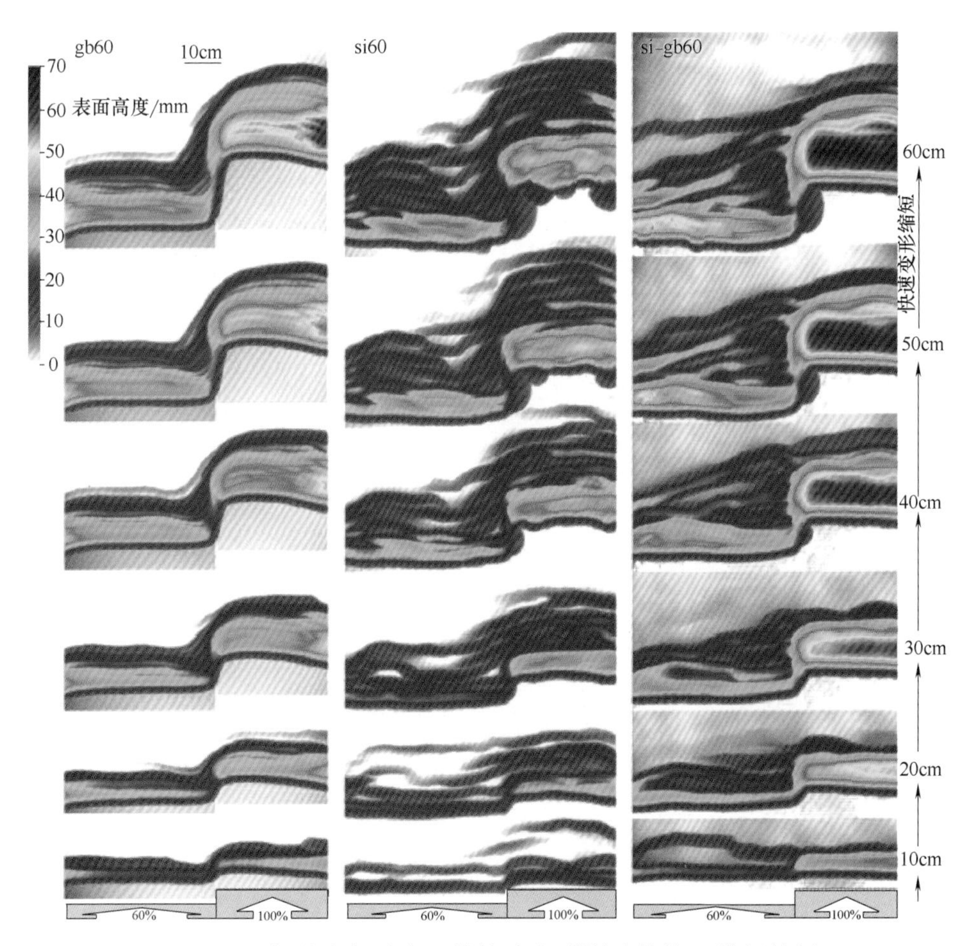

图 7-27　变形速率对造山带构造变形影响的物理模拟结果

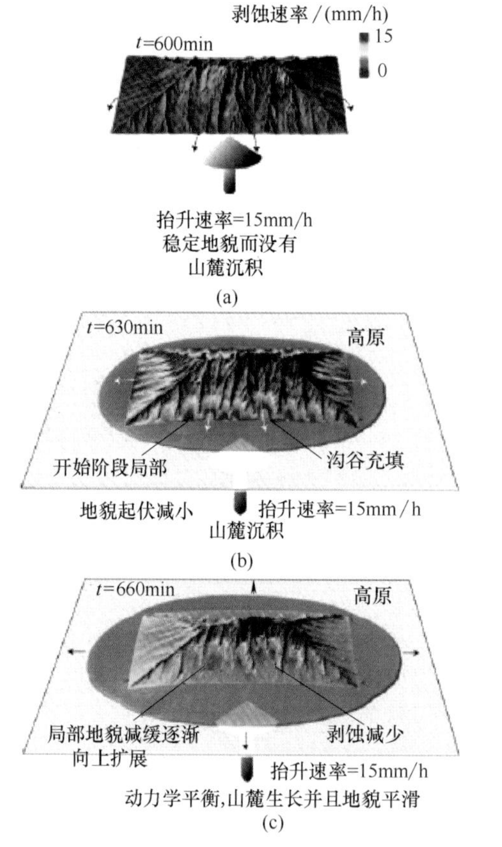

图 9-2　地貌动力学稳定与非稳定状态模拟成果图（t 为变形时间）

图 9-5　盾构边坡失稳模拟

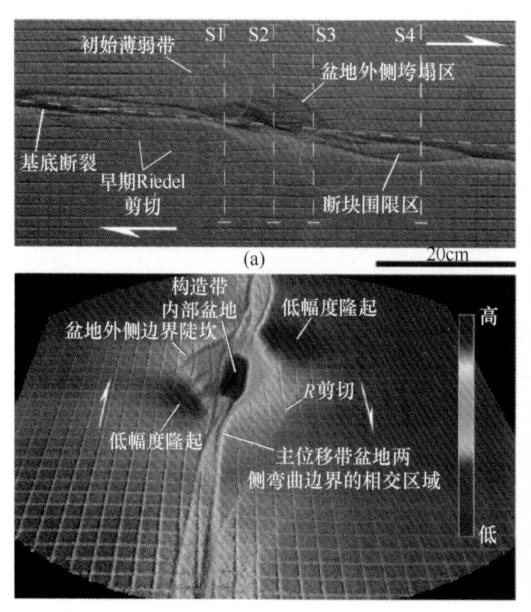

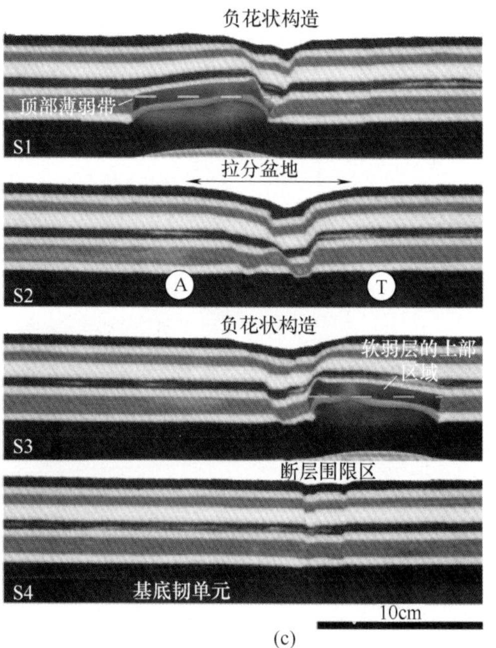

图 9-6　模拟结果的综合分析